PREFACE

‘정보사회’, ‘제3의 물결’이라는 단어가 낯설지 않은 오늘날, 과학기술의 중요성이 날로 증대되고 있음은 더 이상 말할 것도 없습니다. 이러한 사회적 분위기는 기업뿐만 아니라 정부에서도 나타났습니다.
기술직공무원의 수요가 점점 늘어나고 그들의 활동영역이 확대되면서 기술직에 대한 관심이 높아져 기술직공무원 임용시험은 일반직 못지않게 높은 경쟁률을 보이고 있습니다.

기술직공무원 합격선언 시리즈는 기술직공무원 임용시험에 도전하려는 수험생들에게 도움이 되고자 발행되었습니다.
본서는 방대한 양의 이론 중 필수적으로 알아야 할 핵심이론을 정리하고, 출제가 예상되는 문제만을 엄선하여 수록하였습니다. 또한 최신 출제경향을 파악할 수 있도록 최근기출문제를 수록하였습니다.

신념을 가지고 도전하는 사람은 반드시 그 꿈을 이룰 수 있습니다. 서원각이 수험생 여러분의 꿈을 응원합니다.

STRUCTURE

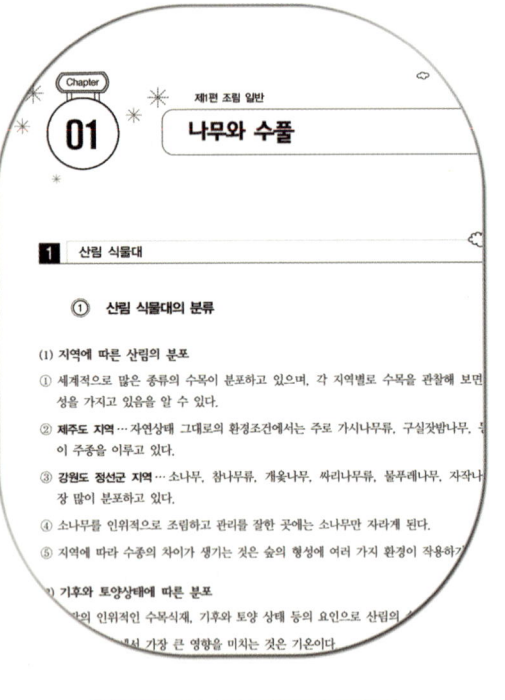

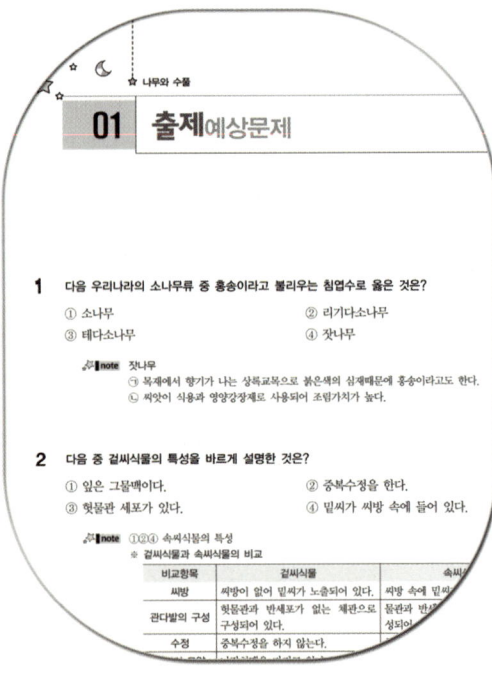

핵심이론정리

조림 전반에 대해 체계적으로 편장을 구분한 후 해당 단원에서 필수적으로 알아야 할 내용을 정리하여 수록했습니다. 출제가 예상되는 핵심적인 내용만을 학습함으로써 단기간에 학습 효율을 높일 수 있습니다.

출제예상문제

그동안 치러진 국가직 및 지방직 기출문제를 분석하여 출제가 예상되는 문제만을 엄선하여 수록하였습니다. 다양한 난도와 유형의 문제들로 연습하여 확실하게 대비할 수 있습니다.

음 중 활엽수를 설명한 것으로 옳은 것은?

① 잎은 바늘모양 또는 비늘모양을 하고 있다.
② 잎맥이 그물모양으로 되어 있다.
③ 목재는 주로 헛물관으로 되어 있다.
④ 밑씨가 노출되고 씨방이 없다.

🌟 note ①③④ 침엽수에 대한 설명이다.
※ 활엽수의 특징
㉠ 잎이 넓고 그물모양으로 배열되어 있으며
㉡ 원줄기가 곧지 못하고 많은 가지가 나와
기가 어렵다.
㉢ 목재는 도관을 가지고 있어 도관수종이라
㉣ 나무가 무겁고 특수한 무늬를 가지고 있
㉤ 가을에는 단풍이 들어 조경수종으로 가
㉥ 열대 · 난대지역에 많이 서식한다.

상세한 해설

매 문제 상세한 해설을 달아 문제풀이만으로도 개념학습이 가능
하도록 하였습니다. 문제풀이와 함께 이론정리를 함으로써 완벽
하게 학습할 수 있습니다.

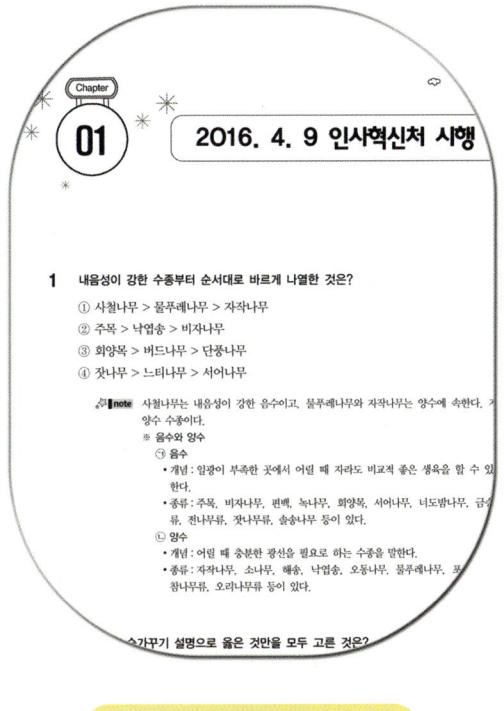

Chapter
01

2016. 4. 9 인사혁신처 시행

1 내음성이 강한 수종부터 순서대로 바르게 나열한 것은?

① 사철나무 > 물푸레나무 > 자작나무
② 주목 > 낙엽송 > 비자나무
③ 회양목 > 버드나무 > 단풍나무
④ 잣나무 > 느티나무 > 서어나무

🌟 note 사철나무는 내음성이 강한 음수이고, 물푸레나무와 자작나무는 양수에 속한다. 자
양수 수종이다.
※ 음수와 양수
㉠ 음수
• 개념 : 일광이 부족한 곳에서 어릴 때 자라도 비교적 좋은 생육을 할 수 있
한다.
• 종류 : 주목, 비자나무, 편백, 녹나무, 회양목, 서어나무, 너도밤나무, 금
류, 전나무류, 잣나무류, 솔송나무 등이 있다.
㉡ 양수
• 개념 : 어릴 때 충분한 광선을 필요로 하는 수종을 말한다.
• 종류 : 자작나무, 소나무, 해송, 낙엽송, 오동나무, 물푸레나무, 포
참나무류, 오리나무류 등이 있다.

수가꾸기 설명으로 옳은 것만을 모두 고른 것은?

최근기출문제

최근 시행된 기출문제를 수록하여 시험 출제경향을 파악할 수
있도록 하였습니다. 기출문제를 풀어봄으로써 실전에 보다 철저
하게 대비할 수 있습니다.

CONTENTS

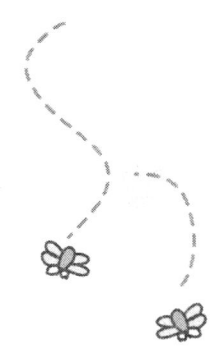

PART 01

조림일반

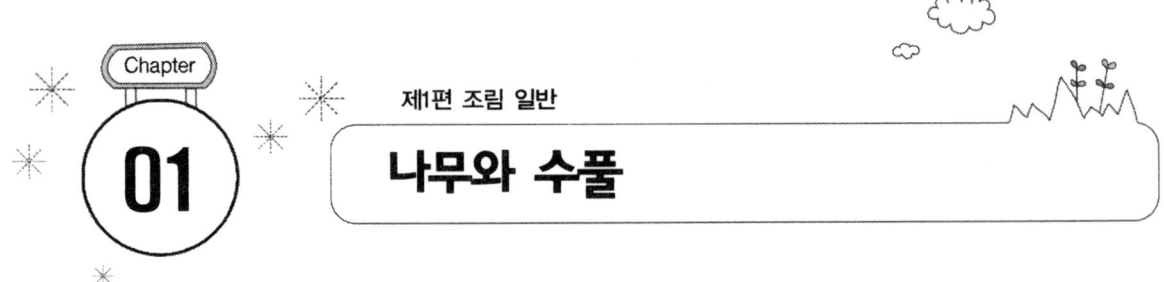

Chapter

01

제1편 조림 일반

나무와 수풀

1 산림 식물대

① 산림 식물대의 분류

(1) 지역에 따른 산림의 분포

① 세계적으로 많은 종류의 수목이 분포하고 있으며, 각 지역별로 수목을 관찰해 보면 일정한 특성을 가지고 있음을 알 수 있다.

② **제주도 지역**…자연상태 그대로의 환경조건에서는 주로 가시나무류, 구실잣밤나무, 동백나무 등이 주종을 이루고 있다.

③ **강원도 정선군 지역**…소나무, 참나무류, 개옻나무, 싸리나무류, 물푸레나무, 자작나무 등이 가장 많이 분포하고 있다.

④ 소나무를 인위적으로 조림하고 관리를 잘한 곳에는 소나무만 자라게 된다.

⑤ 지역에 따라 수종의 차이가 생기는 것은 숲의 형성에 여러 가지 환경이 작용하기 때문이다.

(2) 기후와 토양상태에 따른 분포

① 사람의 인위적인 수목식재, 기후와 토양 상태 등의 요인으로 산림의 수종구성이 달라진다.

② 기후요소 중에서 가장 큰 영향을 미치는 것은 기온이다.

③ 강원도 정선군과 제주도의 산림은 기후의 영향을 크게 받은 것이라 할 수 있고, 인공적으로 소나무를 조림한 곳은 기후와 인간의 인위적인 개입으로 조성된 숲이다.

(3) 산림대의 수종

① **산림대**

　㉠ 지구상의 지역에 따라 기후조건이 크게 달라 자연조건에 알맞은 산림식생이 나타나고, 나타난 산림식생이 임목의 지리적 분포를 나타내게 된다. 이와 같이 기후조건에 따라서 대역상으로 나타난 수종의 분포대를 말한다.

　㉡ 산림대의 분류는 수평(위도)적인 것과 수직(고도)적인 것으로 나눈다.

② 나무는 종류에 따라 독특한 생육환경을 요구한다. 생육환경은 곧 그곳의 생물적 조건, 토양조건, 기상조건, 즉 일광·습도·온도·계절의 장단 등을 말하는 것이다.

③ **수목한계와 산림한계**

　㉠ 수목한계 : 지역에 따라서 기후인자와 토양인자가 적합하지 않아 숲이 형성되지 않고 나무가 드물게 있는 곳이다.

　㉡ 산림한계 : 숲을 만들 수 있는 한계로 고산지대나 높은 위도지방에서 생육기간의 기온이 낮아서 나타난다.

④ 우리나라의 산림대는 난대림, 온대림, 한대림으로 나누고 있다. 그러나 열대지방에서 대부분의 목재를 수입하고 있으므로, 열대림의 특성도 함께 알아보도록 한다.

② 열대림의 특성과 수종

(1) 위치와 기온

① **열대림** … 적도중심에서 북위 23°27′ 과 남위 23°27′ 사이 열대지역에 조성된 숲을 말한다.

② 상업적으로 이용하기에는 나무들의 크기가 작기 때문에, 임분의 입목도가 그리 높은 편은 아니다.

③ 덩굴식물과 착생식물이 많이 자라고 우리나라에는 열대림이 자라지 않는다.

④ 열대지역의 연평균 기온은 20℃, 낮의 길이는 매일 평균 12시간 정도로 거의 일정하다.

⑤ 열대림은 식생분포가 다양한데 이는 연강수량의 차이로 0 ~ 10,000mm까지 나타난다.

(2) 특성 및 분포

① **분포 지역** … 식생이 없는 사막지대부터 아카시아 관목이 자라는 남부 아시아 일부, 브라질 북동지역, 오스트레일리아의 열대지역, 사바나, 낙엽성 활엽수로 구성된 계절풍 기후지역, 그리고 열대우림으로 뒤덮인 콩고분지·아마존, 동남아시아의 섬지역 등이 포함된다.

② **식생구성** … 사바나가 42%, 열대우림이 30%, 낙엽활엽수림이 15%, 그리고 관목이나 초본류만 있는 사막 또는 식생이 없는 곳이 13%이다.

③ **주요 수종** … 일반적으로 티크, 마호가니, 카라비소나무 등이며, 주로 많이 심는 수종은 유칼립 투스와 슬래시소나무 등이다.

④ 우리나라는 1992년에 동남아시아의 인도네시아, 말레이시아, 파푸아뉴기니 등에서 합판용과 일반용재 등 약 3,200,000m³의 목재를 수입하고 있다. 이는 전체 수입량 8,000,000m³의 40% 정도를 차지하는 양이다.

③ 난대림의 특성과 수종

(1) 위치와 기온

난대림은 북위 35° 이남, 해안에서는 35°30′ 이남의 곳으로 연평균 기온이 14℃ 이상이 되는 지역 이다.

(2) 특징과 수종

① **대표수종** … 동백나무, 가시나무, 후박나무, 모새나무, 구슬잣밤나무, 메밀잣밤나무, 구슬나무, 굴거리나무, 아왜나무 등 상록활엽지대이다.

② 이 지역에서는 감귤 종류의 재배가 이루어지고, 소철류가 노지에서 자랄 수 있다.

③ 침엽수종으로는 해송이 있고, 삼나무와 편백 등 수입수종의 조림이 가능한 지역이다.

④ 우리나라의 난대림이 특별한 관리가 필요한 이유는 세계적으로 볼 때 난대림의 북쪽 끝 부분에 위치해 있어, 원래의 임상이 파괴되면 회복이 어렵기 때문이다.

⑤ 우리나라는 상록수림의 고유수종이 파괴되고 낙엽활엽수림, 활엽수림과 침엽수림의 혼효림, 소나무림으로 변한 곳이 많다.

⑥ 조림수종으로 회양목, 삼나무, 대나무류, 가시나무류, 온대수종으로서 소나무, 상수리나무, 느티나무 등이 있다.

④ 온대림의 특성과 수종

(1) 위치와 기온

① **분포위치**

　　㉠ 북위 35°~43°에 이르는 지역으로 난대림 이북부터 그리고 평안, 함경의 고지대를 제외한
　　　 남쪽 부분이다.

　　㉡ 우리나라에서 개마고원과 백두산 및 일부 고산지대를 제외한 전역에 분포한다.

② **기온** … 연평균 기온 5~14℃, 1월 평균 기온 -12℃에서 0℃지역이 이에 속한다.

(2) 주요 수종

① **대표수종** … 참나무류, 느티나무, 밤나무, 박달나무, 물푸레나무, 서어나무, 단풍나무 등의 낙엽
　　활엽수와 침엽수종인 소나무, 전나무, 잣나무, 곰솔 등이 있다.

② 낙엽활엽수림은 원래 임상인데 대부분 파괴되고 소나무림 또는 나지가 많은 경향이 있다.

(3) 온대림의 범위

① **온대 남부림**

　　㉠ **구역**

　　　　• 난대의 끝부터 북위 38°(강릉 이남)까지, 중부지방은 북위 36°까지, 서쪽은 37°(충남 중부 이남)
　　　　　까지 해당된다.

　　　　• 우리나라의 온대림의 영역은 매우 넓어서 산림면적의 약 85%를 차지하고 있다.

　　㉡ **주요 천연수종** : 소나무, 단풍나무, 사철나무, 대나무, 참나무류, 서어나무류 등이 있다.

　　㉢ **주요 조림수종** : 낙엽송, 잣나무, 현사시, 해송, 편백, 삼나무, 오동나무, 리기다소나무, 밤나무,
　　　　오리나무류 등이 있다.

② **온대 중부림**

　　㉠ **구역** : 북위 38°~40°까지(함남 중부 이남), 중부에서는 36°~38°까지(경기, 강원, 황해의 3
　　　　개도)까지, 서해안 39°(평남 중부 이남)까지 해당된다.

　　㉡ **주요 천연수종** : 소나무, 잣나무, 전나무, 서어나무, 참나무류, 사시나무류, 밤나무 등이 있다.

　　㉢ **주요 조림수종** : 낙엽송, 잣나무, 호도나무, 리기다소나무, 강송, 현사시, 밤나무, 오리나무류,
　　　　포플러 등이 있다.

③ 온대 북부림
  ㉠ 구역 : 평안·함경의 고지를 제외한 온대 중부 이북지역이 해당된다.
  ㉡ 주요 천연수종 : 강송, 전나무, 잣나무, 상수리나무, 피나무, 자작나무, 가래나무 등이 있다.
  ㉢ 주요 조림수종 : 강송, 전나무, 잣나무, 낙엽송, 사시나무 등이 있다.

    ★TIP 우리나라 해안의 연평균 기온은 해류의 영향으로 같은 위도상의 지역일지라도 내륙지역보다 높
         다. 예를 들면, 충주와 울진은 위도상으로 거의 같지만, 연평균 기온은 충주가 11℃ 정도이고
         울진은 12.5℃로 울진이 1.5℃ 더 높다.

⑤ 한대림의 특성과 수종

(1) 위치와 기온

① **분포위치** … 평지에는 없고 북부지방의 백두산과 개마고원 및 평남, 함남, 함북 일부 고산지역에
  분포한다.

② **기온** … 연평균 기온이 5℃ 이하, 1월 평균 기온 −12℃인 곳이다. 이 지역의 강수량은 적지만
  온도가 낮기 때문에 건조의 피해는 작다.

(2) 주요 수종

① **대표수종** … 가문비나무, 잣나무, 눈잣나무, 분비나무 등의 상록침엽수이고 낙엽성의 이깔나무도
  주요 수종이다.

② 고유임상은 침엽수림으로 파괴된 곳은 낙엽활엽수림(사시나무, 자작나무, 황철나무)을 형성하고,
  침엽수와 활엽수의 혼효림으로는 주로 이깔나무 순림을 형성하고 있다. 이 지역은 우리나라 목
  재생산의 주요한 지대를 이루고 울창한 산림을 형성하고 있다.

    ★TIP 산림대는 일반적으로 위도에 따른 수평적 산림대를 주로 생각할 수 있으나, 고도에 따라 온도가
         변화하므로, 수직적 산림대가 나타난다. 높은 한라산에는 시로미, 구상나무 등이 자라고, 설악산
         정상에는 눈잣나무가 자라는데, 이들은 모두 한대성 수종이다.

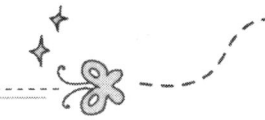

2 수목의 종류

① 수목의 분류방법

(1) 수목의 분류

① 수목은 목본식물로 초본식물과 구별된다.

② **분류** … 종을 기본단위로, 변종, 품종 또는 영양계 등으로 나눈다.
  ㉠ **종** : 생식작용으로 유사한 개체가 계승될 수 있는 식물군을 말한다.
  ㉡ **변종** : 한 종 안에서 어떤 특성을 달리하는 개체의 군으로 종자변이에 기인한다.
  ㉢ **품종(생태품종)** : 종자를 통해 어떤 종이나 변종에서 그 특성의 상당량이 계승되는 것으로 임업상의 품종은 지리적 분포(토지 또는 기상의 차이)에 의한다.
  ㉣ **영양계** : 접목, 취목, 삽목 등으로 한 개체가 불어났을 경우 그 후대를 이루는 개체군을 말한다.

(2) 수목의 분류기준

① **종류** … 자연분류법, 인위분류법, 계통분류법 등이 있다.

② 세계적으로 생물은 보통 계통분류법으로 분류하지만, 계통분류법만으로는 모든 수목을 다 분류할 수 없기 때문에 자연분류법이 가미된 계통분류법을 사용하고 있다.

③ 학자에 따라, 계통분류법에도 약간씩 차이가 있는데, 우리나라는 일본의 식물분류학자인 나카이가 1952년 발표한 「조선식물지경개」를 근간으로 분류하고 있다.

(3) 수목의 학명

① **학명** … 세계적으로 나무의 공통적인 이름을 말하고 학명표기는 린네의 이명법을 기초로 해서 라틴어 이탤릭체로 표기하며 속명, 종명, 명명자로 나타낸다.

② 무궁화의 학명은 *Hibiscus syriacus* Linn인데, *Hibiscus*는 속명이고, *syriacus*는 종명, Linn는 처음으로 이 학명을 지은 사람의 이름이다.

② 수목의 분류

(1) 겉씨식물과 속씨식물의 비교

① **분류** ··· 수목은 크게 겉씨식물(나자식물)과 속씨식물(피자식물)로 나눈다.

② 일반적으로 침엽수라 부르는 잎의 좁은 수종은 겉씨식물에 속하고 활엽수라 부르는 잎이 넓은 수종은 속씨식물에 속한다.

속씨식물과 겉씨식물의 비교

비교항목	속씨식물	겉씨식물
씨방	밑씨가 씨방 속에 들어 있음	씨방이 없어 밑씨 노출
잎맥	그물맥(쌍떡잎식물)	나란히맥
관다발의 구성	물관, 반세포가 있는 체관	헛물관, 반세포가 없는 체관
수정	중복수정을 함	중복수정을 안 함
꽃의 구성	꽃잎, 꽃받침 있고 양성화	꽃잎, 꽃받침이 없고 단성화

(2) 활엽수의 특징

① 보통 잎이 넓고 그물모양으로 배열되어 속씨식물에 속한다.

② 활엽수종은 대부분 원줄기가 곧지 않고 많은 가지가 나와 수관이 넓게 퍼지므로 일정 면적에 많은 수량을 심기는 어렵다.

③ 침엽수에 비하여 나무가 무겁고 특수한 무늬를 가져 아름다우므로, 목재로서의 가치가 매우 높다.

④ 가을이 되면 거의 대부분의 수종이 단풍이 아름답게 들기 때문에 조경수로서의 가치도 높다.

⑤ 대부분의 활엽수는 낙엽수이나 온대성 수종에는 상록수가 다수 있다.

외떡잎식물과 쌍떡잎식물의 구분

구분	떡잎수	잎맥	관속	뿌리	꽃가루의 발아공
외떡잎식물	1개	나란히맥	흩어져 있다.	주근이 없다.	1개
쌍떡잎식물	2개	그물맥	원통형으로 나열	주근 발달	1~3개

(3) 침엽수의 특징

① 보통 잎이 좁고 나란히맥으로 배열되어 겉씨식물에 속한다.

② 수관이 좁고 줄기가 곧아 일정 면적에 많은 나무를 심을 수 있어 경제적으로 중요한 수종이다.

③ 목재를 형성하는 헛물관을 가진 수종은 종이와 펄프의 원료로 이용되는데, 우수한 품질로 인해서 목재생산을 위한 조림수종으로서의 가치가 높다.

④ 우리나라에서 자라는 대부분의 침엽수는 상록수이지만 은행나무, 낙우송, 메타세쿼이아, 낙엽송 (일본이깔나무)은 가을에 잎이 떨어지는 낙엽수이다.

❀ 침엽수의 분류 ❀

문	목	과	속		종
겉씨식물문	소철목	소철과			소철
	은행목	은행과			은행나무
	구과목	낙우송과	낙우송속		낙우송, 메타세쿼이아
			삼나무속		삼나무
		소나무과	소나무속	소나무류	소나무, 반송, 해송(곰솔), 리기테다소나무, 리기다소나무
				잣나무류	잣나무, 섬잣나무, 눈잣나무, 스트로브잣나무, 백송
			전나무속		전나무, 구상나무, 분비나무
			가문비나무속		가문비나무, 독일가문비나무, 종비나무, 솔송나무
			이깔나무속		이깔나무, 낙엽송(일본이깔나무)
		측백나무과	측백속		측백, 눈측백나무
			편백속		화백나무, 편백
			향나무속		향나무, 눈향나무, 섬향나무, 연필향나무, 노간주나무(두송)
	주목목	주목과	주목속		주목, 눈주목, 회솔나무
			비자나무속		비자나무
		개비자나무과			개비자나무
		나한송과			나한송

---

3 침엽수의 주요 수종

① **은행나무과**

(1) 분포

① 원산은 동북아시아로 굵고 높게 크는 나무이고 수명이 길다.

② 지구상에서 가장 오래된 수종의 하나로서 1과 1속 1종의 나무이다.

(2) 특성

① **잎의 모양** … 부채꼴로 짧은 가지에서는 다발로 나지만 긴 가지에서는 어긋난다.

② **잎맥** … 나란히맥으로 가을에 노란색의 단풍이 곱게 물든다.

③ 유일하게 침엽수 중에서 잎이 넓은 나무이고 높이 60m 이상, 지름 4m 이상 자랄 수 있는 낙엽 교목이다.

④ 암수딴그루로 짧은 가지에서 봄에 꽃이 피고 늦은 봄에 수분이 이루어져 암나무에 열매가 맺힌다.

⑤ **용도** … 목재의 생산보다는 풍치수나 공원수로 많이 심는다.

⑥ 목재는 귀중하고 열매는 식용으로 이용된다.

② 낙우송과

(1) 분포

낙우송과 식물은 중신세(Miocene)기 동안 따뜻하고 습한 기후가 계속되면서 전 세계 특히 북반구에서 밀림을 형성하였다. 기후의 변화로 인해서 많은 종류의 식물이 사라졌고 현재 세계적으로 9속 19종만 남아 있다.

(2) 종류

① 우리나라에는 관상용으로 금송, 넓은잎삼나무, 메타세쿼이아, 낙우송 등이 도입되었다.

② 일본에서 조림수종으로 삼나무가 도입되어 남부지방에서 잘 자라고 있고, 번식은 씨앗(종자)이나 꺾꽂이로 한다.

③ **낙우송**
　㉠ 낙우송은 상록수와 낙엽이 지는 수종이 있고 높이 30m 이상, 지름 2m 이상 자라는 대교목이다.
　㉡ 우리나라에서는 낙엽이 지는 수종이 자라는데, 작은 가지와 잎은 어긋나며, 잎이 메타세쿼이아보다 부드럽고 좁다.
　㉢ 목재의 질은 우수하나 가지가 길게 발달하기 때문에 원줄기의 윗부분과 아랫부분의 굵기가 비슷한 밋밋한 나무로 자라기 어렵다.

④ **메타세쿼이아**
　㉠ 원산지는 중국으로 낙우송같이 크게 자라며, 특히 습지에서 잘 자란다.
　㉡ 낙우송과 달리 잎이 넓고 잎과 작은 가지가 마주 난다.

⑤ **삼나무**

ㄱ 일본이 원산지이고, 일본에서 가장 주요한 조림수종의 하나이다.

ㄴ 줄기가 곧고 재질이 좋아서 건축재, 가구재, 장식재 등으로 중요시 된다.

ㄷ 삼나무는 높이 40m 이상, 지름 2m 이상 자라는 상록교목이고, 나무껍질은 세로로 길게 자라며 적갈색이다.

ㄹ 물기가 많고 높은 공중습도를 좋아하며 다소 양성을 띤다.

ㅁ 잎은 짧고 끝이 뾰족하여 침과 같고, 줄기에 나선상으로 조밀하게 나온다.

③ **소나무과**

(1) 소나무속

① **특징**

ㄱ 구과목에서 목재를 경제적으로 생산할 수 있는 중요한 식물군이다.

ㄴ 대부분 상록교목으로 북반구의 온대지방과 열대지방에서 90종이 자란다.

ㄷ 분류 : 소나무류와 잣나무류로 한다.

🌸 소나무류와 잣나무류의 식별 🌸

구분	잎		아린	가지	구과
	관속	수			
잣나무류	1	3 ~ 5	곧 떨어짐	잎이 달렸던 자리는 밋밋함	실편의 끝이 얇고 가시가 없음
소나무류	1	2 ~ 3	끝까지 남음	잎이 달렸던 자리는 도드라짐	실편의 끝이 두껍고 가시가 있음

② **소나무류**

ㄱ **구별**

• 잎이 2개씩 나는 수종 : 소나무, 해송(곰솔), 반송, 방크스소나무 등이 있다.

• 잎이 3개씩 나는 수종 : 테다소나무, 리기다소나무, 리기테다소나무 등이 있다.

ㄴ **도입종** : 외국에서 리기다소나무, 테다소나무, 방크스소나무 등의 수종을 도입했다.

ㄷ **종류**

• 소나무

– 예부터 가꾸어온 우리나라를 대표할 수 있는 귀중한 수종으로 가장 넓은 분포면적을 차지한다.

– 소나무는 교목으로 수피가 적갈색이나, 보통 줄기 아래쪽은 잿빛 나는 검은색을 띤다.

– 잎은 부드럽고 겨울눈은 적갈색이며, 4월에 꽃이 피어 이듬해 가을에 결실을 맺는다.

– 건조한 곳에서도 비교적 잘 자란다.

- 해송
- 해송은 수지도의 위치가 표피나 내피에도 접촉되지 않는 중간이나 소나무는 수지도의 위치가 표피에 있다.
- 수피가 검고 겨울눈이 흰색을 띠며, 잎이 더 거칠고 단단하다.
- 초기의 생장이 빠르지만 재질은 소나무보다 못하다.
- 천연적으로 해안선을 따라 좁은 지대에 분포하며 남쪽 도서지방에도 나는데 소나무와 함께 지역에 따라 성질을 달리 하는 것으로 알려져 있다.
- 반송 : 지면에서 10 ~ 30개의 가지가 갈라져 10m 내외로 자라며, 잎이 부드럽고 관상용으로 많이 이용된다.
- 리기다소나무
- 미국의 동북부 지역에 분포하는 나무로, 우리나라의 풍토에 알맞아 전국적으로 좋은 생장을 보인다.
- 초기의 생장이 빠른 편으로 줄기는 곧고 한 곳에 잎이 3개씩 난다.
- 구과의 인편에 발달한 동기의 모양은 억센 가시모양이다.
- 습지나 건조지를 가리지 않고 적응력이 강하며 겨울눈에 송진이 많이 부착한다.
- 테다소나무 : 미국의 남부지방에서 도입된 수종으로 재질이 좋고 생장이 빠르나, 추위에 약해 우리나라에서는 남부지방에서 조림하도록 권장하고 있다.
- 리기테다소나무
- 리기다소나무와 테다소나무를 교잡한 품종으로 재질이 좋고 생장이 빠르며 추위에 잘 견딘다.
- 중부 이북지방을 제외한 전국의 권장수종이다.

③ **잣나무류**

㉠ **구별**
- 잎이 3개씩 나는 수종 : 백송이 있다.
- 잎이 5개씩 나는 수종 : 잣나무, 섬잣나무, 눈잣나무, 스트로브잣나무가 있다.

㉡ **특성**
- 공기 중에 습기가 있고 부식질이 많은 깊은 땅에서 잘 자란다.
- 중부지방에서는 300 ~ 400m의 산록지대에서 소나무와 섞여나고, 생장이 양호하다.
- 소나무보다 잎이 부드럽고 가늘며 목재가 연하다.

㉢ **종류**
- 백송
- 원산지는 중국으로 높이 15m 정도, 지름 1.5m 정도 자란다.
- 나무껍질이 희기 때문에 관상수로서의 가치가 높다.
- 잣나무
- 목재에서 향기가 나는 상록교목으로 붉은색의 심재 때문에 홍송이라고도 한다.
- 큰 나무는 수고가 40m, 흉고직경이 1.5m에 이르는 것으로 알려져 있다.
- 식용 및 영양강장제로 씨앗이 쓰이기 때문에 조림가치가 높다.

- 섬잣나무
  - 다른 잣나무에 비해 잎이 짧고 잎 뒷면의 흰색이 강하게 나타난다.
  - 잎이 촘촘히 나서 관상수로 많이 심는다.
- 스트로브잣나무
  - 추위에 강하며 잎이 부드럽고 가늘다.
  - 생장이 다른 잣나무보다 빨라 관상수 및 조림으로 각광을 받고 있다.

(2) 이깔나무속

① 특징

㉠ 낙엽교목으로 나무껍질이 두꺼운 비늘처럼 떨어진다.

㉡ 잎의 형태

- 짧은 가지 : 총생하여 사방으로 퍼진다.
- 긴 가지 : 1개씩 달려 나선상으로 배열되며 부드럽다.

㉢ 일본에서 도입한 낙엽송(일본이깔나무)과 우리나라 자생종인 이깔나무가 있는데, 자생종은 주로 북부지방에서 자란다.

② 낙엽송(일본이깔나무)

㉠ 일본이 원산지로 생장이 우리나라 북부지방에서 자생하는 이깔나무보다 빨라 용재수종으로 많이 심는 낙엽교목이다.

㉡ 줄기가 높게 크고 굽지 않으며, 생장이 빠르고 강인한 목재여서 조림가치가 인정되고 있지만 장식재나 가구재로 쓰일 만큼 재질이 좋지 않다.

㉢ 수피는 암갈색이고 조각으로 되어 벗겨지며 겨울에는 잎이 떨어진다.

㉣ 짧은 가지 위에 잎이 모여서 국화꽃 모양으로 나고, 구과는 달걀모양이다.

㉤ 잎은 총생하여 사방으로 뻗치며 줄기가 곧고 목재가 단단하여 조림가치가 있으며, 5월에 꽃이 피어 9월에 열매가 익는다.

(3) 가문비나무속

① 주요 수종 … 상록교목으로 우리나라에는 독일가문비나무, 가문비나무, 풍산가문비나무, 종비나무 등이 있다.

② 가문비나무

㉠ 생장이 어릴 때는 느리지만 뒤에 가면서 빨라진다.

㉡ 꽃이 5 ~ 6월에 피어 열매가 9 ~ 10월에 익는다.

㉢ 높이 40 ~ 50m, 지름 1m 정도 자라고 펄프원료로서 중요한 자원이다.

ⓔ 잎의 횡단면이 렌즈형이다.

　　ⓜ 수피가 비늘처럼 벗겨진다.

③ **독일가문비나무**

　　㉠ 원산지는 유럽으로 잎의 횡단면이 사각형이고 나무껍질은 적갈색을 띤다.

　　㉡ 상록교목으로 생장이 느리고 주로 풍치수로 심는다.

　　㉢ 곁가지에 달린 어린 가지들은 아래로 처진다.

(4) 전나무속

① **특징**

　　㉠ 상록교목으로 가지가 수평으로 퍼지고 돌려나며, 오래된 나무는 껍질이 터져서 갈라지는 경우가 많다.

　　㉡ 펄프원료의 주요 자원으로 우리나라에 전나무, 구상나무, 분비나무 등이 있다.

② **전나무**

　　㉠ 줄기가 높고 곧게 크는 상록교목으로 생장이 어릴 때에는 느리지만 약 10년생이 된 이후부터 빨리 큰다.

　　㉡ 나무껍질이 회색빛이 도는 흑갈색을 띠고 거칠며 뾰족한 잎끝을 가진다.

　　㉢ 목재는 재질이 연하고 흰색을 띠며 펄프생산을 위한 조림수나 풍치수로 심는다.

　　㉣ 일본전나무

　　　• 새 가지에서 돋은 잎의 끝이 갈라지고, 보통 수고가 30m, 흉고직경이 40～60cm에 달하며 가지는 수평으로 뻗는다.

　　　• 어릴 때는 수관이 원뿔모양으로 보인다.

③ **구상나무**

　　㉠ 잎 끝이 둘로 갈라지는 특징이 있고, 뒷면은 흰색의 가공조성이 발달하여 흰색을 띤다.

　　㉡ 흰색의 나무껍질은 오래되면 거칠어진다.

　　㉢ 솔방울 모양의 꽃이 5～6월에 다양한 빛깔로 피고 열매는 9월에 익는다.

　　㉣ 우수한 재질로 인해서 건축재, 가구재, 펄프재로 쓰이고 수형이 아름답기 때문에 관상용으로도 많이 심는다.

④ 측백나무과

(1) 특성 및 분류

① 세계적으로 널리 분포하고 우리나라에는 편백속, 측백나무속, 향나무속 등이 있다.

② 잎이 비늘모양인 교목으로 양수이다.

③ 우리나라 전국에 분포하고 생울타리용으로 식재된다.

(2) 편백(노송나무)

① 원산지가 일본이고 줄기가 크고 곧게 되는 상록침엽교목으로서, 적갈색의 껍질로 세로로 길게 갈라지면서 떨어진다.

② 추위에 약해 우리나라 남부지방에서 주로 자란다.

③ 잎은 비늘모양으로 마주나고 가지는 가늘며, Y자 모양의 흰색 기공선을 볼 수 있다.

④ 종린은 7~9개이고 구과는 거의 둥글며 종자에 날개가 달려 있다.

⑤ 음향 조절력이 있고 재질이 좋아 음악당의 내장재로 사용된다.

(3) 향나무

① 수명이 500년 이상으로 원추형의 수형을 비롯해서 가지각색의 형태로 자라고 나무껍질이 세로로 갈라지며 비늘잎이 어긋나거나 돌려난다.

② 4월에 꽃이 피고 이듬해 10월에 자주색 열매를 맺는다.

③ 목재는 고운 결에 치밀하고 윤택이 나며, 향기가 강해 보존이 오랫동안 가능하다.

④ 배나무 붉은별무늬병균의 중간기주로 과수원 근처에서의 식재는 피한다.

⑤ 정원수로도 많이 이용된다.

(4) 노간주나무(두송)

① 향나무속에 속하는 양수이고 낮은 지대에서 자생한다.

② 5월에 꽃이 피어 이듬해 10월에 열매가 검게 익으며, 열매는 술의 한 종류인 진(Gin)의 원료가 된다.

⑤ 주목과

(1) 주목

① 분포지역이 온대에서 한대까지인 상록교목으로 수피는 붉은색, 잎은 선형, 목재는 분홍색을 띠어 주목이라 부른다.

② 수피가 세로로 갈라져서 벗겨진다.

③ 내음성이 크고 수형이 우아해 고급관상수로 이용된다.

④ 상록교목으로 잎은 호생이다.

⑤ 잎의 주맥이 앞뒤로 튀어 나왔고, 뒷면의 기공조성은 연한 황색이다.

⑥ 그늘에서 잘 자라는 음수이며 뿌리는 얕게 뻗는다.

⑦ 재질이 뛰어나고 목재가 치밀해 고급가구재로 이용된다.

(2) 비자나무

① 상록의 침엽교목으로 잎의 끝이 단단하고 뾰족하다.

② 제주도에 천연생 군락의 비자림이 있다.

③ 잎은 어긋나서 나지만 가지는 마주보며 난다.

④ 잎의 뒷면에만 녹색을 띤 주맥이 나타난다.

⑤ 음수이며 목재는 담황색으로 특수한 향기가 나고 치밀하여 바둑판으로 애용되고 고급가구재로 사용된다.

⑥ 종자는 촌충구제용으로 사용된다.

4 활엽수의 주요 수종

① 버드나무과

(1) 포플러속

① 특성

- ㉠ 버드나무과 포플러속의 나무들로 생장이 빠르고 줄기가 곧게 올라가며, 습기있는 토양을 좋아한다.
- ㉡ 자연상태에서 서로 교잡이 잘 되어 잡종이 생긴다.

② 분류 ⋯ 포플러속은 흑양절, 백양절, 황철나무절 등으로 나눈다.

- ㉠ **백양절** : 사시나무, 은백양 등이 있다.
- ㉡ **흑양절** : 미루나무, 양버들 등이 있다.
- ㉢ **황철나무절** : 황철나무, 물황철나무, 당버들 등이 있다.

③ 종류 ⋯ 포플러속에 속하는 나무 중에서 황철나무, 사시나무, 현사시나무, 이태리포플러 등의 이용가치가 크다.

- ㉠ 미루나무
  - 어린 가지는 모가 난 줄이 있고 둥글며 털이 없다.
  - 큰 나무에서는 위쪽의 곁가지가 굵어지면서 옆으로 퍼진다.
  - 잎은 밑부분에 꿀샘이 2 ~ 3개가 있고 모양은 넓은 달걀모양 또는 달걀모양의 삼각형 형태이다.
- ㉡ 사시나무
  - 높이 10m, 지름 30cm 정도의 낙엽교목으로 겨울눈은 갈색이고 수피는 흑갈색이다.
  - 잎의 뒷면은 흰빛을 띠고 털이 없다.
  - 잎자루가 길고 잎이 얇기 때문에 약한 바람에도 잘 흔들린다.
- ㉢ 황철나무
  - 높이 20 ~ 30m, 지름 1m 정도의 낙엽교목이다.
  - 수피는 어릴 때 회색이다가 생장하면서 흑갈색으로 변한다.
  - 겨울눈은 갈색으로 끈끈한 액이 있고 잎은 둥근 것이 어긋난다.
  - 잎자루에는 짧은 털이 밀생하고 잎맥에 잔털이 있으며 뒷면에 흰빛을 띤다.
- ㉣ 현사시나무
  - 수원사시나무와 은백양의 교잡종으로 생장이 매우 빠르다.
  - 잎의 뒷면에 은백양과 같은 흰 털이 밀생하다가 점차 떨어진다.

- 겨울눈은 달걀형으로 흰 털이 있다.
- 잎은 어긋나며 모양은 달걀형, 타원형, 원형 등이 있다.

ⓜ 이태리포플러
- 미루나무와 양버들의 잡종에서 선발된 것이다.
- 수분공급과 배수가 잘 되는 곳에서 생장이 매우 빠르기 때문에 속성수로 권장하고 있다.
- 굵은 가지가 많이 나오고 나무 줄기가 곧게 생장해 거대한 수관을 형성한다.
- 수피는 은색이며, 잎은 삼각형의 달걀형으로 어릴 때는 붉은 색을 띠다 자라면서 녹색이 된다.

ⓑ **수원포플러** : 양버들과 물황철나무의 교잡종으로 줄기가 곧고 내병성, 내충성이 강하다.

ⓢ **양황철나무** : 황철나무와 양버들의 교잡종으로 줄기가 곧고 내병성, 내한성은 강하지만 내충성은 떨어진다.

(2) 버드나무속

① **분포 및 분류** … 지구상에 300여 종이 있으며, 대부분 북반구의 추운 지방에 주로 분포하고 있는데 그 중 우리나라에 32종이 있다.

② **왕버들나무**
- ㉠ 충청북도 및 강원도 이남 지역에 분포하고 높이 20m, 지름 1m 이상 자란다.
- ㉡ 수피는 회갈색으로 세로로 깊게 갈라진다.
- ㉢ 겨울눈은 달걀형이고 가지는 황록색을 띤다.

③ **버드나무**
- ㉠ 높이 20m, 지름 1.2m 이상 자라고 수피는 세로로 갈라지며 흑갈색을 띤다.
- ㉡ 가지는 회갈색으로 작은 가지가 잘 떨어지고 겨울눈의 모양은 달걀모양을 하고 있다.

④ **능수버들**
- ㉠ 높이 20m, 지름 80cm 정도까지 자라며 흑회색의 나무껍질은 세로로 갈라진다.
- ㉡ 황록색의 가지는 1년에 2m 정도 자라 밑으로 처지고 잎의 너비가 좁다.
- ㉢ 용버들 : 가지가 처진 것 중에서 꾸불꾸불한 것을 말한다.

② 자작나무과

(1) 자작자무속

① **분포** … 온대지방에서 북극까지 분포한다. 우리나라에는 거제수나무, 박달나무, 사스래나무, 자작나무 등의 10여 종이 분포한다.

② **종류**

　　㉠ **거제수나무**

　　　• 높이 30m, 지름 1m 정도까지 생장한다.

　　　• 수피는 약간 붉은색이 도는 회색이나 흰색을 띠고 있는데 종이처럼 얇게 벗겨진다.

　　　• 잔 가지는 갈색을 띠고 잎은 어긋난다.

　　　• 이른 봄에 고로쇠나무, 사스래나무와 더불어 수액을 약수로 이용하고 있다.

　　㉡ **자작나무**

　　　• 낙엽교목으로 수피는 희고 수평으로 종이처럼 얇게 벗겨진다.

　　　• 높은 산지에 나고 어릴 때 생장이 빠르다.

　　　• 잔 가지는 흑갈색으로 잎은 어긋나며 목재는 단단하고 물에 가라앉는다.

　　　• 관상으로는 나무껍질이 희기 때문에 가치가 크다.

　　　• 예전에는 산간지방에서 나무껍질을 지붕감으로 이용하였다.

　　㉢ **박달나무**

　　　• 낙엽교목이고 수피는 검은색으로 두껍고 작은 조각으로 떨어진다.

　　　• 작은 가지는 흑갈색이며 잎은 어긋난다.

　　　• 목재는 무겁고 매우 단단하여 가구, 기계, 조각 등 다양한 용도로 사용된다.

　　　• 열매자루가 위를 향하여 서며 전국에 걸쳐 분포해 있다.

(2) 오리나무속

① **분포** … 북반구의 온대지방 이북에 20 ~ 30여 종이 관목이나 교목상태로 분포하고 우리나라에 5종이 있다.

② **특성** … 박테리아가 뿌리에서 기생하여 토양 중에 있는 질소를 고정하기 때문에 척박한 땅에 비료목으로 많이 심는다.

③ **종류**

　　㉠ **오리나무**

　　　• 낙엽교목으로 수피는 회갈색으로 갈라진다.

　　　• 가지는 거의 털이 없는 회갈색이고, 잎은 긴 타원형으로 어긋난다.

　　㉡ **물오리나무**

　　　• 낙엽교목으로 작은 가지에 털이 길게 밀생하였다가 없어지고, 겨울눈에 털이 있다.

　　　• 잎의 모양은 넓은 달걀형이고 뒷면에 털이 밀생한다.

(3) 서어나무

① **분포** … 북반구의 전역에서 20여 종이 자라고, 우리나라에는 까치박달나무, 서어나무, 소사나무 등이 분포한다.

② **특성**

    ㉠ 낙엽교목으로 수피는 울퉁불퉁하고 회색을 띤다.

    ㉡ 겨울눈은 적갈색으로 털이 없다.

    ㉢ 잎은 타원형으로 어긋난다.

    ㉣ 목재는 재질이 치밀하고 단단해 가구재, 건축재, 악기제작용 등으로 사용된다.

③ **종류**

    ㉠ 긴서어나무 : 꽃이삭의 길이가 13 ~ 15cm이다.

    ㉡ 왕서어나무 : 잎이 길이가 7 ~ 9cm, 폭 5 ~ 5.5cm이고 모양이 둥근 타원형이다.

(4) 개암나무속

① **분포** … 10여 종이 북반구의 온대지방에서 자라고, 우리나라에는 3종의 관목이 분포한다.

② **특성 및 용도**

    ㉠ 꽃은 3월에 피고 암꽃이삭은 달걀모양이다.

    ㉡ **열매**

      • 둥근 모양의 견과로 넓은 총포에 쌓인다.

      • 지름 1.5 ~ 3cm이고, 9 ~ 10월에 갈색으로 익는다.

    ㉢ 개암나무의 열매는 식용이 가능하다.

    ㉣ 양개암나무는 열매를 생산할 목적으로 개량된 품종이다.

③ 참나무과

(1) 밤나무속

① 관목 또는 낙엽교목으로 수피가 세로로 갈라진다.

② 잎은 어긋나고 작은 가지에는 끝눈이 없으며 측맥이 평행하다.

③ 밤나무순혹벌에 강한 내충성 품종이 선발되었고, 성숙기·열매의 크기 등에 따라서 품종을 구분하고 있다.

④ 밤나무보다 약밤나무의 밤이 밤의 좌가 좁고 밤알이 작으나 맛이 달고, 북쪽지방에 많이 분포한다.

⑤ 우리나라의 밤나무는 해충에 강하고 열매의 질이 우수하며 목재는 받침목으로 쓰이고 있다.

(2) 참나무속

① 300여 종의 나무가 북반구에 분포하고 낙엽수와 상록수가 있다. 우리나라에는 중부지방에서 극성상을 이루는 나무들로 10여 종이 있고, 우리나라의 대표수종 중 하나이다.

> ★TIP 극성상 … 한 지역의 자연상태에서 그 곳 환경에 가장 잘 적응한 식물이 집단을 이뤄 안정된 상태의 유지를 계속하는 것으로 천이의 최종 단계이다.

② **분류** … 백색 계통, 흑색 계통으로 분류한다.

   ⊙ **백색 계통**: 열매가 그 해에 익는 것으로, 갈참나무, 떡갈나무, 신갈나무, 졸참나무 등이 있다.

   ⓒ **흑색 계통**: 열매는 꽃 핀 이듬해에, 즉 2년마다 익는데, 굴참나무, 상수리나무가 있다.

③ **종류**

   ⊙ 신갈나무
- 낙엽교목으로 주로 높은 지대에서 잘자라며 새 가지에서 가끔 털이 생기지만 곧 없어진다.
- 참나무류 중 가장 일찍 잎이 나며, 잎은 어긋난다.
- 잎의 앞뒷면과 잎 꼭지에 털이 없다.

   ⓒ 떡갈나무
- 경기도, 강원도 및 황해도 지역에 많이 자라는 낙엽교목이다.
- 회갈색의 수피는 깊게 갈라진다.
- 작은 가지에는 황갈색의 털이 밀생한다.
- 참나무류 중에서 잎의 형태가 가장 넓고 크다.
- 표면의 주맥에 잔털이 남고 뒷면에는 털이 밀생하며 잎자루에도 갈색의 털이 있다.

   ⓒ 갈참나무
- 낙엽교목으로 강원도 이남 지역에서 주로 자란다.
- 수피는 흑갈색이고 그물처럼 얕게 갈라진다.
- 잎이 두껍고 표면에 윤택이 나며 털이 없지만 뒷면은 회백색이고 털이 밀생한다.

   ⓔ 졸참나무
- 낙엽교목으로 중부 이남 지역에 많이 분포하고 어린 가지에 긴 털이 밀생한다.
- 자연상태의 백색 계통 나무들은 상호간에 교잡이 잘 이루어지기 때문에 잡종이 잘 발생한다.
- 짧은 털이 잎의 양면에 있고 잎 꼭지에도 대부분 털이 있다.

◎ 상수리나무
- 낙엽교목으로 생장이 빠르고 수고 20m, 흉고직경 1m에 이른다.
- 분포지역 : 북부지방에 많이 자라는데 우리나라에선 전국적으로 분포하지만 중부지방에 많다.
- 낮은 곳에서 잘 나고 소나무와 섞여서 잘 나타난다.
- 흑회색의 줄기는 갈라지고 잎의 형태는 길고 넓으며 끝에 뾰족한 톱니가 있다.
- 잎의 뒷면에 짧은 황록색 털이 있지만 차츰 떨어지고 잎자루에는 털이 없고 이듬해에 열매가 맺는다.

⊕ 굴참나무
- 낙엽교목으로 강원도, 경상남도에서 많이 자란다.
- 수피는 코르크층의 발달이 두껍게 되어 깊게 갈라진다.
- 코르크판의 원료로 채취된다.
- 작은 가지에 약간의 털이 있다.
- 잎의 뒷면에는 흰색 또는 연한 황갈색 털이 밀생하고 이듬해에 열매를 맺는다.

⊗ 가시나무류
- 우리나라의 남해안과 제주도에 주로 분포하는 상록교목이다.
- 가시나무, 종가시나무, 붉가시나무, 참가시나무 등이 있다.

④ 목련과

(1) 분포 및 종류

① 목련과의 식물은 관상자원으로 가치가 높고 활엽수 중에서 가장 원시적인 식물에 속한다.

② 세계적으로 30여 종이 있는데 우리나라에는 5속 10여 종이 자라고, 여기에 함박꽃나무, 태산목, 목련, 일본목련, 백목련, 자목련 등이 있다.

③ 목련속은 겨울눈이 1개의 막으로 쌓여 있으며 끝눈에서 매우 큰 꽃이 피는 특징이 있다.

(2) 특성

① 목련
㉠ 꽃이 먼저 피고 꽃이 다 지기 전에 잎이 피기 시작하며, 꽃과 잎의 크기가 백목련보다 작다.
㉡ 꽃눈의 눈에 털이 밀생하고 잎눈에는 털이 없다.
㉢ 잎의 앞면에 털이 없지만 뒷면은 털이 없거나 잔털이 조금 있다.
㉣ 백목련보다 관상적 가치는 떨어지나, 열매가 많이 열리기 때문에 백목련 번식을 위한 대목용으로 이용된다.

② **백목련**

    ㉠ 수피는 잿빛의 흰색이고 겨울눈과 어린 가지에 털이 난다.

    ㉡ 줄기는 가지를 많이 내고 곧게 선다.

    ㉢ 이른 봄 잎이 피기 전에 흰색의 꽃이 가지 끝마다 달린다.

    ㉣ 여름철에는 큰 잎이 녹음을 제공한다.

③ **자목련** ⋯ 백목련과 같으나 꽃빛깔이 자주색이다.

④ **일본목련**

    ㉠ 향목련이라고 하고 수피는 연한 회색이며 가지가 굵고 엉성하다.

    ㉡ 잎이 목련류 중에서 가장 넓고 잎이 나온 후 큰 꽃이 핀다.

    ㉢ 잎은 가장자리가 밋밋하고 표면에 털이 없으며 뒷면에 흰 빛 잔털이 있다.

    ㉣ 잎의 뒷면은 회백색을 띠고 열매는 붉은색으로 9월에 달린다.

⑤ **함박꽃나무**

    ㉠ 함백이꽃 · 천년목란 · 천년화라고도 불리고 가지는 노란빛과 잿빛이 도는 갈색이다.

    ㉡ 잎은 어긋나고 가장자리가 밋밋하며 끝이 뾰족해지고 맥 위에 털이 있다.

    ㉢ 잎이 나온 후 6월에 꽃이 피는데, 꽃이 아래를 향해 피며, 주로 산 중턱계곡에 자생한다.

    ㉣ 관상용으로 심고 수피는 구충제 · 건위제 등으로 약용한다.

⑥ **태산목**

    ㉠ 상록수로 남부지방에서 생육하고 일본목련과 비슷하다.

    ㉡ 양옥란이라고 하는 것으로 겨울눈과 가지에 털이 난다.

    ㉢ 잎은 겉면에 윤기있는 짙은 녹색으로 뒷면에 갈색털이 빽빽이 나고 가장자리가 밋밋하다.

    ㉣ 잎의 끝이 둔하고 가죽같은 질감이 난다.

⑤ 느릅나무과

(1) 분포 및 종류

① 주로 북반구에 분포하고 대부분 교목으로 세계에 15속 150종이 있다.

② 우리나라에는 5속 19종이 있고, 그 중 경제성 있는 수종은 느티나무, 느릅나무, 팽나무 등이다.

(2) 특성

① 느릅나무속

　⊙ 재질이 단단하고 수피는 섬유자원으로 활용되며, 관상수로 이용된다.

　ⓒ 우리나라에는 참느릅나무, 느릅나무, 난티나무, 비술나무 등이 있다.

　ⓒ 느릅나무

　　• 낙엽교목으로 재질이 단단하다.

　　• 봄에 어린 잎은 식용으로 쓰인다.

　　• 껍질은 섬유자원으로 활용되며 관상수로 이용된다.

　　• 목재는 기구재 · 선박재 · 건축재 · 땔감 등으로 사용된다.

② 느티나무

　⊙ 낙엽교목으로 괴목이라고 하고 높이 26m, 지름 3m이다.

　ⓒ 굵은 가지가 갈라지고 회백색의 나무껍질은 늙은 나무에서 비늘처럼 떨어진다.

　ⓒ 잔털이 어린 가지에 빽빽이 나 있고 피목이 옆으로 길어진다.

　ⓔ 긴 타원이나 달걀모양의 잎은 표면이 매우 거칠거칠하고 끝이 뾰족해진다.

　ⓜ 열매는 10월에 익고 목재는 기구 · 조각 · 선박 · 악기 등에 사용된다.

③ 팽나무속

　⊙ 북반구의 온대와 열대 지방에 분포하고 우리나라에는 팽나무, 풍게나무 등 9종이 있다.

　ⓒ 팽나무

　　• 낙엽교목으로 평지에서 잘 자란다.

　　• 수피는 회색이고, 어린 가지에 잔털이 밀생한다.

　　• 잎은 어긋나고 잎자루에 털이 있다.

⑥　장미과

(1) 분포 및 종류

① 장미과에는 6아과(亞科) 115속 3,200종이 있는데 특히 유럽, 동아시아, 북아메리카에 집중분포되어 있다.

② 우리나라에 서식하고 있는 종에는 조팝나무과, 장미아과, 앵두나무과, 배나무아과 등 4아과(亞科)에 200여 종이 있다.

(2) 벚나무속

① **특성** … 낙엽 · 상록 교목 및 관목으로 잎은 어긋나고 열매는 핵과이며 매실나무, 자두나무, 살구나무, 앵두나무, 벚나무, 옥매나무 등 많은 수종이 있다.

② **벚나무**

   ㉠ 낙엽교목으로 작은 가지에 털이 없고 수피는 흑자갈색이며 잎은 어긋난다.

   ㉡ 잎 가장자리에 침같은 겹톱니가 있고 잎이 완전히 자라면 앞면은 짙은 녹색, 뒷면은 분백색의 연한 녹색이 된다.

   ㉢ 꽃은 4 ~ 5월에 잎이 나기 전에 일시에 피고 가로수 및 정원수로 많이 심는다.

③ **살구나무**

   ㉠ 수피에 코르크가 발달하고 작은 가지는 갈색으로 털이 없다.

   ㉡ 잎은 어긋나며 잎의 전면과 잎자루 모두에 털이 없으며 가장자리에 톱니가 불규칙하게 있다.

   ㉢ 용도 : 열매는 식용, 씨앗은 약용으로 이용하고, 관상적 가치가 높다.

(3) 배나무속

① **특성 및 종류** … 대부분 낙엽교목으로 참배나무, 돌배나무, 위봉배나무, 콩배나무 등 종류가 다양하다.

② **돌배나무**

   ㉠ 수피는 회흑자색이고 높이가 5 ~ 20m이다.

   ㉡ 잎은 끝이 뾰족하고 밑이 심장밑 모양이나 둥글다.

   ㉢ 용도 : 목재는 기구재 · 기계재로 사용되고 해나무 접목의 대목으로 사용된다.

③ **콩배나무**

   ㉠ 가지에 가시가 있고 피복이 흰색이다.

   ㉡ 잎은 어긋나고 어린 가지의 색은 자줏빛이 도는 갈색이거나 갈색이다.

   ㉢ 용도 : 열매는 한방에서 녹리라는 약재로 사용된다.

⑦ 콩과

(1) 특성 및 종류

① **특성** … 공기 중의 질소를 고정시켜 땅힘을 길러 준다.

② **종류** … 실거리나무아과, 미모사아과, 콩아과 등 3아과로 나눈다.

③ **용도** … 타닌, 수지, 껌, 생약, 염료 등의 임산물을 생산하는 데 사용된다.

(2) 종류

① 아카시아속

    ㉠ 낙엽교목 또는 관목으로 우리나라에는 가시가 있는 아카시아가 많다.

    ㉡ 잎이 어긋나고 끝눈이 없다.

    ㉢ 생장이 빠르고 사방조림, 밀원수목, 연료재 생산으로의 이용가치가 높다.

    ㉣ 재질이 질기고 잎은 가축의 사료로 이용된다.

② 회화나무

    ㉠ 회화나무속의 낙엽교목으로 수피는 세로로 갈라지고 수형이 둥글다.

    ㉡ 잎 앞면의 색은 녹색이고 윤택이 나며, 털이 없으나 뒷면은 회청색이고 털이 있다. 또한 털이 잎자루에도 있다.

    ㉢ 어린 가지의 색은 녹색이고 털이 없다.

    ㉣ 잎은 어긋나고 꽃과 열매는 약용으로 사용한다.

    ㉤ 목재 가운데의 색은 연한 흑갈색이고, 변재의 색은 녹색이 도는 황백색이다.

③ 주엽나무

    ㉠ 관상적 가치가 큰 수목이다.

    ㉡ 새 가지는 녹색으로 털이 없으며 평지를 좋아한다.

    ㉢ 잎이 어긋나고 가시는 가지처럼 갈라진다.

    ㉣ 민주엽나무는 가시가 없다.

⑧ 단풍나무과

(1) 분포 및 특성

① 낙엽교목으로 북반구의 온대지방에서 분포하고 세계에 2속 110여종이 있다.

② 가지가 밑에서부터 갈라져서 용재로서의 가치는 적고 관상수의 가치는 크다.

③ 우리나라에는 고로쇠나무, 산겨릅나무, 단풍나무, 은단풍나무, 신나무, 복자기나무 등의 15종 정도가 자라고 있다.

(2) 종류

① 고로쇠나무

    ㉠ 단풍나무과에 속하는 낙엽교목으로 관상수로서의 가치가 크다.

    ㉡ 잔 가지에 털이 없고 잎이 마주난다.

    ㉢ 봄철 지리산 근처에서 수액을 받아 약수로 이용한다.

    ㉣ 꽃이 5월에 피어 열매가 그 해 10월에 익고, 가을이 되면 노랗게 단풍이 든다.

    ㉤ 피아노 건반 등과 같은 악기재료나 무늬목으로 사용이 가능하다.

② 단풍나무

    ㉠ 낙엽교목으로 잎이 마주 나고 5 ~ 7개로 갈라진다.

    ㉡ 관상수로 심고 목재는 건축재나 기구재, 조각재, 악기재 등으로 사용된다.

③ 복자기나무

    ㉠ 수피는 황갈색이고 하나의 잎은 3개의 작은 잎으로 구성되어 마주나고, 잎자루에 털이 있다.

    ㉡ 단풍나무류 중에서 가을단풍이 제일 아름답고 붉게 물들어, 세계적으로 알려져 있다.

    ㉢ 목재는 아름다운 무늬로 인해 무늬합판, 가구재 등의 고급용재로 쓰인다.

⑨ 칠엽수과

(1) 분포

① 전 세계에 2속 15종이 있고, 관상용으로 심는다.

② 우리나라에는 일본에서 도입된 수종이 자란다.

③ 마로니에(Marronier)라고 불리우고 프랑스 파리의 주요 가로수로 심고 있다.

(2) 특성

① 잎이 7개씩 나와서 이름이 붙여졌고 꽃은 5월 말에 핀다.

② 잎은 손바닥모양으로 갈라지거나 깃꼴겹잎으로 마주난다.

③ 꽃잎은 4 ~ 5개로 흰색·황색·붉은색이다.

④ 열매는 밤과 비슷한데 10월에 익는다.

⑤ 옆매는 삭과이고 가죽질에 3개로 갈라진다.

⑥ 열매에 한 개의 종자가 들어있는데 크기가 크고 배섯이 없다.

⑩ 피나무

(1) 분포 및 종류

① 세계적으로 30속 200여 종이 있고 남반구에 더욱 많이 분포한다.

② 북반구의 온대지방에 30종, 우리나라에 12종이 자란다.

③ 우리나라에서 자라는 수종에는 피나무속에 속하는 피나무류, 염주나무, 보리자나무 등이 있다.

(2) 특성

① 낙엽교목으로 재질이 우수하여 목재 생산가치가 높다.

② 수피는 회갈색이고, 어린 가지에 짧은 털이 있다.

③ 잎은 어긋나고 잎의 앞면에 털이 없으며 뒷면은 회록색이다.

④ 잎이 갑자기 달걀형으로 뾰족해지고 예리한 톱니가 가장자리에 있으며, 잎자루에는 털이 없다.

⑤ **열매**
  ㉠ 견과이고 모양이 원형이나 달걀을 거꾸로 세운 듯 하다.
  ㉡ 9 ~ 10월에 익고 흰색이나 갈색 털이 빽빽이 난다.

⑥ **용도**
  ㉠ 목재 : 바둑판, 가구재, 소각재, 펄프재, 상 등으로 사용된다.
  ㉡ 수피 : 섬유자원으로 사용된다.
  ㉢ 꽃 : 꿀 생산에 적합한 밀원수목으로 사용되고 꽃봉오리는 차로 마시기도 한다.
  ㉣ 조경수로의 가치가 높다.

⑪ 층층나무

(1) 분포 및 종류

① 우리나라에는 남해안 섬지방에서 상록성인 식나무가 자라고 관상수로 이용된다.

② 낙엽성 층층나무속에는 층층나무, 산수유나무, 밀재나무, 산딸나무 등이 있다.

(2) 특성

① 층층나무

ㄱ 수피가 얕게 세로로 터지고 가지가 층층으로 달려서 수평으로 뻗는다.

ㄴ 잎이 어긋나면서 모양이 넓은 타원형이고 끝이 뾰족하다.

ㄷ 잎의 가장자리는 밋밋하고 표면은 녹색이나 뒷면은 흰색이며 잎자루는 붉은색이다.

ㄹ 봄에 가지를 자르면 물이 흐른다.

ㅁ 용도 : 목재는 건축재나 조각재, 가구재로 쓰이고, 공원의 풍치수, 가로수로서 가치가 있다.

② 산수유나무

ㄱ 잎은 마주 나고 달걀모양 바소꼴이다.

ㄴ 잎 앞면에는 광택이 있고 뒷면 맥 사이에 갈색의 털이 빽빽이 나 있다.

ㄷ 수피는 연한 갈색으로 불규칙하게 벗겨진다.

ㄹ 잎이 나오기 전에 노란 꽃이 피고 8 ~ 10월에 타원형의 붉은색 열매를 맺는다.

ㅁ 열매는 약용이나 차로 만들어서 먹는 데 사용된다.

⑫   물푸레나무

(1) 분포 및 종류

① 한국과 중국 등지에 분포한다.

② 우리나라에는 물푸레나무속, 개나리속, 쥐똥나무속, 수수꽃다리속 등이 있다.

③ 물푸레나무속에는 물푸레나무, 들메나무 등이 있다.

(2) 특성

① 물푸레나무

ㄱ 백색의 수피에 검은색의 얼룩무늬를 이룬다.

ㄴ 잎

 • 마주 나고 가장자리에 물결모양의 톱니가 있다.

 • 잎의 뒷면은 회록색이고 맥 위에 털이 있다.

ㄷ 대부분 암수딴그루이며, 가지를 꺾어서 물 속에 넣으면 물에 수액이 녹아 푸르게 된다.

ㄹ 목재는 매우 단단하여 악기나 운동용구, 가구재, 기구재로 쓰이고 수피는 위장약재로 사용된다.

② 들메나무

    ㉠ 낙엽교목으로 잔 가지는 녹갈색으로 털이 없다.

    ㉡ 잎 : 마주 나고 끝이 길고 뾰족하며 뒷면은 연한 녹색으로 잎맥 위에 털이 있다.

    ㉢ 목재는 기구재 · 건축재 · 조림수 및 선박재 등으로 사용된다.

⑬ 현삼과

(1) 분포

① 현삼과에 속하는 목본식물은 동아시아 지역에서 10여 종이 자란다.

② 우리나라에서는 오동나무가 용재로서의 가치가 매우 높다.

(2) 오동나무

① 낙엽교목이고 어린 가지에는 털이 많으나 점차 없어진다.

② 잎은 넓고 마주 나며 뒷면에 갈색 털이 있다.

③ 꽃의 빛깔이 자주색 또는 흰색이다.

④ **참오동나무와 오동나무** … 참오동나무에는 세로로 된 자주색 줄이 있고 오동나무에는 그 줄이 없다는 점이 차이점이다.

5 대나무류

① 분포와 성질

(1) 분포

세계적으로 목본성인 대나무아과에 45속 560여 종이 분포하고 우리나라에 3속 10여종이 분포하고 있다.

(2) 성질

① 대나무류는 외떡잎식물로 지상경(죽간)은 속이 비어 있지만 지하경(편근)은 속이 차 있다.

② **죽간** … 마디 있는 곳에서 약간 오목하게 안으로 들어가는데, 이대, 조릿대 등은 오목하지 않다.

③ **죽피** … 맹종죽, 참대(왕대)와 달리 끝까지 남는다.

② 종류별 특성

(1) **맹종죽(죽순대)**

① **줄기** … 자란 첫해에는 녹색이지만 굳으면서 황록색을 띤다.

② 마디가 1륜상이고 할렬성이 나쁘다.

③ 5월경 나오는 죽순은 맛이 좋아 식용으로 이용한다.

④ **죽피** … 검정색의 반점이 있고 거친 털이 난다.

(2) **왕대(참대)**

① 죽피에 흑갈색의 반점이 있다.

② 마디가 2륜상으로 할렬성이 좋아 죽세공의 재료가 된다.

③ 죽순이 나오는 시기는 맹종죽보다 더 늦고 맛이 쓰다.

(3) **솜대**

① 왕대보다 추위에 강하고 옅은 붉은색의 수피에는 반점이 없다.

② 참대와 비슷하나 마디 사이가 짧고 견모는 녹색이다.

③ 가지가 빽빽하게 나고 잎이 가늘다.

④ **종류**

　　㉠ 오죽 : 줄기가 검은 것을 말한다.

　　㉡ 관암죽 : 잎이 3 ~ 7개씩 있고, 첫마디의 가지에 편압되며 잔털이 있는 것을 말한다.

　　㉢ 반죽 : 환경에 따라서 색이 다르고 노란 줄기에 검은 반점이 있는 것을 말한다.

01 | 출제예상문제

1 다음 우리나라의 소나무류 중 홍송이라고 불리우는 침엽수로 옳은 것은?

① 소나무   ② 리기다소나무

③ 테다소나무   ④ 잣나무

> **note** 잣나무
> ㉠ 목재에서 향기가 나는 상록교목으로 붉은색의 심재때문에 홍송이라고도 한다.
> ㉡ 씨앗이 식용과 영양강장제로 사용되어 조림가치가 높다.

2 다음 중 겉씨식물의 특성을 바르게 설명한 것은?

① 잎은 그물맥이다.   ② 중복수정을 한다.

③ 헛물관 세포가 있다.   ④ 밑씨가 씨방 속에 들어 있다.

> **note** ①②④ 속씨식물의 특성
> ※ 겉씨식물과 속씨식물의 비교
>
> | 비교항목 | 겉씨식물 | 속씨식물 |
> |---|---|---|
> | 씨방 | 씨방이 없어 밑씨가 노출되어 있다. | 씨방 속에 밑씨가 들어 있다. |
> | 관다발의 구성 | 헛물관과 반세포가 없는 체관으로 구성되어 있다. | 물관과 반세포가 있는 체관으로 구성되어 있다. |
> | 수정 | 중복수정을 하지 않는다. | 중복수정을 한다. |
> | 잎맥의 모양 | 나란히맥을 가지고 있다. | 그물맥을 가지고 있다. |
> | 꽃의 구성 | 꽃잎, 꽃받침이 없고, 단성화이다. | 꽃잎, 꽃받침이 있고, 양성화이다. |

Answer   1.④ 2.③

3 다음 중 천이 현상에서 온대림 생태계의 극성상 수종은?

① 잣나무　　　　　　　　　　　　② 가문비나무
③ 단풍나무류　　　　　　　　　　　④ 가시나무류

4 다음 중 이령림의 그래프 모양은?

① S형　　　　　　　　　　　　　② 종형
③ Y형　　　　　　　　　　　　　④ J형

5 1과 1속 1종이며 암수딴그루로 수정하는 수종은?

① 은행나무　　　　　　　　　　　② 전나무
③ 소나무류　　　　　　　　　　　④ 측백나무

6 다음 중 무궁화가 속하는 과는?

① 목련과   ② 아욱과

③ 장미과   ④ 단풍나무과

> ✿┃note 무궁화 ··· 쌍떡잎식물 아욱목 아욱과의 낙엽활엽관목으로 한국, 홍콩, 싱가포르, 타이완 등에 서식하는 높이 3m 정도의 관목이다.

7 다음 목재 중 가장 가벼우며 나무 결이 곱고, 갈라지거나 비틀리지 않아 주로 가구재나 악기제조에 이용된 수종은?

① 자작나무   ② 향나무

③ 포플러류   ④ 오동나무

> ✿┃note 오동나무
> ㉠ 우리나라에서 생산되는 목재 중 가장 가볍다.
> ㉡ 나뭇결이 곱고 갈라지거나 비틀리지 않아 고급포장재, 건축재, 가구재, 악기, 운동기구, 단판재로 쓰인다.
> ㉢ 잎은 제충제로 껍질 염료로 쓰인다.
> ㉣ 내충·내습·내부성이 강하다.

8 다음 중 헛물관으로 구성된 수종은?

① 벚나무   ② 포플러

③ 은행나무   ④ 갈참나무

> ✿┃note 헛물관은 침엽수의 관다발 특징으로 길이가 긴 섬유로 되어 있다. 그래서 침엽수는 펄프 원료로 알맞고, 펄프의 수율이 활엽수보다 월등히 높다. 침엽수종으로는 은행나무, 주목, 소나무, 향나무, 측백나무, 낙엽송, 삼나무 등이 있다.

9 다음 중 줄기의 색깔이 검고 열매는 2년만에 익으며 잎은 거칠고 날카로우며 바늘모양인 수종은?

① 신갈나무
② 떡갈나무
③ 갈참나무
④ 상수리나무

> **note** 상수리나무
> ㉠ 낙엽교목이며 생장이 빠르다.
> ㉡ 높이 크는 수종은 수고가 20m, 흉고직경이 1m에 이른다.
> ㉢ 나무껍질은 흑회색으로 갈라지고 잎은 넓고 길며 뾰족한 톱니가 있다.
> ㉣ 뒷면에는 황록색의 짧은 털이 있으나 점차 떨어진다.
> ㉤ 잎자루에는 털이 없고 열매는 이듬해에 익는다.
> ㉥ 목재가 단단하고 열매인 도토리는 식용으로 이용된다.
> ㉦ 주로 북부지방에서 많이 자란다.

10 다음 중 메타세쿼이아의 원산지로 옳은 것은?

① 독일
② 중국
③ 미국
④ 일본

> **note** 메타세쿼이아
> ㉠ 중국이 원산으로 낙우송 같이 크게 자란다.
> ㉡ 습지에 강한 특성이 있다.
> ㉢ 낙우송은 잎이 어긋나는 호생인데 비해 메타세쿼이아는 작은 가지에 잎이 마주 나는 대생이다.

11 다음 중 헛물관에 있는 구멍을 통하여 양분을 함유한 성분이 운반되는 수종은?

① 소나무
② 오리나무
③ 박달나무
④ 상수리나무

> **note** 헛물관은 침엽수의 특징으로 은행나무, 소나무, 향나무, 주목, 측백나무, 낙엽송, 삼나무 등이 여기에 속한다.
> ※ 침엽수 … 암꽃의 구조에서 씨방이 없어 밑씨가 노출되어 있으며 관다발은 발달하나 도관이 없고 가도관(헛물관)이 있으며 체관에는 반세포가 없다.

12 다음 열거한 수종 중 난대림의 식재수종으로 옳지 않은 것은?

① 후박나무

② 가시나무류

③ 동백나무

④ 전나무

✦**note** 난대림 … 연평균 기온이 14℃ 이상인 지역의 산림으로 주요 수종으로 상록활엽수인 녹나무, 동백나무, 돈나무, 가시나무류, 사철나무, 후박나무 등이 있다.

13 다음 중 활엽수를 설명한 것으로 옳은 것은?

① 잎은 바늘모양 또는 비늘모양을 하고 있다.

② 잎맥이 그물모양으로 되어 있다.

③ 목재는 주로 헛물관으로 되어 있다.

④ 밑씨가 노출되고 씨방이 없다.

✦**note** ①③④ 침엽수에 대한 설명이다.

※ 활엽수의 특징

㉠ 잎이 넓고 그물모양으로 배열되어 있으며 밑씨가 씨방 속에 있는 속씨식물에 속한다.

㉡ 원줄기가 곧지 못하고 많은 가지가 나와 수관이 넓게 퍼져 일정면적에 많은 나무를 심기가 어렵다.

㉢ 목재는 도관을 가지고 있어 도관수종이라고도 하며 섬유가 짧다.

㉣ 나무가 무겁고 특수한 무늬를 가지고 있어 아름답고 목재로서의 가치가 높다.

㉤ 가을에는 단풍이 들어 조경수종으로 가치가 높다.

㉥ 열대 · 난대지역에 많이 서식한다.

14 두 개의 상이한 생태계가 만나는 지점으로 종 구성이 풍부한 지역은?

① 추이대

② 한계선

③ 점이지대

④ 고류지대

✦**note** 추이대 … 두 생태계가 접하는 지역을 말하며 양쪽 생태계의 생물들이 함께 살고 있어 종의 종류가 다양하다.

15 다음 중 소나무에 대한 설명으로 옳은 것은?

① 상록침엽교목이며 겨울눈이 회백색이고 잎은 거칠며 2엽속생이다.

② 상록침엽교목이며 겨울눈이 적갈색이고 잎은 부드러우며 2엽속생이다.

③ 상록침엽교목이며 재질이 좋고 심재가 담홍색이기 때문에 홍송이라고 한다.

④ 수피는 적갈색이며 잎의 기공선에 Y자모양이 있다.

> **note** ① 해송 ③ 잣나무 ④ 편백(노송나무)
>
> ※ 소나무
> ㉠ 우리나라의 대표수종으로 가장 넓은 분포면적을 차지하고 예부터 가꾸고 이용해온 귀중한 수종이다.
> ㉡ 상록침엽교목이고 수피가 적갈색이나, 보통 줄기 아래쪽은 잿빛 나는 검은색을 띤다.
> ㉢ 겨울눈은 적갈색이고 잎은 부드러우며, 꽃은 4월에 피어 이듬해 가을에 결실한다.
> ㉣ 잎은 2개씩 난다.
> ㉤ 건조한 곳에서도 비교적 잘 자란다.

16 다음 중 은백양과 수원사시나무의 교잡종으로 포플러류에서 가장 재질이 단단한 수종은?

① 양버들   ② 수원포플러

③ 은사시나무   ④ 양황철나무

> **note** 은사시나무 … 은백양과 수원사시나무의 자연잡종으로 포플러류 중에서 가장 재질이 단단하다.

17 다음 중 산림의 식물대에 대한 설명으로 옳은 것은?

① 기후상태가 위도와 해발고도에 따라 띠모양으로 달라지는 것을 말한다.

② 기후와 토양인자가 적합하지 않기 때문에 나무가 수풀을 만들지 못하고 드물게 서 있는 곳을 말한다.

③ 수풀을 만들 수 있는 한계를 말한다.

④ 활엽수림과 침엽수림의 경계를 말한다.

> **note** ① 산림 식물대 ② 수목한계 ③ 산림한계

Answer   15.②   16.③   17.①

18 다음 중 식물분류학에서 침엽수와 활엽수를 구분하는 것의 기준으로 옳은 것은?

① 수피   ② 잎

③ 가지의 형태   ④ 꽃

> ✿ note   침엽수와 활엽수의 구분 … 잎의 넓이로 구분하는데 일반적으로 겉씨식물은 잎이 좁아서 침엽수라 하고, 속씨식물은 잎이 넓어서 활엽수라 한다.

19 다음 중 침엽수에 대한 설명으로 옳지 않은 것은?

① 수관의 모양이 원추형에 가깝다.

② 목재의 재질이 대체적으로 무겁고 단단하다.

③ 일반적으로 줄기가 밋밋하고 곧다.

④ 숲땅을 차지하는 면적이 적어 용재생산에 적당하다.

> ✿ note   침엽수의 특징
> ㉠ 보통 수관의 모양이 원추형에 가깝고 줄기가 곧다.
> ㉡ 땅의 점령면적이 좁고 용재생산에 알맞다.
> ㉢ 대체적으로 재질이 연하고 가벼우며, 펄프재, 건축재 포장용으로 적당하다.
> ㉣ 섬유의 이용에 알맞고, 수지를 목적으로 하는 건류가 행해진다.
> ㉤ 섬유의 길이가 길고 가도관을 가진다.
> ㉥ 온대 · 한대에 많다.

20 다음 중 은백양의 특성으로 옳은 것은?

① 잎자루가 넓적하고, 겨울눈에 광택이 있다.

② 잎자루가 둥글고, 겨울눈에 흰털이 있다.

③ 잎자루가 넓적하고, 겨울눈에 끈끈한 물질이 있다.

④ 잎자루가 넓적하고, 겨울눈에 광택이 있으며, 가지의 발근성이 매우 좋다.

> ✿ note   ① 미루나무 ③ 사시나무 ④ 양버들

21 다음 중 소나무와 해송을 외관상 구별하는 데 결정적인 요인으로 옳은 것은?

① 수피와 겨울눈
② 잎의 수
③ 꽃과 잎의 색깔
④ 잎의 생장속도

> ✿note 소나무와 해송의 구별 … 소나무의 수피와 겨울눈은 적갈색이고 잎은 부드러우며 해송의 수피는 검고 겨울눈은 흰색을 띠며, 잎이 더 거칠고 단단하다.

22 다음 중 잎이 2개씩 나오는 소나무로 옳은 것은?

① 섬잣나무
② 테다소나무
③ 해송
④ 스트로브잣나무

> ✿note 소나무류의 분류
> ㉠ 잎이 2개씩 나는 수종 : 해송(곰솔), 소나무, 반송, 방크스소나무 등
> ㉡ 잎이 3개씩 나는 수종 : 테다소나무, 리기다소나무, 리기테다소나무 등

23 다음 중 1개의 관다발을 가진 것으로 옳지 않은 것은?

① 잣나무
② 섬잣나무
③ 스트로브잣나무
④ 리기다소나무

> ✿note ④ 관다발이 2개인 것으로 여기에 소나무, 해송 등이 있다. 일반적으로 잎이 2 ~ 3개씩 나는 계통이다.

24 다음 중 우리나라가 주로 수입하는 목재로 옳지 않은 것은?

① 북양재
② 뉴질랜드의 침엽수재
③ 열대 목재
④ 서유럽의 침엽수재

> ✿note 우리나라의 수입목재 … 우리나라는 주로 말레이시아, 파푸아뉴기니 등에서 수입하는 열대목재, 캐나다 · 미국 및 러시아에서 수입하는 북양재, 그리고 뉴질랜드 등에서 수입하는 침엽수재 등이 있다.

25 다음 중 우리나라에서 평균 기온이 14℃ 이상인 곳의 산림대는?

① 난대림　　　　　　　　　　② 한대림

③ 온대 중부림　　　　　　　　④ 온대 북부림

> note 난대림 … 연평균 기온이 14℃ 이상인 지역으로 북위 35° 이남의 남해안 지방과 제주도 및 그 밖의 남쪽 섬지역에 분포한다.

26 다음 중 우리나라에서 가장 넓은 면적을 가진 산림대로 옳은 것은?

① 열대림　　　　　　　　　　② 온대림

③ 한대림　　　　　　　　　　④ 난대림

> note 온대림 … 백두산, 개마고원 및 일부 고산지역을 제외한 우리나라 전역에 해당된다. 위도상으로는 북위 35° ~ 43°에 해당하는 지역이다.

27 다음 중 온대림에서 병충해를 막기 위한 혼료림의 수종으로 옳은 것은?

① 소나무와 참나무　　　　　　② 잣나무와 아카시아

③ 낙엽송과 포플러　　　　　　④ 가문비나무와 낙엽송

> note 온대림 내에 가문비나무나 소나무류가 자랄 경우에는 목재부후균에 대한 저항력이 크게 나타난다.

28 다음 참나무류 중 코르크의 원료를 생산하는 수종으로 옳은 것은?

① 갈참나무　　　　　　　　　② 신갈나무

③ 떡갈나무　　　　　　　　　④ 굴참나무

> note 참나무속
> ㉠ 백색 계통 : 열매가 당년에 익는 것으로 떡갈나무, 신갈나무, 졸참나무, 갈참나무가 속한다.
> ㉡ 흑색 계통 : 열매가 꽃 핀 이듬해에 익는 것으로 굴참나무, 상수리나무가 있다. 이 중 굴참나무는 코르크의 원료로 사용된다.

Answer　25.①　26.②　27.①　28.④

29 다음 수종 중 결실연령이 옳지 않은 것은?

① 삼나무 – 30년

② 소나무 – 30년

③ 리기다소나무 – 7년

④ 단풍나무 – 35년

✿note ② 소나무의 결실연령은 약 15년 정도이다.

30 다음 중 죽순의 맛이 좋고 굵게 자라는 대나무로 옳은 것은?

① 오죽

② 솜죽

③ 왕대(참대)

④ 맹종죽(죽순대)

✿note 맹종죽(죽순대)
ⓐ 줄기 : 자란 첫해에는 녹색이나 굳으면서 황록색을 띤다.
ⓑ 마디가 1륜상이고 할렬성이 나쁘다.
ⓒ 5월경 나오는 죽순은 맛이 좋아 식용으로 이용한다.
ⓓ 죽피 : 검정색의 반점이 있고 거친 털이 난다.

31 다음 중 참나무속에 속하는 나무로 옳지 않은 것은?

① 밤나무

② 신갈나무

③ 가시나무

④ 상수리나무

✿note 참나무속의 종류 … 굴참나무, 신갈나무, 상수리나무, 졸참나무, 떡갈나무, 갈참나무, 가시나무류 등이 있다.

Chapter

02

제1편 조림 일반

산림과 환경

1 산림과 인간생활

① 산림의 이해

(1) 산림

① 산림은 숲과 같은 뜻으로 사용되고 있는 것으로, 관목 임지, 방목지, 황야지, 수택지와 같은 여러 가지의 형태가 포함되며, 경영으로 얻을 수 있는 생산물 또한 다양하다.

② 산림은 인간에게 목재, 물, 물고기, 들짐승, 가축, 휴양처 등을 제공해준다.

③ 산림은 임분과 비교되고 나무가 모여서 서 있는 곳으로 해석된다.

④ 임분은 수령상·수종상·밀도상 또 환경인자로 보아 동질성을 띠고 그것이 작업단위로 이루어지고 있는 것을 나타낸다.

⑤ **숲의 유지** … 생물들은 필연적으로 다른 생물의 도움을 받아야 하고, 또 그 자신은 다른 생물에게 도움을 주거나 희생이 되면서 숲을 유지해 나간다.

(2) 산림의 조화와 균형

① **과거** … 경영의 목적을 목재생산만으로 해서 나무를 심고 산림을 가꾸었다.

② **미래** … 다목적인 경영목표로 산림이 인간에게 주는 공공적 이익과 여러 가지 산물을 중요하게 여겨야 한다.

② 산림의 효용

(1) 직접효용

① **개념** … 목재, 나무껍질, 잎, 열매 등의 유기물질을 직접 이용하는 것을 말한다.

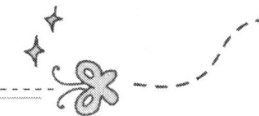

② **우리나라 목재의 현황**

ㄱ 목재는 나무의 줄기에서 얻는데, 지금까지 주로 나무줄기를 얻기 위해서 산림을 경영해 왔다.

ㄴ 목재는 산업의 발달, 인간의 주생활·문화생활을 위해서 필요불가결하나, 현재 우리나라는 자력으로 연간 필요한 목재를 공급하지 못하고, 외국에서 대부분을 수입해 오는 실정이다.

③ **목재의 직접효용**

ㄱ 목재의 가공을 통해서 고급가구로 이용할 수 있다.

ㄴ 목재는 합판의 제조원료, 탄광에서 갱목으로 이용된다.

ㄷ 종이의 제조원료인 펄프를 만드는 데 사용된다.

ㄹ **나무의 종류에 따른 효용**

• 떡갈나무 잎 : 떡을 싸는 데 사용된다.

• 은행나무 잎 : 성인병 치료용 약의 원료로 사용된다.

• 굴참나무의 껍질 : 코르크를 생산하여 포도주 병마개로 이용된다.

• 밤, 호두, 은행, 개암나무 : 식용열매를 제공해 준다.

ㅁ **농촌** : 산림에서 땔감의 재료를 얻었다.

ㅂ **최근** : 석유의 대체에너지원 중의 하나인 생물에너지 생산원으로 크게 대두되고 있다.

(2) 간접효용

① **수원의 함양능력 보호·홍수발생의 방지**

ㄱ 산림이 만들어진 곳에는 땅에 낙엽이 쌓이게 되므로 큰 비가 내려도 많은 물을 간직할 수 있다.

ㄴ 땅속의 뿌리 틈을 따라 깊게 물이 들어가게 되어 홍수나 산사태의 발생을 예방할 수 있다.

ㄷ 깨끗한 물의 공급과 수자원 조절 등의 역할을 한다.

② **쾌적한 대기 유지·발달**

ㄱ 나무의 광합성 작용으로 이산화탄소의 흡수와 산소의 배출이 이루어진다.

ㄴ 나무가 유기물 1kg을 생산할 때 약 1.5kg의 이산화탄소를 흡수하고 1.1kg의 산소를 배출하게 된다.

ㄷ 도시 주변의 숲은 시민들에게 맑은 공기를 제공해 준다.

ㄹ 오염물질을 도시 안의 수목이 흡착·흡수해서 위생적이고, 쾌적한 환경을 만들어 준다.

③ **필수적인 무형적 복지의 제공**

ㄱ 고도의 산업화 사회로 인해 사람들이 산으로 찾아가 자연을 즐기고 휴식을 취하려는 경향이 높아지고 있다.

ㄴ 앞으로 관광과 레크레이션의 목적으로 산림을 찾는 사람들이 계속 늘어날 것이다.

④ **야생동물, 곤충, 미생물, 어류, 조류의 먹이와 서식지 제공** … 숲은 야생동물의 서식처로 인간도 온갖 야생동물과 이웃해서 살아갈 때 사회의 건전화와 안정을 이루게 된다.

⑤ **기타 간접효용**

    ㉠ 산림이나 농경지에 발생률이 큰 해충은 각종 새들에 의해 그 수를 낮게 유지시킬 수 있다. 그 결과로 환경오염물질인 살충제의 사용량을 줄일 수 있게 된다.

    ㉡ 나쁜 기상조건의 완화에 도움을 준다.

    ㉢ 바람의 피해는 물론 농경지의 건조를 막아 농산물의 생산증가 등의 효과가 있다.

    ㉣ 소음을 감소시키거나 막아주는 역할을 한다.

    ㉤ 공기나 토양 중의 오염물질과 대기 중의 분진도 빨아들여 대기를 깨끗하게 만들어 주므로 산림으로 인해 밝고 아름다운 인간사회가 이루어질 수 있게 된다.

③ 산림과 인간생활

(1) 인간생활과 산림의 영향

① 인간사회가 농경화·산업화·도시화가 되기 이전의 모든 인간은 의식주 활동을 산림에 의존했었다. 따라서, 산림은 인간활동의 터전이고, 문명발달의 원천이었다.

② **인간의 초기생활** … 자연의 초목을 식량으로 이용하는 원시생활에서 점차 문명의 발달로 인해 농경이 시작되고 식량을 효율적으로 관리하면서부터 생산과 저장이 가능해 졌다.

③ **인구증가로 인한 산림의 변화** … 인구가 증가함에 따라 식량의 소비가 증가해 농경지 확장이 불가피하게 되어 주변의 산림을 개간해서 농토를 만들어 갔다. 그로 인해 산림의 면적이 점차 줄어들었다.

(2) 산림조성의 의미

① **산림의 중요성 인식** … 지구상에서 인간이 살아가기 위해선 산림이 꼭 있어야 하고, 산림면적이 최소의 한계를 넘어서 줄어들면 인간의 생존이 어렵게 된다는 사실을 깨닫게 되었다. 현재 산림이 인간의 생활환경과 생활물질을 얻는 곳으로 중요하다는 것을 다시 인식하게 되었다.

② **산림인식의 변화**

    ㉠ 과거 : 목재, 나뭇잎, 나무껍질, 열매, 버섯, 수액 등을 공급해 주는 장소로만 생각했다.

    ㉡ 현재 : 인간성의 회복에 큰 영향을 미치는 점의 가치를 높게 평가한다.

③ 산림조성의 의미

　ⓐ 국가적·사회적 가치가 대단히 크다.

　ⓑ 질서를 지키고 평화를 존중하는 국민성을 형성시켜준다.

　ⓒ 인간의 심성을 깨끗하게 해주고 마음을 한없이 즐겁게 해 준다.

2 산림자원의 현황

① 우리나라 산림의 현황과 전망

(1) 우리나라 산림현황

① 산림면적

　ⓐ 대한민국의 산림면적 : 국토의 약 65%로 646ha이다.

　ⓑ 국민 1인당 산림면적 : 세계적으로 보아 매우 낮은 0.2ha이다.

　ⓒ 국가의 산림상태

　　• ha당 축적량, ha당 연간 생산량으로 나타낸다.

　　• 우리나라의 ha당 임목 축적량 : $43m^3$(1994년 기준)

　　　　★TIP 임업 선진국 … $80 \sim 270m^3$

　　• ha당 연간 생산량 : $1m^3$

　　　　★TIP 주요 임업 국가 … $3 \sim 6m^3$

② 목재 소비량(1994년 기준)

　ⓐ 연간 목재 소비량 : 약 $1,000만m^3$

　ⓑ 수입량 : 87%

　ⓒ 자급률 : 13% 정도이다.

③ 산림분야의 우선과제

　ⓐ 우리나라 산림분야의 우선과제는 빨리 헐벗은 산을 푸르게 할 수 있어야 한다는 것이었다.

　ⓑ 정부차원에서 수립한 1, 2차 치산 녹화 10개년 계획은 국민의 적극적인 참여의 유도와 임업인들이 끊임없이 노력한 결과 성공적으로 완성되었다.

　ⓒ 황폐지를 복구하려는 목적으로 리기다소나무, 포플러류, 오리나무, 아카시아, 싸리나무 등의 수종을 주로 하여 빨리 자라는 수종, 땔감생산에 적합한 수종을 선택해서 심었다.

(2) 우리나라 산림의 전망

① **산지 자원화 계획** ··· 1988년부터 시작하여 산을 산림자원을 생산하는 공장으로 전환하고, 목재의 생산을 증대하며 여러 가지 부산물 및 특수산물을 생산하도록 한다. 이러한 산지 자원화 계획으로 인해 산 속에 있는 농가에도 소득을 높일 수 있도록 한 정책이다.

② **미래 산림 전망** ··· 21C에는 소득수준이 향상되고 복지산업에 대한 국민의 요구도가 더욱 커질 것이다. 이는 목재의 요구도 더욱 많아져, 깨끗한 공기와 맑은 물, 건전한 휴식과 문화공간의 기능도 높아짐으로써 산림의 역할이 증가될 것으로 예상된다.

② 세계의 산림현황과 전망

(1) 세계의 산림면적

① 지구의 양극을 제외한 지표면적의 약 22%가 산림에 해당한다.

② **총산림면적** ··· 4,030백만ha

③ **목재자원으로 조성한 면적** ··· 2,563백만ha

④ **총산림축적량** ··· 3,720억m³

> **TIP** 2000년대에는 목재간 자원이 되는 면적이 현재의 83%인 2,117백만ha로 줄어드는데, 이것은 개발도상국이 선진국보다 크게 줄어들 것으로 추정하고 있다. 총 축적량에 있어서도 현재의 77% 정도인 2,530억m³로 감소될 것으로 예상하는데, 이것 또한 개발도상국에서 크게 감소될 것으로 추정한다.

(2) 세계의 산림지역

① **열대 활엽수림**

　㉠ 세계 산림의 전체에서 50% 정도를 차지한다.

　㉡ 강수량의 계절적 분포와 총 강수량에 따라 식생밀집의 밀림부터 가시덤불의 산림이나 초원에 몇 그루의 나무만 있는 사바나(Savana)까지 모든 형태의 산림을 말한다.

② **온대 활엽수림**

　㉠ 세계 산림의 전체에서 15%에 해당한다.

　㉡ 북반구에 잘 자라는 수종에는 참나무류, 밤나무, 너도밤나무가, 남반구에는 유칼립투스, 아카시아 등이 있다.

　㉢ 수관이 잘 발달되어 있고, 성숙목의 수고는 23 ~ 30m에 이른다.

      ⓔ **열대 활엽수림과 차이점**
- 산림층이 뚜렷하고 겨울에 낙엽이 진다.
- 덩굴식물과 지표식물이 적다.

      ⓜ **분포** : 주로 온대지방에서 연 강우량이 60mm 이상인 지역으로 계절적으로 균일하게 분포되어 있다.

      ⓗ 토양조건에 반응이 예민하기 때문에 토양의 비옥도가 높고, 배수가 잘 되며, 깊이가 깊은 지역에서 잘 자란다.

③ **침엽수림**

      ㉠ 세계 산림의 전체면적의 35%를 차지하고 산림 중에서 가장 중요하다.

      ㉡ 한 나무의 생장률을 봤을 때에는 크게 높지 않지만 ha당 그루수가 많고, 치사율이 낮아 면적당 순생장량이 매우 크다.

      ㉢ 세계 전체 산림면적의 1/3을 차지하는 데 목재의 성질 및 산림의 형태로 볼 때 매우 중요한 산림이다.

      ㉣ 용재림의 재적으로 보면 지구상에서 가장 생산성이 높다.

(3) 우리나라의 주요 목재 수입경로와 전망

① **우리나라 목재 수입경로**

      ㉠ 일반적으로 외국에서 목재를 수입한다.

      ㉡ **북양재** : 미국, 캐나다 및 러시아로부터 수입한다.

      ㉢ **열대목재** : 파푸아뉴기니, 말레이시아 등에서 수입한다.

      ㉣ **침엽수재** : 뉴질랜드에서 수입한다.

② **목재 수입의 전망**

      ㉠ 각국의 여러 가지 규제로 인해 앞으로 직접 원목의 수입이 매우 어려울 전망이다.

      ㉡ 열대지역이나 오스트레일리아, 뉴질랜드 지역에 생장이 매우 빠른 수종을 계약해서 조림하여, 목재를 직접 우리가 이용할 수 있도록 하는 준비가 필요하다.

      ㉢ 우리나라의 몇몇 회사에서는 1960년대부터 인도네시아, 말레이시아 등의 해외에서 현지 조림을 실시하고 있다.

      ㉣ 국가적인 차원에서 현지조림이나 계약조림 등에 적극적으로 지원하는 것이 필요하다.

      ㉤ 우리나라와 다른 기후의 지역에서 자라는 열대, 한대 수종들의 생리와 조림에 대한 이해가 필요하다.

02 출제예상문제

1 다음에서 1kg당의 유기물을 생산하는데 필요한 이산화탄소의 흡수량과 산소의 배출량은?

① 약 1.2kg의 이산화탄소를 흡수하고, 1.5kg의 산소를 내놓는다.

② 약 1.5kg의 이산화탄소를 흡수하고, 1.2kg의 산소를 내놓는다.

③ 약 2kg의 이산화탄소를 흡수하고, 1.2kg의 산소를 내놓는다.

④ 약 3kg의 이산화탄소를 흡수하고, 1.2kg의 산소를 내놓는다.

> **note** 산림의 공기정화기능으로 나무는 1kg의 유기물을 생산하는 데 약 1.5kg의 이산화탄소를 흡수하고, 1.1 ~ 1.2kg의 산소를 내놓는다.

2 다음 중 수원함양, 풍치, 토양보존 등의 목적으로 경영되는 수목은?

① 단순림   ② 동령림

③ 보안림   ④ 경제림

> **note** 보안림
> ㉠ 토사의 유출, 붕괴 및 비사의 방비
> ㉡ 생활환경의 보호, 유지 및 증진
> ㉢ 수원의 함양
> ㉣ 어류의 유치, 증식
> ㉤ 공중의 보건
> ㉥ 명소 또는 고적, 기타 풍치의 보존
> ㉦ 낙석의 방비

Answer 1.② 2.③

3 방음목적으로 수림대를 조성할 경우 적합하지 않는 수목은?

① 상록수

② 지하고가 낮은 수목

③ 잎이 치밀한 수목

④ 수는 적지만 잎이 큰 수목

> **note** 방음림에 이용되는 수목은 잎의 수가 많고 크기가 작은 수목을 선택한다.
> ※ 방음림
> ㉠ 잎이 많고 겨울에도 잎이 달려있는 상록성 숲
> ㉡ 높은 수고 유지(수림대 위쪽으로 회절하여 밑으로 내려오는 소리를 약화시키기 위해)
> ㉢ 임목의 본수 밀도가 높고 지하고가 낮은 임분(가장 중요한 인자) 수고와 지하고가 높은 임분에서는 하층목을 도입하여 다단림 형성

4 다음 중 산림의 간접효용으로 옳지 않은 것은?

① 공기를 정화시켜 준다.

② 자연의 모든 생물에게 에너지를 제공해 준다.

③ 코르크를 생산하여 포도주 병마개로 이용한다.

④ 홍수가 발생하는 것을 방지해 준다.

> **note** ③ 산림의 직접효용이다.
> ※ 산림의 간접효용
> ㉠ 홍수발생의 방지기능과 수원의 함양
> ㉡ 휴양기능
> ㉢ 방음기능
> ㉣ 공기의 정화기능
> ㉤ 야생동물의 보호기능
> ㉥ 기상조건 완화기능
> ㉦ 자연의 핵심으로 모든 생물에게 에너지 제공

Answer 3.④ 4.③

5 다음 중 우리나라가 열대목재를 주로 수입하는 국가로 옳은 것은?

① 미국 ② 캐나다
③ 뉴질랜드 ④ 말레이시아
⑤ 러시아

note ①②⑤ 북양재를 수입한다.
③ 침엽수를 수입한다.

6 다음 중 전 세계 산림면적의 1/3을 차지하고 목재생산성이 가장 높아 상업상 유망한 산림지역으로 옳은 것은?

① 침엽수림 ② 온대 활엽수림
③ 열대 활엽수림 ④ 난대 활엽수림

note 산림지역

㉠ 열대 활엽수림
- 전 세계 산림의 50% 정도이다.
- 총강수량과 강수량의 계절적 분포에 따라 식생이 밀집된 밀림으로부터 가시덤불의 산림이나 초원에 몇 그루의 나무만 있는 사바나(Savana)에 이르기까지 모든 형태의 산림을 말한다.

㉡ 온대 활엽수림
- 전 세계 산림의 15%에 해당한다.
- 열대 활엽수림과는 달리 산림층이 뚜렷하고, 겨울에는 잎이 떨어지며, 덩굴식물 등이 적은 것이 특징이다.
- 북반구에는 참나무류, 밤나무, 너도밤나무가 잘 자라고 남반구에는 유칼립투스, 아카시아가 잘 자란다.

㉢ 침엽수림
- 전 세계 산림의 35%이다.
- 지구상의 전체 산림면적의 1/3로 목재의 성질이나 산림의 형태로 볼 때 매우 중요하다.
- 한 나무의 생장률은 크게 높지 않지만 ha당 그루수가 많고, 살아 있는 비율이 높아서 면적당 순생산량이 매우 크다.
- 목재를 생산하는 산림으로서 가장 생산성이 높아 상업적으로 유망하다.

Answer 5.④ 6.①

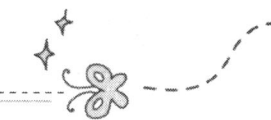

7 다음 중 우리나라 산림현황으로 옳지 않은 것은?

① ha당 연간생산량은 3 ~ 6m^3 정도이다.
② ha당 임목축적은 국유림이 사유림보다 많다.
③ 우리나라의 ha당 임목축적량은 43m^3 정도이다.
④ 1인당 산림면적은 0.2ha로서 타국가에 비해 매우 낮다.

> ✿**note** 우리나라의 산림현황
> ㉠ 산림면적은 약 646만ha로서 국토의 약 65%에 해당한다.
> ㉡ 국민 1인당 산림면적은 0.2ha 이하로 매우 낮다.
> ㉢ ha당 임목축적량은 43m^3 정도로 추정된다.
> ㉣ ha당 연간생산량은 1m^3 정도이다.

8 다음 중 혼효림의 장점으로 옳은 것은?

① 무기 양료가 집적된다.
② 유기물 분해가 느리게 일어난다.
③ 혼효림 내의 기후상태의 변화폭이 넓다.
④ 여러 피해에 대한 저항력이 증가한다.
⑤ 토양 단면에 대한 공간적 이용이 떨어진다.

> ✿**note** 혼효림의 장점
> ㉠ 심근성 수종과 천근성 수종이 혼생할 때 바람에 대한 저항성이 증가한다.
> ㉡ 토양 단면에 대한 공간적 이용이 효과적으로 된다.
> ㉢ 수관에 의한 공간의 이용이 효과적으로 된다.
> ㉣ 유기물의 분해가 더 빨라져 무기 양료의 순환이 더 잘 된다.
> ㉤ 각종 피해인자에 대한 저항력이 증가한다.
> ㉥ 혼효림 내의 기후상태의 변화폭이 좁아진다.
> ㉦ 천연갱신이 용이하고 입지이용도가 높다.

9 다음 중 비교적 넓은 지역에서의 울폐도를 지니고 있는 수목의 집단은 무엇인가?

① 군집

② 산림

③ 임분

④ 수풀

> ✿**note** ① 생태학에서의 나무의 집단을 뜻하는 말로 다양한 생명체와 무기환경이 유기적인 관련을 지닌다.
> ③ 특정한 특징을 지닌 나무의 집단으로 수종·환경 등이 동질성을 가진 일정한 면적을 말한다.
> ④ 나무가 모인 집단을 말하며 여러 가지 환경의 반응으로 생긴 생물사회와 생물사회의 영향을 받아 이루어진 환경 사이의 조화라고 할 수 있다.

10 다음 중 산림의 직접효용으로 옳은 것은?

① 휴식처로서의 기능을 한다.

② 야생동물을 보호한다.

③ 수원의 함양과 홍수발생의 방지기능을 한다.

④ 합판의 제조원료나 탄광에서의 갱목으로 이용된다.

> ✿**note** 직접효용…목재, 열매, 나무껍질 등 나무가 생산한 유기물질을 직접 이용하는 것이다.
> ①②③ 산림의 간접효용이다.

11 다음 중 인공조림시 단순림의 장점으로 옳지 않은 것은?

① 경관상 더 아름다울 수 있다.

② 임분을 형성할 때 가장 유리한 수종만으로 할 수 있다.

③ 유기물의 분해가 더 빨라져 무기 양료의 순환이 더 잘 된다.

④ 임목의 벌채비용과 시장성이 유리하게 될 수 있다.

⑤ 산림작업이 간편하여 경제적으로 수행될 수 있다.

> **note** 인공조림시 단순림의 장점
> ㉠ 가장 유리한 수종만으로 임분을 형성할 수 있다.
> ㉡ 임목의 벌채비용과 시장성이 유리하게 될 수 있다.
> ㉢ 산림작업과 경영이 간편하여 경제적으로 수행될 수 있다.
> ㉣ 양수로 순림을 만들면 엽량생산이 증가되므로 사료로 이용될 때에는 그만큼 유리하게 된다.
> ㉤ 경관상으로 더 아름다울 수 있다.

제1편 조림 일반

임목의 생육과 환경

1 임목의 생리와 생태

① 나무의 생장

(1) 나무의 생장과 수분

① **나무의 수분**

ㄱ 식물체를 구성하는 주성분은 수분으로 광합성에 필요한 기본적인 원료이고 증산을 통해 수체의 온도를 조절해 준다.

ㄴ 토양의 수분은 토양 속 양분을 용해시키고 나무생리에 필요한 수분을 공급해 주며 임목은 뿌리로부터 광물질이온을 흡수한다.

② **나무의 생장**

ㄱ 영양생장 : 잎, 줄기, 뿌리가 자라서 개체가 성장하는 것이다.

ㄴ 생식생장 : 꽃과 열매에서 종자를 생산해 다음 세대를 만드는 것이다.

③ **나무와 부피생장**

ㄱ 분열조직에 의해 나무의 키가 자라고 줄기의 지름이 커진다.

ㄴ 분열조직이 위치하는 곳은 줄기와 뿌리 끝 부분의 생장점과 줄기의 부름켜(형성층)이다.

ㄷ 나무는 각 부분에 따라서 생장속도나 생장시기가 서로 달라진다.

ㄹ 기후조건에 따라서 생장하는 형태가 달라진다.

ㅁ 온대와 한대지방에서의 생육기간은 정해져 있지만 열대지방은 생육기간이 정해져 있지 않고 연중 생장이 가능하다.

④ **나무의 발아와 생장**

ㄱ 씨앗에서 내부의 저장물질을 변화시켜 씨눈의 크기가 빠른 속도로 커져 발아하기 위해서는 온도, 수분, 산소 및 광선 등의 조건이 알맞아야 한다.

ㄴ 발아 후 어린 뿌리와 어린 줄기가 나오게 되고 떡잎에 저장된 저장물질과 떡잎이 하는 광합성으로 탄수화물과 유기물을 이용하여 본 잎과 줄기 및 뿌리의 생장이 본격적으로 이루어진다.

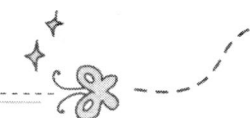

ⓒ **길이생장** : 어린 묘목에서 줄기 끝의 생장점에서 분열조직의 분열이 활발하게 이루어져 새로운 잎과 줄기가 성장하게 된다.

ⓔ **지름생장** : 줄기의 형성층에서 안쪽은 물관, 바깥쪽은 체관세포를 만들어 줄기의 부피가 커지게 된다.

⑤ **나무의 구성**

㉠ **수관** : 잎들이 모여 수관을 이루고 해마다 가지가 생장하여 높아지고 넓어진다.

㉡ **잎**
- 유기물질의 생산기관으로 엽록소를 가진다.
- 토양으로부터 태양에너지를 이용해 물과 공기 중의 이산화탄소(CO_2)로 탄수화물을 생산한다.

ⓒ **줄기**
- 물질의 저장이나 이동통로로, 껍질에 싸여 보호되고 있다.
- 수관을 지지하고 목재를 생산한다.

ⓔ **뿌리** : 땅 속으로 퍼져 지상부를 지지, 고정시키는 역할을 하고 물과 양분의 흡수·이동시키는 역할도 한다.

(2) 줄기의 생장

① **나무의 지름생장**

㉠ 나무의 지름생장은 나무줄기에 있는 형성층 조직이 광합성 산물을 이용하여 병층분열과 수층분열을 하면서 줄기 안쪽에 물관세포, 바깥쪽에 체관세포를 만들어 가면서 이루어지게 된다.

㉡ **병층분열** : 물관과 체관을 형성하는 것이다.

ⓒ **수층분열** : 형성층과 세포수를 증가시키는 것이다.

② 나무줄기의 성장은 생장주기, 끝눈의 유무와 역할, 줄기의 형태 등으로 나눌 수 있다.

③ 수종에 따라 줄기의 자라는 속도가 다른데 이는 유전에 의한 것으로 줄기생장형이 고정되어 있기 때문이다.

④ **유한생장** … 소나무류와 같이 끝눈이 뚜렷하며 한 가지당 1년에 끝눈이 형성되어 자라는 횟수가 1회 또는 2~3회인 생장을 말한다.

⑤ **무한생장** … 버드나무나 느릅나무와 같이 끝눈의 형성이 이루어지지 않고 줄기가 자라다가 끝이 죽고, 끝눈의 역할을 맨 위쪽의 곁눈이 하여 이듬해 봄에 다시 줄기로 자라는 것을 말한다.

⑥ **정아우세**

㉠ **개념** : 끝눈이 뚜렷이 곁눈보다 잘 자라는 현상을 말한다.

㉡ 정아우세가 나타나는 나무는 대체로 뾰족한 원뿔모양의 수형을 가지지만 정아우세가 뚜렷하지 않거나 없는 수종늘은 공모양의 수형을 가지게 된다.

⑦ **줄기생장**

　　㉠ **고정생장** : 전년도에 형성된 눈에 줄기의 생장이 이미 결정되어 있는 경우이다.

　　㉡ **자유생장** : 눈이 터져서 생성된 잎의 광합성으로 새 줄기가 자라고 잎의 모양이 각기 다른 경우이다.

(3) 뿌리의 생장

① **뿌리의 생장**

　　㉠ 어린 뿌리에서부터 곧은 뿌리가 발달하기 시작하면서 곁뿌리들이 생겨나 다시 곁뿌리에서 무수히 많은 뿌리털들이 발달한다.

　　㉡ 뿌리털은 뿌리의 표면적을 넓게 해 무기 양분과 물을 많이 흡수하도록 하는데, 보통 분포지점은 뿌리 끝의 생장점 바로 윗부분이다.

② 내초세포는 뿌리의 내피 안쪽에 위치하는데 병층분열과 수층분열을 왕성히 하면서 불룩하게 튀어나와 곁뿌리를 형성하게 된다.

※ 곁뿌리의 발달과정 ※

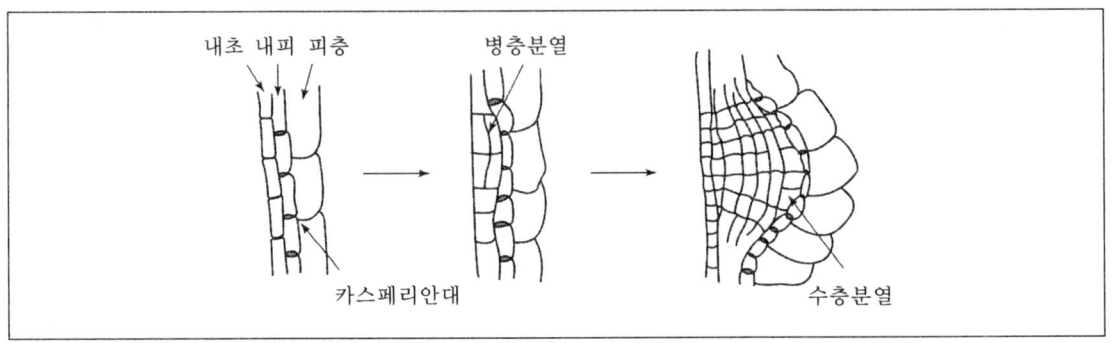

② **수분과 양분의 흡수**

(1) 수분의 흡수

① **수분의 역할과 기능**

　　㉠ **역할**

　　　• 세포가 길이생장을 하고, 식물의 형태를 유지하도록 해준다.

　　　• 물의 독특한 성질은 미생물이 살아가기에 알맞은 환경을 조성해 준다.

ㄴ 기능
- 수분은 원형질과 액포의 주요 구성성분으로 살아 있는 세포의 80~90%가 수분으로 이루어져 있다.
- 가스와 용질의 용매제이다.
- 무기양분의 이동과 세포가 팽압을 유지하게 하는 매체이다.
- 다른 물질에 비해 비열·기화열·융해열이 높아서 생물체의 급격한 체온변화를 억제시킨다.

② **수분의 흡수**
ㄱ 식물에서 물을 흡수하는 통로는 근계이지만, 약간은 잎을 통해 대기로부터 직접 흡수되기도 한다.
ㄴ 어린 뿌리의 표피와 피층은 배열구조가 느슨하여 물의 이동이 쉽다. 따라서 이 두 층을 통해 수분이 뿌리 속으로 이동할 수 있다.
ㄷ 뿌리 속으로 들어온 물은 카스페리안대(수베린으로 된 띠로서 물의 자유로운 출입을 차단함) 때문에 세포벽이나 세포간극으로 가는 길이 차단되어 내피의 원형질막을 통과하여 물관으로 가게 된다.

③ **능동적 흡수**
ㄱ 개념 : 증산작용이 없는 시기에 뿌리가 삼투압에 의해서 수분을 흡수하게 될 때에 에너지를 소모하게 되는 것을 말한다.
ㄴ 뿌리에서 수분을 흡수하여 위로 상승할 때 뿌리에 축적된 무기양분들이 수분에 녹아 수분과 같이 위로 이동한다.
ㄷ 이 밖에 수분의 흡수에 영향을 미치는 조건에는 뿌리의 압력, 토양 안의 여러 가지 조건 등이 있다.

④ **수동적 흡수**
ㄱ 나무의 증산작용이 왕성할 때는 물을 흡수하는 데 이때에는 에너지의 소모도 일어나지 않는다.
ㄴ 잎에서 증산작용으로 인해 수분이 증발되면 물을 위로 끌어올리는 장력으로 인해 수분이 뿌리에서부터 계속해서 상승할 수 있다.
ㄷ 이와 같이 아무런 에너지 소모 없이 수분을 흡수하는 경우를 수동적 흡수라고 한다.

(2) 양분의 흡수

① 수분은 잎과 토양의 수분농도 차이로 인해 뿌리, 표피, 피층, 내초 등 살아있는 세포를 거쳐서 목부로 이동하게 되는데, 세포 내 이온농도가 토양용액의 농도보다 높기 때문에 양분흡수에 에너지를 소비하게 되는 것이다.

② **세포벽 이동** … 표피나 피층 상호 간의 이동으로 원형질막을 통하지 않고 세포벽과 세포간극을 통하여 물관으로 이동하는 것을 말한다.

③ **세포질 이동** … 뿌리털로 양분을 흡수하여 원형질막을 통과하고, 피층, 내피, 내초 세포의 원형질막으로 이동하여 물관세포로 가는 것을 말한다.

> 🌼**TIP** 자유공간 … 물과 무기물(염)이 자유롭게 세포간극이나 세포벽을 통하여 이동할 수 있는 표피와 피층까지의 공간을 말한다.

④ **카스페리안대** … 내피세포의 단면에 매우 단단한 물질인 수베린으로 만들어진 일종의 벽으로 세포벽을 통해서 이루어지는 물과 무기염의 자유로운 이동을 제한한다.

⑤ **선택적 흡수**

　㉠ 뿌리에서 흡수한 무기염이 원형질막을 통과할 때 원형질막의 시굴체가 무기염을 선택적으로 받아들인다.

　㉡ 뿌리세포는 계속해서 무기염의 흡수를 선택적으로 해서 세포 안으로 축적한다.

　㉢ 뿌리 안의 무기염 농도가 토양용액의 농도보다 훨씬 높고, 뿌리세포와 토양용액 사이의 무기염 구성도 많이 다르다.

　㉣ 식물체가 필요로 하는 무기염의 농도는 세포 안에서는 높고 자유공간에서는 매우 낮다.

　㉤ 원형질막에 있는 단백질이 선택적으로 특정의 무기염을 세포 안으로 운반한다. 이때 에너지가 소비되고 비가역적이다.

　㉥ 이런 에너지를 소비하고 비가역적인 흡수과정을 선택적 흡수(능동적 흡수)라고 한다.

　㉦ 뿌리의 물관세포에 선택적 흡수를 통해 축적된 무기염은 물이 상승할 때 증산에 의하여 물에 녹아 줄기와 잎으로 이동한다.

> 🌼**TIP** 뿌리의 기능 … 물과 양분을 흡수하는 주된 기능 외에도 나무를 지지하여 한 곳에 고정시키고, 탄수화물을 저장하는 역할을 함께 담당한다.

③ 물질생산 및 분배

(1) 광합성

① **개요**

　㉠ 같은 뜻으로 탄소동화작용이라고 하고 녹색식물이 공중에서 흡수한 CO_2와 뿌리로부터 흡수한 수분(H_2O)으로 엽록소에서 당류를 만드는 작용이다.

　㉡ 광합성작용을 하기 위해서는 광선이 필요하다.

　㉢ 광합성작용의 과정은 복사에너지가 화학에너지로 축적되는 것으로 1년간 지구상의 식물이 광합성을 통해 생산하는 당은 약 5억톤 정도이다.

② **광합성작용과 관련된 환경인자** … 빛, H_2O, 온도, 공기(CO_2)

③ **광합성에 영향을 주는 인자**

　ㄱ **수종** : 참나무류가 소나무류보다 엽면적을 기준으로 할 때 광합성률이 높은 것처럼 수종에 따라 광합성 능력에 차이가 난다.

　ㄴ **일변화** : 그 날 날씨의 변화나 오전·오후에 따른 광도의 차이로 광합성률의 차이가 생기는데 일반적으로 11시경에서 최대치가 된다.

　ㄷ **광도** : 보상점은 수종에 따라 다르지만 너무 높거나 낮아도 좋지 않다. 적당한 보상점이 일정하게 유지되어야 광합성량이 증가한다.

　ㄹ **계절적 변화** : 계절적으로 변하는 이유는 온도, 광도, 엽면적 때문이다. 침엽수는 조건만 갖추어지면 겨울이라도 광합성을 한다.

　ㅁ **양엽과 음엽** : 음엽의 색깔이 양엽보다 더 진하고 능률적으로 흡수한다.

　ㅂ **내음성** : 음수는 광도가 부족한 경우에서도 광합성을 한다.

　ㅅ **온도** : 일정 온도까지는 온도의 증가에 따라 광합성량이 증가하지만 25℃가 넘으면 광합성이 미약해진다.

　ㅇ **CO_2의 양** : 최근 농작물에 있어서 CO_2재배라는 말이 있듯 많을수록 좋다.

　ㅈ **광질** : 빛의 색 중 자색과 청색은 침엽수종에 있어서 광합성에 관여하는 것이 다른 파장보다 못하다.

　ㅊ **토양의 무기양분** : 질소와 수분이 부족하면 특히 광합성을 억제한다.

　ㅋ **잎의 연령** : 노엽은 광합성률을 저하시킨다.

　ㅌ **약제살포** : 약제를 살포하면 약제 잔액이 기공을 덮고 광도를 줄이게 되어 광합성량이 저하하게 된다.

　ㅍ **탄수화물의 축적** : 탄수화물이 잎 속에 축적되고, 탄수화물의 전류가 늦어지게 되면 광합성이 저하된다.

④ **광합성 기작**

　ㄱ **엽록소**
　　• 개념 : 식물체의 내부인자로 엽록체의 세포기관에 들어 있는 색소를 말한다.
　　• 역할 : 엽록소가 있는 그라나와 엽록소가 없는 스트로마로 각각 명반응과 암반응을 담당한다.
　　• 종류 : 엽록소에는 여러 가지가 있지만 주종을 이루는 것은 엽록소 a(청록색)와 엽록소 b(황록색)이다. 이들 엽록소는 각각 조금씩 다른 파장의 빛을 흡수해 광합성 작용을 한다.

　ㄴ **광합성의 명반응** : 햇빛이 있는 상태에서 반응하여 다음 단계에 필요한 에너지를 생산하는 반응이다.

　ㄷ **광합성의 암반응** : 명반응으로 만든 에너지로 이산화탄소를 탄수화물로 합성하는 반응이다.

ⓔ 광합성은 명반응과 암반응의 과정을 거치면서 최종적으로 탄수화물을 식물체에 남긴다.

$$6CO_2 + 12H_2O + 빛E \longrightarrow C_6H_{12}O_6 + 12H_2O + 6O_2$$

⑤ **광합성량 측정법**

ⓐ **건중물 증가율의 측정방법** : 건중물 증가율의 근사치는 엽신에서 일정 면적의 잎을 얻어서 건중량을 비교하는 것으로 얻을 수 있다. 즉, 호흡에 의한 소비량, 줄기로의 이동한 양, 수종에 따른 전류양식 등 요소의 차가 고려되어야 한다.

ⓑ CO_2 **측정법** : 식물체를 밀폐된 곳에 두고 CO_2를 일정 농도의 공기를 주입해서 배출되는 공기 중의 CO_2를 측정해 식물에 의한 흡수량을 계산하는 방법이다.

온도 · 빛의 세기 및 농도와 광합성과의 관계

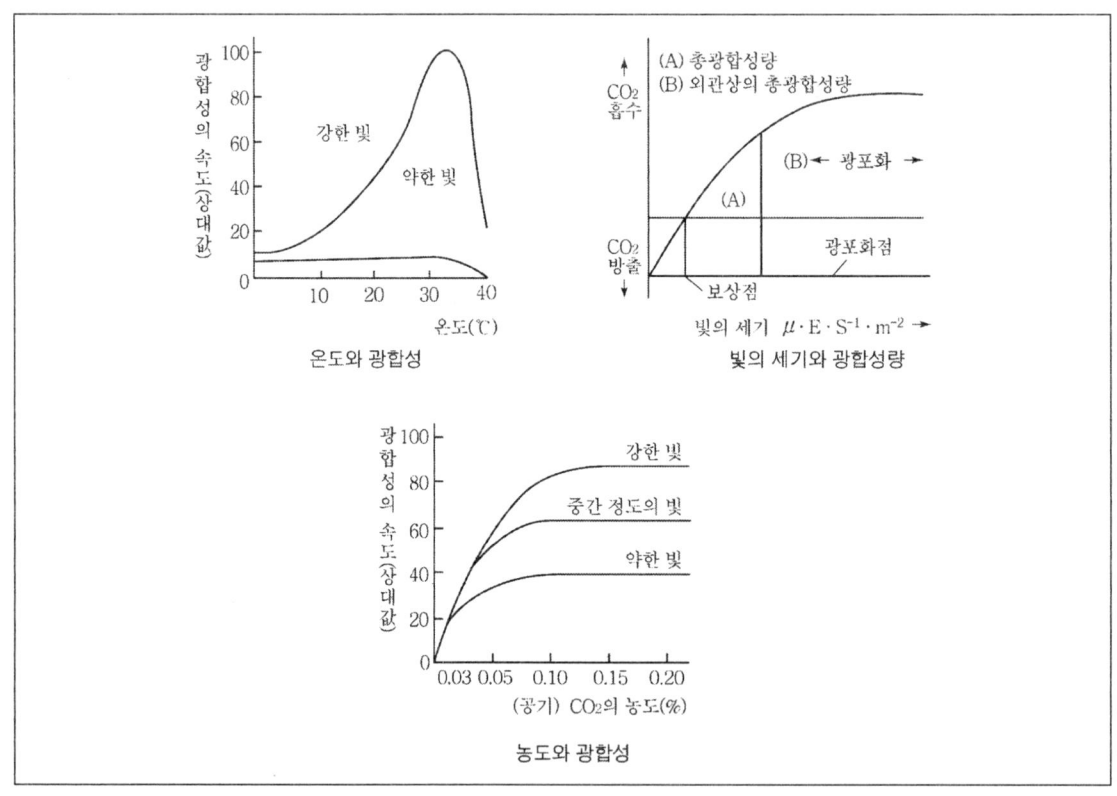

(2) 물질의 분배

① 광합성 작용으로 만들어진 탄수화물은 식물체에서 필요한 곳으로 이동한다.

② 이동경로는 체관이고 각 기관으로 이동해서 식물의 생장 · 호흡 · 저장 물질로 이용된다.

③ **탄수화물의 분배**

   ⑦ 생육시기, 식물체의 건강상태, 환경조건 등에 따라 조금씩 달라진다.

   ⓒ **생육초기** : 대부분의 탄수화물이 새로운 잎, 가지, 뿌리를 형성하는 곳으로 분배된다. 수종에 따른 차이는 있겠지만 대부분의 온대지방 수목의 영양생장은 여름이 되면 거의 완료된다.

   ⓒ 기관에 따른 분배

    • 열매 : 생식생장을 준비한다.

    • 잎눈, 꽃눈 : 생장을 준비한다.

    • 뿌리, 줄기 : 저장물질이 된다.

> ★⚙TIP 아래가지의 잎→뿌리로부터 탄수화물의 공급→생장→광합성으로 탄수화물의 공급→윗가지 잎의 생장→생산한 탄수화물의 아래로 이동

④ **무기염의 분배**

   ⑦ 식물체 내의 수목상태나 시기에 따라 다르다.

   ⓒ 이동이 쉬운 잎에 남아 있는 무기염들은 낙엽이 지기 전이면 열매, 눈, 줄기, 뿌리 등 무기염이 필요한 조직으로 이동한다.

   ⓒ 생육기간 중에는 수목 내에서 물질의 분배가 끊임없이 일어난다.

   ⓔ 유기물질은 조직별로 우선순위가 있고 그 분배순위가 지켜지고 있다.

   ⓜ 물질분배의 최우선순위는 열매나 종자이다.

   ⓗ 열매와 종자 다음은 어린 잎이나 정단부의 눈 등이고, 가장 나중에 분배받는 조직은 뿌리나 저장조직으로 알려져 있다.

> ★⚙TIP 물질분배 … 열매, 씨앗 > 어린 잎, 정단부 눈 > 뿌리, 저장조직

④ 임목 및 수풀의 생태적 특성

(1) 임목의 생태적 특성

① **임목의 역할**

   ⑦ 생육기간이 긴 특징이 있고, 개체의 크기가 다른 생물체에 비해 상대적으로 매우 크다.

   ⓒ 개체의 크기가 육지의 생태계에서 가장 크기 때문에 육지의 지붕 또는 가리개 구실을 하기도 한다.

   ⓒ 임목 안에서 개체의 크기가 작은 모든 생물들은 편안히 살아갈 수 있도록 보살핌을 받는다.

   ⓔ 큰 몸집으로 숲땅을 덮어서 직접적으로 광선이나 강수가 임상에 영향을 미치지 못하도록 한다.

   ⓜ 임목이 새로이 숲 밖에 뿌리를 내리게 되면 그 곳의 환경을 새롭게 바꾸기도 한다.

② **임목발달의 영향**

    ㉠ 숲이 발달하면 겉흙을 덮어서 유실을 막아 주고, 알맞은 토양수분을 유지해 다양한 토양층을 형성하여 미생물들의 서식지를 이루도록 한다.

    ㉡ 해마다 낙과·낙엽 및 낙지가 많이 발생해 겉흙을 비옥하게 해준다.

    ㉢ 깊고 길게 발달한 나무의 뿌리가 겉흙으로 깊은 토양층의 양분을 끌어올린다.

    ㉣ 수관이 크게 발달해 지면의 기후를 알맞게 조절해서 여러 동물들이 어울려 살 수 있도록 해준다.

    ㉤ 수관층, 수간층, 임상 등은 다양한 곤충류, 조류 등에게 서식지를 제공해 준다.

    ㉥ 쓰러져 죽은 나무는 무수히 많은 곤충이나 미생물에게 서식환경을 제공해 준다.

(2) 숲 생태계를 구성하는 환경과 미생물체와의 관계

① 지구상에서 가장 안정되고 생물 다양성이 높은 생태계는 숲이다.

② 임목은 생장과정을 통해 오염된 공기를 정화하고, 산소를 다량으로 방출하여 조화로운 대기를 조성하는 기능이 크다.

③ 지구 온난화의 방지를 위해선 온실가스인 이산화탄소를 감소시켜야 하고 이를 위해 큰 숲을 늘려야 한다.

④ 지구 온난화와 생물종들의 멸종을 예방하기 위해서 숲의 보호·관리를 보다 적극적으로 해야 한다.

2   숲과 환경

①   기후인자

(1) 빛(광선)

① **광도**

    ㉠ **광선**

      • 태양에서 오는 복사로 임목생육의 근원이 된다.

      • 광선은 임목의 생육에 광도, 광질, 일장 등을 통해서 큰 영향을 준다.

      • 광선의 산물은 온열이라 할 수 있다.

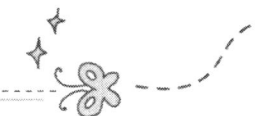

ⓒ 광도
- 개념 : 태양광선이 어떤 면에 도달하고 있는 강도(밀도)를 뜻하고 가시광선에서는 밝음에 관계되는 것이다.
- 광도가 영향을 미치는 요소 : 수목의 내음성, 울폐된 임분하에서의 나무의 갱신, 광합성 등이다.
- 광도가 너무 낮을 경우 호흡으로 잃는 물질량이 광합성으로 얻은 물질량보다 더 많게 되고, 지나치게 높을 경우 광합성은 저하된다.
- 광도의 변화 : 위도, 해발고, 방위, 경사, 계절, 시각, 운량 등에 따라 이루어지고, 임내의 광도는 수형, 수종, 밀도에 따라 차이가 있다.
- 음수림의 광도가 양수림보다 낮다.
- 최소 수광량
  - 개념 : 식물이 생활하는데 필요한 최소한의 수광량을 말한다.
  - 전나무류 4%(전광에 대한 비교광도), 낙엽송은 15 ~ 20% 정도이다.

② 광질
ⓐ 개념 : 광선의 파장을 말하고 여기에는 가시광선, 자외선, 적외선 등이 있다.
ⓑ 광질이 영향을 미치는 부분은 삽수발근이고 또 고지나 해안의 수형은 자외선의 양에 관련되기도 한다.
ⓒ 혼효림의 조림에서 혼효가 잘 될 수 있는 경우는 두 가지 수종이 광합성에 이용하는 파장부분에 차이가 있을 때이다.
ⓓ 식물의 굴광성에 관계되는 광선의 색은 청색과 자색이고 태양복사에서 오는 총 에너지의 약 50%는 가시광선(파장 380 ~ 770nm)에서 오며 나머지 에너지는 적외선에서 온다.
ⓔ 보통 활엽수 임관하에는 청색이 부족한 반면 황색과 녹색이 많으며 적외선이 많다.
ⓕ 숲 속에서 자라는 수종과 수령이 그 곳에 도달하는 광선의 질과 양을 좌우한다.

③ 내음성
ⓐ 개념 : 큰 나무의 그늘에서도 견딜 수 있는 성질을 말한다.
ⓑ 음수
- 개념 : 일광이 부족한 곳에서 어릴 때 자라도 비교적 좋은 생육을 할 수 있는 수종을 말한다.
- 종류 : 주목, 비자나무, 편백, 녹나무, 회양목, 서어나무, 너도밤나무, 금송, 가문비나무류, 전나무류, 잣나무류, 솔송나무 등이 있다.
ⓒ 양수
- 개념 : 어릴 때 충분한 광선을 필요로 하는 수종을 말한다.
- 종류 : 자작나무, 소나무, 해송, 낙엽송, 오동나무, 물푸레나무, 포플러류, 사시나무류, 참나무류, 오리나무류 등이 있다.
ⓓ 온도, 수분 조건에 따라 수종의 음양성이 다소 변화하게 된다.

④ 일장

ⓐ 개념 : 하루 동안에 광선을 쬐는 시간의 길이로 식물의 개화·결실, 휴면, 분포에 영향을 미친다.

ⓑ 일장의 장단이 식물분포에 미치는 영향
- 열대지방 : 연중 단일식물이 개화하는 고로 단일식물이 분포한다.
- 북부지방 : 장일식물이 분포한다.
- 온대지방 : 장·단일식물이 모두 분포하고, 중성식물은 지구 어디든지 분포한다.

ⓒ 일장과 온도의 관계 : 상호 유기적인 관계로 한쪽이 적량일 때 다른 쪽의 부족을 보충해 주게된다.

ⓓ 광선쬐는 각도에 따른 종류
- 상방광선 : 임관을 뚫고 아래로 내려오는 광선을 말한다.
- 측방광선 : 옆에서 들어오는 산광을 말한다.

  🌷TIP 외따로 서 있는 나무나 숲의 가장자리에 위치한 나무는 상방광선과 측방광선을 충분히 받기 때문에 아래가지가 죽지 않고 살아서 붙어 있지만, 숲 속에 위치한 나무는 상방광선만 받아서 광선부족으로 아래가지가 쉽게 말라 버린다.

ⓔ 필요한 일장이 화아분화와 화아발육에서 서로 다르고, 일장의 장단으로 인해 식물의 성이 전환되는 경우가 많이 있다.

ⓕ 일장이 영향을 미치는 부분은 영양생장보다 생식생장이기 때문에 그 생애를 단축시켜 노쇠를 가져오고 그 반대로 일장조건을 변경함으로써 춘화가 일어나는 수도 있다.

(2) 온도

① 주요 온도

ⓐ 주로 온도에 의해 산림식물의 분포가 결정되고, 이것을 산림대라고 한다.

ⓑ 낮은 온도에서는 같은 광도조건이라도 광합성 효율이 낮아진다.

ⓒ 온도의 종류
- 최적 온도 : 씨앗이 싹트거나 나무가 자라는 데 가장 알맞은 온도를 말한다.
- 최저 온도 : 최적 온도 아래의 한계온도를 말한다.
- 최고 온도 : 최적 온도 위의 한계온도를 말한다.

② 공기의 온도

ⓐ 기온
- 일반적으로 지표면에서 약 1.5m 높이의 공기온도를 말한다.
- 기온의 측정 : 온도계를 백엽상 안에 넣어 하루 중 오전 10시에 한 번 측정한 값으로 한다.

ⓑ 기온뿐만 아니라 나무의 생육에 영향을 주는 온도에는 숲 속에서 씨앗에서 싹이 나올 때나 어린 나무의 생장, 땅에 떨어진 나뭇잎의 분해 등과 같이 지표면과 접지기층의 기온이 더욱 중요하다.

ⓒ 지표면에서 2m 이내 접지기층에서의 수직적 온도분포는 매우 심한 변화를 보이고, 국지 지형의 영향도 받는다.

ⓔ 지표면에 가까울수록 숲 밖과 숲 속에서의 기온 차이가 커진다.

ⓜ 숲이 지표면과 접지기층의 온도변화를 줄여줌으로써 많은 생물들이 숲 속에서 살기에 적당한 조건을 만들어준다.

ⓗ 나무의 생장활동이 왕성한 시기는 숲의 생산성에도 좋고 사람들의 피서행위에도 알맞은 기온이 된다.

③ **숲 속의 기온**

㉠ 숲 속과 숲 밖의 기온에는 차이가 있는데, 숲 속에서는 숲 밖의 기온보다 최고 기온이 낮고 최저 기온은 약간 높다.

㉡ 지표면에 나무가 없으면 낮에는 햇볕을 쬐어 온도가 높아지고 밤에는 온도가 내려가 냉각된다.

㉢ 밤중에 숲 속의 기온이 숲 밖보다 조금 높은 이유는 임관으로 인해 열의 발산이 방지되기 때문이다.

㉣ 이러한 양극단의 차이는 숲 속에서는 작게 나타나고 일반적으로 침엽수림이 활엽수림보다 기온교차가 작다.

㉤ 지온도 지표면의 온도와 비슷하게 숲 속과 밖과의 차이가 크게 나타난다.

㉥ 임지의 기온변화가 작으면 토양생물의 생육에 좋고, 여러 가지로 숲땅의 생산성에 유익하게 작용한다.

(3) 수분(H_2O)

① **토양수분의 생리**

㉠ 나무가 자라는 데 필요한 물은 주로 토양수분이다.

㉡ **토양수분의 역할**

• 나무의 생리작용에 필요한 물을 공급해준다.

• 토양 속에 있는 양분을 녹여서 식물체가 흡수·이용하기에 좋도록 만들어 준다.

㉢ 토양수분이 너무 많거나 적어지면 나무의 생장에 좋지 않은 영향을 준다. 너무 습할 경우 뿌리의 호흡이 원활하지 못하여 뿌리로부터 피해가 시작되고, 너무 건조할 경우 증산 작용에 이용할 수분이 부족해 건조해지는 피해가 생긴다.

㉣ 나무를 너무 깊게 심거나 높게 복토한 경우는 뿌리호흡에 장애가 생겨 피해를 입는다.

㉤ 건조피해를 방지하기 위해선 옮겨 심은 큰 나무의 줄기에 새끼를 감고 흙을 발라야 한다.

② **토양의 보수력**

    ㉠ 보수력 : 수분을 숲땅이 붙잡아 두는 능력으로 나무가 자라는데 강수로 공급된 물을 임지에 붙잡아 두는 것은 매우 중요한 일이다.

    ㉡ 우리나라 토양의 보수력 : 숲의 위치가 대개 경사지여서 땅 속의 물이 쉽게 아래로 빠져버려 건조하기 쉬운 상태에 있다.

    ㉢ 우리나라에서 토양수분이 임목생장 결정의 중요 요인인데 임지에 공급된 물은 강수에 의한 것 밖에 없다.

    ㉣ 보수력과 관련된 요소 : 흙의 구조, 유기물의 함량, 낙엽량, 해발고도, 지형, 울폐도 등이 있다.

    ㉤ 겉흙의 유실을 방지하기 위해서 벌채할 때 겉흙이 노출되지 않도록 하고, 잘게 부순 가지를 숲땅에 까는 등의 노력을 한다. 이는 궁극적으로 토양의 보수력을 유지하기 위한 노력이기도 하다.

③ **증산계수**

    ㉠ 개념 : 나무가 건물질 1g을 만드는 데 필요한 증산수분의 양(g)으로 소나무는 값이 작고 삼나무는 값이 크다.

    ㉡ 증산계수의 값이 크면 수분의 소비가 많다는 것을 의미한다.

    ㉢ 건조에 견디는 힘은 소나무가 삼나무보다 더 강하다고 할 수 있다.

    ㉣ 증산계수에 따른 수종

      • 높은 증산계수의 수종 : 가래나무, 들메나무, 난티나무 등이 물기가 많은 땅을 좋아한다.

      • 낮은 증산계수의 수종 : 소나무, 신갈나무, 노간주나무 등이 건조지에서도 생장이 비교적 양호하다.

④ **상대습도** … 나무의 생장에는 땅속의 물뿐만 아니라 공기 중의 상대습도도 큰 영향을 주는데, 삼나무는 공기 중의 상대습도가 높은 것을 요구한다.

⑤ **원형질 분리** … 물이 부족하면 세포의 원형질 농도가 증가해 부피가 줄어들어 주변에 있는 세포막에서 떨어지는 현상으로 심할 경우 세포가 죽는다.

⑥ **토양수분의 존재상태**

    ㉠ 흡착수 : 수분이 토양광물에 화학적으로 결합되어 있는 것을 말한다.

    ㉡ 중력수 : 중력의 작용으로 인해 밑으로 이동하는 수분을 말한다.

    ㉢ 모세관수

      • 식물에 의해 유효하게 이용될 수 있는 수분으로 토양 속 가는 공극 속에 표면장력으로 유지되는 것이다.

      • 분류 : 토양입자의 사이에서 수분유지가 표면장력으로 되는 모관간극 내 수분과 기체로서만 이동될 수 있는 흡착수가 있다.

  ② 포장용수량(자연보수력)
   • 중력수의 제거 뒤에 남는 토양수분으로 식물의 생육에 유효한 수분이다.
   • 대개의 토양에 있어서 수분당량과 값이 비슷하다.
  ⑩ pF : 토양에서 일정량의 수분을 인출하기 위해 필요한 힘은 그 토양이 수분을 보유·유지하는 힘과 같은데 이 힘을 수주의 높이로 표시할 때 그 수치를 대수로 표시한 값이다.

(4) 바람

① 풍해
  ㉠ 바람이 나무의 증산량과 수분의 증발량을 늘려서 토양의 건조를 유발한다.
  ㉡ 나무가 흔들리면서 생장을 방해하고, 바람이 계속되면 한 쪽으로 치우쳐 자란 가지, 치우쳐 자란 연륜을 만드는 등 나무의 생장에 지장을 주게 된다.
  ㉢ 고산지대에서 이상생장이 흔히 관찰되고, 바람으로 인해서 키가 작은 나무가 자라기도 한다.
  ㉣ 바람이 심하면 뿌리가 얕은 수종들은 넘어지고, 겨울철의 찬바람은 묘포와 산에 심은 어린 나무에 해를 끼쳐 고사시킬 수 있다.
  ㉤ 바람이 심한 고산지대에서 나무를 심어 숲을 조성할 때에는 심한 바람에 대한 대비를 철저히 해야 한다.

② 방풍림
  ㉠ 일반적으로 묘포 주변의 방풍림 조성이 필수적이다.
  ㉡ 방법
   • 농경지나 바닷가 또는 집 둘레에 나무를 심어서 조성한다.
   • 키가 큰 수종에 작은 나무들을 줄지어 혼식해서 키는 높게, 너비는 넓게 해야 효과적이다.
  ㉢ 역할 : 바람의 속도를 줄여 농경지의 건조를 방지해 농작물의 수확량이 크게 증가하도록 해준다.
  ㉣ 효과 : 바람의 속도가 줄어드는 효과는 대체적으로 바람 위쪽에서 키의 5배, 바람 아래쪽에서 20배의 거리에 이른다.

③ 방조림
  ㉠ 개념 : 바람이 바다에서 불어오면 염분을 지니고 있어서 나무나 농작물에 해를 입히는데 이 해풍을 막기 위해 조성한 숲을 말한다.
  ㉡ 방조림의 조성에 사용되는 수종들은 염분에 견디는 힘(내염성)이 필요하다.
  ㉢ 내염성에 따른 수종
   • 내염성이 강한 수종 : 사철나무, 돈나무, 동백나무, 해송, 은백양 등이 있다.
   • 내염성이 약한 수종 : 느티나무, 뽕나무 등이 있다.

④ **바람의 영향** … 꽃가루가 날아갈 수 있도록 해서 가루받이를 가능하게 하고, 씨앗이 멀리 날아가 측방 천연갱신이 가능하게 하는 등 산림작업에서 바람을 여러 가지로 고려하게 만든다.

(5) 미기상

① 국지기후

  ㉠ 개념 : 넓은 지역을 대상으로 하는 일반 기상에 대해 비교적 좁은 지역 내의 기후를 다루는 것을 말한다.

  ㉡ 측정방법 : 기후를 관측하기 위해서 휴대용 측정기구로 관측하거나 필요에 따라 그 지역에 계기를 설치하여 측정한다.

  ㉢ 국지기후로 다루는 사항에는 산의 남사면과 북사면, 산의 위쪽과 아래쪽, 능선부와 계곡부 사이의 기온, 광선조건, 습도, 강수량, 바람 등의 차이가 있다.

② 식물기후

  ㉠ 미기후

   • 접지기층 내의 기후를 말한다.

   • 지면에서부터 높이 2m까지의 기층 내의 기상요소는 그 위의 기층과 차이가 크게 나타난다.

   • 숲이 나무가 없던 곳에 이루어지면 식물이 미기후에 영향을 미치게 되어 숲 속의 기상상태는 달라진다.

  ㉡ 식물기후 : 숲 속과 밖의 기온분포와 지온의 비교와 같이 지표면이 식물로 덮여졌을 때 그곳에 나타나는 기후를 말한다.

③ 숲의 영향

  ㉠ 숲이 조성되면 독특한 식물기후의 반응 때문에 그 안에 전에 없던 다른 식물과 동물들이 나타나게 된다.

  ㉡ 숲을 일시에 제거하게 되면 식물기후를 사라지게 하고, 환경에 급격한 변화가 오게 만들어 대체로 다음 세대를 이어받을 숲의 형성에 영향을 크게 미친다.

②   토양인자

(1) 토양의 생성

① 토양

  ㉠ 지각표면의 형성층으로 식물이 자라고 식물생육에 필요한 양분을 함유하는 곳을 말한다.

  ㉡ 동·식물 유체의 부후 생성물과 암석의 풍화로 인한 생성물을 총칭한다.

② 산림토양의 특성

  ㉠ 순수한 유기물층의 존재 : 산림수목은 농작물이 보통 당년생으로 수확되는 것과는 달리 다년생으로 수목에 의해 임지에 공급되는 낙엽, 낙지 등으로 순수한 유기물층을 형성하게 된다.

  © **토양조건의 개선곤란**
- 산림의 규모는 크고 수목은 대부분 영년생 식물이기 때문에 집약적인 관리가 힘들다.
- 경제상·기술상으로 비료를 주기 곤란하여 가능한 낙엽 같은 유기물을 그대로 두어 자체 시비계가 형성되도록 한다.

  © **다른 생물학적 성질** : 산림토양에 존재하는 순수한 유기물층과 경기되지 않은 토양으로 인해 농업토양과 토양의 이화학적 성질이 다르므로 산림토양의 생물학적 성질이 다르다.

  え **안정된 토양층위의 형성** : 임지는 자주 경기되지 않기 때문에 토양층위가 안정되어 있다.

③ **암석의 생성과정에 따른 종류**

  ぁ **수성암** : 혈암, 석회암, 사암 등이 있다.

  © **화성암** : 화강암, 현무암 등이 있다.

  © **변성암** : 편마암, 점판암 등이 있다.

④ **지각의 암석**

  ぁ 지각을 이루는 암석의 약 95%가 화성암이다.

  © **암석의 형성광물**
- 석영 : 화강암, 편마암, 사암의 주성분이고 흙의 골격으로서 물리적 성질에 큰 영향을 주지만 식물의 생육에는 영양분을 주지 못한다.
- 운모 : 화성암과 변성암의 주요 성분으로 칼륨과 마그네슘의 공급재료이다.
- 각섬석 : 화강암, 편마암에 들어 있고, 나트륨, 칼슘, 마그네슘, 철 등의 공급재료이다.
- 장석 : 화강암, 편마암에 많이 들어 있고 칼륨의 함유량이 많다.
- 휘석 : 현무암에 들어 있고 칼슘, 마그네슘 등의 공급재료이다.

④ **토양생성**

  ぁ **풍화작용** : 토양의 형성은 주로 암석의 풍화에 의해 이루어진다. 암석은 오랜 세월 바람과 비, 추위와 더위 등 온열, 대기, 물, 생물 등이 공동으로 암석에 작용하여 이화학적 변화를 주어 붕괴해 미세한 입자가 되고 분해되서 질이 변하는 작용을 말한다.

  © **토양생성작용** : 풍화작용과 거의 같은 뜻으로 암석이 흙이 되는 과정이다.

$$\text{바위} \xrightarrow{\text{풍화작용}} \text{토양의 모래} \xrightarrow[\text{풍화작용}]{\text{토양생성작용}} \text{토양}$$

  © **온열의 변화에 의한 풍화작용** : 온도의 높고 낮음으로 암석이 신축되어 파괴되거나 석암의 틈 및 홈에 물이 들어가 이들의 온도로 인해 체적이 변화되어 암석이 파괴된다.

  え **대기에 의한 풍화작용**
- 기계적 작용 : 바람이 바위에 작은 모래 입자를 부딪치게 하거나 직접 부딪쳐 암석의 파괴를 촉진시키는 작용이다.

• 화학적 작용 : 공기 중에서 산소와 이산화탄소가 암석에 화학적 변화를 일으킨다. 이 기체는 직접 암석에 작용하거나 물과 함께 작용한다.

ⓜ 물에 의한 풍화작용

• 기계적 작용 : 우수의 작용, 하수의 작용, 빙하의 작용, 호해의 파랑작용 등이 있다.

• 화학적 작용 : 비와 눈이 공기 중을 통과할 때 O_2, N, NH_4NO_3, NH_4NO_2, CO_2 등을 용해해서 지상에 도달하면, 각종 염류, 산, 염기 등을 용해하고 불순수나 암석, 광물, 토양에 작용해서 화학변화를 복잡하게 일으키는 작용이다.

• 가수작용 : 물이 무수물에 들어가 함수물을 이루고 규산염 광물에 작용해서 가수분해하는 작용이다.

ⓗ 생물에 의한 풍화작용

• 기계적 작용 : 암석의 갈라진 틈으로 식물의 뿌리가 들어가서 암석을 파괴하고, 동물(두더지, 개미, 쥐, 지렁이 등)이 지중에 생육하는 생활 중에 기계적으로 토양입자를 파괴하는 작용이다.

• 화학적 작용 : 세균, 지의류, 선태류 및 고등식물 등이 호흡작용으로 CO_2를 발산해서 암석의 성분을 분해시킨다. 또한 이들의 유체가 유기물로 직접 분해할 때 CO_2 각종 가용성 유기산, 부식산 등을 생산해 암석에 작용하여 염기를 탈취하고 Al, Fe 등을 용해한다.

(2) 토양단면

① 토층

ⓐ 토양단면 : 자연상태에서 토양의 수직단면에 나타나는 층위이다.

ⓑ 산림토양의 단면

• 보통 위에는 낙엽, 나뭇가지, 이외에 썩은 유기물질이 있고, 광물질이 거의 없는 층이 있다.

• 그 밑에 모암의 풍화로 인해 된 무기물이 검정색 또는 암색으로 착색된 부분이 있다.

• 그 아래에 비교적 밝은 색의 갈색층이 있다.

• 더욱 밑에 층은 모암이 풍화해서 그냥 쌓인 것으로 추측되는 층이 있다.

ⓒ 성숙토양(토양의 생성작용이 충분히 되었다고 생각되는 토양)의 단면에서는 이와 같은 특징 있는 몇 개의 토층의 구별이 가능하다.

② 유기물층 ··· 낙엽과 분해된 유기물로 된 층으로 분해의 정도에 따라 위에서부터 낙엽층(O_1층), 분해층(O_2층), 부식층(O_3층)으로 나눈다.

ⓐ 낙엽층(O_1층) : 낙엽이 떨어진 원형대로 쌓여 있는 층이다.

ⓑ 분해층(O_2층) : 잎, 가지, 껍질 등이 떨어져 작은 조각으로 되어 있어 육안으로 그것이 어느 부분에서 온 것을 대략 짐작할 수 있는 층이다.

ⓒ 부식층(O_3층) : 유기물이 이미 가는 입자나 가루로 되어 흑갈색을 띠는 층이다.

③ 표토층(용탈층 ; A층)

ⓐ 광물질로 된 윗부분의 층으로 부식층에서 매우 가는 유기질 입자가 빗물과 같이 아래로 내려와 A1 부분을 검게 착색시키고, A2 부분은 A1 보다 엷은 암색을 띠도록 착색시킨 층이다.

ⓒ 여기에서는 부식과 광물질 입자가 화학적 풍화작용으로 만든 각종 이온이 빗물을 따라 아래에 있는 하층(B층)으로 옮겨간다.

ⓒ 용탈층은 표층의 밑부분에서 물질을 빼앗겨 밑으로 내려가는 것을 합친 층이다.

ⓔ 표토층의 내용은 그 곳 숲땅의 비옥도와 관련되어 중요하다.

④ **심토층**(집적층 ; B층) … 표토층보다 부식의 양이 적지만 각종 이온이 모이는 곳이다. 갈색 또는 황갈색을 띠고 토양의 공극이 단단하고 작다.

⑤ **모재층**(C층)

ⓐ 심토층 아래에 위치하고 화학적 풍화작용의 영향을 거의 받지 않으며 기암의 바위조각이 많이 들어 있는 층이다.

ⓑ 담갈색을 띠고 토양생성작용이 늦다.

ⓒ 뿌리를 깊게 내리는 수종은 뿌리를 기층과 기암의 틈 사이에 뻗지만 이런 수종이라도 양분을 흡수하는 가는 뿌리는 표토층과 심토층에 집중되어 있다.

ⓔ 임목의 뿌리는 표토층과 하층 중 특히 표토층에 많이 발달한다.

⑥ **산림토양**

ⓐ 우리나라의 산림토양은 표층과 하층의 색으로 보면 대개 갈색 산림토이고 건조한 상태이다.

ⓑ 토양의 구분은 토양단면에 나타나는 구조와 부식의 상태로 몇 가지형으로 나눈다.

🌸 산림토양단면의 모형도 🌸

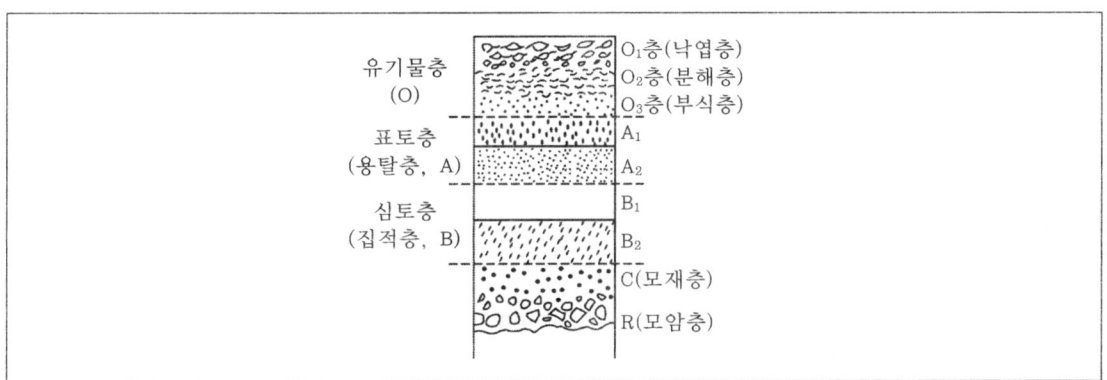

(3) 화학적 성질

① 토양산도

ⓐ 토양용액의 산성은 수소이온(H^+)의 농도가 수산이온(OH)보다 높을수록 강하게 띤다.

ⓑ **토양산도의 표시** : 수소이온 농도의 역수의 대수인 pH로 나타낸다.

ⓒ 대부분의 나무들이 좋은 생육을 나타내는 토양은 중성에 가까운 토양이다.

② **토양산도의 관계**

　　㉠ 토양의 비효와 임목의 생육과의 관계가 밀접할 뿐만 아니라, 종자의 발아, 종묘의 생육, 식생의
　　　 분포에도 크게 영향을 미친다.

　　㉡ 우리나라는 모암의 성질, 기후 및 산림 취급법의 소산으로 산성이 강한 산림토양이 많다.

③ **산성토양의 특징**

　　㉠ 일반적으로 중성 또는 염기성 토양에 비해 양분의 흡수가 나쁘다.

　　㉡ 양분 중 특히 철분흡수의 저해로 잎의 백화현상이 일어난다.

④ 임목의 수종에 따라 차이는 있지만 대부분의 수종은 중성이나 약산성인 토양에서 생장이 좋기
　 때문에 강한 산성토양은 중성에 가까워지도록 개량해야 한다.

⑤ 침엽수림의 토양은 산성이 점차적으로 강해지는 경향이 있는데 치묘는 산성에 대한 저항성이
　 약하고 산성이 종자의 발아를 해쳐 천연갱신에 지장이 있을 수 있다.

⑥ **토양산도와 임목 생육**

　　㉠ **침엽수의 토양산도**

　　　• 침엽수의 생육이 좋은 산도는 pH 5 ~ 7이고, 묘포토양으로서의 pH 5.0 ~ 6.0이 좋다.

　　　• pH 4.5 이하는 토양, 양료의 식물에 의한 이용이 잘 되기 힘들다.

　　　• pH 6.5 이상은 입고병 등으로 인해 불리하게 된다.

　　㉡ **pH 3.9 이하인 강한 산성토양**

　　　• 지의 · 선태 또는 키가 낮은 관목이 생육하고, Heath 지대 · Ortstein podzol 등에서 자라는 관목은
　　　　 생육이 나빠진다.

　　　• 반면 열대지방은 토양산도가 높아도 생육이 잘 된다.

　　㉢ **pH 4.0 ~ 4.7의 토양**

　　　• 호산성 침엽수인 유럽적송, 소나무, 낙엽송 등이 잘 생육한다.

　　　• 토양에 나무의 생육에 해로운 망간, 알루미늄이 다량 용해되어 있다.

　　㉣ **pH 4.8 ~ 5.5의 토양**

　　　• 가문비나무류, 잣나무 등 침엽수종의 생육에 적당하다.

　　　• 질산태질소, 칼슘, 인산 등의 이용도가 낮아 활엽수의 생육이 부진해 활엽수종에는 부적당하다.

　　㉤ **pH 5.5 ~ 6.5의 토양** : 생육이 적당한 수종에는 대부분의 침엽수 및 피나무, 단풍나무, 느릅나무,
　　　 참나무 등이 있다.

　　㉥ **pH 6.6 ~ 7.3의 토양**

　　　• 이 토양에서는 양료의 이용률이 높고, 미생물이 대단히 왕성하게 활동하며 쉽게 부식형성이 진전
　　　　 된다.

　　　• 생육을 잘하는 수종에는 활엽수 중 특히 호두나무, 백합나무 등이 있다.

- 침엽수에서 생육할 수 있는 수종에는 호염기성 수종인 전나무류의 일종이나 폰데로사소나무 정도만 있다.
ⓐ pH 7.4~8.0의 토양
- 철분이 적고 칼슘, 마그네슘의 양이 너무 많아 침엽수종의 생육에 불리하다.
- 활엽수종 중에서 개오동나무, 오리나무, 네군도단풍나무, 물푸레나무의 일종 등이 자랄 수 있는데 이용가치는 비교적 낮다.
ⓞ pH 8.1~8.5의 토양
- 가용성의 황산염과 염화물이 너무 많아서 모든 산림수목의 생육에 해롭다.
- pH 8.5 이상의 토양은 삼림식생의 생육이 어렵고, 염생식물에 의해 점령되는 경우가 있다.
- 이 토양에서 생육할 수 있는 수종에는 포플러의 몇 종이 있을 뿐이다.
ⓩ 수종의 분포
- 우리나라의 숲땅은 비교적 강한 산성반응을 나타내고, 산 아래보다 산 위쪽이 산성이 강하다.
- 산도에 따라서 알칼리성에 강한 활엽수종은 낮은 곳에서 잘 자라고, 산성에 강한 수종은 산 위쪽에서 더 잘자라는 경향이 있다.

⑦ **산성토양의 피해**
ㄱ 염기결핍 : 산성토양의 원소 중에서 치환성의 Ca, Mg, Na, K 등이 결핍하면 산성장해를 일으키는 일이 있는데 이 중 Ca결핍이 원인인 경우가 많다.
ㄴ 수소이온에 의한 해
- 수소이온 결핍의 직접적인 피해에는 수소이온이 식물의 뿌리에서 흡수되어 단백질을 응고시키거나, 탄수화물의 용해 또는 산소의 작용을 방해하는 것 등이 있다.
- 이는 활산성 토양에서 강한 산성이거나 산에 매우 약한 식물이라든가 하는 특수한 경우를 말한다.
ㄷ 인산의 결핍 : 강한 산성토양은 Al이 쉽게 용해되어 이것이 식물뿌리에 축적되면 P의 흡수를 방해하여 나타난다.
ㄹ 토양의 미생물 종류와 수가 줄어들게 된다.
ㅁ 교질물질이 부족해서 토양의 입단구조발달이 나빠진다.
ㅂ 토양에 의한 흡수에서 NH_4, Ca, K, Mg 등의 양이온 흡수가 적어진다.

⑧ **양이온 치환**
ㄱ 개념 : 흙 속에 매우 작은 교질입자들이 있는데 이 입자는 표면에 음전기를 띠어서 주변의 양이온(Na^+, K^+, Mg^{2+}, Ca^{2+} 등)들을 붙잡을 수 있게 된다. 이 교질입자에 붙은 양이온들과 토양용액 속에 있는 양이온이 교환되는 것처럼 교질입자 표면의 양이온이 용액 중의 양이온과 교환되는 현상을 말한다.

> ★TIP 교질입자(콜로이드 입자)의 종류
> ㄱ 무기교질입자 : 점토와 같은 입자이다.
> ㄴ 유기교질입자 : 유기물이 분해된 입자이나.

❀ 양이온의 교환 ❀

$$Ca^{2+} \qquad\qquad\qquad\qquad\qquad\qquad H^+ \quad H^+$$

$$콜로이드\ 입자 + 2H^+ \longrightarrow 콜로이드\ 입자 + Ca^{2+}$$

흡착된 칼슘이온, 수소이온   흡착된 수소이온, 칼슘

    ⓛ **양이온 치환용량** : 토양 중에 포함된 교질입자의 양이 그 토양의 양이온을 붙잡아 둘 수 있는 능력을 말하는데 일반적으로 양이온 치환용량이 크면 토양이 비옥한 것을 의미한다.

    ⓒ **양이온 용탈**

        • 개념 : 수소이온을 많이 함유한 산성의 강수가 토양에 공급되면 수소이온과 교질입자에 붙어 있던 양이온들이 교환되어 양이온들이 교질입자로부터 떨어져 토양용액의 이동과 함께 유실되는 현상을 말한다.

        • 산성비나 많은 양의 비가 내리면 양이온들이 토양교질입자에 많이 용탈되고 토양이 산성화되어 비옥도가 떨어지게 된다.

    ⓔ **양이온 치환능력의 순서** : $H^+ > Ba^{2+} > Ca^{2+} > Mg^{2+} > K^+ > NH^{4+} > Na^+$

(4) 지형과 경사

① 지형과 경사의 영향

    ㉠ 숲땅에서 지형과 경사가 만드는 크고 작은 기복이 광선, 바람, 토양의 수분, 토양의 성질 등에 영향을 미친다.

    ⓛ 지형과 경사의 영향을 받으면 그 곳에서 자라는 나무의 수종이나 생육상태를 결정짓는다.

② 지형에 따른 적합한 수종

    ㉠ 산허리쪽의 볼록한 지형 : 토양이 건조하고 환경이 척박해서 다른 종들보다 소나무류가 자라기에 더 적합하다.

    ⓛ 산기슭쪽의 오목한 지형 : 토양수분이 많고 토양이 비옥해서 낙엽활엽수종이 잘 자란다.

(5) 토성

① 개념 … 토성은 토양입자의 굵기와 그것이 함유되는 비율에 따라 구분하는 것으로 모래, 미사, 점토함량에 따라서 나누어 진다.

② 구분

    ㉠ **자갈땅** : 자갈이 대부분이고, 그 사이에 가는 흙이 있는 토양을 말한다.

    ⓛ **사토** : 점토함량이 12.5% 이하로 대부분이 모래로 되어 있는 토양을 말한다.

    ⓒ **사질양토** : 점토함량이 12.5 ~ 25%로 모래가 1/3 ~ 2/3 정도로 판단되는 토양을 말한다.

ㄹ **양토** : 점토함량이 25 ~ 37.5%되며 모래함량이 1/3 이하인 토양을 말한다.

ㅁ **식질양토** : 점토함량이 37.5 ~ 50%로 끈끈한 점토에 모래가 조금 있는 토양을 말한다.

ㅂ **식토** : 점토함량이 50% 이상으로 대부분 끈끈한 점토로 되어 있는 토양을 말한다.

③ 생물인자

(1) 토양 미생물

① **개요** … 임상에는 숲이 비교적 교란되지 않고 다양한 토양 미생물이 살아가기 위해 필요한 환경이 잘 갖추어져 있기 때문에 다른 지역의 토양과 다르게 다양하고 많은 개체수의 토양 미생물이 있다. 여기에는 나무의 생육에 도움을 주는 토양 미생물이 있는 반면 조직을 참해하는 병원성의 미생물도 많이 있다.

② **균근**

ㄱ 나무의 어린 뿌리와 공생하는 공생체를 말한다.

ㄴ *Hymenomycetes*

- 균류 중에서 수목의 뿌리와 함께 살고 있는 것으로 균근이라 한다.
- 탄수화물을 동화해 뿌리의 생육에 이바지 한다.
- 활엽수 임분보다 침엽수 임분의 균류가 더 많다.

ㄷ 특징

- 타양적 미생물로 유기물분해에 도움을 준다.
- 고위도 지방에서는 박테리아가 적고 균류가 크게 작용한다.

ㄹ 기주식물인 나무에게 토양용액 속의 각종 양분과 물을 흡수해 영양을 공급하고 자신은 나무에서 탄수화물 등의 에너지를 얻는다.

ㅁ 균근의 형성

- 외생균근
- 뿌리표면 밖으로 나와서 뿌리를 덮고 있는 균으로 참나무류, 침엽수, 자작나무류, 버드나무류 등에 있다.
- 뿌리표피를 형성하는 세포간극에 균체가 있고 뿌리를 둘러싸 뿌리와 그 둘레의 흙을 분리시킨다.
- 일반적으로 분해 중에 있는 낙엽층이나 건조한 광물질 토양에서 발달이 잘 된다.
- 내생균근
- 뿌리의 조직 안에 있는 균으로 은행나무, 오리나무, 철쭉류, 단풍나무, 동백나무, 호두나무, 솔송류 등에 있다.
- 뿌리의 세포 안에 균사가 존재하고 표피에는 개개의 균사가 몇 개 나타난다.

- 내외생균근
  - 외생 및 내생균근의 성질을 같이 지닌 것으로 식물의 생육에 좋은 영향을 미친다.
  - 대체로 호기성이어서 땅속 깊은 곳에서 수가 감소한다.
- 나무뿌리에 균근균이 많이 붙어 있을수록 나무의 생장에 도움이 된다.
- 숲땅에 균근을 만드는 균을 배양해서 접종하여 나무의 생장을 돕는다.
- 균근이 형성된 묘목을 이용할 수 있는 곳에는 척박지, 오염지 및 폐광지 등이 있다.
- 균은 균사가 있지만 세균은 단세포로 분열에 의해서 증식한다.

③ **비료목**
  ㉠ 개념 : 콩과식물의 뿌리혹박테리아는 공중질소를 고정시켜 기주식물에 주고 토양질소의 양을 증가시켜 생장에 이용하며 토양을 비옥하게 만들어 주는 나무를 말한다.
  ㉡ 종류 : 콩과식물인 아카시아, 싸리나무, 자귀나무 등과 오리나무, 소귀나무 등이 있다.

(2) 일반동물

① **대형동물** ⋯ 2mm 이상의 몸 길이를 가진 것으로 지렁이, 달팽이, 거미, 개미, 굼벵이, 좀, 노래기, 지네, 쥐며느리 등이 있다.

② **중형동물** ⋯ 0.2 ~ 2mm의 몸 길이를 가진 것으로 응애, 선충, 진딧물, 알톡토기 등이 있다.

③ **미생물** ⋯ 현미경으로 관찰하거나 배양을 해야 알아볼 수 있는 0.2mm 이하의 동물을 말한다.

④ **동물상** ⋯ 토양에 서식하는 동물의 종류와 수를 나타낸 것으로 동물상은 복잡해서 많을수록 바람직하다.

03 출제예상문제

1 다음 중 비료목에 해당하지 않는 수종으로 옳은 것은?

① 박달나무

② 소귀나무

③ 싸리나무

④ 오리나무

> ★note 비료목
>
> ㉠ 개념 : 콩과식물의 뿌리혹박테리아는 공중질소를 고정시켜 기주식물에 주고 토양질소의 양을 증가시켜 생장에 이용하며 토양을 비옥하게 만들어 주는 나무를 말한다.
>
> ㉡ 종류 : 콩과 식물인 아카시아, 싸리나무, 자귀나무 등과 오리나무, 소귀나무 등이 있다.

2 다음 중 삽목 초기에 적당한 환경조건은?

① 양분, 수분, 토양

② 광선, 양분, 온도

③ 습도, 온도, 광선

④ 광선, 양분, 토양

> ★note 삽목환경
>
> ㉠ 삽목을 실시할 장소로서 좋은 곳은 습기를 가지면서도 공기를 잘 유통시키고 해로운 미생물이 없어야 한다.
>
> ㉡ 삽목상의 습도는 공중 및 지중의 습도와 관계되는데, 특히 공중습도가 높은 것이 좋으며 완전히 발근하는 데는 90% 이상의 습도를 유지하는 것이 필요하다.
>
> ㉢ 삽목상의 온도는 기온보다 지온이 다소 높으면 이로운데, 대체로 주간 온도는 21℃ ~ 27℃, 밤기온은 15 ~ 21℃일 때 발근이 잘 된다.
>
> ㉣ 삽목상에 광선은 식물의 종류와 삽수의 조제방법에 따라 다르며, 일광을 막아서 조직을 황화처리해 주면 발근이 더 유리하다.
>
> ㉤ 삽수가 발근하기 전 해로운 미생물의 침해를 받지 않도록 미리 살균제로 처리한다.

3 다음 병층분열과 수층분열에 대한 설명 중 옳지 않은 것은?

① 병층분열과 수층분열을 하는 식물은 주로 형성층이 없는 식물이다.
② 병층분열과 수층분열을 하면서 줄기 안쪽으로 물관세포를, 바깥쪽으로 체관세포를 만들어 간다.
③ 병층분열에 의해 물관과 체관을 생산한다.
④ 수층분열에 의해 형성층 세포수를 증가시킨다.

> **note** 형성층은 겉씨식물과 쌍떡잎식물에서 볼 수 있는 방법으로 나무의 줄기와 뿌리가 성장하는 것에 관계하는 조직이며, 물관부와 체관부의 2차 조직을 형성하므로 관다발 형성층이라고도 한다. 병층분열로 물관과 체관을 형성하고, 수층분열을 통해 세포수가 증가하면서 줄기와 뿌리가 비대성장한다.

4 다음 설명 중 옳지 않은 것은?

① 입자의 크기가 0.001mm보다 작을 때 이를 콜로이드 입자라 한다.
② 오목지형에는 침엽수종이 잘 자라고, 볼록지형에는 활엽수종이 잘 자란다.
③ 땅 표면의 높고 낮은 상태를 지형이라 하고, 지형이 비슷한 구역을 지형구라 한다.
④ 임지의 작은 기복이 나무의 생육에 큰 영향을 주는데, 이 작은 기복조건을 통틀어 미지형이라 한다.

> **note** ② 산허리의 볼록한 지형에는 토양이 건조하고 척박하여 소나무류와 같은 침엽수종이 잘 자라고, 산기슭 쪽 오목한 지형에는 토양이 비옥하고 수분도 많아서 낙엽활엽수종이 잘 자란다.

5 산성(pH 4.5 ~ 5.0)을 좋아하는 수종으로만 짝지어진 것은?

① 단풍나무, 개오동나무   ② 참나무류, 느릅나무
③ 백합나무, 호두나무   ④ 낙엽송, 소나무

> **note** 나무별 적정 토양산소
> ㉠ 낙엽송, 소나무 : pH 4.0 ~ 4.7
> ㉡ 잣나무, 가문비나무 : pH 4.8 ~ 5.5
> ㉢ 피나무, 단풍나무, 참나무류, 느릅나무 등 대부분의 침엽수 : pH 5.6 ~ 6.5
> ㉣ 호두나무, 백합나무 : pH 6.6 ~ 7.3
> ㉤ 개오동나무, 오리나무 : pH 7.4 ~ 8.0

Answer   3.①   4.②   5.④

6 임분 전체에 대한 뿌리의 동화물질의 분배량은?

① 9%   ② 15%

③ 28%   ④ 35%

✿**note** 임분 전체로 볼 때 뿌리로 보내는 동화물질의 분배량은 9% 정도이다.

7 다음 중 음수가 아닌 것은?

① 낙엽송   ② 동백나무

③ 주목   ④ 전나무류

✿**note** ① 낙엽송은 양수이다.
　　　 ※ 수목의 음·양수성
　　　　 ㉠ 음수
　　　　 • 개념 : 광선부족을 견딜 수 있는 수종을 말한다.
　　　　 • 수종 : 주목, 금송, 비자나무, 편백, 솔송나무, 가문비나무류, 전나무, 회양목, 너도밤나무,
　　　　　 서어나무류, 동백나무, 녹나무, 사탕단풍나무, 나한백 등이 있다.
　　　　 ㉡ 음·양 중간수종
　　　　 • 개념 : 입지조건의 변화에 따라 음성에 기울어지기도 하고, 양성에 기울어지기도 하는 수
　　　　　 종을 말한다.
　　　　 • 수종 : 느릅나무류, 오리나무류, 단풍나무류, 피나무류, 삼나무, 후박나무, 벚나무, 회나
　　　　　 무류, 물푸레나무류, 팽나무, 섬잣나무, 잣나무 등이 있다.
　　　　 ㉢ 양수
　　　　 • 개념 : 광선이 충분해야 왕성한 생장을 하는 수종을 말한다.
　　　　 • 수종 : 오리나무류, 밤나무, 상수리나무, 졸참나무, 떡갈나무, 굴참나무, 물푸레나무, 향
　　　　　 나무, 측백나무, 오동나무, 소나무, 해송, 삼나무, 노간주나무, 사시나무류, 버드나무류,
　　　　　 느티나무, 옻나무, 은행나무, 황철나무, 낙엽송, 이깔나무, 자작나무류 등이 있다.

8 다음 중 나무가 가장 잘 자랄 수 있는 곳은?

① 산허리   ② 산기슭

③ 산등선   ④ 산능선

✿**note** 흙이 많고 부식량이 많은 산기슭 쪽의 오목한 지형에서 낙엽활엽수종이 잘 자란다.

Answer   6.①   7.①   8.②

9 다음 중 땅속에서 유기물이 분해하여 흑갈색으로 된 것은?

① 낙엽   ② 공극

③ 부식   ④ 분해

> **note** ① 잎 속의 양분이 줄기 등으로 이동하여 엽록소가 분해·소실되어 잎이 떨어지는 현상으로, 생육조건이 급격하게 변동되었을 때나 일장의 변화에 의해 일어난다.
> ② 공극은 흙의 비어있는 부분으로, 물과 공기가 차지하는 부분이다. 흙의 전체 용적에서 고체 부분의 용적을 빼낸 값을 갖는다. 공극량이 많을수록 토양의 질은 좋아진다.
> ④ 유기물을 가장 간단한 화합물이나 홑원소물질로 나누는 현상을 말한다.

10 어릴 때에 광선의 부족에도 견디며 생장하는 수종으로만 짝지어진 것은?

① 해송, 소나무   ② 느티나무, 은행나무

③ 낙엽송, 자작나무류   ④ 너도밤나무, 솔송나무

> **note** 음수 … 어릴 때 광선부족에도 견디며 생장할 수 있는 수목으로 주목, 금송, 비자나무, 편백, 솔송나무, 가문비나무류, 전나무, 회양목, 너도밤나무, 서어나무류, 동백나무, 녹나무, 사탕단 풍나무, 나한백 등이 있다.

11 다음 중 토양을 입단구조로 만드는 조건으로 옳지 않은 것은?

① 부식의 유지·가용   ② 석회분의 유지·추가

③ 배수를 잘하여 지하수를 낮출 것   ④ 화학비료의 지속적 사용

> **note** 토양 입단구조를 만드는 조건
> ㉠ 토양입자가 작은 것이 많을 것
> ㉡ 석회분의 유지 및 첨가
> ㉢ 과습은 입단의 형성에 곤란하므로 배수를 잘하여 지하수위를 낮출 것
> ㉣ 부식의 유지 및 가용
> ㉤ 경운 또는 화학약품 크릴륨의 가용

12 다음 중 뿌리가 길고 깊게 뻗는(심근성) 수종으로만 짝지어진 것은?

① 밤나무, 호두나무   ② 아카시아, 버드나무

③ 포플러, 자작나무   ④ 가문비나무, 편백

Answer   9.③   10.④   11.④   12.①

note 뿌리에 따른 분류
  ㉠ 심근성 수종 : 소나무, 전나무, 가시나무, 백합나무, 은행나무, 단풍나무, 모과나무, 백목련, 밤나무, 호두나무 등
  ㉡ 천근성 수종 : 독일가문비나무, 현사시나무, 오리나무, 미루나무, 자작나무, 낙엽송, 아카시아, 매화, 편백, 버드나무, 포플러 등

13 포도당이 모여 만들어진 것으로 세포막의 주성분을 이루며 목재성분 중 약 60%를 차지하고 있는 것은?

① 녹말   ② 지방
③ 셀룰로오스   ④ 리그닌

note 셀룰로오스 … 목재의 약 60%를 차지하고 포도당이 모여 만들어진 것으로 세포막의 주성분을 이루며, 이용가치가 높다. 셀룰로오스에 약한 산을 처리하면 원래의 포도당으로 되는데, 용도가 넓고 펄프와 종이의 원료가 될 뿐만 아니라, 알코올의 생산원료로도 쓰인다.

14 다음 중 나무가 살아가고 수풀을 이루는 데 가장 큰 영향을 끼치는 조건은?

① 기후인자   ② 인간의 영향
③ 토양의 비옥도   ④ 토양의 물리적 인자

note 수풀은 동식물과 이들을 둘러싼 기후인자, 토양의 물리적 인자, 토양의 비옥도, 지형 등의 환경이 서로 영향을 주며, 복잡하게 연결되어 있는 사회로 수풀을 형성하는데 가장 큰 영향을 주는 것은 광선, 온도, 물, 바람, 미기상 등의 기후인자이다.

15 다음 중 지각을 이루고 있는 암석의 95%를 차지하는 것은?

① 석회암   ② 변성암
③ 화성암   ④ 수성암

note 지각의 조성 … 지각을 이루는 암석의 대부분은 화성암으로 95% 정도 된다. 그 뒤로 혈암이 4%, 사암이 0.75%, 석회암이 0.25% 정도로 분포되어 있다.

Answer   13.③ 14.① 15.③

16 다음 중 나무의 발아와 생장에 관한 설명으로 옳지 않은 것은?

① 씨앗의 발아를 위해 온도, 수분, 산소 및 광선 등의 조건이 알맞아야 한다.
② 줄기의 형성층에서는 안쪽으로 체관과 바깥쪽으로 물관세포를 만들어 줄기의 지름생장을 한다.
③ 떡잎의 저장물질이나 떡잎의 광합성으로 탄수화물과 유기물을 이용하여 본잎, 줄기 및 뿌리의 생장이 이루어진다.
④ 어린 묘목은 줄기의 끝에 위치한 생장점에서 분열조직이 활발하게 분열하여 새로운 잎과 줄기의 길이생장을 한다.

> 📎 **note** ② 줄기의 형성층에서는 안쪽으로 물관과 바깥쪽으로 체관세포를 만들어 줄기의 지름생장을 한다.

17 다음 중 줄기생장에 관한 설명으로 옳지 않은 것은?

① 수층생장은 형성층과 세포수를 증가시키는 것이다.
② 병층생장은 물관과 체관을 생산하는 것이다.
③ 고정생장은 전년도에 형성된 눈에 이미 줄기의 생장이 결정되어 있는 것이다.
④ 자유생장은 눈이 터져서 형성된 잎의 광합성에 의하여 새 줄기가 자라서 잎의 모양이 같은 것이다.

> 📎 **note** 줄기생장
> ㉠ **병층생장** : 물관과 체관을 생산한다.
> ㉡ **수층생장** : 형성층과 세포수를 증가시킨다.
> ㉢ **고정생장** : 줄기의 생장이 전년도에 형성된 눈에 이미 결정되어 있는 경우이다.
> ㉣ **자유생장** : 눈이 터져서 형성된 잎의 광합성에 의하여 새 줄기가 자라서 잎의 모양이 다른 경우이다.

18 다음 중 물의 자유로운 출입을 차단하는 나무부위는?

① 세포벽   ② 줄기
③ 카스페리안대   ④ 생장점

> 📎 **note** 카스페리안대 … 수베린으로 된 띠로서 내피에 발달해 있고 물의 자유로운 출입을 차단하는 역할을 한다.

🌱 **Answer**   16.② 17.④ 18.③

19 다음 중 나무가 증산을 통해서 수분흡수하는 방법으로 옳은 것은?

① 세포질 이동

② 세포벽 이동

③ 능동적 흡수

④ 수동적 흡수

> **note** ① 표피의 뿌리털세포의 원형질막을 통과하여 피층·내피·내초 세포의 원형질막을 통하여 뿌리의 물관세포로 이동하는 것을 말한다.
> ② 세포간극이나 표피·피층 세포의 세포벽을 통해 내피를 거쳐 물관세포로 이동하는 것을 말한다.
> ③ 뿌리의 삼투압을 이용하여 물이 흡수되어 위로 상승하면서 식물체의 원형질막에 위치한 단백질이 선택적으로 특정의 무기염을 세포 안으로 운반하는 방법으로 에너지를 소모한다.

20 물의 흡수기작에 대한 설명으로 옳지 않은 것은?

① 능동적 흡수는 에너지를 소모하여 흡수하는 것이다.

② 수동적 흡수는 물을 흡수하는 데 아무런 에너지가 소모되지 않는 것이다.

③ 뿌리를 통해 흡수한 물은 원형질막을 통과해야 물관에 도달할 수 있다.

④ 나무의 물 흡수는 뿌리를 통해서만 일어난다.

> **note** ④ 나무의 물 흡수는 대부분 뿌리를 통해 일어나며, 극히 적은 양은 잎이나 줄기를 통해서도 흡수된다.

21 다음 중 식물이 양분을 흡수하여 분배하는 과정으로 옳은 것은?

① 열매, 씨앗 > 어린 잎, 정단부 눈 > 뿌리, 저장조직

② 뿌리, 저장조직 > 열매, 씨앗 > 어린 잎, 정단부 눈

③ 뿌리, 저장조직 > 어린 잎, 정단부 눈 > 열매, 씨앗

④ 어린 잎, 정단부 눈 > 열매, 씨앗 > 뿌리, 저장조직

> **note** 물질의 분배과정
> ㉠ 최우선적으로 열매, 씨앗이 물질을 분배 받는다.
> ㉡ 그 다음으로 어린 잎, 정단부의 눈이 물질을 분배 받는다.
> ㉢ 뿌리나 저장조직은 가장 나중에 물질을 분배 받는다.

Answer   19.④ 20.④ 21.①

22 다음 중 아래와 같은 반응기작은?

$$6CO_2 + 12H_2O + \text{빛E} \xrightarrow[\text{온도}]{\text{엽록체}} C_6H_{12}O + 12H_2O + 6O_2$$

① 호흡   ② 양분의 이동

③ 광합성   ④ 수분흡수

📝**note** 광합성 … 뿌리로부터 흡수된 물(H_2O)과 기공으로부터 들어온 이산화탄소(CO_2)에 빛에너지(태양에너지)를 이용하여 탄수화물($C_6H_{12}O_6$)을 합성하고 산소(O_2)를 생산하는 현상이다.

23 다음 중 임목의 발달이 생태계에 미치는 영향으로 옳지 않은 것은?

① 해마다 많은 양의 낙과, 낙엽, 낙지로 청소에 많은 인력을 투입해야 한다.

② 수관이 크게 발달하면 지면의 기후를 알맞게 조절하여 많은 동물들이 어울려 살 수 있도록 한다.

③ 숲의 발달은 겉흙을 덮어 유실을 막아주며, 다양한 토양층을 형성하여 미생물들이 서식할 수 있도록 한다.

④ 깊은 토양층에 있는 양분을 나무의 뿌리가 겉흙으로 끌어올린다.

📝**note** ① 해마다 많은 양의 낙과, 낙엽, 낙지로 겉흙을 비옥하게 하는 작용을 한다.

24 다음 중 어릴 때 충분한 광선을 필요로 하는 수종으로 옳지 않은 것은?

① 물푸레나무   ② 굴참나무

③ 상수리나무   ④ 너도밤나무

📝**note** ④ 너도밤나무는 음수이다.

※ 양수 … 어릴때부터 많은 양의 광선을 필요로 하는 것으로 오리나무류, 상수리나무, 밤나무, 졸참나무, 굴참나무, 떡갈나무, 물푸레나무, 측백나무, 향나무, 오동나무, 해송, 소나무, 삼나무, 노간주나무, 사시나무류, 느티나무, 버드나무류, 은행나무, 옻나무, 황철나무, 이깔나무, 낙엽송, 자작나무류 등이 있다.

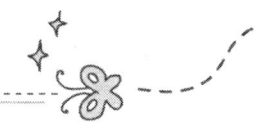

25 다음 중 광합성작용에 관련된 환경인자로 옳지 않은 것은?

① 빛   ② 토양

③ 온도   ④ 이산화탄소

> **note** 광합성작용에 관련된 환경인자 … 수분, 빛, 온도, 공기(이산화탄소)

26 다음 중 광선에 대한 설명으로 옳지 않은 것은?

① 외따로 서 있는 나무는 상방광선과 측방광선을 받는다.

② 하루동안 광선을 쬐는 시간의 길이를 일장이라고 한다.

③ 일장은 식물의 생장, 개화 등의 생리작용에 영향을 미친다.

④ 숲의 가장자리에 서 있는 나무나 외따로 서 있는 나무는 상방광선만 받게 되어 아랫가지는 광선부족으로 쉽게 말라 버린다.

> **note** ④ 숲의 가장자리에 서 있는 나무와 외따로 서 있는 나무는 상방광선과 측방광선을 받아 아랫가지가 살아서 붙어 있다.

27 다음 중 숲 속의 기온에 대한 설명으로 옳지 않은 것은?

① 숲 속에서는 최저 기온은 약간 높고 최고 기온이 낮다.

② 침엽수림은 활엽수림 보다 기온교차가 작다.

③ 밤중에는 숲 속의 기온이 숲 밖보다 조금 낮다.

④ 나무가 없는 지표면에서는 낮에는 햇볕을 쬐어 온도가 높아지고 밤에는 내려간다.

> **note** ③ 밤중에 열이 임관으로 인해 발산되는 것이 방지되어서 숲 속 기온이 밖의 기온보다 조금 높다.

28 다음 중 벌채할 때 겉흙이 노출되지 않게 하고, 가지를 잘게 부수어 숲땅에 까는 궁극적인 이유로 옳은 것은?

① 양분의 유실을 막기 위해서

② 겉흙의 유실을 방지하기 위해서

③ 증산계수를 높이기 위해서

④ 토양의 보수력을 유지하기 위해서

> **note** 벌채를 할 경우 가지를 잘게 부수어 숲땅에 깔거나 겉흙이 노출되지 않도록 하는 것은 겉흙의 유실을 예방하기 위한 것이며, 궁극적으로는 토양의 보수력을 유지하기 위해서이다.

29 다음 중 옮겨 심은 큰 나무의 줄기에 새끼를 감고 흙을 바르는 이유로 옳은 것은?

① 뿌리호흡이 잘 되게 하기 위해서이다.

② 지온의 변화에 적응시키기 위해서이다.

③ 건조의 피해를 줄이기 위해서이다.

④ 뿌리에 영양분을 공급하기 위해서이다.

> **note** 토양수분의 생리
> ㉠ 나무는 주로 토양수분을 이용하여 생장하며, 생리작용에 필요한 물을 공급받는다.
> ㉡ 토양수분은 토양 속의 양분을 녹여서 식물체가 흡수하기 좋도록 만들어 준다.
> ㉢ 토양수분이 너무 많으면 뿌리가 호흡하지 못하여 뿌리로부터 피해가 시작된다.
> ㉣ 토양수분이 너무 적으면 증산작용에 이용할 수분이 부족하여 건조의 피해를 받는다.
> ㉤ 옮겨 심은 큰 나무는 줄기에 새끼를 감고 흙을 발라 건조의 피해를 예방한다.

30 다음 중 물이 부족할 경우 세포의 원형질 농도가 증가되어 부피가 줄어들게 됨으로써 주변에 있는 세포막에서 떨어지게 되는 현상은?

① 세포질 이동   ② 원형질 분리

③ 세포벽 이동   ④ 선택적 흡수

> **note** 원형질 분리 … 물이 부족하여 세포의 원형질 농도가 증가되어 부피가 줄어들게 됨으로써 주변에 있는 세포막에서 떨어지게 되는 현상이다.

31 다음 중 토양입자와 결합하지 않는 토양수분은?

① 자유수
② 흡습수
③ 모관수
④ 화합수

> **note** ① 토양 속에 존재하면서 토양입자와 결합하지 않고 있어 이동이 자유로운 물이다.
> ② 토양입자의 표면에 얇은 막으로 되어 물리적으로 붙어있는 수분이다.
> ③ 토양 속 가는 공극 속에 표면장력으로 유지되는 수분으로 식물에 유효하게 이용된다.
> ④ 결합수, 결정수라고도 하는 것으로 토양에 있는 물 중 가장 강하게 결합되어 있어 떼어내기 힘들다.

32 다음 중 토양수분의 상태를 나타내는 단위로 옳은 것은?

① lx
② m^3
③ pF
④ pH

> **note** pF … 토양수분의 상태를 나타내는 것으로, 토양수분을 흡인할 때 떨어져 나오는 힘, 즉 흡인압으로 나타낸 것이다. pF값 1.8 ~ 3.0의 범위가 식물의 생육에 유효하다.

33 다음 중 토양생성작용이 늦고 담갈색을 띄는 토층으로 옳은 것은?

① 유기물층
② 집적층
③ 모재층
④ 용탈층

> **note** ① O층이라고 하며 분해된 유기물로 구성된 층으로 낙엽층(O_1층), 분해층(O_2층), 부식층(O_3층)으로 이루어져 있다.
> ② B층이라고도 하며, 심토층이라고도 한다. A층에서 용탈·분리되어 내려오는 여러 물질들이 침전·집적되는 층이다. 공극이 작고 단단하며 어두운 갈색을 띤다.
> ④ 표토층으로 A층이라고 하며 유기물과 광물의 혼합층으로 각종 이온을 만들고, 이온들이 빗물을 따라 아래층(B층)으로 이동한다. 생물의 활동이 가장 활발한 층이다.

34 다음 중 토양단면에서 유기물층에 속하지 않는 것은?

① 분해층

② 부식층

③ 낙엽층

④ 표토층

✿note 유기물층(O층)
  ㉠ **낙엽층(O₁층)** : 낙엽이 떨어져 그대로 쌓여있는 곳이다.
  ㉡ **분해층(O₂층)** : 낙엽층 밑의 잎, 가지, 껍질 등이 떨어져 작은 조각으로 되어 있는 층이다.
  ㉢ **부식층(O₃층)** : 분해층 밑의 낙엽이 완전히 분해되어 흑갈색을 띠는 부분이다.

35 다음 중 점토함량이 12.5% 이하인 토성으로 옳은 것은?

① 식토

② 사토

③ 양토

④ 식질양토

⑤ 사질양토

✿note 토성
  ㉠ **자갈땅** : 대부분이 자갈이고, 그 사이에 가는 흙이 있는 토양이다.
  ㉡ **사토** : 점토함량이 12.5% 이하로 대부분이 모래로 되어 있는 토양이다.
  ㉢ **사질양토** : 점토함량이 12.5 ~ 25%로 모래가 1/3 ~ 2/3 정도로 판단되는 토양이다.
  ㉣ **양토** : 점토함량이 25 ~ 37.5%되며 모래함량이 1/3 이하인 토양이다.
  ㉤ **식질양토** : 점토함량이 37.5 ~ 50%로 끈끈한 점토에 모래가 약간 있는 토양이다.
  ㉥ **식토** : 점토함량이 50% 이상으로 대부분이 끈끈한 점토로 되어 있는 토양이다.

36 다음 중 pH 6.6 ~ 7.3에서 생육하는 수종으로 옳은 것은?

① 밤나무, 소나무

② 가문비나무류, 잣나무

③ 호두나무, 백합나무

④ 피나무, 단풍나무

✿note pH 6.6 ~ 7.3에서는 미생물의 활동이 왕성하여 양료의 이용률이 높으며, 부식이 잘 된다. 호두나무, 백합나무 등의 활엽수가 잘 생육하고, 침엽수는 전나무류의 일종이나 폰데로사소나무 등의 호염기성 수종만이 생육할 수 있다.

37 다음 중 토양의 질을 좋게 하는 것으로 가장 관계가 깊은 것은?

① 석회
② 공기
③ 공극
④ 토양입자

> ✦**note** 공극 … 흙의 비어있는 부분으로, 물과 공기가 차지하는 부분이다. 흙의 전체 용적에서 고체부분의 용적을 빼낸 값을 갖는다. 공극량이 많을수록 토양의 질은 좋아진다.

38 다음 중 치수의 흉고직경으로 옳은 것은?

① 3cm 이하
② 4cm 이하
③ 6cm 이하
④ 8cm 이하
⑤ 10cm 이하

> ✦**note** 치수 … 흉고직경이 6cm 이하의 어린 나무를 말한다.

39 다음 중 내생균근을 형성하는 수목으로 옳지 않은 것은?

① 동백나무
② 단풍나무
③ 편백나무
④ 참나무

> ✦**note** ④ 참나무과의 수종은 외생균근을 형성한다.
> ※ 균근의 형성
> ㉠ 내생균근 : 균사가 주로 뿌리의 조직 안에 있는 것으로 균사망은 형성되지 않는다. 외생균근에 속하는 5개의 과를 제외한 모든 목본식물이 내생균근을 형성한다.
> ㉡ 외생균근 : 균사가 뿌리의 표면 밖으로 나와 뿌리를 둘러싸고 있는 것으로 참나무과, 소나무과, 버드나무과, 자작나무과, 피나무과 등의 나무들이 외생균근을 형성하는 수종이다.
> ㉢ 내외생균근 : 균근 안에 균사망을 형성하고 동시에 뿌리의 내부조직에까지 침입한 것으로 피나무, 너도밤나무, 전나무 등이 내외생균근을 형성한다.

40 다음 중 숲에서 살고 있는 동물에 대한 설명으로 옳지 않은 것은?

① 동물상 – 토양에 살고 있는 동물의 종류와 수를 나타낸 것이다.

② 대형동물 – 몸길이가 2mm 이상 되는 것으로 달팽이, 지렁이, 굼벵이, 거미, 개미, 좀, 노래기, 쥐며느리, 지네 등이다.

③ 중형동물 – 몸길이가 2 ~ 3mm의 생물을 말한다.

④ 미생물 – 0.2mm 이하의 동물로 현미경으로 관찰하거나 배양을 해야 알아볼 수 있는 생물이다.

✿❚note   ③ 중형동물은 0.2 ~ 2mm의 몸길이로 진딧물, 선충, 응애 등이 있다.

41 다음 목재의 성분 중 리그닌의 함유율로 옳은 것은?

① 10 ~ 20%   ② 20 ~ 30%

③ 30 ~ 40%   ④ 40 ~ 50%

⑤ 50 ~ 60%

✿❚note   리그닌
   ㉠ 셀룰로오스와 함께 존재하며 탄소, 산소, 수소가 모여서 만들어진 것으로, 그 구조가 복잡하다.
   ㉡ 목재성분 중에는 20 ~ 30%의 리그닌이 함유되어 있다.

42 다음 중 수목분포와 가장 관계가 깊은 환경조건은?

① 광선, 강수량   ② 광선, 수분

③ 온도, 바람   ④ 온도, 수분

✿❚note   수목분포에 가장 큰 영향을 미치는 것은 온도와 수분이다.
   ※ 수목의 분포를 지배하는 환경조건
      ㉠ 기온, 강수량, 바람 등의 기후인자
      ㉡ 토양의 물리적 성질
      ㉢ 화학적 성질

❤❤Answer   40.③ 41.② 42.④

43 다음 나무의 줄기생장 중 형성층과 세포수를 증가시키는 것은?

① 길이생장 ② 수층생장
③ 영양생장 ④ 병층생장
⑤ 부피생장

> **note** 나무의 줄기생장
> ㉠ 병층생장 : 물관과 체관을 생산한다.
> ㉡ 수층생장 : 형성층과 세포수를 증가시킨다.

44 다음 중 뿌리털이 형성되는 부위로 옳은 것은?

① 뿌리 끝의 생장점 바로 윗부분에 형성된다.
② 뿌리골무로부터 분화한다.
③ 뿌리 표피세포로부터 불룩하게 튀어나온다.
④ 뿌리 끝에서부터 병층분열과 수층분열을 통해 형성된다.

> **note** 뿌리털은 뿌리의 표면적을 증대시켜 무기양분과 물을 흡수하는데 도움을 주는 것으로, 주로 뿌리 끝의 생장점 바로 윗부분에 분포한다.

45 다음 중 곁눈보다 끝눈이 잘 자라는 현상은 무엇인가?

① 측아우세 ② 무한생장
③ 정아우세 ④ 유한생장
⑤ 잡종강세

> **note** 정아우세 … 끝눈이 곁눈보다 더 큰 힘을 전달받아 잘 자라는 현상으로 정아우세가 나타나는 나무들은 원추형의 수형을 갖게 된다.

46 다음 중 방풍림을 조성하는 방법으로 옳지 않은 것은?

① 바람의 속도를 줄이기 위해서 만든다.
② 느티나무, 뽕나무 등으로 방조림을 형성한다.
③ 해풍을 막기 위해서는 방조림을 만든다.
④ 방조림을 조성하는 수종들은 내염성이 있어야 한다.
⑤ 묘포 주변에는 방풍림을 조성한다.

> **note** ② 느티나무, 뽕나무 등은 내염성이 약해 방조림으로 적합하지 않다. 방조림에는 내염성이 강한 사철나무, 돈나무, 동백나무, 해송, 은백양 등을 이용한다.

47 다음 중 양이온 치환능력이 가장 낮은 것은?

① Ba^{2+}
② Mg^{2+}
③ NH^{4+}
④ H^+
⑤ Na^+

> **note** 양이온 치환능력의 순서 … $H^+ > Ba^{2+} > Ca^{2+} > Mg^{2+} > K^+ > NH^{4+} > Na^+$

48 다음 중 비료목에 대한 설명으로 옳지 않은 것은?

① 비료목을 사용하는 곳에는 펄프재, 녹비원료, 사료, 연료재 등이 있다.

② 콩과식물의 뿌리혹균은 땅속에 질소양분을 높이는 능력이 작다.

③ 비료목으로 콩과식물, 오리나무류, 보리수나무류 등이 있다.

④ 비료목은 숲땅의 생산력을 높이기 위해 보조적으로 심어 주는 나무이다.

note 비료목

㉠ **개념** : 콩과식물의 뿌리혹박테리아는 공중의 질소를 고정시켜 기주식물에 주고 토양질소의 양을 증가시켜 생장에 이용하며 토양을 비옥하게 만들어주는 나무를 말한다.

㉡ **적용수종** : 아카시아, 자귀나무, 싸리나무 등의 콩과식물과 오리나무류, 소귀나무 등이 있다.

㉢ 비료목으로 쓰이는 수종은 펄프재, 녹비원료, 사료, 연료재, 타닌원료 등 이용가치도 있어 경제적 효과를 인정할 수 있다.

㉣ **효과**

• 낙엽을 통해 유기물을 공급(땅의 물리적, 화학적 성질을 개량)해 준다.

• 비료목의 뿌리혹이 침엽수종의 균근균 형성에 도움을 준다.

• 뿌리혹이 죽어 땅 속의 질소성분으로 된다.

• 비료목의 잎이 땅에 떨어지면 침엽수종의 잎의 분해를 도와 땅힘을 높이는 데 이롭다.

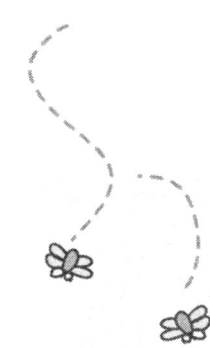

PART 02

임목의 육종

임목육종 일반

1 임목육종의 개요

① 임목육종

(1) 개념

① **임목육종의 목표** ··· 수목이 보다 빨리 자라고, 내병성이 강하며 우수한 질의 나무를 생산하기 위해 여러 가지 방법으로 시도된다.

② 임목육종은 인간이 생활에 필요한 물질과 식량을 얻기 위해 식물을 재배하고, 그것들을 개량해 온 역사의 계속이었다.

(2) 품종개량과 임목육종

① **품종개량** ··· 낮은 이용가치의 야생 사과나무를 과실 생산량이 많고 맛있는 우수한 품종의 사과나무로 바꾸고, 그 우수한 품종을 번식시켜 널리 보급해 나가는 일을 말하고 육종이라고도 한다.

② **임목육종** ··· 나무를 대상으로 일 할 때를 말하는 것으로, 우리나라에서는 빠른 생장의 잡종 포플러나 추위에 강하고 생장도 빠른 잡종 소나무를 만들어 냈다.

② 임목육종의 특성

(1) 특성

① 나무는 대부분 나이가 수년이나 10년 이상이 되어야 꽃이 피고 열매를 맺기 때문에 육종에 오랜 세월을 필요로 한다.

② 일반적으로 나무는 타가수정을 해서 유전형질이 같은 나무를 얻기 어렵고 조림을 그 결과 씨앗으로 증식되는 묘목으로 하게 되면 개체 사이의 변이가 크게 된다.

(2) 필요성

① 나무를 이용하기 위해서는 수십 년씩 걸리는 것이 많아 육종의 성과를 판단하는 데에도 시일이 오래 걸린다.

② 나무의 몸체가 커서 일하는 것이 어렵고 재배면적이 넓어야 한다.

③ 나무의 개체에 따라 종자의 결실량에 차이가 생긴다.

2 변이 · 유전 및 품종

① 변이

(1) 변이의 개요

① **개념** … 동일한 수종의 나무라도 개체 사이에 차이가 생기는 것을 말한다.

② **변이 존재에 따른 의미**
   ㉠ 변이가 존재한다는 것은 육종을 할 수 있는 가능성과 그 안에서 더 바람직한 것을 찾을 수 있다는 것을 의미한다.
   ㉡ 변이가 존재하지 않으면 육종이 불가능하다는 것을 의미한다.

③ 사람이 좋은 생육조건을 조성해주고, 자연도태작용이 적게 작용할 조건의 곳에서는 변이량이 크고, 변이량이 크면 형질개량의 가능성이 그만큼 많아지게 된다.

④ 위와 같은 점이 분석된 결과로 인해서 수종에 대해 고려되는 생육지가 구분되어 진다.

(2) 변이의 구분

① **종간 변이와 종내 변이**
   ㉠ 종간 변이 : 소나무와 해송이 종이 다르고, 여러 가지 형질이 다른 것과 같은 차이를 말한다.
   ㉡ 종내 변이 : 같은 소나무에서 줄기가 곧은 것과 굽은 것의 차이 같은 것을 말한다.

② **지역적 변이와 입지적 변이**
   ㉠ 지역적 변이 : 강원도 명주군 주변의 소나무와 충남 서산군 안면도 주변의 소나무가 서로 다른 지역에서 자라서 차이가 생겼다고 믿어지고 있는 것처럼 지역적인 원인에 의한 변이를 말한다.

ⓛ 입지적 변이 : 수종이 같아도 건조하고 높은 산에서 오랫동안 자란 나무와 습하고 낮은 땅에서
　세대를 거듭하여 자란 나무들 사이에는 생리적 차이가 있는데 이것도 지역적 변이라 할 수
　있지만 거리가 멀지 않은 곳에서 나타나는 것은 입지적 변이라고 한다.

③ **유전적 변이** ··· 자식에게 어버이의 형질이 유전되어 나타나는 변이를 말한다.

④ **환경변이** ··· 묘목의 씨앗을 동일한 나무에서 채취해 키운 것이라도 심은 땅이 습하고 건조한 차
　이와 좋고 나쁨의 차이에 따라, 또한 바람이 심한 정도의 차이에 따라서 나무의 생장차이가 나
　고 모양이 달라지게 된다. 이처럼 유전적인 이유라기보다 환경이 다른 점에서 오는 변이를 말
　한다.

⑤ **형태적 변이와 생리적 변이**

　㉠ 형태적 변이 : 잎의 길이가 다르거나 모양이 다른 것과 같은 변이를 말한다.

　ⓛ 생리적 변이 : 알칼리성 땅에서 견딜 수 있는 힘이 약하거나 그 땅을 좋아한다든지 또는 추위에
　　견디는 능력이 차이나는 것 등이 해당된다.

⑥ **양적 변이와 질적 변이**

　㉠ 양적 변이 : 나무의 재적, 나무의 높이, 줄기의 지름, 씨앗의 무게 등과 같은 형질을 m, g, m^3
　　등으로 측정할 수 있는 형질의 변이를 말한다.

　ⓛ 질적 변이 : 솔잎혹파리가 해를 끼친 나무와 끼치지 않은 나무가 구별이 될 때에 이것을 형질
　　별로 가려서 나눌 수 있는 것과 같은 형질의 변이를 말한다.

　㉢ 양적 변이는 측정하여 나타낼 수 있는 형질이고, 질적 변이는 구분할 수 있는 형질이다.

　㉣ 임업에서는 주로 양적 형질이 개량의 대상이 된다.

② 유전

(1) 유전용어의 개념

① **차대** ··· 임목이나 식물에서 아비와 어미 사이에서 태어난 자식들을 말한다. 어버이의 형질을 이
　차대의 나무들이 이어 받게 된다.

② **게놈**(Gene) ··· 유전형질이 지배받는 것은 세포 핵 안의 염색체에 있는 유전자(Gene)에 의해서이다.

③ **질적 형질과 대립유전자**

　㉠ 대립유전자 : 유전자 중에서 잎의 빛깔을 녹색으로 만드는 것을 G, 노랗게 만드는 유전자를 g
　　로 나타낼 경우 이 두 유전자는 빛깔이라는 한 가지 형질에 관계하고, 서로 대립적이어서 대
　　립유전자라 한다.

ⓒ g에 대해 G가 완전한 우성일 경우 GG와 Gg는 모두 녹색이 되고, gg는 노란색을 띤 잎이 되는 것은 질적 형질에 관계되는 대립유전자이다.

ⓒ 나무줄기의 생장에 있어서 한 유전자에 있는 1쌍의 대립유전자로써만 조절되지 않고, 여러 유전자좌에 있는 대립유전자들에 의해서 조절된다.

ⓔ 형질이 조절되는 것은 유전자에 의해서지만 유전자를 눈으로 분별할 수는 없다. 그러나 눈으로 잘 자라지 못하는 나무와 잘 자라는 나무를 구별하고 유전적으로 생장이 빠르다는 것을 판단한다.

(2) 유전법칙

① 멘델(Mendel)의 법칙

ⓐ 우열의 법칙 : 양친의 대립하는 형질이 F1에 있어서 한쪽만 나타나고(우성) 다른 쪽은 나타나지 않는다는(열성) 법칙을 말한다.

ⓑ 분리의 법칙 : F_1의 형질이 F_2에서 일정 비율로 분리되어 나타나는 법칙을 말한다.

ⓒ 독립의 법칙

- F_2에서 분리될 때 1쌍의 대립형질의 행동이 다른 형질과 관계가 없다는 법칙이었으나 나중에 연쇄현상이 인정되어 법칙이 수정되었다.

- 유전자는 그 생물의 반수 염색체수(n)에 해당하는 연쇄군(Linkage group)에 속하고 같은 연쇄군의 유전자 사이에는 규칙적인 교차가 일어난다. 그리고 1개의 염색체에 한 연쇄군이 소속되고 유전자 배열이 선상으로 되며 그 상대적 위치가 결정되어 있다는 것이다.

② 표현형과 유전자형

ⓐ 유전자 조성으로 따지는 것은 유전자형이고 밖으로 나타나는 형질은 표현형이다.

ⓑ 단성잡종 : AA×aa에서 생긴 Aa와 같이 1쌍의 유전자만이 다른 잡종을 말한다.

ⓒ 양성잡종 : 2쌍의 대립유전자에 있어서 Hetero인 잡종으로 AaBb와 같은 것을 말한다.

③ 유전력

ⓐ 개념 : 표현형에 대해 선발을 실시할 때 유전변이를 대상으로 할 필요가 없다. 여기에서 총분산에 대한 유전분산의 비율을 넓은 의미의 유전력이라고 한다.

$$V_{ph} = V_G + V_E$$

$$h_B{}^2 = \frac{V_G}{V_{ph}} = \frac{V_G}{V_G} + V_E$$

○ V_{ph} : 집단이 나타내는 표현형의 변이분산이다.
○ V_G : 유전적 차이에 의한 분산의 부분이다.
○ V_E : 환경의 차이에 대한 유전자형 반응의 분산 부분이다.

ⓛ 특징
- 유전력의 값은 1와 0 사이에서 취하고 1에 가까운 형질일수록 다음 대에 강하게 나타나게 된다.
- 유전력은 집단 전체가 나타내는 변이 가운데 선발에 유효한 유전변이의 정도를 나타내는 것으로 선발효과의 대소를 의미하는 것이다.
ⓒ 선발차(i) : 선발된 군의 평균치 M'와 처음 집단의 평균치 M과의 차이, 즉 M' − M을 말한다.
ⓔ 유전획득량(ΔG)
- 차대(타가수정 식물일 경우 임의로 선발군 내에서 교집시킨 차대)를 키워서 그 평균 M"를 얻어 M"와 M과의 차이를 말한다.
- 유전획득량은 선발의 효과를 나타낸다.
- 유전력 h^2과 I 및 ΔG 사이의 관계

$$h^2 = \frac{\Delta G}{i}$$

④ **유전형질 판단법**
ⓐ 해충에 대한 저항성 판단 : 여러 나무를 모아서 심어둔 곳에 해충을 퍼뜨려서 해를 받는 것과 받지 않는 것을 판단한다.
ⓑ 소나무 종류에서 송진 양이 적게 나오고 많이 나오는 유전적 형질은 조사할 나무를 여러 장소에 심어 실제로 송진을 채취한 후에 판단할 수 있다.
ⓒ 반면 소나무 껍질이 붉고 얇으면 목재의 질이 좋다는 것처럼 간접적인 특징으로 어떤 형질을 판단하는 경우도 있다.

(3) 생식

① **감수분열**
ⓐ 정지기 : 핵의 내용이 그물모양인 시기이다.
ⓑ 세사기 : 2n개의 염색체가 실모양으로 된 시기이다.
ⓒ 접합기 : 염색체가 부계와 모계에서 온 것은 서로 상등인 것끼리 쌍을 이루어 n개로 배열된 시기이다.
ⓓ 합체기 : 접합한 염색체가 짧고 굵게 되며 염색분체 4개로 형성된 1개의 4분 염색체로 된 시기이다.
ⓔ 쌍사기
- 염색분체 2개씩이 부분적으로 상대방으로부터 떨어지고 부분에 따라서는 상대 부분을 교환해서 교차된 염색체의 모양을 이룬 시기이다.
- 교차 : 기회적인 부분교환을 말한다.
- 키아즈마 : 교차부분을 나타낸다.

ⓑ 이동기
- 염색체의 끝으로 키아즈마가 이동하고 염색체는 단축되며, 염색이 잘 된다.
- 핵 안에 염색체가 고루 있어서 염색체의 수 계산이 편리하다.
ⓢ 제1중기 : 염색체가 적도판 위에 배열하고 핵막과 인이 사라지며 방추사가 나타난다.
ⓞ 후기
- 1분 염색체의 상대가 서로 세포 내 다른 극으로 나아간 결과 각각 n개의 염색체가 세포의 양쪽에 있게 됨으로써 제1분열이 끝난다.
- 중간기를 지나 제2분열로 들어가는데 이 과정은 체세포분열의 과정과 동일하다. 그래서 n개의 염색체를 가지는 4개의 핵은 곧 배우자가 된다.

② **생식세포의 형성**
ㄱ 포원세포는 어린 꽃밥의 표피 아래 주변세포보다 조금 더 크게 생기고 이 포원세포가 몇 번 분열해서 화분 모세포가 된다.
ㄴ 화분 모세포는 감수분열을 해 4개의 화분 4분자를 만들고, 이것이 발달해서 영향핵 1개와 웅핵 2개로 된다.
ㄷ 나자식물과 피자식물에 따라서 자성세포의 형성이 다르다.
ㄹ 피자식물 : 작은 돌기가 자방 내벽을 구성하는 심피에 생기고 그 돌기가 발육해서 배주로 된다. 그 안에서 큰 포원세포가 생기고, 그 포원세포가 감수분열을 해서 배낭이 되며, 그 안에 핵이 분열하게 된다.

③ **수정**
ㄱ 수분 : 암술머리에 꽃가루가 도달하는 것이다.
ㄴ 수분의 양식 : 자가수분과 타가수분의 두 종류가 있다.
ㄷ 자가 불화합성 : 자기의 꽃가루에 대해 암술머리가 화합성을 가지지 못하는 것이다.

④ **교배**
ㄱ 개념 : 서로 다른 개체 사이에서 수분을 시키는 것을 말하는데 교잡이란 말과 거의 같게 사용되고 있다.
- 자식 : 동일 개체간의 수분을 말한다.
- 교잡 : 계통간, 품종간 등의 교배를 말한다.
ㄴ 잡종 : 교잡으로 생겨난 후예를 말한다.
ㄷ 교잡의 종류
- 역교잡 : A × B에 대해서 B × A를 말한다.
- 여교잡 : 잡종 F_1을 어버이의 한쪽과 교잡시키는 것을 말한다.
ㄹ 표시방법 : 부호는 ×로 표시하고, 어미쪽을 앞에 쓰고 아비쪽을 뒤에 쓴다.
ㅁ 교배의 구별 : 개체간의 친수의 정도에 따라 동계 교배와 이계 교배로 구별한다.

⑤ **자식과 타식**

　㉠ **자식약세(근교약세)** : 타가수정 식물이 자식을 거듭할 때 나타내는 현저한 생활력의 감퇴현상을 말한다.

　㉡ 자식세대가 경과함에 나타나는 생활력의 감퇴는 어느 정도의 세대를 지나게 되면 근교 극약의 상태에 이르게 되어 생활력 감퇴가 정지되고 안정이 된다.

　㉢ 감퇴의 정도는 계통·종 및 형질에 따라서 다르다. 즉, 간단한 형질(예 높이)은 빨리 끝나고 복잡한 형질(예 수량)은 비교적 늦게까지 감소가 계속된다.

　㉣ **잡종강세** : 자식에 의해 약세로 된 것을 다시 교잡을 했을 경우 생활력이 회복되고 생육이 왕성해지는 현상을 말하고 Heterosis는 잡종강세가 일어나는 기구를 말한다.

③　품종

(1) 품종의 개념

① **품종개념별 분류**

　㉠ **천연품종** : 자연적으로 만들어진 품종을 말한다.

　　예 주로 강원도 지방에서 자라는 소나무 품종인 상송

　㉡ **육성품종** : 사람이 만들어 낸 품종을 말한다.

② 개체 사이의 변이는 한 품종 내에서도 일어나고 그 변이의 정도는 번식이 되는 방법에 따라서 달라진다.

③ 씨앗으로 번식된 품종은 변이가 크나 무성번식으로 만들어진 품종(삽목묘 또는 접목묘 등)은 변이가 작다.

(2) 실생품종

① **강송**

　㉠ 실생묘로 이루어진 나무들의 모양을 말한다.

　㉡ 이 나무들은 그 지역의 환경(기후와 토양 등)에 적응한 유전자형을 가진 개체들만 남아서 오랜 세월이 흐르는 동안 형성된 것이다.

② 나무는 일반적으로 딴 꽃정받이(타가수정)를 하기 때문에, 한 지역 내에서 자라는 실생품종은 그 변이의 폭이 더 넓어서 특성파악이 어렵다. 하지만 큰 변이로 인해 씨앗채취 및 육종재료로의 이용가치가 높다.

③ **채종원**

　　㉠ 우수한 개체를 선택해 접수를 따서 접을 붙여 키운 나무를 모아서 심어 둔 곳을 말하고 잣나무, 낙엽송, 소나무 등이 있다.

　　㉡ 차대를 채종원에서 얻은 씨앗으로 만들면 실생품종에 해당된다.

(3) 꺾꽂이 품종

① **클론**(Clone) … 한 나무가 무성번식으로 증신된 개체들을 말한다.

② 포플러류는 꺾꽂이(삽목) 번식이 잘 되기 때문에 그 나무의 클론은 우량한 개체를 얻어서 꺾꽂이로 개체수를 증식시켜서 만들 수 있다.

③ 나무 A와 그 나무에서 만들어진 많은 클론 A의 나무들은 서로 유전적 소질이 같기 때문에 비슷한 환경에 심었을 경우 표현형에 차이가 적다.

(4) 접붙임 품종

① 밤나무에 알려져 있는 여러 품종은 모두 접붙이기(접목)로 증식된 것이다.

② 접목한 품종은 모두 클론이다.

③ **종류** … 밤나무 이외 사과나무, 배나무, 감나무 등과 같은 과목의 품종도 해당한다.

01 출제예상문제

1 다음 중 채종림에 대한 설명으로 옳지 않은 것은?

① 낙엽송은 30 ~ 40년 생의 경우 ha당 200 ~ 300그루가 적당하다.

② 채종림은 미리 각 나무의 유전적 형질을 생각하여 만든 임분을 말한다.

③ 채종림은 나무들의 줄기가 곧고 아래 가지가 빨리 떨어지는 임분을 선정한다.

④ 소나무나 해송 등은 나이가 40 ~ 50년생이라면 ha당 100 ~ 150그루가 적당하다.

> ✦ **note** ② 채종원에 대한 설명이다.
> ※ **채종림** … 우량한 종자를 채집하기 위한 것을 목적으로 지정하는 것으로 천연림이나 인공림에서 형질이 우수하다고 생각되는 나무들이 많이 모여 있는 임분이다.

2 다음 중 한 나무로부터 우성번식으로 증식된 것은?

① 클론
② 분열
③ 실생묘
④ 교잡육종

> ✦ **note** **클론의 양성** … 클론은 한 나무에서 증식된 것으로 유전형질이 어미나무와 똑같으며, 수종과 목적에 따라 삽목번식, 접목번식의 방법으로 클론이 증식된다.

3 다음 중 양적 변이로 옳지 않은 것은?

① 나무의 수고생장 차이
② 종자생산량의 차이
③ 나무의 지름생장 차이
④ 꽃잎 색의 변이

> ✦ **note** **양적 변이** … 나무의 높이, 줄기의 지름, 잎의 넓이, 나무의 재적, 씨앗의 무게, 목재의 비중 등과 같이 측정하여 알 수 있는 것으로 연속변이에 속하고, 가측적 변이라고도 한다. 임업에서는 주로 양적 형질을 개량의 대상으로 한다.

4 소나무와 해송은 여러 가지 형질이 다른데 이것은 임목육종상 무슨 변이에 의한 것인가?

① 종내 변이   ② 종간 변이

③ 환경변이   ④ 질적 변이

> **note** ① 같은 소나무에서도 줄기가 굽은 것과 곧은 것이 생기는 것과 같은 차이에서 오는 변이를 말한다.
> ② 종이 다르고, 또한 여러 가지 형질이 다른 차이에서 오는 변이를 말한다.
> ③ 환경의 차이로 형태가 변하는 데서 오는 변이를 말한다.
> ④ 형질별로 가려서 나눌 수 있는 형질의 변이를 말한다.

5 다음 중 개체의 변이가 가장 심한 번식방법은?

① 종자번식   ② 삽목번식

③ 취목번식   ④ 접목번식

> **note** 종자번식 … 종자를 파종하여 증식하는 방법으로 유성번식이라 한다. 종자를 교배, 파종하여 관리를 잘해야 하고, 분리가 일어나기 때문에 형질이 다른 것이 많으며 품종개량을 위해 육성할 수 있다.
> ② 식물의 일부 개체를 잘라서 모래나 상토에 꽂아 새로운 개체를 형성시켜 번식하는 방법이다. 동일형질의 개체를 단기간에 많이 얻을 수 있다.
> ③ 모수의 좋은 부분을 분리하여 도립개체를 양성하는 방법이다.
> ④ 실생이나 삽목이 불가능하거나 실생을 할 경우 변이를 일으킬 염려가 있는 것 또는 품종을 보존해야 할 경우 접목하여 번식시킨다.

6 다음 중 어버이의 형질이 자식들에게 나타나는 변이는?

① 종내 변이   ② 종간 변이

③ 생리적 변이   ④ 유전변이

> **note** ① 같은 종이지만 줄기모양 등의 차이가 나는 것을 말한다.
> ② 서로 다른 종에서 나는 여러 형질의 차이를 말한다.
> ③ 산성, 추위 등에 견딜 수 있는 능력의 차이 등을 말한다.

Answer   4.② 5.① 6.④

7 다음 중 침엽수 인공림에서 수형목 선발요령 및 기준으로 옳지 않은 것은?

① 생장이 왕성해야 한다.
② 지위는 편중하지 않는다.
③ ha당 1본 이상은 선발하지 않는다.
④ 수령은 20년 이상이고 벌기령 이전의 것으로 한다.

> ✏️**note** 수형목 … 표현형이 우량한 성질을 가진 나무로 침엽수 인공림에서 선발을 할 경우 수령은 20 ~30년생 이상이어야 하며, 벌기령 이전의 것으로 ha당 1본 이상 선발하지 않아야 한다. 주위 3대목에 비하여 생장이 빠른 것으로 수고가 높고 재적성장이 뛰어난 것을 선발한다.

8 다음 중 이용가치가 낮은 야생 사과나무에서 과실 생산량이 많고 맛있는 품종의 사과나무를 만들어 보다 우수한 품종으로 바꾸는 일은?

① 관리   ② 번식
③ 재배   ④ 품종개량

> ✏️**note** 품종개량 … 유전적 특성을 개량하여 생산성을 향상시키고 품질을 개선하여 실용가치가 높은 품종으로 육성하여 보급하는 기술로 육종이라고도 한다.

9 다음 중 유전적 변이에 해당하는 것으로 옳은 것은?

① 소나무와 해송의 여러 가지 형질차이
② 같은 소나무에서도 줄기가 곧은 것과 굽은 것의 차이
③ 어버이 형질이 자식들에게 유전되어 나타난 변이
④ 충남 서산군 안면도의 소나무와 강원도 명주군 일대의 소나무의 차이

> ✏️**note** ① 종간 변이의 경우로 서로 다른 종에서 나는 여러 형질의 차이를 말한다.
> ② 종내 변이의 경우로 같은 종이지만 줄기모양 등의 차이가 나는 것을 말한다.
> ④ 지역적 변이의 경우로 같은 종이지만, 다른 곳에서 자란 개체에서 나는 생리적인 차이를 말한다.

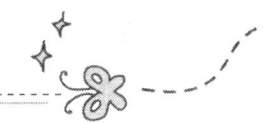

10 다음 임목의 변이 중 비유전성 변이에 속하지 않는 것은?

① 환경변이   ② 돌연변이

③ 장해에 의한 변이   ④ 연령에 의한 변이

> **note** 비유전성 변이(외적 소인에 의한 변이) … 연령에 의한 변이, 방황변이, 환경변이, 지속적 환경변이, 영양변이, 기후순화 및 획득형질에 의한 변이, 장해에 의한 변이 등이 속한다.

11 키가 큰 유전자를 A, 키가 작은 유전자를 a로 나타낼 때, A가 a에 대해 우성이면 F_1에서 나타나는 표현형은?

① 키가 작은 것   ② 키가 중간인 것

③ 키가 큰 것   ④ 열매가 빨간 것

> **note** 단성잡종의 제 1 대(F_1)에는 대립하는 형질 가운데 우성의 형질만이 겉으로 나타나고 열성형질은 가려져 버리는 우열의 법칙이 일어나 우성인 키가 큰 것이 나타난다.
>
> ※ 표현형과 유전자형
> ㉠ 표현형 : 밖으로 나타나는 형질을 말한다.
> ㉡ 유전자형 : 유전자 조성으로 따지는 것을 말한다.

12 다음 중 F_2에서 우성 대 열성의 형질이 일정한 비로 분리되는 유전법칙은?

① 독립의 법칙   ② 분리의 법칙

③ 우열의 법칙   ④ 중간유전의 법칙

> **note** 멘델의 유전법칙
>
> ㉠ 우열의 법칙 : 단성잡종의 제1대(F_1)에 대립하는 형질 가운데 우성의 형질만이 겉으로 나타나고 열성형질은 가려지는 법칙이다.
> ㉡ 분리의 법칙 : 잡종 제2대(F_2)에 있어서 우성 대 열성의 형질이 일정한 비(완전 우성에서는 $3:1$, 불완전 우성에서는 $1:2:1$)로 분리한다는 법칙이다.
> ㉢ 독립의 법칙
> • 양성잡종 이상인 다성잡종에 있어서 각 대립형질은 독립해서 우열의 법칙과 분리의 법칙에 따라 유전한다는 것이다.
> • 양성잡종에서 2쌍의 대립형질에 대한 유전방식을 관찰할 경우 잡종 제1대에서는 2쌍 중 우성형질들만 나타나고, 이것들의 잡종 제2대에서는 2쌍의 형질의 조합이 $9:3:3:1$의 비율로 나타나며, 이를 분석하면 단독형질일 경우 각각 $3:1$의 분리비가 된다.

13 다음 중 잎의 빛깔을 녹색으로 만드는 유전자를 G, 노랗게 만드는 유전자를 g라고 할 때, G와 g 같이 한 가지 형질에 관계하고 있는 유전자로 옳은 것은?

① 질적 형질　　　　　　　　　　　② 게놈
③ 클론　　　　　　　　　　　　　　④ 대립유전자

> **note** 대립유전자 … 한 형질에 관계하고 서로 대립되어 쌍을 이루는 유전자를 말한다. G와 g는 잎의 색깔이라는 한 형질에 관계하고, 서로 녹색과 노란색의 대립되는 쌍을 이룬다.

14 다음 중 유전력에 대한 설명으로 옳지 않은 것은?

① 선발은 표현형에 대해서 실시한다.
② 유전력은 0에 가까울수록 그 형질은 다음 대에 강하게 나타난다.
③ 집단 전체가 나타내는 변이 중 선발상 유효한 유전변이가 어느 정도인가를 표시하는 것이다.
④ 표현형의 변이분산(V_{ph})은 유전변이에 의한 분산(VG)과 환경변이에 의한 분산(V_E)의 합으로 나타낸다.

> **note** ② 유전력은 $h^2 = \dfrac{V_G}{V_G + V_E}$ 로, 0 ~ 1 사이의 값을 취하고 1에 가까울수록 유전적 가치가 큰 것으로 그 형질이 다음 대에 강하게 나타난다.

15 다음 중 알칼리성 땅을 싫어한다거나 그 곳에 견딜 수 있는 힘이 강하든지, 또는 추위에 대하여 견디는 능력의 차이 등의 변이는?

① 환경변이　　　　　　　　　　　② 양적 변이
③ 질적 변이　　　　　　　　　　　④ 형태적 변이
⑤ 생리적 변이

> **note** ① 유전적 소질보다는 자란 환경에 따라 나타나는 차이를 말한다.
> ② 나무의 높이, 줄기의 지름, 잎의 넓이, 나무의 재적, 씨앗의 무게, 목재의 비중 등과 같이 측정하여 알 수 있는 것으로 연속변이에 속하고, 가측적 변이라고도 한다. 임업에서는 주로 양적 형질을 개량의 대상으로 한다.
> ③ 형질의 변이를 말하는 것으로 형질별로 가려서 나눌 수 있고, 개체를 계산할 수 있어 가산적 변이라고 하며 불연속 변이에 속한다.
> ④ 잎의 모양이나 길이 등 형태가 다른 경우를 말한다.

16 다음 중 임목육종에 대한 특성으로 옳지 않은 것은?

① 나무의 재배면적을 차지하는 부분이 적다.

② 나무는 개체에 따라서 종자의 결실량이 차이가 있다.

③ 육종의 성과를 판단하는 데에 오랜 시일이 필요하다.

④ 나무는 주로 타가수정을 하는 식물로 동일한 유전형질의 나무를 얻기 어렵다.

> ✿**note** 임목육종의 특징
> ㉠ 임목은 수명이 길어 꽃이 피고 열매를 맺는 데 수년 내지 10년 이상의 시간이 걸리므로 육종하는데 오랜 세월이 필요하다.
> ㉡ 대부분의 나무는 생장하여 목재로써 이용될 때까지 수십년 이상이 걸리는 것이 많아 육종의 성과를 판단하는 차대검정을 하고 실용화하는 데에도 오랜 시일이 필요하다.
> ㉢ 보통의 농작물에 비해 대상이 너무 크고 넓은 재배면적을 필요로 하므로 특수한 기술이 필요하다.
> ㉣ 임목은 주로 타가수정을 하므로 동일한 유전형질의 나무를 얻기 어려우며, 개체 사이의 변이가 크다.
> ㉤ 개체에 따라 종자의 결실량에 차이가 있다.

17 다음 중 수형목이 제일 용이하게 선택되는 임분은?

① 이령림   ② 천연림

③ 인공림   ④ 인공 동령림

⑤ 인공 복층림

> ✿**note** 보통 한 임분에서 하나의 수형목만을 선발하므로 서로 관계되는 나무를 동시에 선발하는 위험도가 감소되고, 천연림은 2~3년의 치수 발생 차이로도 단면적이나 수고생장 등에 큰 영향을 줄 수 있고, 또 주위 나무들이 천적관계를 이룰 가능성도 크기 때문에 수형목 선발시 주의가 필요하므로 인공 동령림이 좋다.

임목육종 방법

1 선발육종

① 선발육종의 개요

(1) 개념

① 숲 속에서 자라는 나무는 형질의 값에 변이를 나타내기 때문에 육종의 목적은 무성번식으로 묘목을 키우거나 우량한 형질의 나무에서 씨앗을 얻는 것으로 달성할 수 있다.

② 임업의 경영목적과 수종에 따라서 우량한 형질의 기준이 달라진다.

(2) 침엽수종 선발대상기준

① 나무줄기가 곧게 위로 자라는 것이어야 한다.

② 성장속도가 빠른 것이어야 한다(나무높이생장, 지름생장, 재적생장 등으로 평가).

③ 줄기의 중심부가 썩지 않은 건전한 것이어야 한다.

④ 해충과 병에 대한 저항성이 강한 것이어야 한다.

⑤ 아랫가지가 말라 죽어 빨리 떨어지는 것으로 그 결과 지하고가 높아진다.

⑥ 곁가지가 가늘고 길지 않은 것으로 그 결과 수관이 길고 좁은 것으로 된다.

⑦ 좋은 재질로 인해 목재로의 이용가치가 높은 것이어야 한다.

> **TIP** 기타 선발대상
> ㉠ 목적이 수지채집인 경우 소나무류와 옻나무의 선발은 수지의 분비량이 많은 개체로 해야 한다.
> ㉡ 목적이 열매생산인 유실수종은 결실량과 열매의 질이 문제가 된다.
> ㉢ 조림지역의 확대가 목적인 경우 내한성과 내건성 등이 문제가 된다.

(3) 선발의 효과

① 좋은 나무에서 씨앗을 얻고 묘목을 길러 심었을 경우 처음보다는 생산성이 더 높은 임분이 만들어 진다. 이렇게 생산성이 더 높아졌을 때에 선발육종의 효과는 나무높이가 클수록 높았다고 단정할 수 있으나 이러한 일을 해도 효과가 낮을 경우도 있다.

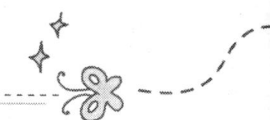

② **번식집단** … 1ha의 숲에 500그루의 나무가 있을 경우 그 중 좋은 나무 50그루만 선별해 나머지 450그루를 잘라서 이용했다면 남은 50그루 사이에서 교배가 이루어지고 씨앗이 열려서 다음 대의 임분을 만들게 되는데 이처럼 차대임분을 만드는 데 사용된 50그루를 가리킨다.

③ 유전력은 선발육종의 효과를 좌우하는 요인으로 그 값의 범위가 0 ~ 1 사이이다.

④ 번식집단의 형질이 다음 대에 강하게 유전되면 육종의 효과가 클 수 있지만 반면에 유전력이 매우 약하면 육종에 사용된 비용과 노력의 효과를 거두지 못한다.

② 개체선발육종

(1) 개체선발육종의 개요

① **개념** … 클론을 접붙이기나 꺾꽂이로 만들어 조림할 수 있는 수종(밤나무, 삼나무, 미루나무, 편백, 개량 포플러 등)에서 뛰어난 개체를 선발하여 이용할 수 있는 것을 말한다.

② 여러 나무들 중에서 가장 뛰어난 나무를 몇 그루 선택해 무성번식의 방법으로 묘목을 양성하고, 몇 곳에 시험식재하면 어미나무 개체의 유전형질의 값을 알 수 있고 시험식재의 결과로 가장 뛰어난 나무를 선발할 수 있다.

③ **개체선발의 검토**

    ㉠ 개체를 선발할 때 검토해야할 요인에는 생장속도, 내병성, 재질, 결실량 등 여러 가지 형질이 있다.

    ㉡ 일반적으로 좋은 임분에서 선발하는 것이 좋지 못한 임분에서 선발하는 것보다 더 좋은 개체를 선발할 수 있다.

④ 개량 이태리포플러에서는 개체 선발을 이용해서 I-214, I-476 등이 얻어졌고, 밤나무, 호두나무에서도 여러 가지 새로운 품종이 얻어지고 있다.

(2) 채수원의 조성

① **개념** … 선발된 우량개체에서 가지를 따서 삽목묘나 접목묘를 양성한다. 무성번식의 재료는 대량으로 요구되기 때문에 어미나무를 선발한 후에 그 클론을 만들어서 접수나 삽수를 공급하기 위한 포지를 조성한 곳을 말한다.

② 삼나무, 편백, 현사시(은수원사시) 등도 꺾꽂이를 이용해 좋은 개체를 번식시켜 일정간격으로 모아 심고 잘 관리하면 해마다 번식재료를 많이 얻을 수 있다.

③ **조성방법**

　　㉠ **포플러류** : 줄기를 지표면 가까운 곳에서 잘라 이용한다.

　　㉡ **삼나무**

　　　• 채수대목을 높게 키울 경우 : 지상 150 ~ 200cm의 높이에서 줄기를 자른다.

　　　• 채수대목을 낮게 키울 경우 : 지상 30 ~ 40cm 높이에서 줄기를 자른다.

③　집단선발육종

(1) 집단선발육종의 개요

① **개념** … 천연림에서 우량한 나무를 선택해 모아서 심고 그들 사이에 교잡이 일어나게 하여 그 씨앗으로 차대임분을 조성해 형질을 개량시키는 것을 말한다.

② 집단선발육종은 선발개체들이 집단으로 이용되어 차대의 더 좋은 임분을 만드는 데 관여해서 이루어진다.

(2) 우량개체의 선발

① **우량나무의 선발** … 우량한 나무는 동령림에서 이웃에 서 있는 나무와 비교해 우수한 개체로 선발한다.

② **임령**

　　㉠ 임령은 선발대상이 되는데 육종할 목표에 따라서 달라진다.

　　㉡ 소나무

　　　• 갱목이나 펄프를 생산할 목적이면 20년 정도면 된다.

　　　• 용재로 이용하기 위해선 40 ~ 50년생 정도가 되어야 한다.

　　㉢ 나무의 높이와 지름으로 생장량을 비교한다.

(3) 수형목(Pus tree)

① **수형목의 개요**

　　㉠ 개념 : 뛰어난 형질을 가진 것으로 선발된 나무를 말한다.

　　㉡ 수형목을 선발할 때 일정한 표준을 적용시키는 경우가 있는데 그 예로 주변에 있는 나무 중 가장 큰 나무를 최소 3그루와 비교해서 주변목 평균값의 30 ~ 50%를 넘어야 한다는 경우가 있다.

　　㉢ 수형목은 눈으로 형질의 우수성을 판단한 것이기 때문에 차후에 차대검정을 통하여 형질의 우수성이 유전적인 것으로 판단되어야 한다.

② **수형목의 선발**

  ㉠ 수형목은 천연림 또는 인공림에서든 관계 없이 어떤 임목집단 내에서 우량한 형질의 나무를 말하고, 표현형으로 선발하는 것이어서 환경인자와 유전적 소질이 연관되어 표현형가를 만든다.

  ㉡ 수종에 따라 수형목의 선발형질에 차이가 있으나 침엽수종의 경우에 유의할 점은 아래와 같다 (이 때 20~30년생 이상의 수령이 바람직하고, 고립목이나 임연목은 선발에서 제외된다).

  • 빠른 성장으로 주위의 임목보다 수고가 더 높은 것이어야 한다.

  • 수관이 좁은 것(측지가 가늘고 짧은 것)이어야 한다.

  • 주원목보다 재적성장이 뛰어난 것이어야 한다.

  • 굽지 않고 통직한 수간이어야 한다.

  • 아래의 고지가 빨리 떨어져서 지하고가 높은 것이어야 한다.

  • 병충해를 받지 않은 것이어야 한다.

  ㉢ 수형목이 많은 나무 중에서 하나가 선발될 수 있는 것이므로 선발된 수형목은 가까우면 안 되고 서로 떨어져야 한다.

(4) 클론의 양성

① 클론은 수종과 목적에 따라서 실생묘, 삽목묘, 접목묘 등으로 증식된다.

② 접붙이기에서 대목으로 접수와 같은 수종을 쓰면 친화성이 높아서 좋다.

(5) 채종원의 조성과 관리

① **채종원의 조성**

  ㉠ 채종원을 만드는 방법으로는 선발된 수형목에서 얻은 씨앗으로 차대를 양성한다든지 접붙이기나 꺾꽂이로 증식된 클론으로 조성하는 것이 있다.

  ㉡ 클론끼리 멀리 떨어지게 해서 같은 클론이 이웃하지 않도록 하면 각 클론 사이에서 교배가 일어나게 되고 채종원의 나무를 솎아 내어도 영향이 크게 미치지 않으므로 이런 조건에 변화가 없도록 계획을 미리 잘 세워야 한다.

  ㉢ 수가 적으면 같은 수의 클론 사이에 교잡이 일어날 가능성이 높아지므로 클론의 수는 20~30 이상으로 한다.

  ㉣ 같은 수종의 숲이 채종원의 가까운 주변에 위치하면 좋지 않은 꽃가루가 공급될 가능성이 높기 때문에 500m 정도나 그 이상 떨어져 위치하는 것이 바람직하다.

  ㉤ 채종원의 면적을 최소 5ha 이상으로 해서 채종원 안의 꽃가루 농도가 높게 유지되도록 해야 한다.

  ㉥ 처음에 식재의 밀도를 높게 한 후에 나중에 솎아 내어 줄인다.

ⓐ 개체가 달라도 클론이 같은 경우에 교배가 그 사이에서 일어난 것은 제꽃정받이(자가수정)와 같은 것이 된다.

> ⭐**TIP** 채종림 … 우량종자의 생산목적으로 우량한 자연림이나 인공림에서 나쁜 형질의 개체를 제거하고 우량한 개체들만 남겨서 관리하는 숲을 말한다.

② 채종원의 관리
　　㉠ 나무의 줄기를 적당한 높이에서 자르고 곁가지를 고르게 배치시켜서 햇빛을 많이 받도록 한다.
　　㉡ 깎은 풀로 지표면을 덮어 건조를 방지하고 땅힘을 높여준다.
　　㉢ 건강하게 나무가 자라도록 거름을 주고, 병충해의 예방과 구제에 힘쓴다.
　　㉣ 채종원의 둘레에 풍해에 강한 나무를 심어서 강한 바람을 막아 주는 것도 바람직한 방법이다.

(6) 결실 촉진방법

① **긴박처리** … 줄기부분을 철사로 묶어 주는 처리이다.

② **단근처리** … 뿌리를 자르는 뿌리끊기를 하는 처리이다.

③ **환상박피** … 나무줄기의 껍질을 벗겨내는 처리이다.

④ 이 외 윗가지치기와 거름주기 등 여러 가지 방법이 있으나 나무가 너무 어린 시기에 이러한 처리방법을 사용하는 것은 생장에 지장을 주기 때문에 피해야 한다.

2 도입육종

① 도입육종의 개요

(1) 도입육종의 개념

국내에 다른 지방이나 나라에서 자라는 수종이나 품종을 들여와 적응력을 조사하고 한편으로 국내의 자생종과 비교해서 이용상 우수하거나 그 품종이 지닌 유전질을 새로운 육종소재로 이용하는 것이다.

(2) 우리나라에서 도입육종에 성공한 수종

① 낙엽송, 삼나무, 아카시아, 미루나무, 양버들, 편백, 리기다소나무, 이태리포플러의 개량종, 좀잎산오리나무, 맹종죽 등이 있다.

② 테다소나무, 일본전나무, 방크스소나무, 스트로브잣나무, 독일가문비나무, 은백양 등도 도입에 큰 성공을 이루었다.

③ 유럽은 낙엽송을 일본에서 들여와 성과를 거두고 있다.

(3) 도입여부의 지배요인

① **자생지에서의 생육특성** … 어떤 수종에서 유용 가능성을 판단할 때 가장 중요한 실마리이다.

② **자생식생의 결핍** … 재래식생이 부족한 곳에서 외국수종을 도입할 때 유리할 경우가 많은데 남반구에는 재래 침엽수류가 부족하고 남아프리카공화국에는 전혀 없다.

③ **기후조건의 유사성** … 자생지와 도입국 간의 기후조건이 유사한 것은 수종도입에서 성공의 핵심이 된다.

④ **적응력의 차이**

　㉠ 어떠한 수종을 도입했을 때 자생지와 도입지의 환경이 서로 다르기 때문에 변화된 조건에 대한 적응력에 차이를 나타낸다.

　㉡ 형태적인 변이·입지조건·자생지 분포지역의 광협에 대한 적응력 등만으로는 성패를 판단하는데 어려움이 있다.

⑤ **수종 내의 유전적 변이** … 수종의 자연분포가 넓으면 유전적 변이가 다양하고 한 군데의 종자로는 전체 수종의 대표가 될 수 없다.

⑥ **1속 1종으로 구성되는 수종** … 1속 1종은 용도가 다르고 생장도에서 차이가 많이 나지만 도입에는 높은 흥미를 갖게 할 경우가 있고 이런 수종은 병충해의 해를 적게 입는다.

⑦ 자생지에서의 경제적 중요성, 자연분포의 범위, 위도 등은 도입의 영향이 적거나 또는 미치지 않는 요인이다.

② 도입육종 방법

(1) 단계별 특징

① **1단계**(표본수로서의 시험) … 표본수는 조림 대상지의 기후형과 토양형이 유사한 지역의 수종을 선택해 수본 수목원이나 서식지에 식재한다.

② **2단계**(소규모 산지시험) … 수년간에 걸친 표본수 식재 성적의 관찰과 경제학적·생물학적인 효과분석의 결과를 통해 우수한 수종으로 인정되는 것에 한해 비교적 기후형과 토양형이 비슷하고 광범위한 지역에서 3∼5개 산지를 선택해 소량씩 도입하여 소규모 산지시험을 한다.

③ **3단계**(대규모 산지시험)

　㉠ 본격적인 시험은 소규모 산지시험에서 우수성을 계속 발휘하는 수종과 산지에 대해 우량산지 중심의 수개의 산지에 대해 실시한다.

　㉡ 산지시험의 원칙

　　• 1단계와 2단계 : 5 ~ 6년간의 관찰로 평가한다.

　　• 3단계 : 본격적인 산지시험에서는 벌기령까지 계속 관찰한다.

(2) 도입육종의 유의점

① 외래수종을 도입하기에 앞서 우선 도입의 목표를 설정하고 목표달성을 위한 수종을 선정하도록 한다.

② 도입목적인 생장력, 내병충성, 재질 등 형질의 당면한 시급성을 고려한다.

3　교잡육종

① 교잡육종의 개요

(1) 교잡육종의 개념

① 교잡을 다른 형질의 품종간, 속간에서 실시해서 잡종을 만들면 양쪽의 특성을 모두 가지는 새로운 품종육성이 가능하다.

② 교잡 전에 교잡모수를 선정할 때에는 되도록 순계를 사용하고 그렇지 못할 경우에는 계통이 밝혀진 것을 사용하도록 한다.

③ 교잡모수를 선정하면 결과습성을 조사해 두고 관리를 잘해 준다.

(2) 잡종강세

① **개념** … 품종 A와 품종 B를 교잡시켜서 잡종 1대(F_1)를 얻을 경우 어버이보다 F1의 유전 특성이 더 뛰어난 경우를 말한다.

② 잡종강세는 F_1에서 크게 나타나고 나중에는 효과가 줄어든다.

③ 교잡에 사용되는 어버이의 유전형질이 순수할수록 잡종강세가 강하게 나타난다.

④ 사람이 밤나무 품종 A와 B를 몇 세대에 걸쳐 조절하여 자가수정시키면 그 차대들은 비교적 순수한 계통이 되는데 이처럼 유도한 뒤에 두 품종을 교잡시키게 되면 잡종강세현상이 강하게 나타날 수 있다.

(3) 개화결실의 촉진

① 나무가 일정한 나이에 도달했을 때 개화결실을 하게 되지만 교잡에서 그 때까지 기다릴 수 없는 경우가 있다.

② 인위적으로 개화결실을 촉진시킬 필요가 있을 때 사용하는 방법에는 여러 가지가 있다.

③ **개화결실 촉진방법**

   ㉠ 가지를 솎아서 일광의 투사량을 증가시키고 전정을 실시한다.

   ㉡ 가상처리를 하고 가지를 휘어서 굽히는 일을 한다.

   ㉢ 줄기에 철사를 감아서 긴박을 하고, 박피처리, 단근처리를 한다.

   ㉣ 시비와 화학약제를 살포(주로 호르몬제)한다.

   ㉤ 일장을 조절하고 접목을 실시한다.

(4) 교잡에 사용될 나무준비

① **환경준비** … 교잡을 할 때 목적에 맞는 나무를 선택해야 한다.

② **교잡의 친화성**

   ㉠ 개념 : 교잡이 잘 되는 정도를 말한다.

   ㉡ 교잡해서 씨앗의 형성이 잘되는 정도는 어떻게 어버이를 선택하는 가에 따라서 달라진다.

   ㉢ 종내 교잡의 경우 교잡친화성이 높지만 종간 또는 속간 교잡의 경우는 낮아진다.

   ㉣ 교잡친화성이 낮을 경우에는 교잡을 해도 씨앗을 얻는 것이 힘들다.

③ **교잡준비**

   ㉠ 미리 교잡에 쓰일 나무를 잘 관찰해서 특성을 기록해 놓는다.

   ㉡ 교잡에 사용될 어버이 나무를 정하면 어미와 아비로 사용될 쪽을 결정한다.

   ㉢ 잡종강세에서 A×B의 잡종 1대는 강한 현상을 나타내지만 B×A는 약하게 나타나는 것처럼 교잡의 조합에 따라서 차이가 생긴다.

④ **개화처리 방법**

   ㉠ 경우에 따라서 꽃이 빨리, 많이 피도록 처리를 할 때에는 줄기의 껍질에 상처를 내거나, 둘레를 부분적으로 엇갈리게 벗겨주거나, 접붙이거나, 뿌리를 잘라 주는 등의 방법을 사용한다.

   ㉡ 삼나무, 소나무, 편백 등에는 끝눈이나 잎에 지베렐린을 처리하기도 한다.

② 교잡의 실시

(1) 봉지씌우기

① 꽃가루받이(수분)

  ㉠ 개념 : 암꽃의 암술머리가 노출되어 있는 씨젖의 표면에 꽃가루가 도달하는 것을 말한다.

  ㉡ 정받이 : 정꽃가루받이 뒤에 일어나는 것으로 난세포 안으로 꽃가루의 정핵이 들어가 핵과 합치는 현상이다.

  ㉢ 꽃가루받이 1 ~ 2주일 전에 암꽃에 다른 꽃가루가 들어가지 않도록 봉지를 씌운다.

  ㉣ 봉지를 사용할 때에는 수분과 공기가 통할 수 있는 종이나 셀로판지로 하고, 수종에 따라서 크기를 알맞게 해서 사용한다.

② 제웅

  ㉠ 개념 : 교잡에 쓰이는 식물이 완전화일 경우 개화 전에 꽃밥을 제거하는 일을 말한다.

  ㉡ 봉지를 씌우기 전에 침엽수 같은 단성화는 수꽃을 제거하고 양성화는 수술을 떼어 낸다.

  ㉢ 제웅을 하는 시기는 원칙적으로 꽃밥이 터지지 않는 한 늦을수록 좋다.

  ㉣ 제웅시 핀셋이나 가위를 사용하고 다른 꽃가루의 침입이 없도록 주의한다.

(2) 꽃가루의 준비

① 지난 해에 따서 저장한 꽃가루를 사용할 수 있으나 수꽃이 피기 전에는 꺾은 가지를 온실로 가져가 물에 꽂아두어 꽃가루가 떨어지는 것을 모은다.

② 꽃가루의 저장

  ㉠ 꽃가루의 수명은 일반적으로 낮은 온도, 암흑, 건조, 산소공급이 적은 곳에서 연장된다.

  ㉡ 절대적인 건조는 꽃가루 발아율의 저하원인이 된다.

  ㉢ 꽃가루의 수명이 오래가기 위해선 저장온도 약 0℃, 습도 25% 이하로 하고, 공기가 통하지 않도록 막아주어야 한다.

  ㉣ 보통 시험관에 약간의 건조제를 넣은 위에 솜을 넣고 꽃가루를 넣은 다음 코르크 마개로 밀봉해서 냉장고에 넣는다.

(3) 수분작업

① 수분주사기에 꽃가루를 넣어 암꽃이 개화했다고 판단될 때 봉지 속에 주사한다.

② 수분작업 뒤에도 10 ~ 20일 동안 봉지를 그대로 씌워두어 다른 꽃가루의 접근을 방지한다.

(4) 교잡씨앗의 채집

① 교잡을 통해 얻어진 씨앗은 귀중하기 때문에 보관을 잘해야 하고, 그 씨앗을 묘목으로 키워 특성을 관찰하고 기록한다.

② 임목의 교잡육종에서 후대로 가면서 우량형질을 고정 시키기 어렵기 때문에 잡종 1대 중에서 우량한 것을 골라 조림용 묘목의 증식재료로 사용한다. 잡종 1대를 형성하는 개체는 변이가 넓기 때문에 우량개체의 선발효과를 나타낸다.

③ A×B의 교잡에서 특히 잡종강세를 나타내면 A와 B를 각각 증식시켜서 만든 채종원에서 교잡씨앗을 얻을 수 있다.

(5) 교잡종자의 임성

① **임성** … 수정에 의해서 식물이 열매를 맺는 일을 말한다.

② 임성은 수종간의 친화성, 기후, 사용한 꽃가루의 품질 등에 영향을 미친다.

4 조직배양

① 조직배양과 임목육종에의 필요성

(1) 조직배양의 개념

식물체에서 분리한 기관, 조직, 단세포 등을 기구 내에서 배양하고 이것을 완전한 식물체로 만들거나 다시 분화시키는 것을 말한다.

(2) 조직배양의 필요성

① 동물세포와는 달리 식물세포는 유합조직(Callus)이나 떨어져 나간 단세포, 또는 원형질체에서 식물체가 쉽게 다시 분화된다는 식물의 전체형성능력이 있어서 짧은 기간 안에 크게 발전할 수 있다.

② 임목의 세대가 길기 때문에 차대검정을 하는 데 걸리는 기간이 길고, 한 세대 내에서도 오랜 시간이 지나야 결과를 알 수 있다.

③ 조직배양기술에서 여러 임목의 특성을 고려하면 소규모 실험실 내에서 환경을 인위적으로 조절할 수 있고, 짧은 기간 동안에 많은 양의 증식이 가능하다.

④ 배양된 조직은 생리적 · 유전적 연구에 사용될 수 있고 새로운 품종을 육성하는데 크게 기여할 것이다.

② 방법과 이용

(1) 캘러스(Callus) 배양

① 식물조직배양 중에서 가장 많이 사용되는 방법으로 식물에 상처를 입혔을 때 생기는 유합조직을 배양하는 것을 말한다.

② **방법** … 캘러스를 새로운 줄기의 형성층으로부터 유도하고, 여기서 다시 캘러스만 배양해서 새로 식물체를 만들어 낸다.

(2) 꽃밥(Anther) 또는 꽃가루(Pollen) 배양

① **개념** … 발육단계의 꽃가루나 꽃밥을 배양해서 반수성식물이나 배가 된 반수성식물을 얻을 수 있는 방법을 말한다.

② 순계를 얻을 수 있고 여기에는 수원사시나무의 꽃밥을 배양해서 증식한 연구결과가 있다.

(3) 눈 배양

① 잎눈 속의 생장점이 있는 부위를 떼어내어 배양하는 방법을 말한다.

② 일반적으로 활엽수종에 많이 적용되고 대량증식할 때 사용되는 방법이다.

(4) 배나 떡잎 배양

① **개념** … 식물체를 종자의 성숙된 배나 미성숙된 배를 배양해서 생산하는 방법을 말한다.

② 정받이 전이나 후의 시기에 종자의 배를 꺼내서 배양한다.

(5) 기타 배양방법

① **세포배양** … 액체 배지에서 단세포나 세포체를 배양하는 방법을 말한다.

② **원형질체 분리 및 융합방법** … 식물세포의 세포막을 제거해서 동물세포처럼 둥글게 된 원형질체를 서로 융합해 잡종세포를 만들어 내는 방법을 말한다.

02 | 출제예상문제

1 다음 중 수목의 결실을 촉진하기 위한 설명으로 옳지 않은 것은?

① 나무줄기를 철사로 묶어 긴박처리를 한다.

② 나무의 뿌리를 잘라 주는 단근처리를 한다.

③ 나무줄기의 껍질을 벗기는 환상박피를 한다.

④ 나무줄기와 가지의 발육을 돕기 위해 밀식을 한다.

> **note** ④ 밀식은 개체사이에 빛이나 양분쟁탈이 일어나기 쉽고, 빛의 부족과 다습으로 병충해가 발
> 생하기 쉬워 개체들이 빈약해진다.
> ※ **결실촉진방법**
> ㉠ 환상박피 : 나무줄기의 껍질을 벗긴다.
> ㉡ 긴박처리 : 철사로 줄기 부분을 묶어준다.
> ㉢ 단근처리 : 뿌리를 잘라준다.
> ㉣ 윗가지치기를 한다.
> ㉤ 칼륨질 비료를 시비한다.
> ㉥ 질소질 비료와 수분의 공급을 억제한다.

2 다음 중 개화·결실을 촉진하는 방법으로 옳지 않은 것은?

① 환상박피　　　　　　　　　② 긴박처리

③ 가지치기　　　　　　　　　④ 햇빛을 가려준다.

> **note** ④ 가지를 솎아서 일광의 투사량을 증가시키는 것이 좋다.

3 다음 중 다른 나라나 다른 지방에서 자라고 있는 수종이나 품종을 도입하여 육성하는 방법은?

① 도입육종법

② 선발육종법

③ 배수성육종법

④ 돌연변이육종법

⭐️ **note** 도입육종법 … 특정 유전자나 외국의 우량품종을 국내에 가져와 그 적응력을 조사하고 자생종과 비교하여 우수한 것을 실용작물로 이용하거나 새로운 육종소재로 이용하는 방법이다.

4 다음 중 조직배양의 방법으로 옳지 않은 것은?

① 엽삽

② 눈 배양

③ 엽속 배양

④ 캘러스 배양

⭐️ **note** ① 엽삽은 잎으로 하는 꺾꽂이다.

※ 조직배양 방법

㉠ 눈 배양 : 활엽수종에 많이 이용하는 방법으로, 잎눈 속의 생장점 부위를 떼어내어 배양하여 대량증식시킨다.

㉡ 배·떡잎 배양 : 정받이 전 또는 후의 미성숙 된 종자의 배나 성숙된 배를 꺼내어 배양하여 식물체를 생산한다.

㉢ 엽속 배양 : 침엽수에 이용하는 방법으로 새로 자라는 엽속을 배양하여 대량으로 증식시킨다.

㉣ 캘러스 배양 : 식물조직 배양에 가장 많이 이용하는 것으로 식물에 상처를 입혀 생기는 유합조직을 배양한다. 새로 자란 줄기의 형성층으로부터 캘러스를 유도하고, 캘러스만 다시 배양하여 식물체를 생산한다.

㉤ 꽃밥·꽃가루 배양 : 순계를 얻을 수 있는 방법으로 꽃밥이나 발육단계의 꽃가루를 배양하여 반수성식물이나 배가 된 반수성식물을 생산한다.

㉥ 세포 배양 : 액체 배지에서 단세포나 세포체를 배양하는 방법이다.

㉦ 원형질체 분리 및 융합방법 : 식물세포의 세포막을 제거해 동물세포와 같이 둥글게 된 원형질체를 서로 융합하여 잡종세포를 만들어 증식시키는 방법이다.

5 다음 중 교배용 꽃가루의 적당한 저장온도와 습도는?

	저장온도	습도		저장온도	습도
①	약 0℃	25% 이하	②	약 5℃	20% 이상
③	약 10℃	30% 이하	④	약 15℃	30% 이하

🌱 **Answer** 3.① 4.① 5.①

note 꽃가루의 저장 … 꽃가루의 저장온도는 약 0℃, 습도는 25% 이하로 하고, 공기가 통하지 않게 막아 보관하면 수명이 오래간다. 보통 시험관에 약간의 건조제를 넣고 그 위에 솜을 넣은 다음 꽃가루를 넣고 코르크 마개로 밀봉하여 냉장보관 한다.

6 다음 중 교잡육종으로 육성한 나무는?

① 방크스소나무   ② 스트로브잣나무
③ 리기테다소나무   ④ 히말라야시다

note 교잡육종은 다른 형질을 가지고 있는 품종간의 잡종을 만들어 양쪽의 장점을 함께 지니는 새로운 품종을 육성하는 방법으로, 리기테다소나무는 추위에는 강하지만 목재의 질이 떨어지는 리기다소나무와 추위에는 약하지만 목재의 질이 좋고, 생장속도가 빠른 테다소나무의 교잡으로 얻어진 품종이다.

7 리기다소나무의 암꽃에 테다소나무의 꽃가루를 수정하여 얻은 종자를 심어 리기테다소나무를 얻는 것과 같은 임목육종 방법은?

① 도입육종법   ② 교잡육종법
③ 조직배양법   ④ 선발육종법

note ① 외국의 우량품종이나 특정 유전자를 국내에 가져와 그 적응력을 조사하고 자생종과 비교하여 우수한 것을 새로운 육종소재로 이용하거나 실용작물로 이용하는 방법이다.
③ 식물체의 원형질 체세포, 난세포, 꽃가루, 일부분의 조직, 기관 등을 분리하여 무균상태의 인위적 배지에서 배양하고 다시 분화시키거나 식물체를 생산한다.
④ 임분에서 우량목을 선발하여 종자를 얻거나 무성번식으로 묘목을 키워 육종하는 방법이다.

8 다음 중 도입육종 수종으로 옳지 않은 것은?

① 낙엽송   ② 사방오리나무
③ 비슬나무   ④ 아카시아나무

note 우리나라에서 도입하여 성공한 수종으로는 낙엽송, 편백나무, 삼나무, 아카시아나무, 리기다소나무, 미루나무, 이태리포플러 개량종, 양버들, 사방오리나무, 맹종죽 등이 있다.

Answer   6.③ 7.② 8.③

9 다음 실생품종의 설명 중 옳지 않은 것은?

① 변이가 적고 형성기간이 빠르다.
② 일반적으로 타가수정을 한다.
③ 씨앗의 채취 및 육종재료로서의 이용가치가 높다.
④ 실생품종은 변이의 폭이 넓다.

> **note** ① 실생품종은 오랜 세월을 경과하는 동안 형성된 것으로 주로 타가수정을 하므로 무성번식에 의해 만들어진 품종보다 품종의 변이가 크다.

10 다음 중 접목품종에 해당하는 것은?

① 낙엽송　　　　　　　　② 포플러류
③ 사과나무　　　　　　　　④ 잣나무

> **note** 품종의 분류
> ㉠ 실생품종 : 소나무, 잣나무, 낙엽송 등이다.
> ㉡ 꺾꽂이 품종 : 포플러류가 있다.
> ㉢ 접목품종 : 사과나무, 배나무, 밤나무, 감나무 등의 과수목이다.

11 다음 중 개체선발육종의 설명으로 옳지 않은 것은?

① 생장속도, 재질, 내병성, 결실량 등 여러 가지 형질을 검토할 필요가 있다.
② I-214, I-476 등은 개량 이태리포플러에서 개체선발육종으로 얻어진 품종이다.
③ 뛰어난 개체로 꺾꽂이나 접붙이기를 이용해 클론을 만들어 조림하여 이용한다.
④ 천연림에서 우량하다고 생각되는 나무를 골라서 모아 심어 그들 사이에 교잡이 일어나게 한다.

> **note** ④ 집단선발육종에 대한 설명이다.

Answer 9.① 10.③ 11.④

12 다음 중 A × B의 교잡으로 F₁에서 C가 생겼을 때, A × C의 교잡은?

① 역교잡   ② 여교잡

③ 잡종   ④ 교배

> ✿**note**   여교잡 … 잡종 F₁을 어버이의 한쪽과 교잡시키는 것을 말한다.

13 다음 중 도입육종을 행할 때 고려할 사항으로 옳지 않은 것은?

① 수종 내에서의 유전적 변이   ② 적응력의 차이

③ 도입지에서의 생육특성   ④ 자연분포의 범위

> ✿**note**   도입육종의 도입여부를 지배하는 요인
>   ㉠ 자생지에서의 생육특성
>   ㉡ 자생 식생의 결핍
>   ㉢ 적응력의 차이
>   ㉣ 기후조건의 유사성
>   ㉤ 수종 내의 유전적 변이
>   ㉥ 1속 1종으로 구성되는 수종
>   ㉦ 자연분포의 범위, 자생지에서의 경제적 중요성, 위도 등

14 다음 중 교잡육종에서 봉지씌우기를 하는 이유로 옳은 것은?

① 수꽃의 보호를 위해서 한다.

② 개화를 촉진하기 위해서 한다.

③ 꽃밥을 제거하기 위해서 한다.

④ 암꽃에 다른 꽃가루가 들어가는 것을 방지하기 위해서 한다.

> ✿**note**   봉지씌우기 … 암꽃에 다른 꽃가루가 들어가는 것을 막기 위해 수분과 공기가 통할 수 있는 종이나 셀로판지 등으로 만든 봉지를 이용하여 꽃가루받이(수분) 1~2주일 전에 암꽃에 봉지를 씌우는 것을 말한다.

15 다음 중 교잡육종의 실제방법 순서로 옳은 것은?

① 어버이 수종의 선정 → 꽃가루의 준비 → 봉지씌우기 → 꽃가루받이 작업
② 어버이 수종의 선정 → 봉지씌우기 → 꽃가루받이 작업 → 꽃가루의 준비
③ 꽃가루의 준비 → 꽃가루받이 작업 → 어버이 수종의 선정 → 봉지씌우기
④ 꽃가루의 준비 → 봉지씌우기 → 어버이 수종의 선정 → 꽃가루받이 작업

> ✿**note** 교잡육종의 방법순서 … 어버이 수종의 선정 → 꽃가루의 준비 → 봉지씌우기 → 꽃가루받이 작업 순으로 한다.

16 다음 중 세포 핵 안의 염색체에 존재하며 유전형질을 지배하는 것은 무엇인가?

① 클론   ② 게놈
③ 인지질   ④ 콜히친

> ✿**note** 게놈 … 유전형질은 세포 핵 안의 염색체에 있는 유전자에 의해 지배를 받는다.

17 다음 중 식물의 유합조직을 배양하는 것으로 가장 많이 이용되는 것으로 옳은 것은?

① 눈 배양   ② 떡잎 배양
③ 캘러스 배양   ④ 꽃가루 배양
⑤ 엽속 배양

> ✿**note** 캘러스 배양 … 식물조직 배양에 가장 많이 이용하는 것으로 식물에 상처를 입혀 생기는 유합 조직을 배양한다. 새로 자란 줄기의 형성층으로부터 캘러스를 유도하고, 캘러스만 다시 배양하여 식물체를 생산한다.

18 다음 중 교잡육종법에서 교배의 실시에 대한 설명으로 옳은 것은?

① 교잡육종은 품종간에만 교잡을 실시한다.
② 수꽃이 핀 후에 가지를 꺾어 물에 꽂아 두고 떨어지는 꽃가루를 모은다.
③ 수분하기 1 ~ 2주일 전에 암꽃에 봉지를 씌워 다른 꽃가루가 들어가지 못하도록 한다.
④ 암꽃에 봉지를 씌울 때는 폴리에틸렌을 사용한다.
⑤ 꽃가루는 온도 약 0℃, 습도 30% 이하에 통풍이 잘 되도록 저장한다.

✿**Answer**   15.① 16.② 17.③ 18.③

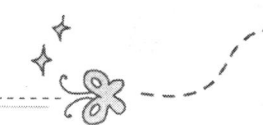

✏️ **note** ① 교잡육종은 품종간 · 이종간 · 속간 교잡을 실시하여 잡종을 만든다.
② 꽃가루는 수꽃이 피기 전에 꺾어 물에 꽂아두고 채취한다.
④ 암꽃에 봉지를 씌울 때에는 공기와 수분이 통할 수 있는 종이나 셀로판지를 사용한다.
⑤ 꽃가루는 온도 0℃, 습도 25% 이하에 공기가 통하지 않게 막아주는 것이 좋다.

19 다음 중 우량개체 선발시 주의사항으로 옳지 않은 것은?

① 병해를 받고 있지 않은 수형목을 선발한다.
② 어릴 때부터 유리한 환경에서 자라온 나무를 선발한다.
③ 동령림에서 이웃의 나무와 비교해 우수한 것을 선발한다.
④ 소나무로서 갱목이나 펄프생산이 목적이면 20년생 정도의 것을 선발한다.
⑤ 수형목은 최소한 주변의 가장 큰 나무 3그루와 비교해서 선발한다.

✏️ **note** ② 어릴 때부터 유리한 환경에서 자라온 나무는 선발하지 않도록 한다.

20 다음 중 우리나라에서 도입육종법으로 성공한 수종으로 옳지 않은 것은?

① 편백   ② 느티나무
③ 미루나무   ④ 테다소나무
⑤ 리기다소나무

✏️ **note** 우리나라에서 도입육종에 성공한 수종 … 편백, 낙엽송, 삼나무, 편백, 리기다소나무, 미루나무, 아카시아, 양버들, 이태리포플러의 개량종, 좀잎산오리나무, 맹종죽, 일본전나무, 테다소나무, 독일가문비나무, 방크스소나무, 스트로브잣나무, 은백양 등을 도입하여 크게 성공하였다.

21 다음 중 교잡의 친화성이 높게 나타나는 경우로 옳은 것은?

① 속간 교잡일 때   ② 종간 교잡일 때
③ 종내 교잡일 때   ④ 목간 교잡일 때

✏️ **note** 교잡친화성
㉠ 교잡이 잘 되는 정도를 말한다.
㉡ 교잡친화성이 낮으면 교잡을 해도 씨앗이 잘 형성되지 않는다.
㉢ 종내 교잡의 경우 교잡친화성이 높아지고, 종간 교잡 또는 속간 교잡은 교잡친화성이 낮아진다.

🌱 **Answer**　19.② 20.② 21.③

22 다음 중 도입육종법으로 신품종을 들여올 때 1단계 실험방법으로 옳은 것은?

① 수개씩의 산지에 대하여 본격적인 산지시험을 한다.

② 수목원 또는 서식지에 표본수로 식재한다.

③ 본격적인 산지시험에 있어서는 벌기령까지 계속 관찰한다.

④ 광범위한 지역에서 3～5개 산지를 택하여 소규모의 산지시험을 계속한다.

> **note** ①③ 3단계인 대규모 산지시험이다.
> ④ 2단계의 실험방법이다.
> ※ **도입육종의 방법**
> ㉠ 1단계 : 수본 수목원이나 서식지에 조림 대상지의 기후·토양형이 비슷한 지역의 수종을 표본수로 식재한다.
> ㉡ 2단계 : 수년간 관찰한 표본수 식재성적을 생물학적·경제학적 효과를 분석하여 우수한 수종으로 인정되는 수종을 기후·토양형이 비슷한 광범위한 지역에 소량씩 도입하여 소규모 산지시험을 한다.
> ㉢ 3단계 : 소규모 산지시험에서 우수한 수종과 산지를 중심으로 벌기령까지 수개씩의 산지에 대하여 대규모의 산지시험을 한다.

23 다음 중 개화·결실을 촉진시키는 방법으로 옳은 것은?

① 옥신용액에 담근다.　　　　② 토양을 과습하게 한다.

③ 나무줄기의 껍질을 벗긴다.　　④ 질소질 비료를 많이 준다.

⑤ 뿌리를 철사로 묶는다.

> **note** 결실 촉진방법
> ㉠ 환상박피 : 나무줄기의 껍질을 벗긴다.
> ㉡ 긴박처리 : 철사로 줄기부분을 묶어준다.
> ㉢ 단근처리 : 뿌리를 잘라준다.
> ㉣ 윗가지치기를 한다.
> ㉤ 칼륨질 비료를 시비한다.
> ㉥ 질소질 비료와 수분의 공급을 억제한다.

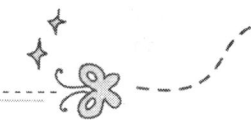

24 다음 중 잡종강세현상이 강하게 나타나는 어버이 형질은?

① 어버이 유전형질이 순수할 때

② 어버이 각각의 품종이 이질계통일 때

③ 어버이 유전형질이 잡종일 때

④ 각각의 품종을 몇 대에 걸쳐 타가수정 시켰을 때

> **note** 잡종강세
> ㉠ 품종간·이종간·변종간 등을 교잡시켜 얻는 잡종이 어버이보다 강건성, 크기 등의 유전형질이 뛰어난 경우를 말한다.
> ㉡ 잡종 제1대인 F1에 가장 강하게 나타난다.
> ㉢ 순수한 계통간의 교잡일수록 잡종강세의 현상이 강하게 나타난다.

25 다음 중 개화를 촉진시키기 위해 쓰는 약제로 적당한 것은?

① IBA

② NAA

③ 티아민

④ 지베렐린

> **note** 개화를 촉진시키기 위한 처리방법
> ㉠ 때에 따라서는 꽃이 빨리 피고 또한 많이 피도록 처리를 하는 일이 있는데, 접붙이기, 부분적으로 엇갈리게 둘레를 벗겨주는 방법, 줄기의 껍질에 상처를 주는 방법, 뿌리를 잘라 주는 방법 등이 있다.
> ㉡ 삼나무, 소나무, 편백 등에는 잎이나 끝눈에 지베렐린을 처리해 주기도 한다.

26 다음 중 염색체의 수를 증가시켜서 새로운 품종을 만드는 방법은 무엇인가?

① 교잡육종법

② 배수성육종법

③ 선발육종법

④ 도입육종법

> **note** 배수성육종법 … 세포 속의 염색체수를 2배, 3배, 4배로 증가시켜 새로운 품종을 만드는 방법으로 돌연변이육종법에 속한다.

Answer 24.① 25.④ 26.②

27 다음 중 채종원 조성에 있어 고려할 사항으로 옳지 않은 것은?

① 같은 클론이 이웃하도록 한다.

② 채종원 면적은 5ha 이상으로 한다.

③ 채종원은 처음에 식재밀도를 높게 하여 묘목의 생장을 촉진한다.

④ 채종원의 둘레 가까이에 같은 수종의 숲이 멀리 떨어져 있는 것이 좋다.

⑤ 둘레에 바람의 해(풍해)에 강한 나무를 심어 강한 바람을 막도록 만들어 준다.

> **note** 채종원의 조성
> ㉠ 선발된 우량개체에서 가지를 따서 삽목묘를 양성하거나, 묘수의 클론을 만들어 접수나 삽수를 공급하기 위한 토지로, 접붙이기나 꺾꽂이로 증식된 클론을 얻어 만든다.
> ㉡ 같은 수종의 숲이 500m 이상 떨어뜨려 좋지 못한 꽃가루가 공급되지 않도록 한다.
> ㉢ 각 클론사이에 교배가 일어나고, 나무를 솎아 내어도 큰 영향이 없도록 같은 클론이 멀리 떨어지게 한다.
> ㉣ 수가 적으면 같은 클론사이에 교잡이 일어날 가능성이 높아지므로 클론의 수는 20~30 이상으로 한다.
> ㉤ 채종원은 처음에 식재밀도를 높게 한 후, 뒤에 솎아 내어 밀도를 줄인다.
> ㉥ 채종원의 면적은 5ha 이상으로 한다.
> ㉦ 채종원의 둘레에 풍해에 강한 나무를 심어 강한 바람을 막아준다.
> ㉧ 개체가 달라도 클론이 같으면 그 사이에 일어나는 교배는 제꽃정받이(자가수정)와 같다.
> ㉨ 채종원 안의 꽃가루의 농도가 높게 유지되도록 한다.

Answer 27.①

28 다음 중 용재생산을 위해 침엽수종을 선발할 때 선발조건으로 옳지 않은 것은?

① 지하고가 높아야 한다.

② 지름생장, 수고생장이 빨라야 한다.

③ 곁가지가 길어야 한다.

④ 재질이 좋아 목재의 이용가치가 높아야 한다.

> **note** 침엽수의 선발육종의 조건
> ㉠ 나무줄기가 위로 곧게 자라야 한다.
> ㉡ 줄기의 중심부가 썩지 않고 건전해야 한다.
> ㉢ 곁가지가 가늘고 길지 않아야 한다.
> ㉣ 수고생장, 재적생장, 지름생장 등의 속도가 빨라야 한다.
> ㉤ 아래의 가지가 빨리 떨어져 지하고가 높아야 한다.
> ㉥ 병충해에 저항성이 강해야 한다.
> ㉦ 재질이 좋아 목재의 이용가치가 높아야 한다.

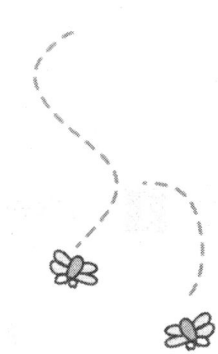

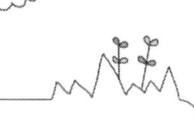

묘목의 양성

1 임목종자

① 종자의 개화와 결실

(1) 종자의 구조

① 종자와 열매의 차이

㉠ 종자
- 개념 : 씨방의 발육부분이 없거나 제거된 뒤의 부분(배주)이 발달해서 된 것이다.
- 소나무의 씨가 해당된다.

㉡ 열매
- 개념 : 씨방의 부분이나 그 밖의 조직이 발달하면서 배주의 발달부분과 같이 발달한 것이다.
- 밤알, 사과가 열매에 해당된다.

② 꽃과 종자 및 열매의 구조 사이의 관계

㉠ 난핵＋정핵→배

㉡ 극핵(극핵 2개＋정핵) → 씨젖(속씨식물)

㉢ 주피→종피(씨껍질)

㉣ 배주(밑씨) → 종자

㉤ 자방(씨방) → 열매

㉥ 어떤 경우에는 자방 이외의 부분이 열매의 일부가 되는 일이 있다.

③ 조직과 관계된 종자와 열매의 구조

㉠ 밑씨 : 내ㆍ외주피는 배주를 구성하는데 내ㆍ외종피로 되어 종자의 외곽을 보호하고 극핵과 정핵은 배주(속씨식물의 경우)가 된다.

㉡ 배 : 난핵과 정핵이 합쳐져 이루어지는 것으로 배의 구성은 떡잎과 어린 줄기 및 뿌리가 될 배축, 유아, 근축으로 되어 있다.

㉢ 배젖 : 배에 필요한 양분을 외배유, 떡잎과 같이 공급하고 종류는 양분의 유무에 따라서 배유종자와 무배유종자로 나눈다.

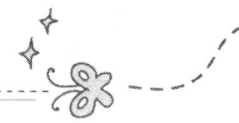

② 수종에 따라서 종자와 과실의 구조에 관여하는 조직에 차이가 있다. 일반적으로 밤이 열매인데도 밤종자라고 관용하고 있다.

◈ 각종 씨방의 구조 ◈

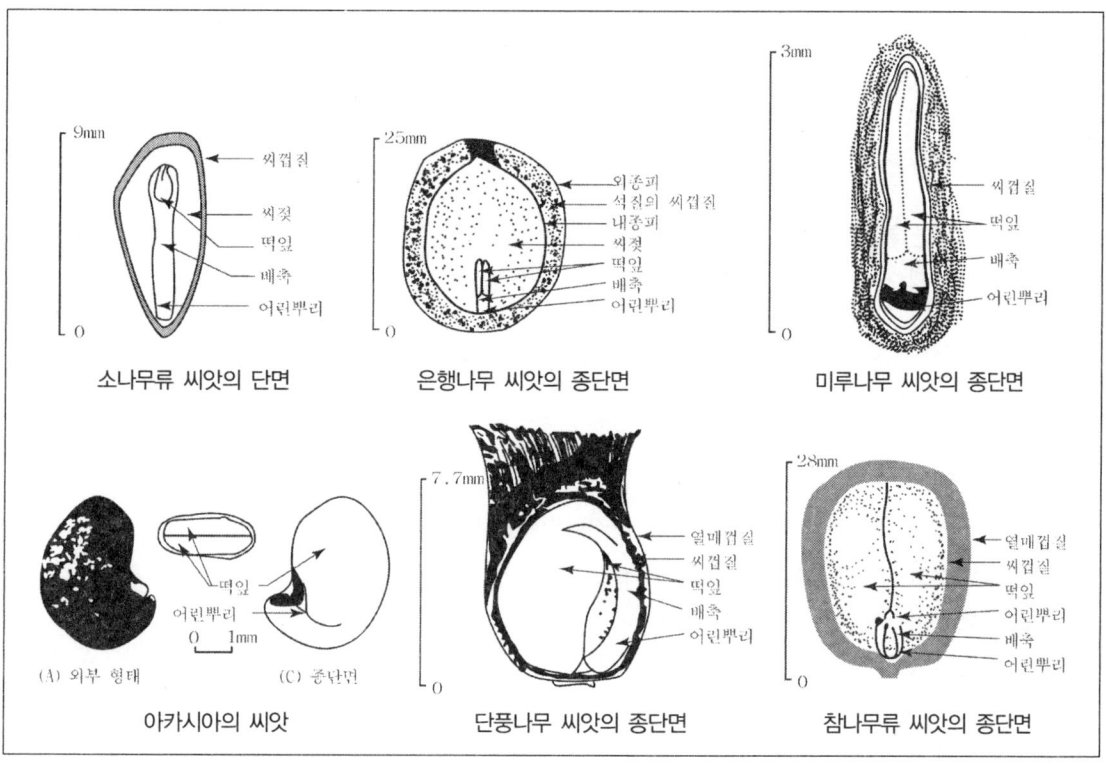

소나무류 씨앗의 단면

은행나무 씨앗의 종단면

미루나무 씨앗의 종단면

아카시아의 씨앗

(A) 외부 형태   (C) 종단면

단풍나무 씨앗의 종단면

참나무류 씨앗의 종단면

(2) 개화현상

① **개화과정** … 영양생장의 어린 시기를 지난 개체에서 화아가 만들어져 성숙한 조직으로 발달해 꽃을 피우고 수분과 수정이 이루어진다.

② **화아(꽃눈) 분화 시기**

　㉠ 침엽수종의 시기는 대체로 꽃피는 전해의 여름이다.

　㉡ 소나무와 해송 : 수꽃은 전해 7월중에, 암꽃은 8월 하순부터 9월 상순에 화아가 분화한다.

　㉢ 낙엽송 : 7 ~ 8월중에 암수 화아의 분화가 이루어진다.

③ **수분과 수정**

　㉠ 여름에 분화한 꽃눈이 구조가 발달하는 시기는 그 해 가을부터 이듬해 봄 사이이고 꽃가루와 난핵을 간직하는 조란기를 거쳐 난핵과 꽃가루관 내의 정핵이 서로 합쳐져서 수정이 이루어진다.

ⓛ 침엽수종에서 장란기의 형성은 밑씨가 발달하는 단계에서 이루어지고 수종에 따라서 수가 달라지는데 소나무류는 2~6개 정도이다.

ⓒ 장란기는 수정되기 수일 전에 완성되지만 수분은 장란기가 완성되기 이전에 이루어진다. 소나무류는 수분 후 약 13개월만에, 그리고 낙엽송류·전나무류는 1~2개월 뒤에 수정이 이루어진다.

(3) 결실주기

① 의의

ⓐ 개념 : 한 번 열매를 많이 맺은 후에 다음 번에 열매를 많이 맺을 때까지 걸리는 기간을 말한다.

ⓛ 주로 나무의 생리조건과 이에 영향을 미치는 기상인자에 임목의 결실이 지배되어 풍흉의 차를 보인다.

ⓒ 보통 봄에 임목의 개화가 이루어지지만 수종에 따라 수분과 수정을 거쳐 종자가 성숙하는 과정이 다르다.

② 결실의 주기성

ⓐ 매년 또는 1년인 수종 : 해송, 소나무, 리기다소나무 등이 있다.

ⓛ 2~3년인 수종 : 삼나무, 편백, 전나무류, 상수리나무, 들메나무 등이 있다.

ⓒ 3~4년인 수종 : 가문비나무가 있다.

ⓔ 5~7년인 수종 : 낙엽송, 너도밤나무 등이 있다.

(4) 결실의 예측

① 개념 … 미리 결실량의 많고 적음을 예측하는 것을 말하고, 결실연도의 전해 가을 및 결실년의 봄에 핀 꽃수의 많고 적음, 익는 시기의 환경 등을 살펴서 예측할 수 있다.

② 소나무류의 결실예측은 봄에 어린 구과의 착생상태를 관찰해서 할 수 있다.

③ 수종별 종자의 성숙시기

ⓐ 성숙시기가 꽃핀 직후인 수종 : 미루나무, 버드나무, 사시나무, 은백양, 떡느릅나무, 황철나무 등이 있다.

ⓛ 성숙시기가 꽃핀 해의 가을인 수종 : 전나무, 가문비나무, 삼나무, 편백, 낙엽송, 자작나무류, 오동나무, 오리나무류, 떡갈나무, 신갈나무, 갈참나무 등이 있다.

ⓒ 성숙시기가 꽃핀 이듬해 가을인 수종 : 소나무류, 상수리나무, 굴참나무 등이 있다.

(5) 채종림과 종자산지

① **채종원의 개요**

ㄱ **개념** : 수형목의 접목개체 중 선발된 것이나 그 차대를 한 곳으로 모아 인위적인 집단을 조성해 개량종자의 대량생산을 도모하는 것이다.

ㄴ 채종원은 각 나무의 유전적 형질을 미리 고려해서 계획을 체계적으로 세워 만들지만, 채종림은 이런 계획을 가지고 만들지 않는다.

ㄷ **채종원의 조성**

• 밖으로부터 선발되지 않은 화분에 의한 수종을 막기 위하여 주위 임분으로부터 격리한다.

• 접목묘를 성숙한 접수로 만들어서 조기개화를 촉진시킨다.

• 임의로 클론이나 유전형을 배치해서 자식을 피한다.

• 종자생산과 채종원 관리에 편리한 위치를 기후, 토양조건 등이 선정하게 한다.

• 채종원에서 종자의 개화촉진과 최대 생산은 넓은 간격유지, 비배, 환상박피, 단근, 관수, 밑깎기 작업, 병충해 방제 등을 통해 도모한다.

② **채종림의 조건**

ㄱ 채종림의 지정은 숲을 조성하는 나무들의 줄기가 곧고, 아랫가지가 떨어지는 속도가 빠르며, 생장이 좋은 임분으로 한다.

ㄴ 좋은 나무에 불량한 나무의 꽃가루가 수분이 되는 것을 방지하기 위해서 불량한 개체를 제거한 곳이어야 한다.

ㄷ 채종림을 선발하기 위해 3계급(우량목, 중간목, 불량목)으로 조사하는데 좋은 채종림의 조건은 우량목 50% 이상, 불량목 20% 이하가 된다.

ㄹ 나무마다 공간이 넉넉해야 하고 교통이 편리해야 한다.

ㅁ **수목에 따른 그루수**

• 소나무, 해송에서 나이가 40~50년생의 경우 ha당 100~150그루가 알맞다.

• 낙엽송은 30~40년생의 경우 200그루 정도가 알맞다.

ㅂ 채종림에 거름을 주고 토양관리를 하며, 때로는 개화·결실을 도울 수 있는 방법을 사용한다. 채종림의 선정시 주변 가까이에 불량임분이 존재하면 좋지 않으므로 유의한다.

③ **종자산지**

ㄱ 어느 지역에서 나무 중 자연적으로 자라는 것들은 그 기후와 토양조건에 적응된 수종들이다.

ㄴ 내륙지방의 높은 산에서 자라는 소나무는 메마르고 추운 지역에서 잘 견딜 수 있고, 바닷가의 낮은 곳에서 자라는 소나무는 바닷바람에 강한 특성이 있다.

ㄷ 소나무의 종자를 바닷가에서 자라는 것으로 양묘해서 내륙의 산지에 조림하게 되면 성과가 좋지 못하고 이 반대로 채취와 조림하는 것도 좋지 못하다.

ⓔ 종자의 생산지가 조림의 성과에 영향을 크게 미치기 때문에 나라에 따라서 각 수종별로 종자의 이동을 금하기 위해 종자산지의 구역을 정하고 있다.

ⓜ 종자를 조림지 부근의 임분에서 얻어서 묘목을 양성할 필요가 있다.

② 종자채집

(1) 종자채취 시기

① **적당한 시기의 선정** … 종자의 성숙여부에 따라 종자의 발아력 및 그 보존력에 관계가 있으므로 반드시 성숙한 종자를 채취해야 하지만, 종자가 성숙하여 구과가 떨어지게 되면 채집이 어려워지므로 적당한 시기를 놓치지 않도록 주의한다.

② 채집기를 결정하는 요인에는 종자 및 과실의 특성과 종자의 성숙시기가 있다.

③ **성숙한 종자의 판정법**
　ㄱ 구과의 단단함이 약간 풀렸을 경우
　ㄴ 색깔이 다소 퇴색되었을 경우
　ㄷ 함수량이 감소되었을 경우

④ 종자에는 후숙현상이 있고, 종자의 형태가 완숙한 것 같아도 충분히 성숙이 되지 않으면 발아가 곧 되지 않고 채집이후에 일정시일이 지나 후숙과정을 끝내지 않으면 발아하지 않는 것이 있다.

⑤ **수종별 종자의 채집시기**
　ㄱ 6월에 채집이 가능한 수종 : 벚나무, 떡느릅나무, 비술나무 등이 있다.
　ㄴ 7월에 채집이 가능한 수종 : 회양목이 있다.
　ㄷ 8월에 채집이 가능한 수종 : 향나무, 섬잣나무 등이 있다.
　ㄹ 9~10월 채집이 가능한 수종 : 소나무류, 잣나무, 은행나무, 주목, 낙엽송, 편백(노송나무) 등이 있다.
　ㅁ 10~11월에 채집이 가능한 수종 : 느티나무가 있다.

(2) 종자의 채집방법

① **벌도법** … 종자 성숙기에 이용가치가 적은 나무나 벌채 예정목을 벌도하여 채집하는 방법을 말한다.

② **절지법** … 결실가지를 기부나 중간부로부터 자르는 방법을 말한다.

③ **따모으기** … 직접 대림종실이나 구과를 하나씩 따 모으는 방법을 말한다.

④ **주워 따모으기** … 땅으로 떨어진 것을 주워 모으는 방법을 말한다.

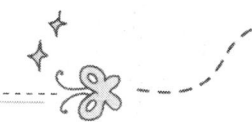

③ 종자의 조제

(1) 종자의 탈각

① 채집한 구과나 열매는 가마니나 다른 용기 안에 그대로 보관하면 열이 자연적으로 발생해 종자가 상하고 호흡으로 인해서 영양분이 손실되어 발아력이 떨어지므로 되도록 빨리 건조시켜야 한다.

② **종자 탈각방법의 종류**

   ㉠ **햇볕건조(양건법) 또는 가열법**
- 개념 : 종실을 햇볕에 쬐어 건조시켜 종자를 자연탈락시키는 방법을 말한다.
- 침엽수의 구과, 단백질, 지방 등을 저장양분으로 하는 세립종자에 적용된다.
- 적용수종 : 소나무류, 리기다소나무, 곰솔, 자작나무, 오리나무, 분비나무, 가문비나무, 낙엽송, 전나무, 회양목 등이 있다.
- 구과의 채집을 너무 일찍 했을 경우 그늘에서 1주일 정도 건조시켜 구과의 성숙을 도운 후에 햇볕으로 건조시키는 것이 좋고, 회양목은 과피가 터지면서 종자가 날아가지 않도록 종자 위에 눈이 좁은 망을 덮어주도록 한다.

   ㉡ **음지건조(음건법)**
- 개념 : 비닐 등의 깔개를 그늘에서 피고 그 위에 종자를 펴서 건조시키는 방법을 말한다.
- 저장양분을 전분으로 하는 대립종자나 경립의 성질이 있는 종자에 적용된다.
- 적용수종 : 참나무류, 편백, 포플러류, 오리나무류, 밤나무 등이 있다.

   ㉢ **유궤법**
- 개념 : 과피를 뭉개 종자를 분리시키는 방법으로 장과 종자의 처리방법이다.
- 적용수종 : 은행, 주목, 탱자 등이 있다.

   ㉣ **부숙법**
- 개념 : 습윤한 자리에 과실을 쌓아 과피를 부숙해서 분리시키는 방법을 말한다.
- 적용수종 : 호두나무, 잣나무, 비자나무 등이 있다.

   ㉤ **구도법**
- 개념 : 절구에 종자를 넣어서 찧는 방법을 말한다.
- 적용수종 : 아카시아, 옻나무 등이 있다.

   ㉥ **마찰법**
- 개념 : 등과실과 모래를 섞어 마찰하여 종자의 과피를 분리시키는 방법을 말한다.
- 적용수종 : 향나무, 주목, 노간주나무 등이 있다.

   ㉦ **봉타법**
- 개념 : 몽둥이로 두드려서 종자를 빼는 방법을 말한다.
- 적용수종 : 아카시아, 주엽나무 등이 있다.

◎ 인공건조

- 개념 : 건조시설이 되어 있는 곳에서 인위적으로 온도를 높이고 습도를 낮춰 건조시키는 방법을 말하고 종자의 양이 많을 경우에 사용한다.
- 방법
  - 낮은 온도에서 처음에 건조를 하다가 차츰 온도를 높인다.
  - 구과는 함수량이 높은 상태에서 갑자기 온도를 높게 가해주면 표면만 건조하고 구과가 벌어지지 않으므로 낮은 온도부터 처리하도록 한다.
  - 온도 50℃ 이내, 습도는 낮은 상태로 건조한다.
  - 건조시 종자의 산지가 서로 다른 것이 섞이지 않도록 주의한다.

    ★☞TIP 밤이나 도토리는 밤바구미 같은 해충의 피해를 방지하기 위해 채집 후 이황화탄소(CS_2)로 살충 처리를 한다.

(2) 종자의 선별과 수득률

① **정선법의 개념** … 협잡물인 쭉정이, 나무껍질, 나뭇잎, 모래 등을 제거해서 좋은 종자를 얻는 방법을 말한다.

② **정선법의 종류**

   ㉠ 입선법
   - 개념 : 눈으로 보고 굵은 종자나 열매를 한 알씩 가려내는 방법을 말한다.
   - 밤, 호두, 가래, 참나무류 씨앗의 정선에 사용된다.

   ㉡ 수선법
   - 개념 : 물 속에 종자를 넣어 위로 뜨는 쭉정이나 가벼운 종자를 제거하는 방법을 말한다.
   - 적용수종
     - 잣나무, 향나무, 주목 등에 적당한 방법이다.
     - 삼나무, 편백, 오리나무류 등에도 이 방법을 사용하지만 이런 종자는 24시간 가량 침수시켜 선별을 하는데 그 이유는 작아서 쉽게 물 속으로 가라앉지 않기 때문이다.
   - 비중이 무거운 씨앗은 비중이 1.18(물 1L에 소금 280g를 넣은 액)인 소금물에 담가 가라앉은 종자를 선택한다.
   - 참나무류나 밤나무의 벌레 먹은 종자는 물에 잘 떠서 쉽게 선별이 가능하다.

   ㉢ 풍선법
   - 개념 : 선풍기나 풍구를 이용해서 날개 및 가벼운 과피, 쭉정이를 분별하는 방법을 말한다.
   - 약한 바람으로 가벼운 협잡물을 제거하는 것으로 시작한 다음, 차츰 강한 바람으로 더 무거운 종자를 가려낸다.

   ㉣ 사선법 : 처음에는 종자의 직경보다 조금 큰 철망을 사용해서 굵은 협잡물을 제거하고 그 다음 작은 철망으로 작은 협잡물을 제거하는 방법을 말한다.

③ **종자의 수득률** … 수득률은 채집한 열매 가운데 정선하여 얻은 종자의 비율을 말한다.

주요 수종의 종자 수득률

(단위 : %)

수종	수득률	수종	수득률	수종	수득률
가문비나무	2.1	삼나무	7.5	전나무	19.2
해송	2.4	낙엽송	8.2	박달나무	23.3
소나무	2.7	화백	10.4	자작나무	24.0
리기다소나무	2.8	편백	11.4	은행나무	28.5
측백	3.2	향나무	12.4	가래나무	50.9
물갬나무	5.1	잣나무	12.5	호두나무	52.0

④ 종자의 저장

(1) 저장방법

① 임목종자는 농작물의 종자와 다르기 때문에 저장상태가 좋으면 종자의 휴면성을 타파해 양묘시책을 원활하게 해주지만 저장이 잘못되면 발아력을 크게 상실한다.

② 임목종자의 성상에 따라 몇 가지 저장방법을 적용하게 된다.

(2) 건조방법

① **개념** … 종자를 말려 저장하는 방법을 말하는데 실온저장법, 밀봉저장법이 있다.

② **실온저장법**

　㉠ 개념 : 실내나 창고에서 가마니 또는 포대에 넣은 종자를 건조상태로 저장하는 방법으로 장기간 저장에는 적당하지 않다.

　㉡ 적용수종 : 알이 작은 씨앗인 소나무, 곰솔, 측백, 낙엽송, 이깔나무, 오리나무, 싸리류, 가문비나무류, 삼나무, 편백 등에 적용한다.

　㉢ 저장시 주의사항 : 쥐의 피해를 방지하고, 기온과 습도가 낮은 상태로 저장한다.

③ **밀봉저장법**

　㉠ 개념

　　• 냉건저장법이라고도 하는 것으로 장기간의 저장이나 종자의 풍흉을 고려할 때 고온을 피하기 위해 습도가 낮은 겨울철에 종자를 건조 · 탈기하고 진공상태로 밀봉해 냉온상태에서 저장하는 방법을 말한다.

　　• 저장기간이 수년에서 수십 년이 되어도 발아력을 잃지 않는다.

     ⓛ 밀봉저장을 적용하는 경우

- 결실주기가 긴 수종 : 낙엽송에서는 5 ~ 7년마다 많은 종자가 달리므로, 종자를 풍작인 해에 채집해서 수년 동안 저장해야 한다.
- 실온에 저장하면 생명력을 쉽게 상실하는 종자에 적용한다.
- 목적이 연구와 시험인 경우 사용한다.

     ⓒ 밀봉저장의 장점

- 밀봉저장하면 그 안으로 습기가 들어가지 못해 종자의 생명력이 오래간다.
- 공기의 공급이 차단되고, 냉온상태에 두어 이상적이다.
- 소나무류의 종자를 밀봉저장하면 10년 동안 저장해도 발아력이 거의 감소하지 않고 저장을 유지할 수 있다.

     ⓔ 밀봉방법

- 미리 저장할 종자를 잘 건조시켜서 함수율을 5 ~ 7% 이하로 유지해 병 등에 담는다.
- 첨가제로 건조제와 황화칼륨을 종자무게의 각각 10%를 넣어 냉온상태의 암실에 보관한다.

     ⓜ 병 대신 깡통을 이용해 탈기 후 진공상태로 밀봉하면 효과가 크다.

     ⓗ 첨가제

- 건조제
    －용기 안에 차는 습기를 제거하는 것으로 종자에 해를 주지는 않는다.
    －종류 : 값싼 아드졸이나 실리카겔이 있는데, 아드졸은 약 150℃, 실리카겔은 105℃에서 건조시켜서 다시 사용할 수 있다.
- 황화칼륨 : 씨앗의 활력을 유지시킨다.

(3) 보습저장법

① **개념** … 건조방법과 반대로 씨앗을 저장할 때 습기가 있는 상태에서 하는 방법으로 노천매장법, 보호저장법, 습적법 등이 있다.

② **노천매장법**

     ㉠ 종자의 발아촉진을 겸하고 종자와 같은 양이나 그 배량의 모래와 혼합해서 배수가 좋은 노지에 묻고 우수의 침입 및 공기의 유통이 잘 되도록 한다.

     ㉡ 장소 : 지하수가 괴지 않는 양지바른 곳으로, 관리가 편리할 장소를 택한다.

     ㉢ 종자에 따른 매장시기

- 종자채취 직후 매장할 수종(9월 상순 ~ 10월 하순) : 느티나무, 단풍나무, 벚나무, 들메나무, 은행나무, 잣나무, 호두나무, 가래나무, 백합나무 등이 있다.
- 토양동결전에 매장할 수종(11월 하순) : 물푸레나무, 신나무, 벽오동, 피나무, 옻나무 등이 있다.
- 토양동결이 풀린 후 파종 1개월 전에 매장할 수종(3월 중순) : 소나무, 곰솔, 전나무, 측백, 이깔나무, 자작나무, 삼나무, 가문비나무, 리기다, 오리나무, 편백 등이 있다.

③ **보호저장법**(건사저장법)

    ㉠ 건사에 혼합해서 실내에 저장하는 것으로 은행나무, 밤나무, 참나무류의 종자같이 종자 자신이 간직하던 수분이 건조해지게 되면 발아력이 떨어지는 수종에 적용한다.

    ㉡ 종자의 함수량이 건중량 30% 이하로 떨어지지 않도록 한다.

    ㉢ 방법 : 배수가 잘 되는 사질토양에 지상의 유기물을 제거한 후 모래와 종자를 섞어서 퇴적하고 그 위에 낙엽이나 짚을 넢고 통풍의 촉진을 위하여 짚묶음을 가운데 세우는 방법도 있다.

    ㉣ 과습이나 통기의 부족은 종자에 곰팡이가 생기고 부패하는 원인이 된다.

④ **습적법**

    ㉠ 개념 : 용기에 보습재와 종자를 혼합한 것을 담아 1~2℃의 냉장실이나 냉장고에 저장하는 방법을 말한다.

    ㉡ 보습재 : 깨끗한 이끼나 톱밥 등을 사용하고 종자의 함수율이 20~25% 정도를 유지하도록 한다.

    ㉢ 다른 보습저장법보다 일정 온도에서 저장하기 때문에 효과가 높으나 저온을 유지하는 시설이 필요하다.

(4) 저장시 주의사항

① 어떤 방법이든지 관리에 주의하고 봄철이 됐을 때 최대한 빨리 종자를 꺼내어 상태를 관찰해야 한다.

② 씨뿌리기 전에 건조저장한 종자는 발아촉진을 해야 한다.

③ 씨뿌리기 전에 노천매장한 종자에는 이미 싹이 난 것이 있을 수 있으므로 꺼낼 때 주의한다.

⑤   종자의 품질

(1) 종자의 품질조사

① **개념** ··· 종자의 실용적 가치결정을 위해서 그 산지, 크기, 무게, 순량률, 실중, 용적중, 수분함유량, kg당 알수, 효율, 발아율, 발아세 등을 감정하는 것을 말한다.

② 종자의 품질은 합리적인 양묘시책과 우량묘목의 생산을 위해서 조사되어야 한다.

(2) 시료용 종자

① **개념** ··· 보관하는 모든 종자를 검사할 수 없으므로, 전체 종자 중에서 일부 선택한 종자를 말한다.

② **채취방법** ··· 전체를 대표해야하므로 종자를 잘 섞은 후 채취하거나 종자를 고르게 분할해 주는 분함기를 사용해서 채취하기도 한다.

③ 종자의 크기별 시료량

    ㉠ 작은 종자의 시료량에 따른 수종

- 30g : 오리나무류, 자작나무류, 화백나무 등이 있다.
- 50g : 편백, 솔송나무 등이 있다.
- 75g : 삼나무, 낙엽송 등이 있다.
- 100g : 소나무류, 가문비나무, 느티나무, 주목 등이 있다.
- 150g : 아카시아, 자귀나무, 층층나무 등이 있다.

    ㉡ 굵은 종자의 시료량에 따른 수종

- 200알 : 호두나무, 칠엽수 등이 있다.
- 300알 : 밤나무, 참나무류, 동백나무 등이 있다.
- 400알 : 가시나무, 비자나무 등이 있다.
- 600알 : 잣나무, 너도밤나무, 목련류 등이 있다.
- 1,000알 : 벚나무, 옻나무, 단풍나무, 들메나무, 녹나무 등이 있다.

(3) 종자의 검사기준

① 순량률

    ㉠ 순정종자 : 대체로 정선한 종자일지라도 다소 구과의 인편, 수피, 고지엽의 파편, 토사, 송진 등의 협잡물이 섞여있을 수 있는데 이런 협잡물을 제거한 순수한 종자를 말한다.

    ㉡ 순도와 순량률

- 순도 : 어떤 종자 중에 포함되는 순정종자의 다소를 말한다.
- 순량률 : 순도를 %로 표시한 것을 말한다.

$$순량률 = \frac{순정종자의\ 무게}{시료무게} \times 100$$

② 실중

    ㉠ 개념 : 종자의 수종이 같을지라도 노령기의 종자보다 장령기의 종자가 영양상태가 더 양호하고, 기후조건이 좋았을 때의 종자가 좋지 않았을 때보다 굵고 무거우며 발아력이 좋을 것으로 예상되는데 이것을 비교하기 위해 종자 1,000알의 무게를 측정한 것을 말한다.

    ㉡ 종자에 따른 측정방법

- 작은 종자 : 1,000알을 4회 측정해서 g으로 평균값을 표시한다.
- 큰 종자 : 100알을 4회 측정해서 g으로 평균값을 표시한다.

    ㉢ 실중의 값이 높은 경우 종자가 무겁고 충실한 것으로 판단된다.

③ **발아율**

   ㉠ **발아율**

- 개념 : 시료종자 총 알수에 대한 발아력을 가진 종자알수의 백분율을 말한다.
- 발아율의 변화에 영향을 미치는 요소 : 수종, 계절, 산지, 모수가 있고, 또 발아율의 측정방법도 영향을 미친다.

$$발아율(\%) = \frac{발아종자수}{발아실험용\ 종자} \times 100$$

   ㉡ **발아세**

- 개념 : 발아시험에 있어서 발아실험용 종자수 중에 일정한 기간 내(대다수가 고르게 발아하는 기간)에 발아하는 종자알수의 %를 말한다.
- 발아율과 비교되지만 발아율보다 수치가 적다.

$$발아세(\%) = \frac{가장\ 많이\ 발아한\ 날까지\ 발아한\ 종자수}{발아실험용\ 종자수} \times 100$$

   ㉢ 발아율과 발아세를 구하기 위해서 순정종자를 발아실험용 종자로 사용한다.

④ **효율** … 실제 득묘할 수 있는 효과로 종자의 사용가치를 말한다.

$$효율(\%) = \frac{순량률(\%) \times 발아율(\%)}{100}$$

◈ 주요 수목종자의 표준품질 ◈

나무 ＼ 구분	순량률(%)	발아율(%)	효율(%)	1L 무게(g)	실중 (1,000알당 g)	알수 1L(알)	알수 1kg(알)
약밤나무	99.0	63.4	62.8	555.95	4,379.34	133	239
은행나무	98.7	66.7	65.8	614.26	1,894.25	332	540
잣나무	98.7	63.8	63.0	573.68	539.25	1,084	1,890
벚나무	98.5	62.0	61.1	581.05	63.50	9,078	15,748
가래나무	98.4	62.1	61.1	375.04	8,968.44	43	115
비자나무	97.8	61.5	60.1	408.41	1,043.17	443	1,085
호두나무	97.6	66.4	64.8	285.50	10,246.28	28	98
옻나무	96.6	37.9	36.6	648.49	40.14	16,586	25,567
측백	96.4	84.1	81.1	581.63	21.52	27,968	48,086
붉나무	96.2	76.3	73.4	712.72	10.25	69,689	97,779

주목	96.2	65.0	62.5	517.09	42.10	12,968	25,079
회양목	96.0	48.2	46.3	503.24	12.16	41,641	82,746
밤나무	96.0	60.6	58.2	506.77	4,947.95	68	134
해송	95.7	91.7	87.8	535.49	15.26	35,262	65,850
느티나무	94.9	61.5	58.4	505.39	16.11	32,052	63,420
강송	93.4	87.4	81.6	531.14	10.19	52,804	99,416
물푸레나무	93.3	46.7	43.6	113.70	35.79	3,166	27,877
전나무	92.8	25.1	23.3	531.64	45.57	7,693	21,877
향나무	92.5	29.3	27.1	603.47	22.28	28,956	47,983
무궁화나무	91.4	84.8	77.5	212.15	16.28	13,378	63,059
리기다소나무	90.6	84.7	76.7	519.24	8.21	63,587	122,462
낙엽송	90.2	39.7	35.8	368.52	3.94	98,798	255,609
상수리나무	89.2	57.4	51.2	598.86	3,930.92	159	266
아카시아	89.7	63.8	57.2	735.05	19.87	37,061	50,420
싸리나무	88.9	51.5	45.8	336.73	8.93	38,051	113,002
이깔나무	85.4	49.1	41.9	397.08	3.91	103,109	259,668
개나리	85.2	20.2	17.2	281.65	2.46	115,682	410,730
분비나무	81.9	32.1	26.3	351.38	9.39	38,324	109,067
가문비나무	77.9	57.5	44.8	514.40	2.32	277,000	441,291
노간주나무	76.3	48.0	36.6	553.38	1.42	41,879	75,679
박달나무	75.9	20.7	15.7	295.93	0.40	722,068	2,439,996
굴참나무	75.1	56.6	42.5	590.40	3,776.37	161	273
물오리나무	59.9	29.2	17.5	237.63	0.82	292,416	1,230,552

⑥ 종자의 발아력 조사

(1) 토양발아시험

① 토양이 비슷한 환경조건에서 발아율을 측정해 실용성이 가장 크지만 시험에 소요되는 시일이 다른 방법보다 오래 걸린다.

② **토양발아시험의 방법**

　㉠ 알맞은 용기에 흙을 채운다.

ⓛ 종자를 뿌린다.

ⓒ 모래로 덮어 온실에 넣어 둔다.

ⓡ 매일 적당히 물을 주고, 밤에는 10℃ 정도, 낮에는 25℃ 정도로 온도를 관리한다.

ⓜ 표면에 떡잎이 나타나면 발아한 것으로 간주하고 매일 떡잎의 수를 기록한 뒤 제거한다.

(2) 정온기에 의한 발아시험

① 정온기는 일정한 온도나 변온상태로 조절할 수 있어서 토양발아시험보다 기간단축이 가능하지만 이상적인 환경조건의 제공으로 발아율이 높게 나타나는 경향 때문에 실용성이 낮다.

② **정온기 발아시험의 방법**

　　ⓐ 샬레(Schale)에 탈지면이나 흡수지를 깔고 50∼100알의 순정종자를 배열한 뒤 물을 적당히 준다.

　　ⓛ 온도가 23∼25℃ 범위인 정온기 안에 넣어둔다.

　　ⓒ 발아가 어려운 종자일 경우 발아촉진처리를 하거나 미리 물에 담근 후 실시한다.

③ 검사는 하루에 한 번 일정 시간에 하고, 뿌리가 나와 뿌리의 길이가 종자길이의 2∼3배일 때 발아한 것으로 본다.

④ 싹이 튼 종자는 그 수를 기록한 후에 제거하는데 떡잎이 뿌리보다 먼저 나온 경우 이상발아로 취급하고 계산하지 않는다.

⑤ 시험을 4∼5번 반복실시하고 전체의 평균값으로 발아율을 구하며, 시험기간 중 물의 보급, 온도조절, 썩은 씨앗의 제거 등에 유의한다.

⑥ 수종에 따라 시험기간이 다르고 종자가 마감일이 지나도 싹이 트지 않으면 칼로 잘라서 내용을 확인하며, 너무 많은 종자가 싹이 트지 않았을 경우 다른 방법으로 발아력을 조사한다.

⑦ **주요 수종의 정온기 발아시험기간**

　　ⓐ 2주 내외 : 느릅나무, 사시나무 등

　　ⓛ 3주 내외 : 노송나무, 가문비나무, 아카시아 등

　　ⓒ 4주 내외 : 소나무류, 솔송나무, 낙엽송, 자작나무, 오리나무 등

　　ⓡ 6주 내외 : 전나무, 느티나무, 목련, 옻나무 등

⑧ 발아시험이 끝난 뒤 각 반복구별로 발아율을 검토해 가장 낮은 값과 높은 값의 차가 20%가 넘으면 시험을 다시 한다.

⑨ 종자가 발아세 이후에 발아하는 것은 약한 묘로 되거나, 묘포에 뿌렸을 때 싹이 트지 못하는 것으로 간주한다.

(3) 테트라졸륨에 의한 발아력시험

① **개념** … 수용액상태의 테트라졸륨을 이용해 종자의 활력을 검사하는 방법을 말한다.

② 발아가능성이 있는 종자는 호흡과정에서의 효소와 약액이 접촉하여 종자단면이 붉은 색으로 착색하고, 가능성이 없는 것은 변화가 일어나지 않는다.

③ 테트라졸륨에 의한 시험은 발아시험기간이 긴 종자, 휴면종자, 수확직후의 종자에게 효과적이고 피나무, 주목, 향나무, 목련, 잣나무 등의 검사에 사용된다.

④ **발아력시험 방법**
  ㉠ 열매껍질과 종자껍질을 제거한다.
  ㉡ 20시간 정도 물 속에 담근 후 긴 쪽을 반으로 자른다.
  ㉢ 테트라졸륨 1% 수용액을 사용직전에 만든다.
  ㉣ 흡습지를 깐 샬레에 일정한 수의 종자를 겹치지 않도록 배열한 후 테트라졸륨 수용액을 충분히 넣고 뚜껑을 덮는다.
  ㉤ 24시간 동안 35℃의 정온기에 놓아 둔 빛깔의 변화를 확인해 활력의 여부를 파악한다.
  ㉥ 테트라졸륨 수용액이 광선을 쬐게 되면 사용할 수 없으므로 어두운 상태에서 시험한다.

(4) X선 사진에 의한 발아력검사

① **개념** … 종자의 발아력을 X선 사진장치를 이용해 내부조직의 촬영으로 알아보는 시험이다.

② **X선 사진검사의 효과** … 염화발륨 등을 침지해서 촬영하면 확인이 가능하고 내부의 기계적 상처, 쭉정이, 해충피해 등을 확인할 수 있다.

③ X선 사진에서 검게 보이는 것은 죽은 종자이고, 흰색으로 보이는 것은 충실한 종자이다.

④ 짧은 시간 안에 결과를 알 수 있지만 종자의 내력을 알고 검사하지 않으면 오래 된 종자 중에서 내부조직만 그대로 있고 이미 생활력을 상실한 것이 건전한 종자로 나타날 수 있다.

(5) 절단에 의한 발아력검사

① **개념** … 종자를 예리한 칼로 절단해서 그 절단면을 육안이나 입체현미경으로 관찰해 판단하는 검사이다.

② 검사결과는 판단기준, 관찰자의 숙련도 등에 따라서 달라질 수 있고 절단하기 힘든 종자일 경우 물에 1~2일 동안 불려 검사한다.

⑦ 종자의 발아촉진

(1) 발아촉진과 발아휴면성

① **발아촉진**

　㉠ 개념 : 인위적인 처리를 종자에 가해 종자가 일시에 발아하여 고르게 자랄 수 있도록 하는 작업을 말한다.

　㉡ 싹 트는 데 걸리는 시간이 길면 성장에 차이가 생겨 그들 사이의 경쟁으로 작은 묘목이 도태될 수 있다.

② **발아휴면성**(종자휴면성)

　㉠ 개념 : 대부분의 임목 종자에서 적절한 온도, 수분, 공기 등의 발아조건이 갖추어졌어도 발아가 되지 않는 현상을 말한다.

　㉡ 휴면의 원인 : 식물체가 가지고 있는 내적 인자, 수분·온도·광선 등의 외적 환경인자, 그리고 식물체에 인접한 부분의 억제적 영향 등이 있다.

　㉢ 발아휴면성의 종자

　　• 종류 : 피나무류, 산수유나무, 주목, 향나무, 옻나무 등으로 봄에 종자를 뿌리면 이듬해 봄에 싹이 나온다.

　　• 발아휴면성의 특성을 모르고 뿌릴 경우 토지이용의 낭비와 잡초의 다량 발생으로 인해 관리에 어려움이 많아 쉽게 양묘에 실패하게 된다.

(2) 종자의 발아촉진방법

① **침수처리법**

　㉠ 냉수침지법

　　• 개념 : 종자를 1~5일간 냉수에 담가서 물을 흡수시킨 후에 파종해 발아를 촉진하는 방법이다

　　• 물을 공급할 때에는 매일 깨끗한 물을 갈아주거나 흐르는 물 속에 종자 가마니를 넣어둔다.

　　• 물의 온도가 낮을수록 좋으나 높으면 처리기간을 줄일 수 있다.

　　• 적용수종 : 건조시켜 실내에 저장하는 수종인 소나무, 곰솔, 이깔나무, 참나무류, 아카시아나무, 호두나무 등에 사용된다.

　　• 이 방법을 사용할 때 종자를 너무 오래 담가두면 오히려 해로우므로 주의한다.

　㉡ 온탕침지법 : 냉수침지법이 큰 효과가 없을 경우에 사용하는 방법으로 경제적이고 실행이 쉬우며 나무에 따라서 큰 효과가 있다.

② **종피에 상처를 내는 법**

   ㉠ 종자의 수가 적을 경우 줄로 긋거나 망치로 때려 종피를 깨어주고 많을 경우 종피 파쇄기를 사용한다.

   ㉡ 다른 방법으로 옻나무 종자를 정맥기에 넣어서 종피를 깎아내는 것과 모래와 종자를 섞어 비비는 방법이 있다.

③ **노천매장법**

   ㉠ 습적법과 같이 종자의 저장법인 동시에 발아촉진 방법이다.

   ㉡ 들메나무, 벚나무 등의 수종은 발아에 오랜 시일이 걸리기 때문에 노천매장을 하지 않으면 건전한 묘를 대량생산하는 것이 어렵다.

④ **양잿물처리법**

   ㉠ 개념 : 옻나무처럼 종피에 지방층을 형성하는 종자의 지방제거를 위해서 양잿물을 사용하는 방법을 말한다.

   ㉡ 방법

     • 양잿물 375g을 물 10l에 넣고 약 75℃로 가온한 후 약 5분 동안 종자를 담갔다가 꺼내어 물에 씻고, 다시 약 70℃의 양잿물에 5분 동안 담갔다가 씻어서 노천매장을 한다.

     • 양잿물 대신 물과 나뭇재의 비율을 10 : 3으로 타서 사용할 수도 있다.

⑤ **산처리법**

   ㉠ 개념 : 종피의 지방제거를 위해 진한 황산 또는 염산에 잠시 동안 담갔다가 꺼내 깨끗한 물에 씻어 내는 방법을 말한다.

   ㉡ 처리할 종자를 건조시켜야 효과가 있고 종자의 상태에 따라 처리기간이 다르다.

   ㉢ 진한 산으로 인해 철재가 부식되므로 유리용기 등을 사용하고 주의해서 취급한다.

⑥ **열탕처리법** … 몇 초 동안 끓는 물에 담가서 발아를 촉진시키는 방법으로 콩과에 속하는 수목의 종자에 효과가 있다.

⑦ **광처리법**

   ㉠ 광선을 종자에 쪼이는 발아촉진 방법이다.

   ㉡ 자연상태의 임목 종자는 흙 속에 묻히므로 광선이 없이 발아가 가능하지만, 겨우살이 같은 기생식물의 경우 광선이 없으면 몇 주 내로 생활력을 잃어버리기 때문에 절대적으로 광선이 필요하다.

   ㉢ 적용수종

     • 광선이 있을 때 발아에 유리한 수목종자는 자작나무류, 오리나무류, 포플러류, 버드나무류 등이다.

     • 해송, 구주소나무, 대왕송에서는 반대로 적외선이 발아를 억제한다는 결과도 있다.

2 묘목의 양성

① 묘포

(1) 묘포의 적지

① **묘포의 개념** … 묘목을 키우는 장소를 말하고 대량생산·관리를 편하게 하기 위해 여러 가지 조건을 갖추어야 하며 여기에는 부속건물, 도로 등이 포함되어 있다.

② **묘포의 선정조건**

　㉠ 위치
　　• 식재지 부근에 묘포가 있을 경우 묘목을 운반하는 데 드는 경비·시간을 절약할 수 있고 식재지의 기후에 익숙해질 수 있는 기회를 줄 수 있다.
　　• 관리가 편리하도록 교통이 편한 위치를 선택한다.
　㉡ 지형 : 모래땅 이외의 토지에서 보통 3~4° 정도 조금 경사진 땅이 관수·배수에 편리해서 적당하다.
　㉢ 토양
　　• 땅은 비옥한 것보다 이화학적 성질에 주의해야 한다.
　　• 식질의 땅은 나쁘고 부식이 많은 식양토나 양토, 때로는 사질양토가 좋다.
　　• 점토질의 땅은 병해가 잘 발생하고 잡초가 많이 자라서 일하기 불편하지만 사질양토는 건조가 심한 경우 묘목뿌리가 길게 뻗어 이식작업을 해야 하는 경우가 있다.
　㉣ 관수 : 우리나라의 기후조건상 파종한 뒤에 건조가 계속되는 때에 관수를 해야 하고 또 여름 장마철에 배수를 하지 않으면 묘근이 썩어서 죽게 되는 일도 많이 생긴다.
　㉥ 인력공급 : 경영면적이 넓은 때에 고려해야 한다.

(2) 묘포의 종류

① **고정묘포** … 묘포장으로 계속 사용하고자 할 때 관리가 편하도록 구획하고, 방풍림과 관배수 등의 여러 가지 시설을 갖추는 것을 말한다.

② **임시묘포** … 묘목을 1년이나 수년 동안만 기르는 것으로 고정묘포와 같은 시설을 하지 않고 조림지 근처의 좋은 조건의 땅을 골라 묘목을 기르는 것을 말한다.

③ **임간묘포**

　㉠ 개념 : 조림지의 환경과 비슷한 산지의 숲 사이에 조성한 묘포를 말한다.

ⓛ 종류
- 영업용 묘포 : 경영목적이 생산된 묘목을 상품으로 출하하는 것인 묘포이다.
- 자가용 묘포 : 스스로가 조림하는데 쓸 묘목을 생산하는 것이 경영목적인 묘포이다.

④ **전업묘포와 부업묘포**

ⓐ **전업묘포** : 묘목을 양성하는 사람이 주업적으로 경영하는 것을 말한다.

ⓛ **부업묘포** : 농가에서 부업적으로 경영하는 것을 말한다.

⑤ **파종묘포와 상체묘포**

ⓐ **파종묘포** : 주목적이 종자를 뿌려 실생묘를 양성하는 것인 묘포를 말한다.

ⓛ **상체묘포** : 양성된 어린 묘목을 옮겨 심어(상체) 더 크게 키운 뒤에 산지에 내도록 하는 것이 목적인 묘포를 말한다.

(3) 묘포의 조건

① 토질이 양토나 사질양토이어야 한다.

② 5° 미만인 경사가 남쪽으로 향하고 조림지에 가까워야 한다.

③ 연작을 피하고 관배수가 자유로워야 한다.

④ 노동력이 많고 교통이 편리해야 한다.

⑤ 논으로서 항상 습한 곳은 피해야 한다.

(4) 묘포의 설계

① **묘포의 면적**

ⓐ 포지 : 묘목이 재배되는 곳으로 묘포의 핵심이고 휴한지, 보도 등을 포함시킨다.

ⓛ 부속지 : 가능한 면적을 작게 하는데 부속지에 포함되는 것에는 창고, 관리실, 작업실, 퇴비사, 기상 관측시설, 씨앗 저장실, 방풍림, 관수 및 배수를 위한 면적 등이다.

ⓒ 제지 : 묘포를 경사지에 만들 때 계단상의 경사면을 말한다.

ⓔ 보통 묘포의 60%, 도로 및 관배수로 10 ~ 20%, 부대시설 · 방풍림 등에 10 ~ 20%의 포지면적이 소요된다.

   📖 해마다 리기다소나무 1회 이식묘를 하여 10만 그루를 생산하면서 동시에 시뿌리기를 하려고 할 때 다음 조건을 만족하는 포지의 면적을 계산하라.

   ⓐ 생산된 파종묘나 이식묘의 20%를 버린다.

   ⓛ 파종상 1m^{2}에 600그루를 남긴다.

   ⓒ 이식상 1m^{2}에 110그루를 심는다.

ⓔ 휴한지는 고려하지 않고 보도면적은 묘포 전체 면적의 30%로 한다.

[풀이] 옮겨 심는데 소요되는 묘의 수는 $100,000 \div 0.80 = 125,000$그루가 되는데 옮겨 심는 묘를 125,000그루 생산해야 20%를 버리고 10만 그루를 얻을 수 있게 된다.

소요되는 면적(이식상 실면적)은 $125,000 \div 110 \fallingdotseq 1,136m^2$가 된다.

125,000그루의 1년생 실생묘를 얻기 위해선

$125,000 \div 0.8 = 156,250$를 얻어 그 중 20%를 버려야 한다.

이에 소요되는 면적은 $156,250 \div 600 \fallingdotseq 260m^2$가 된다.

따라서 소요되는 모판의 면적은 $260m^2 + 1,136m^2 = 1,396m^2$이다.

보의 면적 30%를 포함한 포지의 총 면적은 $1,396m^2 \div 0.7 \fallingdotseq 1,994m^2$가 된다.

② **묘포의 구획**

ⓐ 의의 : 구획할 때에는 트럭, 트랙터 등의 출입이 자유롭고 관리가 편하도록 해야 한다.

ⓑ 도로의 구분을 주도와 부도로 해 단위포지의 면적을 결정한다.

ⓒ 포지의 규모와 사용장비에 따라서 도로의 넓이가 달라지게 된다.

- 주도는 한 변의 길이 80 ~ 100m 정도, 너비는 대형 트럭이 다닐 수 있도록 4m로 한다.
- 부도는 주도에 직각이 되도록 40m마다 설치하고 너비는 트랙터, 경운기 등이 다닐 수 있도록 2m로 한다.
- 묘상의 너비는 관리의 편의상 1m로 하고 모판이 남쪽을 향하도록 동서로 10m, 15m, 20m, 25m 등으로 길게 설치한다.

ⓓ 육묘용 포지의 구분은 경지와 휴경지로 하고, 삽목상·파종상·이식상 등으로 나누어 정한다.

ⓔ 포지의 건조를 막고 찬바람을 막기 위해 관수로 및 배수를 도로와 평행하게 하고, 방풍림의 조성을 서북쪽에 해야 한다.

ⓕ 저수지는 포지 상부에, 유수지는 하부에 설치한다.

② 실생묘의 뜻과 특성

(1) **식물의 번식방법**

① **종자번식**(유성번식, 실생번식) … 번식을 종자로 하는 방법을 말한다.

② **영양번식**(무성번식) … 식물체의 일부분(뿌리, 줄기, 잎 등)을 이용해서 번식하는 방법을 말한다.

③ **실생번식의 특징**

ⓐ 대량의 묘목 생산 : 종자확보를 많이 해서 뿌리면 한꺼번에 많은 양의 묘목을 얻을 수 있다.

ⓑ 새로운 품종의 생산 : 종자가 어미나무와 화분수의 유전인자를 가지고 있는 염색체의 결합으로 이루어져 이론상으로 암수의 형질을 반반씩 이어받아 어미나무와 화분수의 유전형질과 똑같은 형질을 가진 후손이 태어나지 않기 때문에 종자번식으로 좋은 개체를 선발해 새로운 품종을 얻는다.

(2) 씨뿌리기 전 작업

① 비료의 공급계획

㉠ 의의 : 고정 묘포에서는 해마다 묘목을 계속 생산해서 땅속의 각종 양분이 감소되므로 땅힘을 유지하기 위해 비료의 공급이 필요하다.

㉡ 비료의 종류

- 두엄
- 토양에 각종 무기양분을 공급하고 물리적 성질을 좋게 하며 유익한 미생물이 활동을 할 수 있도록 도와서 묘목의 생장을 건전하게 해준다.
- 포지에 두엄의 공급은 바람직하므로 계획적으로 만들고 퇴비사를 지어 사용하도록 한다.
- 질소 비료
- 보통 요소가 많이 사용되지만 밑거름과 덧거름으로도 사용되고, 엽면 살포용으로도 사용된다.
- 산성토양에 비료를 줄 때에는 질소질 비료로 요소를 사용하는 것이 좋다.
- 엽면 살포시 분무기를 이용해 농도 0.5%의 요소액을 묘포 $1m^2$에 $1l$ 정도 살포한다.
- 황산암모늄도 많이 사용되는데 속효성이 요소보다 뛰어나서 덧거름으로 좋고, 밑거름에 사용되나 강한 산성토양에서는 사용하지 않는 것이 좋다.
- 석회질소는 토양의 소독에 효과에 있지만 묘목에 해를 주므로 주의하도록 한다.
- 인산 비료
- 주로 사용되는 것은 중과인산석회, 용성인부이다.
- 중과인산석회는 지효성이어서 밑거름으로 쓰인다.
- 인산질 비료로 매우 좋은 것에 닭똥이 있는데 속에 질소, 칼륨도 들어 있다.
- 칼륨 비료 : 주로 사용하는 것은 산성의 황산칼륨과 중성의 염화칼륨이고, 나뭇재도 사용된다.
- 석회 비료
- 토양산도를 교정하고 토양 미생물의 활동을 돕는 데 효과가 있는 비료로 주로 농용석회가 쓰인다.
- 미량 요소인 마그네슘, 철분, 망간 등은 줄 필요가 없지만 부족증세가 나타난 묘표에는 시비한다.

㉢ 시비량

- 시비량을 정확하게 결정하는 것은 힘들지만 이론상으로 단위면적당 묘목의 비료 흡수량과 토양 속에 이용할 수 있는 비료량의 차이로 결정이 가능하다.
- 묘목의 몸체에 들어 있는 성분량과 묘목이 흡수하는 양은 같다고 본다.
- 비료의 성분량에서 각 성분의 흡수율을 고려해야 하는데 질소와 칼륨은 흡수율이 50% 정도이므로 그 배를 주어야 하고, 인산은 약 20% 정도로 이보다 더 준다.

    📖 0.1ha의 면적에 칼륨 5kg의 보충을 두엄으로써 충당하고자 할 때, 두엄의 양을 구하시오.

    (단, 흡수율 = 40%, 두엄 1kg에 포함된 칼륨 성분 = 0.5%)

    [풀이] 두엄량(kg) = 5kg ÷ 0.4 ÷ 0.005 = 2,500kg

② 밭갈기와 흙부수기

　　㉠ 밭갈기

　　　• 밭을 가는 작업은 전해 가을에 갈고 봄에 다시 갈아엎는 것이 좋다.

　　　• 경운기나 트랙터를 사용하는 것이 밭을 깊게 갈 수 있어서 효율적이다.

　　　• 미리 포지 전면에 두엄과 석회를 뿌린 뒤에 밭을 갈아엎는다.

　　㉡ 흙부수기

　　　• 밭갈이를 한 묘포에는 아직 굵고 작은 흙덩이가 많기 때문에 그 흙을 잘게 부수어 종자가 일시에 발아해 고르게 묘목이 생장할 수 있도록 도와주는 작업을 말한다.

　　　• 트랙터나 경운기에 로터리를 달아서 작업한다.

(3) 파종상 만들기

① 20 ~ 30cm의 깊이로 땅을 갈고 고른 후 길이 10 ~ 20m, 폭 1m, 보도 0.5m, 높이는 보도보다 10 ~ 20cm 높게 만들고, 동서방향으로 하면 해가림 등을 하는 데 편리하다.

② 경운 전에 부숙한 퇴비를 뿌리고 굼벵이, 거세미 등을 구제하기 위해 살충제를 뿌려줌으로써 토양소독을 하는 것이 좋다.

③ 씨뿌리는 양의 결정

　　㉠ 단위면적당에 씨뿌리는 양은 종자의 수종이나 효율에 따라서 다르다.

　　㉡ 뿌리는 양에 따른 결과

　　　• 씨를 많이 뿌리는 경우 : 씨의 양이 많으면 종자를 낭비하게 되고, 그 후 솎아내기 작업을 할 때 시간과 비용이 많이 든다.

　　　• 씨를 적게 뿌리는 경우 : 목적수량의 묘목을 얻을 수 없고, 효과적으로 땅을 이용하지 못하게 된다.

✿ 씨뿌리는 양 구하는 공식 ✿

$$W(g) = \frac{S}{N \times U \times P}$$

　∘ W : m^{2}당 씨 뿌리는 양(g)

　∘ N : 1g당의 씨앗의 알수

　∘ S : 가을이 되면 1m^{2}에 남길 묘목의 수

　∘ U : 씨앗의 효율

　∘ P : 득묘율(득묘율의 범위 0.3 ~ 0.5)

　　▣ 소나무 씨앗의 효율을 70%, 1g당 씨앗의 알수를 120, S = 600, 득묘율은 0.4로 할 때 1m^{2}의 씨 뿌리는 양을 구하라.

　　　[풀이] $W = \dfrac{600}{120 \times 0.7 \times 0.4} ≒ 17.85(g)$

④ **종자 및 토양 소독**

　㉠ **종자소독**

　　• 침엽수의 종자를 소독하지 않고 뿌리면 모잘록병의 병균에 의해서 싹이 튼 직후 땅 속에서 썩을 수 있고, 땅 위로 싹이 올라온 뒤에도 해를 받을 수 있는데 이런 해를 방지하기 위해 종자소독을 해준다.

　　• 주로 약제처리로 실시하고, 분말약제를 종자표면에 바르거나 종자를 약액에 담근다.

　　• 티람(Thiram) : 유기황 살균제로 종자나 토양을 소독하는데 사용하는 살균제이고 종자 1kg당 5g 정도로 분말처리를 한다.

　㉡ **토양소독**

　　• 개념 : 토양에 있는 병균의 포자, 잡균의 씨앗, 선충, 해충 등에 미리 소독하는 것이다.

　　• 방법 : 흙에 열을 가해 처리하는 방법과 여러 가지 살충제와 살균제(다치가렌, 메틸브로마이드 등)를 사용하는 방법이 있다.

　　• 가열소독 : 적당한 습도를 함유한 흙을 85℃에서 30분 이상 찌는 방법으로 만약 온도가 너무 높으면 토양에 좋지 않은 영향을 주게 된다.

⑤ **씨 뿌리는 시기**

　㉠ 대부분 봄에 뿌리는데 땅이 녹으면 빠를수록 좋다.

　㉡ 동해의 염려가 없는 남부지방 지역에서는 가을에 뿌리는 경우도 있다.

　㉢ 회양목 종자의 경우 7월에 따서 파종을 늦여름이나 초가을에 한다.

⑥ **씨 뿌리는 법**

　㉠ **흩어뿌림(산파)**

　　• 개념 : 작은 종자를 뿌리는 방법을 말한다.

　　• 종자와 모래의 비율을 1 : 1 ～ 3으로 섞어 전체 양의 50%를 전면에 뿌리고, 나머지 50%는 부족한 부분에 뿌려서 고르게 분포시킨다.

　㉡ **줄뿌림(조파)**

　　• 종자를 뿌린 해에 묘목이 크게 자라는 수종에 사용한다.

　　• 모판의 표면을 일정 너비의 나무자를 이용해 눌러서 만든 씨뿌림 골에 3 ～ 5cm 간격으로 종자를 뿌리고, 줄과 줄 사이의 간격은 10 ～ 20cm 정도로 한다.

　㉢ **점뿌림(점파)**

　　• 굵은 종자인 호두, 밤, 칠엽수 등에 적용하는 방법이다.

　　• 일정하게 가로세로의 간격을 유지하면서 종자를 한 알씩 뿌린다.

⑦ **흙덮기**

　㉠ 덮을 흙은 종자의 크기 2 ～ 3배 두께로 하고 작은 종자일 때는 체로 쳐서 덮는다.

　㉡ 흙을 덮고 그 위에 깨끗한 모래의 두께를 2 ～ 3mm 정도로 덮어 주면 잡초발생이 감소하고, 건조를 방지하며, 모잘록병 발생을 억제하는 등의 효과가 있다.

⑧ **짚덮기** … 파종 후에 햇볕의 차단과 땅을 습하게 하기 위해 짚을 덮는데, 짚을 나란히 덮고 새끼로 눌렀다가 싹이 트면 걷어주는 방법으로 한다.

(4) 발아 후 관리

① 짚걷기
ㄱ 씨를 뿌리고 종자가 싹이 터서 어린 묘가 땅 위로 올라오면 제일 처음으로 해준다.
ㄴ 짚을 걷을 때 거칠게 작업하면 어린 묘목이 뽑혀 같이 올라오거나 부러질 수 있으므로 주의한다.
ㄷ 짚을 걷을 때는 2 ~ 3회에 나누어 하는 것이 좋다.
ㄹ 침엽수의 어린 묘는 씨껍질을 쓰고 올라오기 때문에 새들이 잘 쪼아 큰 해를 입게 되므로 차광막 등으로 덮어 피해를 줄이도록 한다.

② 해가림
ㄱ 적용수종 : 전나무류, 가문비나무류, 주목, 삼나무, 편백 등의 음수수종에 실시한다.
ㄴ 특징
• 강한 햇볕을 차단하고, 건조를 막아준다.
• 해가림의 정도가 심할 경우 뿌리의 발달이 빈약해지고 묘목이 웃자라 약하게 된다.
ㄷ 방법
• 짚을 걷은 직후에 실시한다.
• 모판 면에서 높이가 40 ~ 50cm 정도가 되도록 수평으로 실시하는 것이 좋다.
• 시설재료 : 굵은 철사, 대나무, 말뚝 등을 사용한다.
• 덮개 : 억새, 조릿대, 차광망 등을 사용하고 장마철 또는 습기가 많을 때나 밤에는 거두어 주어야 하며, 7월말 이후에 제거한다.

③ 제초
ㄱ 제초는 풀이 어릴 때 파종 상에서 손으로 직접 제거하는 것이 가장 효과적인데 묘포의 관리에서 가장 힘든 작업이다.
ㄴ 최근 약제로 하는 제초가 이루어져 노동력이 감소되었지만 주의해서 하지 않으면 묘목에 해를 입히게 된다.
ㄷ 시마진 약제의 효과
• 뿌리에 흡수되어 약효를 내기 때문에 줄기나 잎에 닿아도 영향을 미치지 않고, 물에 잘 녹지 않아 땅 속에서의 이동이 잘 안 된다.
• 발아 직후의 어린 잡초제거에 효과적이다.
• 잡초 중에서 뿌리가 깊게 들어가는 것은 죽지 않는다.
• 사질양토에서는 약제가 땅 속 깊이 들어갈 수 있어서 묘목을 해칠 우려가 있다.

④ 솎기

　ㄱ 개념 : 묘목의 발생상태가 빽빽하게 나 있는 묘목이나 허약한 묘목 등은 뽑아 버려 건전한 생
　　　장을 할 수 있도록 묘목의 간격을 일정하게 해 공간을 만들어 주는 작업이다.

　ㄴ 가을에 남길 묘목의 수를 예상해서 그 수를 3회 정도로 나누어 작업을 끝낸다.

　ㄷ 제초작업과 병행해서 실시하고 끝난 후 바로 관수를 한다.

⑤ 관수 및 배수

　ㄱ 관수

　　• 묘목이 어리면 뿌리를 깊게 뻗지 못해 가뭄의 해를 받기 쉽기 때문에 반드시 묘포의 관수시설을
　　　해야한다.

　　• 방법 : 보도에 물을 괴게 하여 모판 면으로 물이 공급되는 점적관수, 스프링클러를 이용하는 상방
　　　관수 등이 있다.

　ㄴ 배수 : 계속해서 비가 오는 경우 배수가 잘 되도록 해서 묘목의 뿌리에 해가 가지 않도록 한다.

⑥ 덧거름 주기

　ㄱ 묘포의 땅힘이나 묘목의 발육상태를 고려해 적당한 시기에 덧거름을 주어야 한다.

　ㄴ 질소 비료를 덧거름으로 7월 이후에 주면 묘목이 웃자라 겨울에 동해를 입기 쉬워진다.

　ㄷ 석회와 칼륨은 9월 이후에 주어도 괜찮다.

⑦ 병충해 방제

　ㄱ 병해

　　• 모잘록병 : 묘포에서 가장 피해를 많이 주는 병으로, 침엽수(소나무류, 낙엽송, 가문비나무류, 전나
　　　무류 등)에서 피해가 크다.

　　• 모잘록병 병원균에는 리족토리아(Rhizoctoria), 피자움(Pysium), 푸자륨(Fusarium) 등이 있다.

　ㄴ 피해 및 방제

　　• 피해 : 모잘록병 병원균의 침해를 받으면 땅 속의 종자가 싹이 트기도 하고, 지표면 부근에 있는
　　　줄기 부분이 썩어서 어린 싹이 쓰러지기도 한다.

　　• 전염이 빠르기 때문에 싹이 트기 시작했을 때 매일 관찰해 피해를 예방하고 확산을 방지해야 한다.

　　• 종자소독과 토양소독을 같이 실시해야 모잘록병의 예방효과가 높다.

　　• 싹이 넘어지면 토양소독제로 소독해 확산을 방지한다.

　ㄷ 기타 병해

　　• 붉은마름병 : 묘포에서 많이 발생하는 병으로 침엽수에 많이 발생한다.

　　• 거미집병 : 낙엽송과 소나무류, 삼나무, 편백 등에 발생한다.

　　• 탄저병 : 오동나무에서 발생하는 병이다.

　　• 반점병 : 오리나무에서 발생하는 병이다.

ㄹ 예방법

- 통풍이 잘되게 하고 배수로를 만들어 물이 많지 않게 한다.
- 항상 청결하게 포지를 유지하고 보르도액 등을 살포한다.
- 묘목 중에 병에 걸린 것은 수거해 태우고 묘목이 있던 자리의 토양을 소독해준다.

ㅁ 충해

- 묘포에 여러 가지 해충이 발생하는데 굼벵이, 거세미, 진딧물, 깍지벌레, 땅강아지 등의 해충의 피해가 크다.
- 진딧물 : 새순이나 잎의 즙을 빨아먹어 피해를 주므로 발생 초기에 살충제를 뿌려서 방제한다.
- 굼벵이 : 매미의 유충으로 땅 속에 있는 뿌리를 갉아먹어서 피해를 입힌다.
- 거세미 : 뿌리를 가해해 피해를 주는데 토양살충제로 방제한다.

※ 여러 가지 모잘록병의 모양 ※

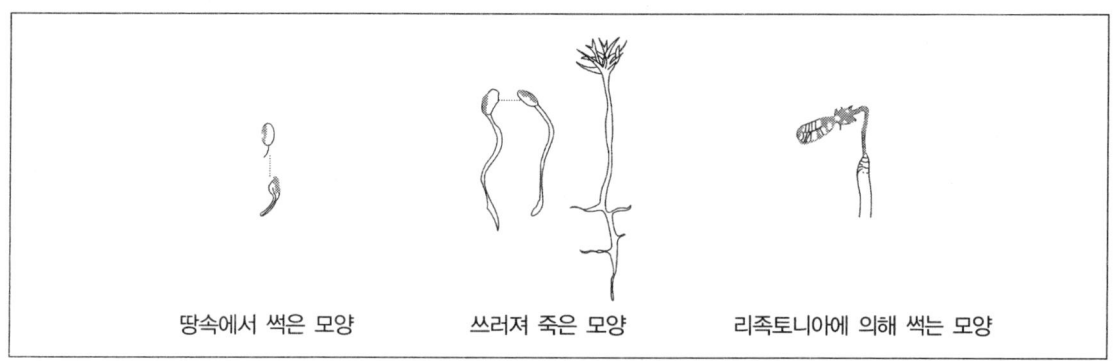

땅속에서 썩은 모양　　　　쓰러져 죽은 모양　　　　리족토니아에 의해 썩는 모양

※ 굼벵이에 의한 피해모양 ※

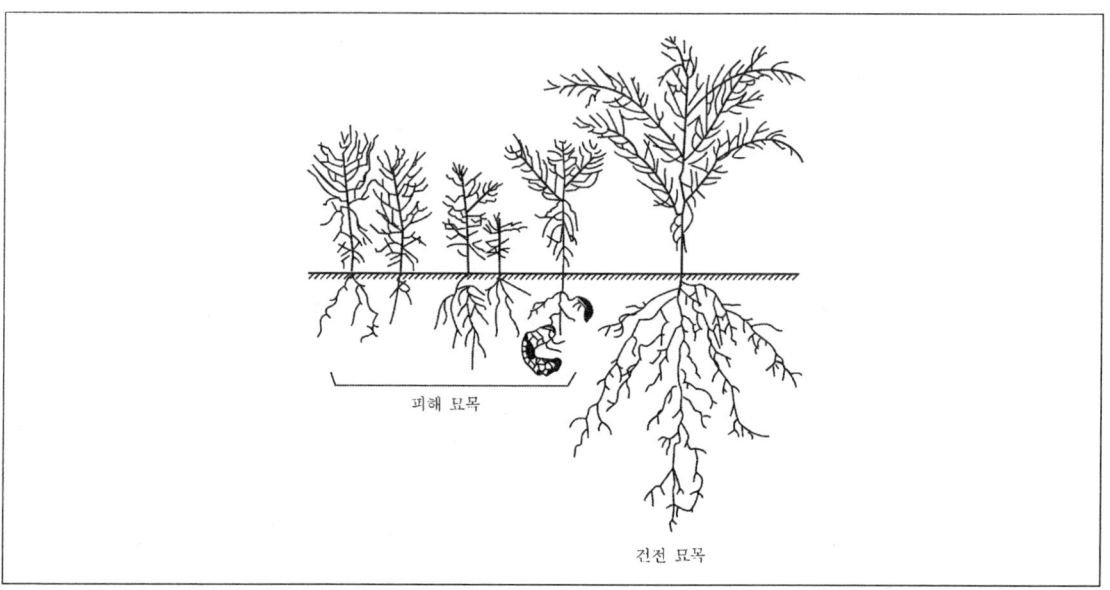

피해 묘목

건전 묘목

⑧ **뿌리끊기 작업**

　㉠ 목적
　　• 잔뿌리가 발생하는 것을 촉진시키기 위해서 한다.
　　• 묘목의 웃자람을 방지하기 위해서 한다.
　　• 옮겨 심었을 경우에 활착을 돕기 위해서 한다.
　　• 내한성을 높이기 위해서 한다.
　㉡ 방법 : 시기는 서리가 내리기 한달 전 9월 중순쯤에 실시하고 파종상 묘목은 땅 속 10cm, 판
　　　갈이상의 묘목은 12cm의 깊이에서 단근용 기계나 단근삽을 이용해 뿌리를 자른다.

⑨ **방한시설**

　㉠ 늦가을에 추위에 약한 수종에게 방한시설을 해 준다.
　㉡ 겨울에 낮은 기온의 북서풍 해를 받기 쉽기 때문에 북서쪽에 방한시설이나 방한림을 설치한다.

(5) 판갈이 작업과 용기묘의 양성

① **판갈이 작업**

　㉠ 개념 : 묘목이 커지는 만큼 필요한 생육공간을 넓혀주기 위해 다른 묘상으로 묘목을 옮겨주는
　　　작업을 말한다.
　㉡ 효과
　　• 직근성 수종의 세근발달을 촉진시키고 생육공간을 넓혀준다.
　　• 밑거름을 옮기는 모상에 충분히 주어 생육을 돕는다.
　　• 묘목을 규칙적으로 배열해 묘상관리를 기계화 할 수 있다.
　㉢ 대부분의 수종에서 2년 이상 키우는 것은 1회 이상 판갈이를 한다.
　㉣ 작업 중에는 뿌리가 건조해지지 않도록 한다.

② **용기묘의 양성**

　㉠ 개념 : 처음부터 용기 안에서 묘목을 키워 옮겨 심는 양성법이다.
　㉡ 장점
　　• 뿌리와 흙이 밀착되어 심어지므로 대부분 옮겨 심은 후에 활착이 된다.
　　• 식재시기에 문제가 없어 왕성한 생장의 여름철에도 옮겨 심을 수 있고 옮겨 심은 후에 생장이 빠
　　　르다.
　　• 온실에서 재배할 수 있고 제초작업 등이 생략되어 관리하기가 편하다.
　㉢ 단점 : 용기묘를 운반하는 데 드는 비용이 많이 들고 생산비가 일반 묘포에서 생산한 묘목보다
　　　많이 든다.
　㉣ 종류 : 만드는 재료에 따라 플라스틱분, 종이분, 비닐분, 지피 포트(Jiffy Pot) 등이 있고, 규
　　　격이 다양하다.

★ TIP 지피 포트

㉠ 처음 노르웨이에서 고안되었고 이것은 펄프, 토탄, 비료를 섞어서 만들어진 것이다.

㉡ 포트에 묘목을 심고 가꾸어 포트 자체를 심어 양분이 되도록 한 것이다.

🍃 산지 식재연수에 따른 묘목의 판갈이 횟수 🍃

수종 \ 연수	1년	2년	3년	4년	5년	6년	7년
전나무류	○	−	×	−	△(×)	(△)	
가문비나무류	○	−	−	×	−		
잣나무	○		×	△(−)	(△)		
소나무류, 낙엽송	○	×	△				
삼나무, 편백	○	×	△(×)	(△)		×	△

※ ○ : 씨뿌리기, × : 판갈이, △ : 산에 심기, − : 거치, ( ) : 또는

③ 무성번식에 의한 묘목양성

(1) 무성번식의 일반

① **개념** … 개체를 증식하기 위해서 나무의 일부분을 이용하는 방법으로 영양번식이라고도 한다.

② **무성번식의 종류** … 꺾꽂이(삽목), 접붙이기(접목), 휘묻이(취목), 포기나누기(분주) 등이 있다.

③ **무성번식을 이용하는 묘목** … 일반적으로 목적이 열매생산인 나무, 채종원 조성용 나무, 꽃 관상용 나무, 종자번식보다 무성번식이 더 쉬운 나무 등을 번식할 때에 이용해 묘목양성을 한다.

④ **장점**

㉠ 어미나무가 성장이 빠르고 좋은 재질, 추위·병충해 및 악조건에서 견디는 힘이 강한 것 등 조건이 모두 좋을 경우에 무성번식을 하면 후손도 어미나무와 똑같은 형질을 이어받는다.

㉡ 빠른 초기생장

• 포플러류 실생묘는 약 0.5 ~ 1m 정도가 1년 동안 자라지만, 삽목묘는 1.5 ~ 3m 정도 생장한다.

• 오동나무의 뿌리를 꺾꽂이하면 그 해에 원줄기가 2 ~ 3m 정도 자라나 곧고 긴 나무줄기의 용재가치가 큰 나무로 생장시킬 수 있다.

㉢ 빠른 개화와 결실

• 실생번식의 과수는 결실이 3 ~ 7년 정도 걸리나 무성번식의 과수는 2 ~ 3년 안에 결실을 맺는다.

• 잣나무, 은행나무에 열매를 맺을 수 있다.

01. 묘목의 양성 **169**

⑤ **단점**

    ㉠ 실생번식보다 기술이 있어야 한다.

    ㉡ 좋은 유전형질을 가진 어미나무의 확보가 가능해야 한다.

    ㉢ 실생묘에 비해 대량생산이 힘들고, 면적을 많이 차지한다.

(2) 삽목묘의 양성

① **삽목의 개념** ⋯ 식물체에서 뿌리, 잎, 줄기 등의 일부분을 분리해 발근시켜 하나의 독립된 개체를 만드는 것이다.

② **삽목묘의 장점**

    ㉠ 모수의 특성을 이어 받는다.

    ㉡ 결실이 좋지 않은 수목을 번식시키는 데 적합하다.

    ㉢ 묘목의 양성기간을 단축시킬 수 있고 개화결실이 빠르다.

    ㉣ 병충해에 저항하는 능력이 강하다.

③ **삽수의 종류**

    ㉠ 삽수의 채취위치에 따른 분류 : 가지삽, 뿌리삽, 잎눈꽂이(잎과 그 기부에 있는 눈을 함께 붙여 꺾꽂이 하는 것) 등으로 나눈다.

    ㉡ **가지삽의 꺾꽂이 시기에 따른 분류**

      • 휴면지삽

      − 봄철에 삽수에 물이 오르기 전에 채취해서 꺾꽂이를 실시하는 것을 말한다.

      − 적용되는 수종 : 주목, 은행나무, 향나무류, 사철나무, 히말라야시다, 개나리, 포플러류, 식나무, 네군도단풍나무, 포도나무, 무궁화나무, 버즘나무류, 버드나무류, 등이 있다.

      • 녹지삽 : 삽수에 생장 중인 가지를 이용하는 것으로 종류로는 미숙지삽, 반숙지삽이 있다.

      − 미숙지삽 : 5 ~ 6월쯤에 가지 중에서 왕성한 생장을 하고 있는 것을 삽수로 이용하는 것이다.

      − 반숙지삽 : 6월 하순쯤에 가지의 조직이 굳어진 것을 따서 꺾꽂이를 하는 것이다. 이것이 적용되는 수종에는 향나무류, 메타세쿼이아, 낙우송, 꽝꽝나무, 협죽도, 호랑가시나무류, 진달래류, 동백나무, 쥐똥나무, 사철나무, 무궁화나무, 피라칸사스 등이 있다.

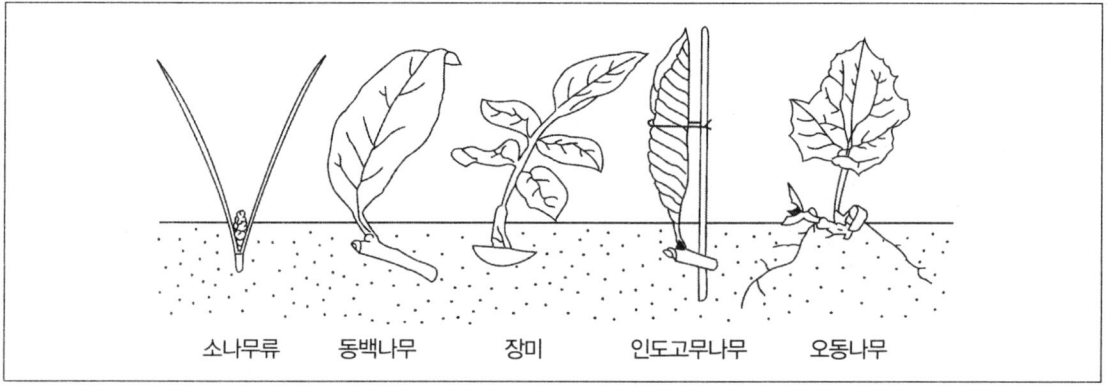

⚘ 수종별 잎눈꽂이 ⚘

소나무류　　동백나무　　장미　　인도고무나무　　오동나무

ⓒ **삽수의 조제방법에 따른 분류**

- 보통삽 : 가장 많이 이용하는 것으로 가지의 밑부분을 45° 각도로 조제한다.
- 쪼개꽂이 : 칼로 삽수의 밑부분을 쪼갠 사이에 작은 돌 같은 것을 끼워 수분흡수 면적을 더 넓혀 준 것이다.
- 발꿈치꽂이 : 주목, 향나무, 회양목 등의 비교적 가는 가지를 도구를 사용하지 않고 손으로 접착부 에서 떼어내 삽수의 아래부분에 더 오래된 조직의 일부를 붙여 주는 것을 말한다.
- 경단꽂이 : 삽수 아래에 찰흙을 경단모양으로 만든 것을 그 부분에 붙여 조제한 것을 말한다.
- T자삽(곰배꽂이) : 삽수의 하단에 T자형으로 전 해의 가지 일부를 붙여 주는 것을 말한다.

ⓓ **삽수를 꽂는 방법에 따른 분류**

- 수직삽 : 지표면에 대해 삽수를 수직방향으로 꽂는 방법을 말한다.
- 사삽 : 지표면에 대해 삽수를 비스듬히 꽂는 방법을 말한다.
- 곡삽 : 삽수를 굽혀서 묻는 방법으로 거의 사용하지 않는다.

④ **삽수발근에 영향을 미치는 요인**

ⓐ 수종의 유전성 : 개체간의 유전적 요소에 의해 같은 수종이라도 개체에 따라서 삽수발근의 난 이성에 차이가 크게 생긴다.

⚘ 삽수발근의 유전성에 따른 수종 ⚘

유전성	수종
삽수발근이 비교적 쉬운 수종	향나무, 주목, 측백나무, 사철나무, 회양목, 개나리, 포플러류, 무궁화나무, 버드나무류, 버즘나무류, 진달래류, 찔레나무, 동백나무 등
삽수발근이 비교적 어려운 수종	전나무류, 가문비나무류, 삼나무, 편백, 히말라야시다, 들메나무, 느티나무, 오리나무류, 참나무류 등
삽수발근이 대단히 어려운 수종	소나무류, 밤나무, 사시나무류, 자작나무류, 백합나무 등

ⓛ 모수의 연령

- 나이가 어린 모수일수록 높은 발근율을 보인다.
- 오래된 나무에서 발근이 잘되게 하기 위해서는 자른 줄기에 새로운 움이 발생되도록 만든 것에서 삽수를 채취하면 된다.

ⓒ 삽수의 채취위치

- 수관의 부위 : 침엽수에서는 일반적으로 수관의 하부에서 얻는 것이 좋다.
- 가지의 부위 : 수종에 따라서 여러 개의 삽수를 한 개의 긴 가지에서 딸 때 차이가 생기는데, 낙엽 활엽수에서는 일반적으로 가지 윗부분에서 따는 삽수가 잘 발근된다.

ⓔ 삽수의 양분

- 모수가 영양적으로 충실하면 발근이 잘 된다.
- 삽수 체내의 영양관계 중에서 특히 탄수화물과 질소화합물의 양(C/N율)이 중요하고 C/N율이 커 야 효과적이다.

ⓜ 삽목의 환경

- 삽목상의 온도
  - 일반적인 삽수의 온도는 주간기온 21 ~ 27℃, 밤기온 15 ~ 21℃일 때 발근이 잘 된다.
  - 기온이 너무 높은 경우 : 뿌리의 발달보다 눈의 발달이 훨씬 빨리 이루어지기 때문에 삽수가 수분 을 잃어버리고 결과적으로 고사한다.
  - 지온이 너무 높을 경우 : 발근만 촉진되고 눈은 트지 못한다.
  - 온도에서 지온이 기온보다 조금 높은 것이 효과적이다.
- 삽목상의 습도
  - 수분을 충분히 공급해주어야 하고, 공중과 지중의 습도와 관계가 있지만 지나치게 공급하면 과습 으로 인해 발근이 이루어지지 않거나 고사의 원인이 되는 경우가 많이 생긴다.
  - 완전한 발근을 위해선 습도가 90% 이상을 유지하는 것이 필요하고 공중습도가 높아야 좋다.
- 광선 : 삽수의 조제방법과 식물의 종류에 따라서 삽수발근에 광선의 효과가 달라지는데 일광을 차 단해 조직의 황화처리를 하게되면 발근에 더 유리한 일이 있다.
- 상토의 종류 : 식토, 양토, 사토, 부식토 등이 있는데 수종의 수분 및 공기에 대한 요구에 따라서 달라진다.
- 공기 : 지중의 산소공급과 관계되고, 지상에서의 바람은 증산촉진작용을 하게 된다.

ⓗ 삽목의 요령 : 꺾꽂이 시기 · 방법, 발근촉진제의 종류에 따라서 발근에 차이가 생긴다.

⑤ **삽목의 실행**

ⓘ 삽수의 조제

- 삽수의 채취는 일반적으로 수관의 아래쪽에서 하는 것이 유리하고 그 중에서 끝눈이 충실한 것을 선택하도록 한다.
- 삽수의 길이가 보통 10 ~ 20cm 정도이지만 침엽수는 비교적 짧게, 활엽수는 비교적 길게 다듬도 록 한다.

- 먼 장소에서 따온 삽수일 경우 우선 물에 꽂아둔 다음 그 뒤 마련해서 심도록 한다.
ⓒ 발근촉진
- 발근의 촉진을 위한 방법에는 조제한 삽수에 호르몬을 처리하거나 삽목 후 양분을 공급하는 것이 있다.
- 호르몬처리
  - 개념 : 발근호르몬이 활동할 수 있도록 식물체 내에 자극을 주는 것을 말한다.
  - 삽목에 주로 사용되는 호르몬제에는 인돌부틸산(IBA), 인돌아세트산(IAA), 나프탈렌아세트산(NAA) 등이 있고, 3 ~ 5%의 설탕물을 사용하기도 한다.
- 분말처리법
  - 개념 : 발근촉진제의 가루를 삽수의 자른 면에 묻혀 주는 방법을 말한다.
  - 약가루가 잘 묻도록 삽수 밑 부분을 물에 적신 후 농도 1,000 ~ 3,000ppm의 약을 묻히고 너무 많을 경우 털어내며 사용하고 남은 발근제는 버리도록 한다.
  - 탤크가루는 농도를 희석할 때 사용하는 희석제이다.

    ★TIP 1,000ppm의 농도 만들기 … 탤크가루 100g에 100mg의 순수 약제를 섞는다.
- 희석액 처리법
  - 개념 : 발근촉진제를 녹인 희석액에 삽수의 밑부분을 12 ~ 24시간 동안 세워 두는 방법을 말한다.
  - 수종 및 조직의 유연성에 따라 희석액의 농도가 다르나 20 ~ 100ppm의 농도가 적당하다.
  - 100ml 물에 순수한 약제 2mg을 녹이면 20ppm의 수용액 100ml가 된다. 만일 시중에서 구입한 발근제의 순수한 약제농도가 50%면 4mg을 넣도록 한다.
- 농액처리법
  - 50% 알콜에 500 ~ 10,000ppm의 농도로 만든 액에 삽수의 밑부분을 약 5초 동안 담그는 방법을 말한다.
  - 농도가 높을 경우 삽수가 해를 입기 때문에 널리 이용되지 않는다.
ⓒ 삽목상 심기
- 홈을 파고 삽수를 꽂는 방법이 있다.
- 안내봉으로 삽혈을 뚫고 삽목하는 방법이 있다.
- 흙탕 묘판에 꽂거나 진흙덩이를 붙여서 꽂는 방법이 있다.
ⓔ 삽목상 관리
- 삽수 직후에 증발이 활발하게 일어나므로 발근이 일어날 때까지 발을 쳐주어야 한다.
- 삽목이 활착되는데 바람이 크게 영향을 미치므로 이를 막아주어야 하고 옆으로도 발이나 거적을 쳐주면 발근율을 높일 수 있다.
- 삽목상의 제초시 삽수를 건드리지 않도록 하고 활착 후 비배관리를 실생묘와 같이 실시하도록 한다.

🌹 수종에 따른 삽목법 🌹

수종	재료	시기	삽수조건	삽목상 조건	비고
주목	가지	주로 봄	• 길이 6 ~ 20cm인 전년생 가지로 한다. • 호르몬처리가 효과적이다.	모래, 붉은 흙, 해가림을 강하게 한다.	꺾꽂이 발근에 대한 연구가 많다.
삼나무	가지	봄	• 1 ~ 3년생에 길이 15 ~ 35cm로 한다. • 0.001 ~ 0.02%의 IBA액 처리가 효과적이다.	• 모래, 깨끗한 포지의 흙, 토탄에 한다. • 해가림을 하며, 분무효과가 크다.	발근이 계통에 따라 차이가 있다.
오동나무	가지	봄	굵기가 1 ~ 1.5cm인 뿌리를 15 ~ 20cm의 길이로 잘라 살균제로 소독하고 삽목때 까지 저장한다.	• 배수가 잘 되는 밭흙에 한다. • 식재지에 직접 묻는 수도 있다.	깨끗한 흙에 깊게 꽂는다.
메타세쿼이아	가지	봄	• 어린 나무에서 삽수채취한다. • 저년생 가지 10 ~ 20cm로 한다. • 호르몬처리가 효과적이다.	• 모래, 붉은 흙, 분무관수를 한다. • 해가림이 효과적이다.	늙은 나무에서 삽수를 따면 안 된다.
눈향나무	가지	봄	전년생 가지	밭흙, 향나무에 준한다.	뿌리가 잘 내린다.
은행나무	가지	주로 봄·여름	• 전년생 가지 • 여름에는 8 ~ 15cm 길이의 당년생 가지	사질양토에 한다.	암 수나무의 구분으로 증식시킬 수 있다.
가이즈까향나무	가지	늦봄	• 되도록 어린 나무에서 삽수 채취하고, 맹아지가 좋다. • 길이 10 ~ 15cm로 한다. • 호르몬처리가 효과적이다.	향남류와 동일하다.	• 꺾꽂이 적기선택을 잘 해야 한다. • 발근에 시일이 걸린다.
사철나무	가지	봄, 초여름	• 여름에는 당년생 가지 • 길이 10 ~ 30cm로 한다.	모래, 밭흙, 붉은 흙, 약한 해가림을 한다.	발근이 빠르다.
동백나무	가지	봄, 초여름	• 봄에는 전년생 가지 끝눈을 살려서 9 ~ 15cm 가지의 중간부분도 쓰고 여름에는 반숙지를 사용한다. • 잎은 3개만 남기고 IBA, NAA처리는 효과적이다.	• 붉은 흙, 모래, 토탄, 질석 등에 삽수의 반정도를 꽂는다. • 한 달가량 해가림하고, 분무관수는 효과적이다.	발근은 품종에 따라서 큰 차이가 있다.
	잎눈꽂이	3월	• 잎과 그 곳에 있는 눈을 붙여 2cm의 길이로 가지를 절단한다. • 호르몬처리가 효과적이다.	눈이 안보일 정도로 꽂는다.	발근이 잘 되는 편이다.

회양목	가지	늦봄, 초여름	• 길이 약 10cm의 새 가지 • 물에 담근 후 호르몬처리는 효과적이다.	• 붉은 흙, 모래 등에 반 정도의 삽수를 꽂는다. • 한달 정도 해가림하고 분무관수가 효과적이다.	초여름이 좋다.
식나무	가지	봄, 여름	• 잎을 2~3개 남기고, 큰 잎은 반을 잘라 준다. • 호르몬처리가 효과적이다.	배수가 잘 되는 밭흙, 붉은 흙, 해가림을 한다.	발근이 잘 된다.
히말라야 시다	가지	봄, 가을	봄에는 1~2년생 가지, 가을에는 전년생 가지를 새 가지에 붙여서 15cm 정도로 한다.	• 모래, 붉은 흙, 배수가 잘 되도록 한다. • 해가림을 한다.	삽수는 어린 나무에서 따도록 한다.
향나무류	가지	봄, 가을	• 어린 나무에서 삽수를 채취하고, 봄에는 전년생 가지를 10~20cm 정도로 한다. • 호르몬처리가 효과적이다.	• 모래, 풍화된 가는 자갈에 한다. • 해가림을 하고 분무시설이 효과적이다.	약 40~50일 뒤에 발근하며 보통 봄에 꽂은 것이 그 해 가을에 발근한다.
편백	가지	봄, 가을	• 봄에는 1~3년생 가지, 가을에는 1~2년생 가지로 한다. • IBA처리가 효과적이다.	• 삼나무에 준한다. • 해가림을 한다.	어미나무가 나이가 많으면 발근력이 약하다.

(3) 접목묘의 양성

① 접목의 개요

ㄱ 개념 : 어느 식물의 한 부분을 다른 식물에 삽입해 접촉한 부분의 조직이 유착되어 생리적인 한 식물체가 될 수 있게 하는 것을 말한다.

ㄴ 대목과 접수

• 대목 : 근계형성에 이바지되는 것을 말한다.

• 접수 : 신식물을 형성하는 지상부를 뜻한다.

ㄷ 접목은 접합부를 중심으로 대목과 접수가 개별적으로 세포증식을 해서 생장하는 공생체로 대목과 접수의 특성을 근본적으로 잃어버리지 않는다.

ㄹ 대목의 성질 즉, 교목으로 자랄 수 있는 것과 병충해에 대한 저항성 같은 성질은 접수에 영향을 미친다.

ㅁ 일반적으로 접목한 노목일지라도 접수와 대목의 유전적 성질은 변하지 않는다.

ㅂ 과거에는 조림에서 접목묘가 거의 사용되지 않았으나, 최근 임목육종의 발달과 함께 임업에서 중요한 위치를 차지하게 되어, 앞으로의 중요성이 더욱 커질 것이다.

② **접목의 종류**

    ㉠ 접목장소에 따른 분류

        • 거접(제자리접) : 대목을 양성한 그 자리에서 접목하는 것을 말한다.

        • 양접(들접) : 대목을 굴취하여 접목을 한 다음 다시 정식하는 것을 말한다.

    ㉡ 접목하는 위치에 따른 분류

        • 고접 : 대목의 줄기나 가지의 높은 곳에 접목하는 것을 말한다.

        • 저접 : 근관부나 지면 가까이 낮은 곳(5 ~ 15cm의 범위 안)에 접목하는 것을 말한다.

    ㉢ 접붙이는 시기에 따른 분류 : 봄접, 여름접, 가을접으로 분류한다.

    ㉣ 접수의 재료에 따른 분류

        • 가지접, 눈접으로 분류하고 일반적으로 가지접을 많이 실시한다.

        • 가지접의 종류 : 절접, 할접, 복접, 박접, 기접, 설접, 교접 등이 있다.

③ **접목활착에 영향을 미치는 요인**

    ㉠ 대목과 접수의 친화성 : 상호 접목의 불화합성은 낮은 접목률이거나, 전혀 접목이 안 되거나 접목되어도 정상개체로의 성장이 안 되기 때문에 접목하기 전 접목화합성에 대해 잘 알고 있어야 한다. 서로 간에 친화력이 떨어지는 수종에서 나타나는 현상은 아래와 같다.

        • 대목과 접수의 행장속도의 차이가 크다.

        • 같은 접붙임 방법을 적용해도 활착이 되지 않거나 접목률이 낮다.

        • 처음에 접착은 되지만 1 ~ 2년이 지난 후 죽는다.

        • 낙엽이 일찍 지거나 수세가 현저히 약하다.

    ㉡ 수목의 특성 : 식물의 종류에 따라 접목이 잘되는 정도가 다르기 때문에 각 식물마다 가장 알맞은 방법이 정해져 있다.

    ㉢ 대목과 접수의 생리상태

        • 접목에서 대목의 생리상태가 접목률에 영향을 크게 미친다.

        • 대목이 왕성한 세포분열을 하고 있을 때에 접목을 하는 것이 좋다.

        • 오래되고 느린 생장을 하는 가지에 하는 접보다 생장속도가 빠른 1년생의 왕성한 가지에 접을 하는 것이 접목률의 향상에 효과적이다.

    ㉣ 온도와 습도

        • 캘러스 조직이 발달되는 데 구비되어야 하는 몇 가지 환경조건 중에서 온도와 습도가 캘러스 조직발달에 큰 영향을 미친다.

        • 근접에서 캘러스가 너무 생겨 접착이 이롭지 못할 경우에는 미리부터 온도를 낮게 주어 그 발달을 억제하도록 해야 한다.

    ㉤ 접목기술과 방법

        • 접목기술에 어떤 표준적인 방법이 있지만 여러 가지 변법이 있어서 접목의 성과에 영향을 미친다.

        • 접목시 사용하는 재료나 실시하는 개개인의 숙련도에 따라서 성과가 다르다.

주요 수종의 접붙이기 번식에 쓰이는 대목

접붙일 수종 (접수)	대목	접붙일 수종 (접수)	대목	접붙일 수종 (접수)	대목
소나무류	해송	호두나무	가래나무	사과나무	해당화
섬잣, 백송	해송	은행나무	은행나무	배나무	산돌배나무
백목련나무	목련나무	밤나무	밤나무	대추나무	산조인
매화나무류	개복숭아	장미나무	찔레나무	매실나무	개복숭아

④ **접목의 실행**

㉠ 대목양성

- 접목법과 사용묘목 : 대목을 양성할 때 실생법과 삽목법으로 하고, 대목으로 사용하는 묘목은 침엽수는 1회 이식 2년생 묘나 2회 이식 3년생 묘를, 활엽수는 대부분 1년생이나 2년생 묘를 사용한다.
- 대목양성의 밀도 : 거접을 할 경우에는 작업이 쉽도록 간격을 적당하게 해서 양성하고, 들접을 할 경우에는 다소 밀하게 양성해도 된다.
- 근계의 발육과 수세가 좋아야 접목 후의 발육이 양호하다.

㉡ 접수의 채취와 저장방법

- 접수채취시기
  - 동아가 싹트기 1개월 전이 좋고 활착이 잘 되는 수종일 경우 싹트기 직전이라도 영향이 없다.
  - 여름 또는 가을에 접목할 때 : 당년생 가지의 생장이 정지하고 아조가 충실해질 때 실시한다.
  - 접수의 채취부위와 저장방법 : 모수에서 햇볕을 많이 받는 가지를 채취해 적당한 길이로 자른 것을 톱밥이나 이끼가 든 상자에 넣어서 10℃ 이하의 찬 곳에 저장해 둔다.
- 낙엽활엽수의 경우 : 나무의 생장이 시작되기 2~4주전에 미리 채취해 깨끗한 이끼, 톱밥, 모래 등과 같이 상자에 넣어 차가운 곳에 보관하는 데 이 때 과습하면 해를 입게 된다.
- 보관시 온도와 습도
  - 2주 정도 저장시 5℃ 정도, 1개월 이상 장기간 저장시 2~3℃ 정도를 유지한다.
  - 저장 중에 접수를 확인해 습도가 많거나 적지 않도록 주의한다.
  - 상록활엽수는 접수저장이 필요없고, 생리활동이 시작되기 조금 전에 따서 즉시 실시한다.

㉢ 접목의 사용도구

- 접붙임용 칼
  - 칼을 선택할 때에는 날이 예리하고 손에 알맞은 것을 고른다.
  - 접을 실시하는 중간에 가끔 숫돌에 갈아서 쓰고, 칼에 타닌이나 수지가 묻을 경우에는 알콜 등으로 깨끗이 닦고, 수시로 소독해 병균의 전염을 방지한다.
- 접붙임용 끈 : 끈 사용시 부드러운 것을 쓰는데 일반적으로 비닐로 만든 접목용 테이프를 많이 사용한다.

ⓔ 접목의 순서 : 접수를 조제해 수분증발과 접수의 오염을 방지하기 위해 입에 가볍게 물고 대목을 조제한 후 접수와 대목의 형성층을 맞추어 접붙임용 끈으로 묶는다.

⑤ **접목의 방법**

㉠ 절접법

- 가장 많이 사용하는 방법으로 깎기접이라고도 한다.
- 접수의 굵기는 0.5cm 정도가 좋은데, 윗부분에 앞으로 자라날 충실한 눈 하나를 선정해 그 위 0.5cm되는 곳을 자르고 전체 길이 6～8cm가 되도록 아랫부분을 자른다.
- 눈의 반대편 아랫부분에 평행이 되게 2～3cm 길이로 잘라 면을 내고 반대쪽에 0.5cm 정도를 45° 로 깎아서 입에 물고 있거나 깨끗한 물에 담근다.
- 면을 자를 때 예리한 칼로 한번에 잘라내야 한다.
- 더러워지는 것을 방지하기 위해 미리 접수할 가지를 물에 씻어둔다.
- 실생으로 번식한 1～3년 생을 대목으로 하고 굵기가 1cm 정도인 것을 지표면에서부터 6～10cm 떨어진 부분에서 절단한 다음 깨끗하고 평평한 측면을 골라서 접수의 자른 면의 폭과 길이를 고려해 같은 폭을 유지해가면서 밑으로 2～3cm 칼집을 낸다.
- 위의 방법을 실시한 후 접수와 대목의 형성층이 맞닿도록 밀착시킬 때, 양쪽의 자른 면의 폭이 다를 경우 접합이 한쪽 형성층만 되도록 하고 접목용 테이프로 묶는다.
- 접목용 테이프로 묶을 때 활착 후 접한 부위가 튼튼하게 되기 위해선 플랩(Flap) 쪽의 자른 면과 접수의 뒤쪽 자른 면이 잘 접착되어야 한다.
- 묶을 때에는 맞닿은 형성층이 움직이지 않도록 조심하면서 빗물이 스며들지 않도록 테이프를 묶는 방향을 밑에서부터 위쪽으로 감아 올린다.
- 결박이 비닐로 잘 되어 빗물이 스며들 염려가 없으면 접밀을 접수 윗부분의 절단면에만 바르고 결박부위에 바를 필요는 없다.

⚜ 절접법 ⚜

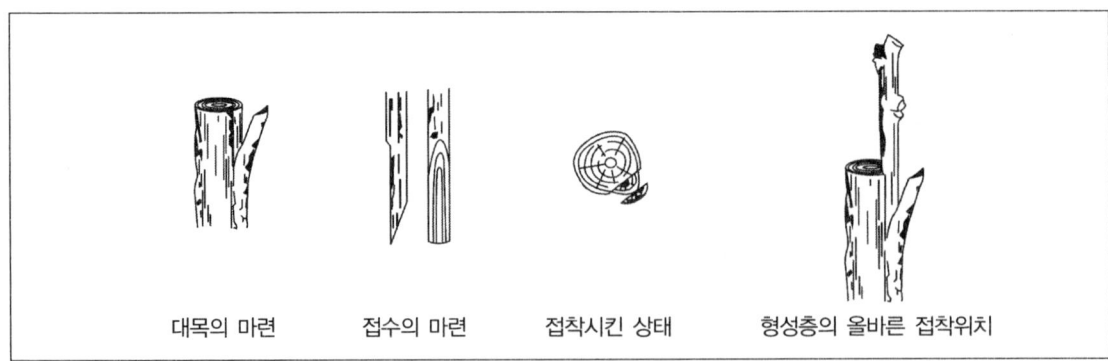

| 대목의 마련 | 접수의 마련 | 접착시킨 상태 | 형성층의 올바른 접착위치 |

ⓛ 복접법

- 삽수의 긴 자른 면을 절접법에서와 다르게 경사가 지게 만든다.
- 대목은 원줄기를 자르지 않고, 대목의 중심부를 향해서 중심부를 지나지 않도록 하면서 비스듬히 2～4cm 길이로 칼집을 내는데, 플랩을 짧게 남기고 잘라내기도 한다.
- 접착이 된 후에 접붙인 부위 위에 있는 대목의 원줄기를 몇 차례 걸쳐서 끊어주고, 나머지 방법은 절접과 동일하게 실시한다.

❀ 복접법 ❀

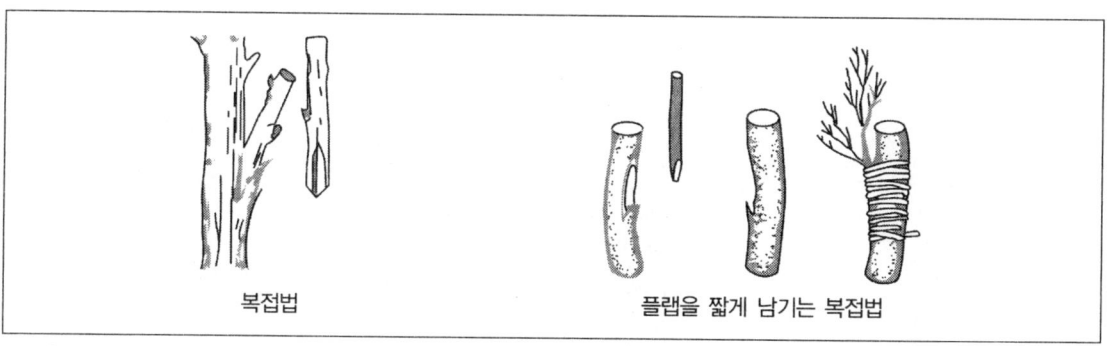

복접법   플랩을 짧게 남기는 복접법

ⓒ 할접법

- 소나무류나 낙엽활엽수의 교접에 사용하는 방법이다.
- 소나무의 할접
- 접수 : 길이 5～8cm 정도로 자른 것에 아랫부분의 잎을 제거하고 밑부분에 길이 2～3cm로 쐐기 모양의 삭면을 만들어서 입에 문다.
- 대목 : 굵기가 접수와 동일한 것을 선택해 원줄기 끝에 있는 끝눈의 밑부분을 잘라내고 가운데에 칼집을 길이 2～3cm로 낸다.
- 대목과 접수의 형성층을 맞추어 접붙인 부위를 감싼 후 끈으로 묶는다.
- 낙엽활엽수의 할접
- 접수 : 소나무에서의 제조과정과 동일하다.
- 대목 : 줄기를 근과부 가까운 위치에서 잘라내고 가운데에 칼집을 내 형성층을 맞추어 묶는다.
- 대목이 굵을 경우 양쪽에 접수 2개를 맞추고 끈을 사용하지 않고 접밀을 발라서 접붙인 부위를 봉하기도 한다.
- 접수를 끼울 때, 접수의 눈이 밖으로 향하도록 해서 맞춘다.

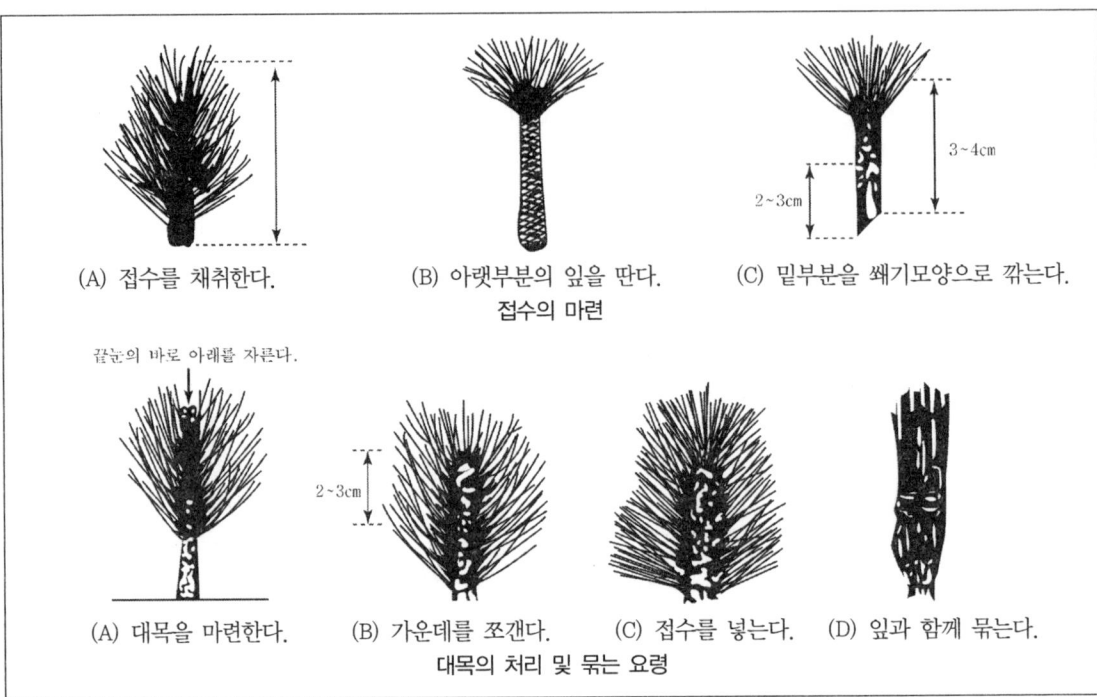

소나무의 할접법

(A) 접수를 채취한다.

(B) 아랫부분의 잎을 딴다.
접수의 마련

(C) 밑부분을 쐐기모양으로 깎는다.
3~4cm
2~3cm

끝눈의 바로 아래를 자른다.

(A) 대목을 마련한다.

2~3cm

(B) 가운데를 쪼갠다.

(C) 접수를 넣는다.

(D) 잎과 함께 묶는다.
대목의 처리 및 묶는 요령

ㄹ 박접법

• 대목의 지름이 2.5cm 이상이거나 밤나무와 같은 껍질이 두꺼운 수종에 많이 사용되고 접수를 2 ~ 3개 붙일 수도 있다.

• 접수 : 조제방법은 절접과 같지만 절접할 경우보다 자른 면을 좁게 한다.

• 대목 : 절접과 동일하게 원줄기를 잘라내고 봄철 물이 올라 생장을 시작한 때에 조제하는데 평활한 측면에 칼을 대고 껍질에만 나란하게 두 줄의 칼집을 내어 목질부와 칼집낸 껍질 사이에 접수를 맞추어 묶는다.

• 다른 방법으로 접수의 형태를 끌모양으로 조제한 후 대목에 칼집을 한 줄만 낸 사이에 접수를 넣고 묶거나 못으로 고정하기도 한다.

두 가지 박접목

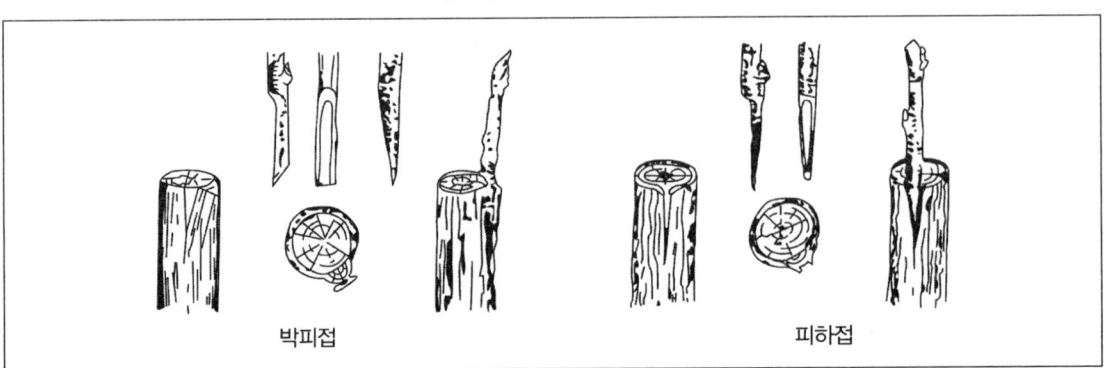

박피접

피하접

ⓜ 설접법
• 재목과 접수가 비슷한 굵기이고 탄력성이 있으며 지름이 0.5 ~ 1.0cm인 것이 알맞으며, 대목에
  뿌리를 사용하기도 한다.
• 조제할 때 대목 위쪽에 만든 자른 면의 크기와 접수 아래쪽에 만든 자른 면의 크기가 서로 동일
  하게 하는데 자른 면의 길이가 대목지름의 약 5배가 되도록 한다.
• 대목과 접수의 접착방식을 서로 혀를 무는 형식으로 하고 끈으로 묶은 후 충분하게 접밀을 바른다.

◎ 설접법 ◎

서로 혀를 물 수 있도록
삭면이 만들어진 모양

접착시킨 뒤 끈으로 묶고
접밀을 바른 모양

ⓗ 교접법
• 개념 : 나무줄기에 상처가 생겨 넓게 껍질제거를 했을 때 수·양분이 통과되기 어렵게 되면 상처부
  위의 상하를 연결하는 접목법을 말한다.
• 치료할 나무의 것을 접수로 사용하는 것이 친화성이 있어서 좋고 굵기 1cm 정도의 1년생 휴면지가
  적당하다.
• 접목방법
−상처난 부분의 껍질을 건전한 부위까지 제거한 다음 5 ~ 7cm 가량의 홈을 아래위 연결부분에 만
  들고 홈 위아래에 1cm 정도의 플랩을 남겨둔다.
−치료할 나무의 굵기에 따라 홈의 개수가 다르다.
−양쪽 홈의 길이에 맞게 접수를 자른 것에 접수 양쪽에 자른 면을 만들어 홈 속에 넣고 플랩으로
  덮은 다음 접수의 방향이 바깥쪽으로 향해 약간 굽도록 하는데 극성에 주의해서 가지의 방향이
  거꾸로 되지 않도록 한다.
−플랩 위에 못을 박고 접합부위와 상처부위에 병균이나 빗물이 들어오지 않도록 접밀을 바른다.
−대목의 껍질이 두껍고 굵으면 작업이 어렵다.

◎ 교접법 ◎

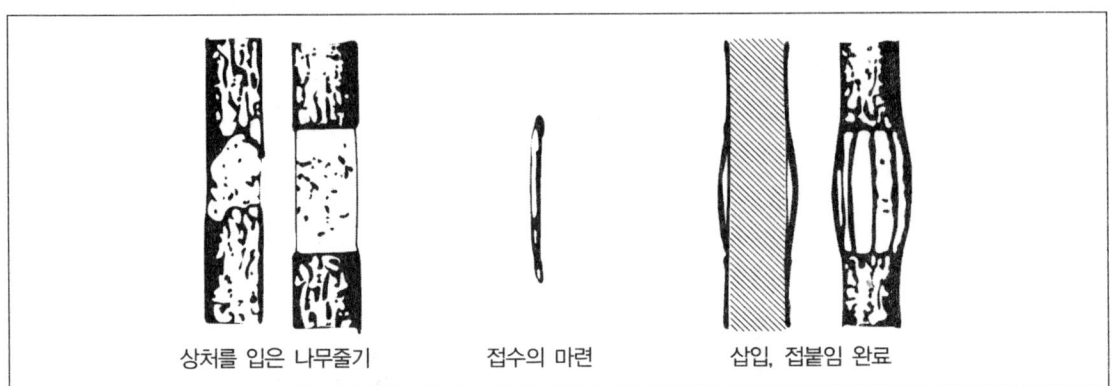

| 상처를 입은 나무줄기 | 접수의 마련 | 삽입, 접붙임 완료 |

△ 기접법

- 개념 : 뿌리가 대목과 접수에 다 있는 상태에서 접을 붙이는 방법을 말하고 접붙이기가 어려운 수종에서 사용한다.
- 접목방법
- 대목과 접수의 접착부분을 깎아 낸 다음 접합시켜 끈으로 묶는다.
- 활착이 되면 접수의 아랫부분을 제거하도록 하고, 접붙일 2개의 식물을 미리 화분에 심어놓으면 작업하는데 수월하다.

◎ 기접법 ◎

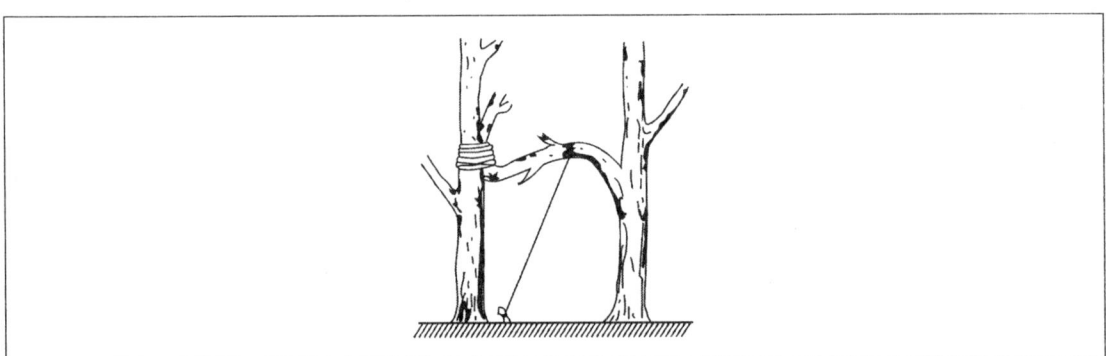

◎ 녹지접법

- 순접법이라고도 하는 방법으로 소나무류에 많이 사용한다.
- 새순이 활발하게 생장하는 4~5월에 실시하는데 할접과 거의 같다.
- 접수 : 새순을 3cm 정도 잘라 아래 끝을 1cm 정도 쐐기모양으로 자른 면을 만든다.
- 대목 : 원줄기의 끝눈에서 자란 새순을 3cm 정도 자른 것에 중앙에 칼집을 1cm 정도 낸 후 접수를 끼워 묶은 뒤 비닐봉투를 씌워 아랫부분을 묶는데 이 봉투에 물이 생기면 그때마다 제거해준다.

- 접 붙인 2개월 후 6 ~ 7월경에 활착되어 생장하면 2 ~ 3일 동안 묶었던 접목묘의 봉투 끈을 풀어 경화시킨 다음 봉투를 제거한다.
- 이 방법은 새 가지의 물관부분이 굳어지지 않은 상태에서 실시하기 때문에 상대적으로 형성층 부위가 많아 활착이 쉽다.

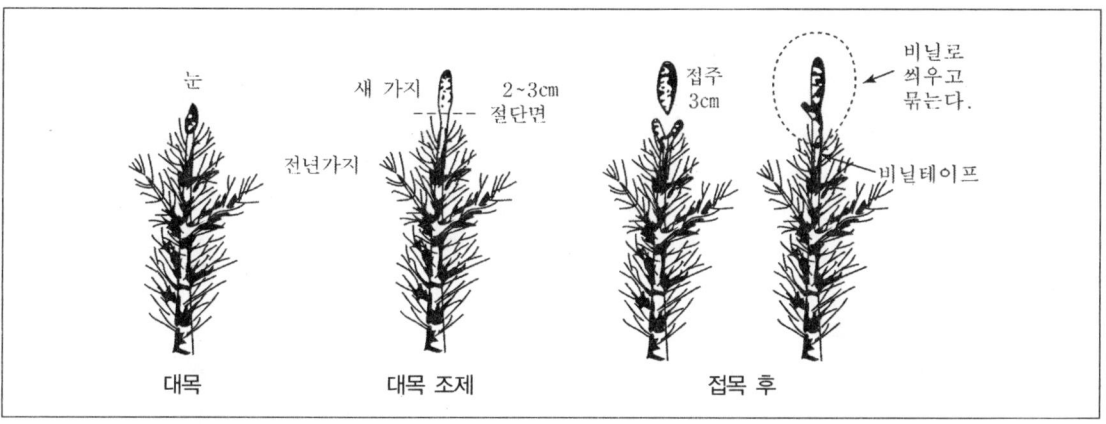

소나무류의 순접법

ⓩ T자 눈접법(아접)

- 대목의 껍질 사이에다 접눈을 넣어서 접을 붙이는 방법으로 일반적으로 복숭아, 자두 등 핵과류와 장미에 많이 사용한다.
- 접눈을 여름철에 실시할 경우에는 채취할 눈 1.5cm 아래에 칼을 대고 물관부가 약간 붙게 해 전체 길이가 2.5cm 정도 되도록 위로 칼집을 낸다.
- 다시 눈 위 1cm의 위치에 칼을 대고 눌러서 뒷면의 물관부가 방패형태의 접눈에 붙지 않도록 따내는데 눈 속에 연결되는 관다발이 나오지 않도록 해야 한다.
- 봄철에 접눈의 뒷면에 붙은 물관부가 잘 떨어지지 않기 때문에 붙여서 사용하도록 한다.
- 대목은 원줄기를 자르지 않은 상태에서 근관부에 칼을 이용해 T자로 금을 그어 껍질을 벌리고 그곳에 접눈을 넣어 접목용 비닐테이프로 묶는다.

🌹 T자 눈접법 🌹

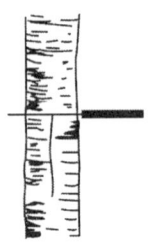

(A) 약 2.5cm를 수직으로   (B) 수평으로 대목 둘레의 약 1/3을
칼자국을 낸다   칼자국 낸다.

대목의 마련

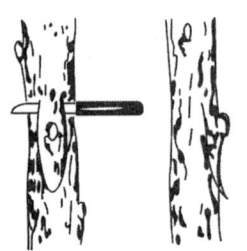

(A) 칼을 눈밑 약 1.2cm 되는 곳에 넣어   (B) 칼을 수평으로 넣어 접눈의
위로 깎아 올린다.   전체 길이가 약 2.5cm가 되도록 한다.

접눈의 마련

(A) 접눈을 위해서 내려미는   (B) 접눈의 상단과 대목의 수평   (C) 접눈을 묶어 준다.
듯이 하여 꽂는다.   절단선이 일치되게 한다.

접하는 요령

⑥ **접밀**

   ㉠ 개요 : 점성이 있고 접붙인 부분에 칠할 때 사용하는 물질로 접수와 대목이 건조되는 것을 방지하고 흙·빗물 등이 들어가지 않도록 하기 위해서 사용한다.

   ㉡ 접밀의 비율

     • 식물체에 해가 없는 재료로 만들고 여기에 송진, 벌밀, 돼지기름 등이 사용된다.

     • 비율은 송진 0.6, 벌밀 1.2, 돼지기름 0.2가 알맞다.

ⓒ 조제방법
- 송진 : 밀랍 : 돼지기름 = 12 : 10 : 1 또는 송진 : 밀랍 : 돼지기름 = 5 : 3 : 1 등의 비율로 한다.
- 냄비에 송진을 녹여서 불순물을 제거한 후 밀랍을 넣어서 녹이고, 끝으로 돼지기름을 넣어 녹여서 만든다.
- 접밀의 견고도는 송진이 많은 경우 굳고 돼지기름이 많으면 연해지므로 기후와 사용상의 편의를 생각해 배합비율을 적당하게 맞출 수 있다.

(4) 휘묻이와 포기나누기

① 휘묻이

ⓐ 개념 : 살아있는 나무에서 가지의 일부분의 껍질을 벗겨 땅속에 묻어 뿌리를 내리는 방법으로 삽목이 어려운 경우에 이용한다.

ⓑ 종류
- 단순취목 : 가지가 잘 휘는 나무에서 지상 가까운 곳에 있는 가지를 휘게 만들어 중간을 땅에 묻고 그 끝이 지상에 나오게 해서 뿌리를 내리는 방법을 말한다.

❀ 단순휘묻이 방법 ❀

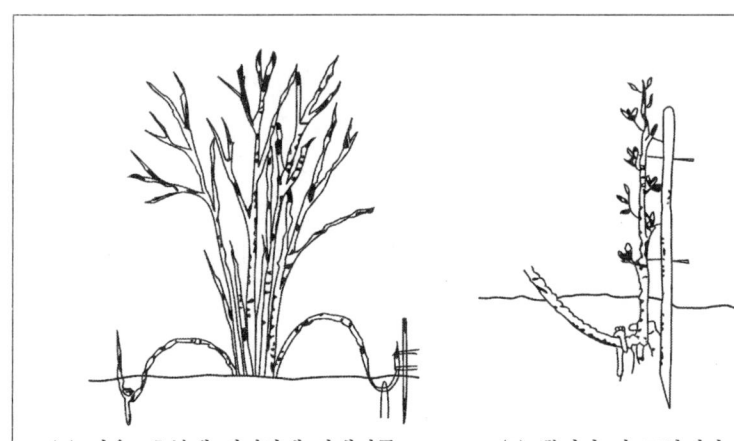
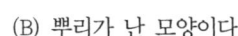
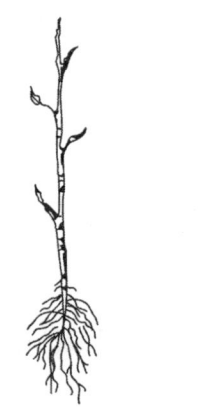

(A) 가을, 초봄에 편리하게 막대기를 보조로 사용해 가지의 선단을 굽혀서 땅 속에 묻는다. 굽은 부분에 절상을 내 주는 경우도 있다.

(B) 뿌리가 난 모양이다.

(C) 모체에서 발근한 가지를 절단하여 새로운 개체로 사용한다.

- 공중취목 : 상처를 낸 공중에 있는 가지에 발근촉진제를 바르고 물이끼로 싸서 습기를 보호시켜 뿌리를 내는 방법을 말한다.

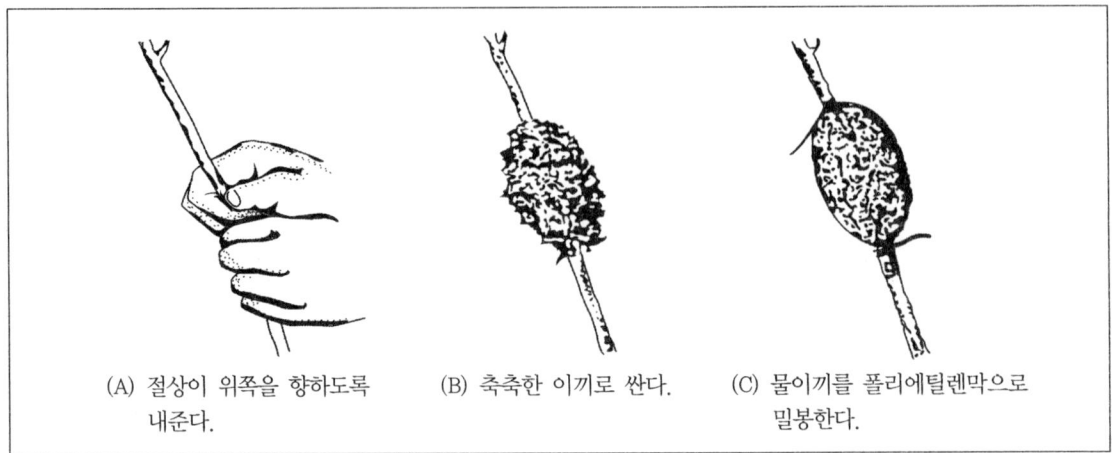

(A) 절상이 위쪽을 향하도록
    내준다.

(B) 축축한 이끼로 싼다.

(C) 물이끼를 폴리에틸렌막으로
    밀봉한다.

- 이 외에 단부취목, 파상취목, 매간취목, 매아지취목 등이 있다.

② **포기나누기**

  ㉠ 개념 : 포기에 뿌리가 달려있는 것을 여러 개로 나누어 새로운 개체를 만드는 방법을 말한다.

  ㉡ 여러 개의 줄기가 땅속에서부터 올라오는 관목류 같은 나무나 땅속에서 뿌리가 자라면서 맹아지를 발생하는 경우들을 나누어 독립된 개체로 만든다.

  ㉢ 대나무나 대추나무 등에 적용되고 새로운 맹아지가 발생하는 시기에는 밟아주면 안 된다.

3   묘목의 품질

①   묘목의 연령 표시법

(1) 개요

① **묘령** ⋯ 묘목의 성립으로부터 포지에서 경과한 연수이다.

② **묘령의 표시** ⋯ 실생묘와 삽목묘인 경우 두 가지로 구분해서 표시된다.

③ 묘령이 사용되는 곳은 일반적 개념 이외에도 각 수종에 대한 특유의 산출연도 및 품질기준의 척도로 사용되는데 이것에 대한 이해가 충분히 이루어져야 한다.

(2) 실생묘 표시법

① 개요
- ㉠ 실생묘에서 연령은 파종상에서 지낸 햇수와 판갈이상에서 지낸 햇수를 가지고 표시한다.
- ㉡ 1-1, 2-1, 1-1-1 등과 같은 표시에서 숫자는 경과연수를 나타내고, '-'는 판갈이(이식)를 의미한다.
- ㉢ 나이를 표시하는 숫자 앞뒤에 파종시기와 뿌리끊기작업 여부를 나타내는 S, F, P 등을 표시하는데 봄에 씨를 뿌린 것은 S(Spring), 가을에 씨를 뿌린 것은 F(Fall), 뿌리끊기작업(Root pruning)은 P로 표시한다.

② 실생묘의 연령 표시법
- ㉠ 1-0묘 : 판갈이를 하지 않은 상태에서 1년이 경과된 실생묘목을 뜻한다.
- ㉡ 1-1묘 : 파종상에서 1년, 판갈이하고 1년이 경과된 만 2년생 묘목을 뜻한다.
- ㉢ 2-1-1묘 : 파종상에서 2년, 판갈이하고 1년, 다시 판갈이를 해 1년을 지낸 만 4년생 묘목을 뜻한다.
- ㉣ S1P-3P-1 : 봄에 씨를 뿌려 1년이 지난 후 뿌리끊기작업을 하고 판갈이하여 3년이 지나 다시 뿌리끊기작업 후 판갈이를 하여 1년이 지난 만 5년생 묘목을 뜻한다.
- ㉤ F2P-2 : 가을에 씨를 뿌려 2년이 지난 후 뿌리끊기작업을 하고 판갈이를 하여 2년이 지난 만 4년생 묘목을 뜻한다.

(3) 삽목묘 표시법

① **개념** … 분수로 표시하고 분모의 의미는 뿌리의 연령(지하부)이고, 분자는 줄기의 연령(지상부)을 의미한다.

② **0/0묘** … 삽수 자체를 의미하는데 뿌리도 줄기도 없는 것으로 실생묘의 씨앗이 해당된다.

③ **0/1묘** … 삽수를 꽂아서 줄기와 뿌리가 1년 된 것에서 뿌리부분만 남기고 줄기부위를 자른 것을 의미한다.

④ **1/1묘** … 삽수를 꽂아서 1년생의 뿌리와 줄기를 가진 삽목묘를 의미한다.

⑤ **1/2묘** … 뿌리는 2년, 줄기는 1년 된 묘로 1/1묘에 지상부를 자르고 1년이 지난 묘를 의미한다.

> ★🔍TIP 근주묘와 대절묘
> ㉠ 근주묘(뿌리묘) : 0/1묘처럼 지상부가 없는 것을 말한다.
> ㉡ 대절묘 : 1/2묘와 같이 지하부의 나이보다 지상부의 나이가 적은 묘를 말한다.

② 품질판정과 규격

(1) 품질판정의 의의

묘목의 품질판정은 여러 가지 묘목의 발육상태를 파악해 장차 우량한 나무로 성장할 수 있는지 예측할 수 있는 자료를 위해 필요하다.

(2) 우량묘목의 구비조건

① **유전적 조건**
    ㉠ 우량한 종자산지나 조림지에 적합한 환경에서 선정된 종자 모수에서 종자가 얻어졌을 것 등을 말한다.
    ㉡ 여기에서 고려되어야 할 사항에는 성장속도, 재질, 내해성, 수형 등이 있다.
    ㉢ 품종(종자산지)이 외관상으로 감별될 수 있는 경우 말고 그렇지 못할 경우를 대비해 품종의 계통기록 보존에 힘써야 한다.

② **생리적 조건**
    ㉠ 묘목의 체질적인 문제로 생리적 형질에 영향을 미치는 조건에는 시비의 적절성, 토성, 관배수의 합리적인 작업 및 병충해에 대한 조처 등이 있다.
    ㉡ T/R율 : 묘목의 지상부의 무게를 지하부의 무게로 나눈 값인데 생리적 균형을 고려하기 위한 것으로 값이 적을수록 좋다.

③ **행태적 조건** … 묘목의 규격상이나 외관적인 형질의 조건은 다음과 같다.
    ㉠ 조직이 충실하고 발육이 완전해야 한다.
    ㉡ 가을 눈이 신장하거나 끝이 도장하지 않은 것이어야 한다.
    ㉢ 세근이 발달해 근계가 충실하고 뿌리가 비교적 짧아야 한다.
    ㉣ 병충해에 해를 입지 않고 엽색이 건전해야 한다.

(3) 형태적 판단기준

① 묘목의 품질과 규격은 수종마다 다르고 사용목적이나 수령에 따라 적용 가능한 기준이 다르다.

② 품질판단기준에 유전적인 특성, 생리적인 특성, 형태적인 특성이 있지만 일반적으로 육안으로 식별이 가능한 형태적인 특성으로 판정하고 있다.

③ **형태적인 규격기준** … 묘목의 나이, 묘고, 뿌리의 길이, 뿌리의 발달형태, 근원경, 피해무, 이식 횟수, T/R율 등이 있다.

④ 좋은 묘목을 선택하기 위해선 조사한 묘목의 수치와 공신력 있는 기관에서 제시한 자료를 비교해 기준치 이상인 것을 선택한다.

> **TIP 좋은 묘목이 갖추어야 할 조건**
> ㉠ 잎의 빛깔이 선명하고 충실한 조직을 가져야 한다.
> ㉡ 원줄기가 곧고 가지가 사방으로 잘 뻗으며 끝눈이 굵어야 한다.
> ㉢ 지상부와 지하부의 발달이 균형을 이루어야 한다.
> ㉣ 건조하지 않고 병충해를 받지 않아야 한다.
> ㉤ 뿌리의 발달이 왕성하고 곁뿌리나 잔뿌리가 곧은 뿌리보다 잘 발달한 것이어야 한다.
> ㉥ 웃자라지 않아야 한다.
> ㉦ 유실수의 품종이 확실해야 한다.

④ **측정방법**

㉠ 간장 : 뿌리와 줄기의 경계인 근원에서부터 원줄기의 끝눈까지의 길이를 말하고 단위는 cm이다.

㉡ 근장 : 근원에서부터 뿌리 중 가장 긴 것까지의 길이를 말하고 단위는 cm이다.

㉢ 근원경 : 근원의 지름으로 단위는 mm이다.

㉣ T/R율

• 지상부의 무게를 지하부의 무게로 나눈 값을 말한다.

• 뿌리를 다치지 않게 사전에 캐내어 흙을 깨끗이 물로 씻고 물기를 제거한 뒤에 측정한다.

• 수종과 묘목의 연령에 따라 다르지만 보통 3.0 정도가 좋은 것이다.

주요 수종의 적정 T/R율(건묘)

수종	묘목의 나이	T/R율
상수리나무	1년생	0.2 ~ 0.4
아카시아	1년생	0.8 ~ 1.3
낙엽송	2년생	1.3 ~ 2.0
잣나무	2년생	2.5 ~ 3.0
리기다소나무	2년생	2.5 ~ 3.5
편백	2년생	3.0 ~ 5.0
삼나무	2년생	3.5 ~ 5.5

☆ 묘목의 양성

01 출제예상문제

1 다음 중 한알씩 종자를 묻는 파종방법은?

① 조파   ② 상파
③ 산파   ④ 점파

> ☆ note   점파
> ㉠ 굵은 종자의 호두, 밤, 칠엽수, 상수리나무 등에 적용하는 방법이다.
> ㉡ 일정하게 가로세로의 간격을 유지하면서 한알씩 종자를 뿌린다.

2 다음 중 발아력 조사방법으로 옳지 않은 것은?

① 테트라졸륨   ② 토양 발아시험
③ X선 촬영   ④ 열처리법

> ☆ note   발아력 조사방법 … 토양 발아시험, 정온기 발아시험, 테트라졸륨 발아시험, X선 사진의 발아시험, 절단력 발아시험이 있다.

3 다음 중 뿌리자르기(단근작업)을 하는 이유로 옳지 않은 것은?

① 판갈이상에서 30cm 정도에서 뿌리를 자른다.
② 파종상에서 땅속 10cm 정도에서 뿌리를 자른다.
③ 묘목의 웃자람을 방지하기 위해서 실시한다.
④ 8월 하순 ~ 9월 초순경에 실시한다.

> ☆ note   ① 판갈이상의 묘목은 12cm 깊이에서 단근용 기계나 단근삽을 이용해서 뿌리를 자른다.

4 다음 중 무성생식의 장점으로 옳지 않은 것은?

① 실생묘보다 수명이 길다.

② 초기의 생장이 빠르다.

③ 어버이의 유전형질을 그대로 받는다.

④ 개화결실이 빨라진다.

> **note** 무성번식의 특징
> ㉠ 장점
> • 어버이의 형질을 그대로 이어 받는다.
> • 개화·결실을 촉진시킬 수 있다.
> • 초기의 생장이 빠르다.
> ㉡ 단점
> • 좋은 형질의 모수가 있어야 한다.
> • 유성번식에 비해 기술이 필요하다.
> • 대량생산이 어렵고 면적을 많이 차지한다.
> • 실생묘보다 수명이 짧다.

5 다음 중 발아촉진처리로 옳지 않은 것은?

① 열탕처리법   ② 노천매장법

③ 인돌산처리법   ④ 황산처리법

> **note** ③ 발근촉진의 방법이다.
> ※ 발아촉진처리법
> ㉠ 침수처리법 : 씨뿌리기 전에 1∼3일 동안 물에 담가 수분을 흡수하게 하여 발아를 촉진시킨다.
> ㉡ 노천매장법 : 종자를 저장하는 동시에 발아를 촉진시키는 방법으로 채집하여 정선한 종자를 노천에 묻는다.
> ㉢ 종피에 상처를 내는 법 : 종피에 상처를 입혀 물과 공기의 침투를 돕는 방법이다.
> ㉣ 양잿물처리법 : 종피에 지방층을 가진 종자의 지방을 제거하기 위해 양잿물을 이용하는 방법이다.
> ㉤ 산처리법 : 종피의 지방을 제거하기 위해 황산이나 염산을 이용하는 방법이다.
> ㉥ 열탕처리법 : 끓는 물에 몇 초 담가서 발아를 촉진시키는 방법이다.
> ㉦ 광처리법 : 광선을 이용하여 발아를 촉진시키는 방법이다.

6 테트라졸륨에 의한 발아력 테스트에서 활력이 있는 씨앗의 단면은 무슨 색으로 염색되는가?

① 흰색 ② 붉은색

③ 자주색 ④ 파란색

> **note** 테트라졸륨에 의한 발아력 테스트
> ㉠ 테트라졸륨은 수용액상태로 종자의 활력을 검사한다.
> ㉡ 발아가능성 종자는 호흡과정에서의 효소와 약액이 접촉하여 붉은색으로 착색되며 가능성이 없는 것은 변하지 않는다.
> ㉢ 휴면종자, 수확 직후의 종자, 발아시험기간이 긴 종자에서 효과적인 방법이다.
> ㉣ 피나무, 향나무, 주목, 잣나무, 목련 등의 검사에 쓰인다.

7 다음 중 결실주기가 5 ~ 7년이고 밀봉저장법으로 저장하는 수종은?

① 전나무 ② 소나무

③ 낙엽송 ④ 가문비나무

> **note** 수목은 수종에 따라 결실에 주기성을 가지며 열매를 많이 맺기도 하고 적게 맺기도 하는데 이를 결실의 주기성이라 하고, 낙엽송은 5 ~ 7년의 결실주기를 갖는다. 결실주기가 길기 때문에 종자가 많이 달린 해에 종자를 채집하여 밀봉저장하는 것이 좋다.
> ※ 주요 수종의 결실주기
> ㉠ 매년 또는 1년인 수종 : 리기다소나무, 해송, 소나무
> ㉡ 2 ~ 3년 : 삼나무, 전나무류, 편백, 들메나무, 상수리나무
> ㉢ 3 ~ 4년 : 가문비나무
> ㉣ 5 ~ 7년 : 너도밤나무, 낙엽송

8 다음 중 묘포의 입지조건으로 옳지 않은 것은?

① 묘포의 방위는 남향이 좋다.

② 조림지의 기후와 비슷한 곳이 좋다.

③ 경사진 곳보다는 평탄한 곳을 선정해야 한다.

④ 토양의 물리적 성질은 사질양토가 적당하다.

Answer 6.② 7.③ 8.③

note 묘포의 입지조건
  ㉠ 면적 : 묘목의 생산량에 따라 충분한 면적을 확보해야 한다.
  ㉡ 환경 : 조림지와의 환경차이가 심한 곳에 묘목을 옮겨 심으면 활착이 나빠지므로 조림지의 기후와 환경이 비슷한 곳을 선택한다.
  ㉢ 토질 : 배수가 잘 되며 토심이 깊은 사질양토가 좋다. 모래성분이 없는 땅은 배수가 잘 안되고, 비가 온 뒤에는 너무 질어 바로 작업을 할 수 없으며 잡초가 많고 병해도 더 많다. 또 모래가 너무 많은 땅은 건조가 쉽고 뿌리의 발달이 나쁘다.
  ㉣ 관수시설 : 우리나라는 계절별로 건조한 날씨가 계속되는 일이 많으므로 물대기가 어려운 곳은 관수시설을 하는 것이 좋다.
  ㉤ 경사 : 2~5°의 약간의 경사가 있어 배수에 이로운 곳이 좋다.
  ㉥ 방위 : 묘포를 동서로 길게 설치하여 묘상이 남쪽을 향하도록 하는 것이 좋다.
  ㉦ 기타 : 교통이 편리하고 노동력의 공급이 원활히 될 수 있는 곳이 좋다.

9 다음 중 여름철에 파종하는 씨앗은?

① 소나무
② 낙엽송
③ 회양목
④ 느티나무

note 파종시기 … 각 지역의 기후 및 수종에 따라 다르지만 일반적으로 봄에 파종을 하며 때로는 가을에도 파종한다. 여름에 성숙하는 회양목, 사시나무 등의 종자는 여름을 지나는 동안 발아력을 상실하게 되므로 채취해서 바로 파종한다.

10 다음 중 축축한 모래에 종자를 저장하는 수종은?

① 낙엽송
② 소나무
③ 칠엽수
④ 가문비나무

note ①②④ 실온저장법이나 밀봉저장법 등의 건조저장법을 이용한다.
  ※ 보호저장법(건사저장법)
    ㉠ 너무 습하지 않고 깨끗한 모래와 종자를 섞어 창고나 지하실에 저장하거나 비나 눈이 스며들지 않는 곳에 노천매장의 방식으로 저장한다.
    ㉡ 종자 자체의 수분이 건조해지면 발아력이 떨어지는 은행나무, 밤나무, 참나무류 등의 저장에 이용한다.
    ㉢ 습도는 유지되면서 공기유통이 가능한 장소를 선택하여 저장한다.

11 다음 중 접목의 이점으로 옳지 않은 것은?

① 상처치유

② 품종의 유지

③ 개화 결실 촉진

④ 실생묘에 비해 대량생산 가능

> ✨▌note ④ 접목은 대량생산이 어려운 단점을 가지고 있다.

12 다음 중 저장과 동시에 발아를 촉진하는 저장법으로 옳은 것은?

① 노천매장법　　　　　　　　　　② 밀봉저장법

③ 습적법　　　　　　　　　　　　④ 보호저장법

> ✨▌note 노천매장법 … 종자의 발아촉진을 겸하는 저장방법이며 종자와 등량 또는 배량의 모래와 혼합
> 하여 배수가 양호한 노지에 묻고 우수의 침입 및 공기의 유통이 용이하게 한다. 3cm 두께의
> 판자를 높이 30cm 정도로 60~90cm 넓이의 틀을 짜고 상면에 쥐의 피해를 방지하기 위하여
> 철망을 붙인다. 종자와 모래의 혼합물을 넣고 상부 2cm 정도는 세나토를 덮고 다시 3cm 정도
> 로 낙엽을 채운 다음 철망을 덮어서 지표와 같은 높이로 묻고 지면보다 높게 흙을 덮는다.

13 다음 중 가지에서 뿌리를 내리는 묘목의 양성방법은?

① 분주　　　　　　　　　　　　　② 삽목

③ 취목　　　　　　　　　　　　　④ 접목

> ✨▌note 취목법(휘묻이)
> ㉠ 살아있는 나무에서 가지 일부분의 껍질을 벗겨서 땅속에 묻어 뿌리를 내리는 방법으로 삽
> 목이 어려운 경우에 이용한다.
> ㉡ 단순취목법 : 가지가 잘 휘는 나무에서 지상 가까이에 있는 가지를 휘어 중간을 땅에 묻고
> 그 끝이 지상에 나오도록 하여 뿌리를 내는 방법이다. 조팝나무, 철쭉류 등에 적용한다.
> ㉢ 공중취목법 : 공중의 가지에 상처를 내어 발근촉진제를 바른 뒤 물이끼로 싸서 습기를 보호
> 시켜서 뿌리를 내는 방법이다. 고무나무, 소나무, 목련 등에 적용된다.

14 다음 중 파종상에서 2년, 이식되어 1년, 다시 이식되어 1년을 경과한 만 4년생의 연령표시로 옳은 것은?

① 1-1-1

② 1/2

③ 2-1-1

④ 1/4

> **note** 실생묘 표시법
> ㉠ 파종상에서 지낸 햇수, 판갈이상에서 지낸 햇수, 파종시기, 뿌리끊기작업 여부 등으로 나타낸다.
> ㉡ 기호의 의미
> • 숫자 : 경과연수
> • − : 판갈이(이식)
> • S : 봄(Spring)에 씨를 뿌린 것
> • F : 가을(Fall)에 씨를 뿌린 것
> • P : 뿌리끊기작업(Root pruning)
> ㉢ 연령표시의 예
> • 1-0묘 : 판갈이를 하지 않은 1년이 경과된 묘목
> • 2-1-1묘 : 파종상에서 2년, 판갈이하여 1년, 다시 판갈이하여 1년을 지낸 만 4년생 묘목
> • F2P-1P-1묘 : 가을에 씨를 뿌려 2년을 지낸 후 뿌리끊기작업을 하고 판갈이하여 1년이 지난 후 뿌리끊기작업을 하고 다시 판갈이하여 1년이 지난 만 4년생 묘목

15 소나무의 발아율이 80%, 순량률이 90%일 때, 이 씨앗의 효율은?

① 72%

② 80%

③ 85%

④ 90%

> **note** 효율 … 발아율과 순량률을 곱해 %로 나타낸 것으로 효율(%) = $\dfrac{순량률(\%) \times 발아율(\%)}{100}$ 과 같이 구한다. 여기서 발아율 80%, 순량률 90%를 대입하면 효율 = $\dfrac{80 \times 90}{100}$ = 72(%)이다.

16 다음 중 묘목이 활착되지 못하는 주요한 이유로 옳지 않은 것은?

① T/R율이 낮다.

② 건조한 임지에 심었다.

③ 식재시기가 늦었다.

④ 비료가 뿌리에 닿았다.

> **note** T/R율 … 묘목의 지상부와 지하부의 비로, 값이 작을수록 좋은 묘목이다.

17 다음 중 발근촉진물질로 사용되지 않는 것은?

① DNA
② NAA
③ IBA
④ IAA

> **note** 발근촉진처리
> ㉠ Hormone 처리 : 식물체 내에 발근 Hormone이 활동할 수 있도록 자극을 주는 방법으로, 삽목에 사용되는 호르몬제로서는 NAA(나프탈린초산), IBA(인돌부틸산), IAA(인돌초산) 등이 있으며, 그 처리방법으로는 Talc나 재를 섞어서 호르몬 분제를 사용하는 분제 처리법, 물 또는 알코올에 녹인 희석액처리법, 고농도로 알코올에 녹여서 처리하는 농액 처리법 등이 있다.
> ㉡ 요소의 엽면시비 : 삽목 후 10일경부터 7~10일 간격으로 ㎡당 요소 0.5%액 1~2l 를 5~8회 정도 분무기로 살포하면 효과가 있다.

18 다음 중 파종량을 결정하는데 쓰이는 것은?

① 발아세
② 효율
③ 발아율
④ 순량률

> **note** 파종량
> ㉠ 단위면적당의 파종량 : 수종이나 종자의 효율에 따라 결정한다.
> ㉡ 파종량이 너무 많을 경우 : 종자를 낭비하게 되고, 솎아내기작업에 많은 시간과 비용이 든다.
> ㉢ 파종량이 너무 적을 경우 : 땅을 효과적으로 이용할 수 없으며 목적하는 수량의 묘목을 얻을 수 없다.

19 다음 중 종자를 정선한 후 곧 매장하는 수종으로 옳지 않은 것은?

① 벚나무
② 잣나무
③ 느티나무
④ 단풍나무
⑤ 소나무

> **note** 종자에 따른 매장시기
> ㉠ 종자채취 직후 매장(9월 상순~10월 하순) : 들메나무, 단풍나무, 은행나무, 벚나무, 잣나무, 느티나무, 호두나무, 가래나무, 백합나무 등이 있다.
> ㉡ 파종 1개월 전 매장(3월 중순) : 곰솔, 소나무, 가문비나무, 전나무, 측백나무, 이깔나무, 리기다소나무, 오리나무, 삼나무, 자작나무, 편백 등이 있다.

Answer 17.① 18.② 19.⑤

20 다음 중 대절묘로 옳은 것은?

① $\dfrac{1}{1}$ ② $\dfrac{2}{3}$

③ $\dfrac{0}{2}$ ④ $\dfrac{2}{2}$

> **note** 대절묘 ⋯ 1/2묘, 1/3묘, 2/3묘 등과 같이 뿌리의 나이가 줄기의 나이보다 많은 경우로 줄기가 한두번 끊어진 적이 있는 것을 말한다.
>
> ※ 삽목묘 표시법 ⋯ 삽목된 해로부터 나이를 계산하는데 분모는 뿌리의 연령을, 분자는 줄기의 연령을 나타낸다.
> - ㉠ 0/0묘 : 뿌리도 줄기도 없는 것으로 삽수 자체를 뜻하며 실생묘에서의 씨앗과 같다고 할 수 있다.
> - ㉡ 0/1묘 : 삽수를 꽂아 줄기와 뿌리가 1년 된 것을 줄기부위는 자르고 뿌리부분만 남은 묘이다.
> - ㉢ 1/1묘 : 삽수를 꽂아 뿌리나이가 1년, 줄기나이가 1년 된 묘이다.
> - ㉣ 1/2묘 : 뿌리는 2년, 줄기는 1년 된 묘로 1/1묘에서 지상부를 자르고 1년이 경과된 묘이다.
> - ㉤ 0/2묘 : 뿌리의 나이가 2년이고 줄기가 절단되어 없는 묘이다. 0/1묘, 0/2묘와 같이 뿌리만 있는 것을 뿌리묘 또는 근주묘라 한다.

21 다음 중 종자를 소독하는 약물로 옳지 않은 것은?

① 스포탁   ② 티시엠
③ 싸이론 훈증제   ④ 벤라이트티
⑤ 호마이

> **note** ③ 상토소독제이다.

22 다음 중 묘포의 입지조건으로 옳지 않은 것은?

① 경사   ② 수종
③ 토양   ④ 방위

> **note** 묘포의 입지조건에는 면적, 환경, 토질, 관수시설, 방위, 경사 등이 있다.

23 다음 중 조파로 파종하는 수종으로 옳은 것은?

① 느티나무　② 참나무
③ 밤나무　④ 가문비나무
⑤ 호두나무

note 줄뿌림(조파)
㉠ 종자를 뿌린 해에 묘목이 크게 자라는 수종에 사용한다.
㉡ 적용 수종 : 참싸리나무, 아카시아나무, 느티나무, 살구나무, 옻나무, 유동나무 등에 적용한다.
㉢ 모판 표면을 일정 너비의 나무자를 이용해 눌러서 만든 씨뿌림 골에 3 ~ 5cm 간격으로 종자를 뿌리고 줄과 줄 사이의 간격은 10 ~ 20cm 정도로 한다.

24 다음 중 상처난 수목에 사용하는 접목방법은?

① 할접　② 절접법
③ 교접　④ T자접목법

note 교접 … 나무줄기가 상처로 인해 수분과 양분의 통과가 어렵게 되었을 때, 상처난 부위의 수피를 제거하고 접목하여 상처의 상 · 하부를 연결시켜 주는 방법이다.

25 다음 중 단근작업하고 2년된 묘목으로 옳은 것은?

① F2-0묘　② P2-0묘
③ S2-0묘　④ $\frac{0}{2}$묘

note ① 가을에 씨를 뿌려 2년을 지내고 판갈이하지 않은 실생묘이다.
③ 봄에 씨를 뿌려 2년을 지내고 판갈이하지 않은 실생묘이다.
④ 뿌리의 나이가 2년이고 줄기가 절단되어 있는 삽목묘이다.

Answer　23.①　24.③　25.②

26 다음 중 삽목시 토양의 온도는?

① 15℃   ② 21℃

③ 26℃   ④ 30℃

> **note** 삽목환경
> ㉠ 삽목상의 재료는 공기를 잘 유통시키고 습기를 가지면서도 해로운 미생물이 없는 것이 좋다.
> ㉡ 삽목상의 온도는 주위의 기온보다 약간 더 높은 것이 좋은데, 보통 21℃의 온도를 유지시킨다.
> ㉢ 삽목을 한 곳은 습도를 높게 유지시켜 주는 것이 좋다.

27 겨울철 묘포의 방풍림은 어떤 방향으로 설치하는 것이 좋은가?

① 남서쪽   ② 동서쪽

③ 남북쪽   ④ 북서쪽

> **note** 방풍림 조성 … 묘포의 북서쪽에 방풍림을 조성하여 겨울철 찬바람과 건조를 막는다.

28 소나무 종자 100개를 시험기 안에 두고 온도를 20 ~ 25℃로 두었더니 75개가 발아하였다. 이때의 발아율은?

① 25%   ② 75%

③ 80%   ④ 85%

> **note** $발아율(\%) = \dfrac{발아종자수}{발아실험용\ 종자} \times 100 = \dfrac{75}{100} \times 100 = 75\%$

29 다음 중 묘목의 규격에 쓰이는 항목으로 옳지 않은 것은?

① 근원경   ② T/R율

③ 가지의 길이   ④ 줄기의 길이

> **note** 묘목의 규격은 대개 형태적 특성만으로 판정하며, 형태적 규격기준으로 묘고, 묘령, 뿌리의 길이 및 발달형태, 근원경, 피해유무, T/R율, 이식횟수, 잎의 색 등이 있다.

30 다음 설명 중 옳은 것은?

① 밑씨 → 열매   ② 주피 → 내종피

③ 난핵 + 정핵 → 배   ④ 씨방 → 씨앗

> **note** 종자의 구조
> ㉠ 씨방은 열매(과실)가 된다.
> ㉡ 밑씨는 씨앗(종자)이 된다.
> ㉢ 주피는 씨껍질(종피)이 된다.
> ㉣ 주심은 내종피가 되며 퇴화되기도 한다.
> ㉤ 극핵(2개)과 정핵은 배젖(속씨식물)이 된다.
> ㉥ 난핵과 정핵은 배가 되는 부분이다.

31 다음 중 무성생식법이 아닌 것은?

① 실생묘   ② 삽목묘

③ 접목묘   ④ 휘묻이

> **note** 무성생식법의 종류
> ㉠ **삽목(꺾꽂이)** : 나무의 잎, 눈, 가지, 뿌리 등을 잘라내어 땅에 심어 완전한 개체를 만드는 방법이다.
> ㉡ **접목(접붙이기)** : 대목과 접수의 조직을 유착시켜 완전한 개체를 만드는 방법이다.
> ㉢ **취목(휘묻이)** : 가지의 일부분을 껍질을 벗겨 땅 속에 묻고 뿌리가 발생하면 아랫부분을 잘라 심어 새로운 개체를 만드는 방법이다.
> ㉣ **분주(포기나누기)** : 뿌리가 달려있는 포기를 나누어 새로운 개체를 만드는 방법이다.

32 다음 묘포설계에 대한 설명 중 옳지 않은 것은?

① 묘포에서 방풍림은 북서방향이 좋다.

② 묘포에서 파종상, 이식상, 삽목상의 방향은 동남방향이 좋다.

③ 부도와 부도의 간격은 40m가 좋다.

④ 상의 길이는 될 수 있는 대로 10m, 15m, 20m, 25m 등으로 한다.

> **note** ② 묘포는 삽목상, 파종상, 이식상 등으로 나누어 정하며, 묘포의 방향은 모판이 남쪽을 향하도록 동서로 길게 설치한다.

33 다음 중 접목의 이점으로 옳지 않은 것은?

① 대량생산이 가능하다.　　　　② 품종의 특성을 유지한다.
③ 개화결실을 촉진한다.　　　　④ 종자생산이 잘 안 될 경우 실시한다.

> **note** 무성번식에 의한 묘목의 양성
> ㉠ 개화결실을 촉진시키고자 할 때
> ㉡ 모수의 특성을 계승하고자 할 때
> ㉢ 수세를 조절하고 수형을 변화시키고자 할 때
> ㉣ 종자결실이 되지 않는 수종을 번식시키고자 할 때
> ㉤ 병충해를 적게 하며, 특수한 풍토에 심고자 할 때

34 다음 중 삽수의 발근이 비교적 잘 되는 수종으로 짝지어진 것은?

① 향나무, 무궁화　　　　② 밤나무, 소나무
③ 오리나무, 사시나무　　　　④ 참나무, 자작나무

> **note** 삽수의 발근이 비교적 잘 되는 수종 ⋯ 포플러나무, 은행나무, 사철나무, 향나무, 주목, 무궁화, 버즘나무류, 회양목, 개나리, 동배나무, 버드나무류, 측백나무, 진달래류 등이 있다.

35 다음은 주목종자 200개를 파종하여 발아실험한 것으로 발아율과 발아세가 옳게 짝지어진 것은?

경과일수	1	2	3	4	5	6	7	8	9	10	11	12	13	14
발아종자수	0	6	9	14	22	24	25	26	48	3	2	2	1	0

① 82% − 92%　　　　② 87% − 91%
③ 90% − 84%　　　　④ 91% − 87%

> **note** 발아율과 발아세
> ㉠ 발아율(%) $= \dfrac{\text{발아종자수}}{\text{발아실험용 종자수}} \times 100 = \dfrac{182}{200} \times 100 = 91(\%)$
> ㉡ 발아세(%) $= \dfrac{\text{가장 많이 발아한 날까지 발아한 종자수}}{\text{발아실험용 종자수}} \times 100 = \dfrac{174}{200} \times 100 = 87(\%)$

36 다음 중 시료무게 50g, 순정종자무게 48g일 때 종자의 순도(%)는?

① 66%   ② 76%

③ 86%   ④ 96%

> ☆note 순량률 $= \dfrac{순정종자의\ 무게}{시료무게} \times 100 = \dfrac{48}{50} \times 100 = 96(\%)$

37 종자 밀봉저장시 종자의 활력을 유지시키도록 첨가하는 재료는?

① 아드졸   ② 사이론

③ 황화칼륨   ④ 이황화탄소

> ☆note 밀봉저장시 첨가제의 용도
> ㉠ 건조제 : 용기 안에 차는 습기를 제거한다.
> ㉡ 황화칼륨 : 씨앗의 활력을 유지시킨다.

38 다음 중 묘목을 양성할 때 뿌리끊기작업의 효과로 옳지 않은 것은?

① 내한성 증대   ② 병충해 발생예방

③ 잔뿌리 발달촉진   ④ 묘목의 웃자람 방지

> ☆note 뿌리끊기작업
> ㉠ 묘목의 웃자람을 방지한다.
> ㉡ 잔뿌리의 발생을 촉진시킨다.
> ㉢ 옮겨 심었을 때 활착을 돕는다.
> ㉣ 내한성을 높인다.

39 다음 중 무성번식에 의한 묘목양성에 대한 설명으로 옳지 않은 것은?

① 결실 등 특성을 얻고자 할 때
② 모수보다 월등한 묘목을 생산하고자 할 때
③ 어미나무의 유전성을 이어 받으려고 할 때
④ 종자생산이 잘 안되지만 무성번식이 어렵지 않을 때

무성번식을 하는 경우

    ㉠ 어미나무의 유전형을 그대로 이어받으려고 할 경우

    ㉡ 씨앗번식보다 무성번식이 더 쉬운 경우

    ㉢ 열매를 생산할 나무, 꽃을 감상할 나무, 채종원 조성용 나무 등 특성을 살리고자 할 경우

40 다음 중 묘포의 구획방법으로 옳지 않은 것은?

① 주도는 한 변의 길이가 80～100m 정도 되도록 설치한다.

② 보도의 너비는 약 1m 정도로 한다.

③ 부도는 주도에 직각이 되도록 하여 40m마다 설치한다.

④ 묘상의 너비는 관리하기 편하도록 1m로 한다.

🌟 **note** 묘포의 구획방법

    ㉠ 주도

      • 한 변의 길이가 80～100m 정도 되도록 설치한다.

      • 너비는 대형트럭이 출입할 수 있도록 4m 정도로 한다.

    ㉡ 부도

      • 주도에 직각이 되도록 하여 40m 간격으로 설치한다.

      • 너비는 트랙터, 경운기, 동력 분무기 등이 이동할 수 있도록 2m 정도로 한다.

    ㉢ 묘상

      • 길이는 지형에 따라 10m, 15m, 20m, 25m 등으로 한다.

      • 너비는 관리하기 편리하도록 1m로 한다.

      • 모판이 남쪽을 향하도록 동서로 길게 설치한다.

    ㉣ 보도 : 모판과 모판 사이의 통로로 너비는 50cm 정도로 한다.

    ㉤ 방풍림 : 겨울철의 찬바람과 건조를 막기 위해 묘포의 북서쪽에 조성한다.

41 다음 중 묘포의 입지조건으로 옳지 않은 것은?

① 경사는 2～5°로 땅힘이 좋은 곳이어야 한다.

② 토질은 사질양토가 좋다.

③ 묘목생산량에 필요한 충분한 면적을 확보해야 한다.

④ 묘포방향은 북향인 곳을 선택해야 한다.

🌟 **note** ④ 묘포의 방향선택시 남향이어야 한다.

42 다음 중 조림지의 환경과 비슷한 곳에서 묘목의 생장 적응력을 높이는 묘포는?

① 전업묘포   ② 임간묘포
③ 임시묘포   ④ 고정묘포

✡️note ① 묘목을 양성하는 것을 주업적으로 할 때의 묘포를 말한다.
③ 1년이나 수 년 동안만 임시로 이용하는 묘포로 시설투자가 어렵다.
④ 위치와 면적이 고정되어 있으며 장기적으로 이용되는 묘포로 관리에 편리하도록 각종 시설을 설치한다.

43 다음 중 묘포상에서 부속지로 옳은 것은?

① 보도, 휴한지를 포함하고 전체 면적에서 차지하는 비율이 높을수록 좋다.
② 창고, 관리실, 퇴비사 등이 포함되고, 가능한 면적이 작아야 좋다.
③ 경사지에 묘포를 만들 때에 묘상을 계단상으로 구획할 때, 계단의 경사면이다.
④ 면적이 전체 면적의 60 ~ 70% 이상을 차지한다.

✡️note ①④ 포지 ③ 제지

44 다음 중 결실주기가 5 ~ 7년인 수종으로 옳은 것은?

① 해송   ② 리기다소나무
③ 너도밤나무   ④ 상수리나무
⑤ 편백

✡️note 수목의 결실주기
㉠ 매년 또는 1년인 수종 : 소나무, 리기다소나무, 해송 등
㉡ 2 ~ 3년인 수종 : 삼나무, 전나무류, 상수리나무, 편백, 들메나무 등
㉢ 3 ~ 4년인 수종 : 가문비나무
㉣ 5 ~ 7년인 수종 : 너도밤나무, 낙엽송 등

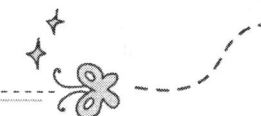

45 다음 중 꽃이 핀 이듬해 가을에 성숙하는 수종으로 옳은 것은?

① 삼나무, 신갈나무

② 미루나무, 황철나무

③ 소나무류, 상수리나무

④ 갈참나무, 떡갈나무

> **note** 수종별 종자의 성숙시기
> ㉠ 꽃핀 직후에 성숙하는 수종 : 미루나무, 사시나무, 황철나무, 은백양, 버드나무, 떡느릅나무 등
> ㉡ 꽃핀 해의 가을에 성숙하는 수종 : 삼나무, 전나무, 낙엽송, 편백, 자작나무류, 가문비나무, 오동나무, 떡갈나무, 오리나무류, 갈참나무, 신갈나무, 졸참나무 등
> ㉢ 꽃핀 이듬해 가을에 성숙하는 수종 : 소나무류, 굴참나무, 상수리나무 등

46 다음 중 종자의 채집시기가 9～10월인 수종은?

① 주목

② 회양목

③ 섬잣나무

④ 느티나무

⑤ 비술나무

> **note** 수종별 종자의 채집시기
> ㉠ 6월 : 벚나무, 비술나무, 떡느릅나무 등
> ㉡ 7월 : 회양목
> ㉢ 8월 : 섬잣나무, 향나무 등
> ㉣ 9～10월 : 주목, 은행나무, 잣나무, 소나무류, 낙엽송, 편백(노송나무) 등
> ㉤ 10～11월 : 느티나무

47 다음 중 종자를 건조할 때 햇볕건조해도 괜찮은 수종으로 옳은 것은?

① 자작나무, 회양목

② 편백, 밤나무

③ 참나무류, 소나무

④ 낙엽송, 밤나무

> **note** 종자의 건조방법
> ㉠ 햇볕건조 : 소나무류, 곰솔, 낙엽송, 전나무, 회양목, 분비나무, 가문비나무, 자작나무 등에 적용된다.
> ㉡ 음지건조 : 편백, 포플러류, 오리나무류, 참나무류, 밤나무 등에 적용된다.

48 다음 중 종자의 탈종방법으로 옳지 않은 것은?

① 노간주나무는 채집한 종자를 절구통에 넣어 공이로 가볍게 찧는다.

② 구과는 햇볕에 건조시켜 벌어지게 한 뒤 빼낸다.

③ 호두나무는 한 곳에 쌓아 두었다가 겉이 삭은 뒤 발로 밟아 씨앗을 추출한다.

④ 향나무는 꼬투리를 햇볕에 건조시켜 막대기로 가볍게 두들긴 후 종자를 꺼낸다.

> **note** 종자의 탈종방법
> ㉠ 아카시아 : 꼬투리를 햇볕에 건조시킨 후 막대기로 가볍게 두들겨서 종자를 추출한다.
> ㉡ 은행나무, 주목, 비자나무 : 표면에 육질의 껍질을 가진 종자로 물 속에 넣어 비비거나 모래와 함께 마찰시켜 추출한다.
> ㉢ 구과 : 햇볕에 건조시켜 구과가 벌어지게 하여 추출한다.
> ㉣ 향나무, 노간주나무 : 채집한 종자를 가볍게 찧어 추출한다.
> ㉤ 잣송, 호두나무류 : 한 곳에 모아 두었다가 겉이 삭으면 발로 밟아 종자를 추출한다.

49 다음 중 도토리, 밤 등에 밤바구미 같은 해충의 피해를 막기 위해 처리하는 약제로 옳은 것은?

① 염산 처리　　　　　　　　　② 이황화탄소 처리

③ 콜히친 처리　　　　　　　　　④ 이산화탄소 처리

> **note** 도토리, 밤 등은 채집한 뒤 이황화탄소(CS_2)로 살충처리하여 해충의 피해를 막는다.

50 다음 중 종자를 물에 넣어 위로 뜨는 것을 가려내는 방법은?

① 입선법　　　　　　　　　　② 수선법

③ 사선법　　　　　　　　　　④ 풍건법

> **note** 수선법 … 가벼운 종자나 쭉정이를 제거하는 방법으로 종자를 물 속에 넣어 위로 뜨는 것을 가려낸다. 잣나무, 향나무, 주목 등의 종자정선에 이용한다.

Answer　48.④　49.②　50.②

51 다음 중 종자의 수득률이 가장 낮은 것으로 옳은 것은?

① 호두나무   ② 측백

③ 가문비나무   ④ 박달나무

> **note** 주요 수종의 종자 수득률   (단위 : %)

수종	수득률	수종	수득률	수종	수득률
가문비나무	2.1	삼나무	7.5	전나무	19.2
해송	2.4	낙엽송	8.2	박달나무	23.3
소나무	2.7	화백	10.4	자작나무	24.0
리기다소나무	2.8	편백	11.4	은행나무	28.5
측백	3.2	향나무	12.4	가래나무	50.9
물갬나무	5.1	잣나무	12.5	호두나무	52.0

52 다음 중 노천매장과 같은 방법으로 저장하거나, 마른 모래와 종자를 섞어 지하실, 창고 등에 저장하는 방법은?

① 습적법   ② 밀봉저장법

③ 실온저장법   ④ 보호저장법

> **note** 보호저장법
> ㉠ 마른 모래와 종자를 섞어 창고, 지하실 등에 저장하거나, 빗물이 스며들지 않는 장소에 노천매장과 동일한 방법으로 저장하는 방법이다.
> ㉡ 밤나무, 은행나무, 참나무류의 종자는 종자 자신이 간직하던 수분이 건조해지면 발아력이 떨어지기 때문에, 이런 수종에 적용한다.

53 다음 중 밀봉저장법에서 종자의 활력을 유지하기 위해 첨가하는 것으로 옳은 것은?

① 이산화탄소   ② 이황화탄소

③ 황화칼륨   ④ 아드졸

> **note** 밀봉저장시 첨가제의 용도
> ㉠ 건조제 : 용기 안에 차는 습기를 제거한다.
> ㉡ 황화칼륨 : 씨앗의 활력을 유지시킨다.

Answer   51.③   52.④   53.③

54 다음 중 습적법으로 종자를 저장할 때 보습재로 이용하는 것은?

① 실리카겔　　　　　　　　　　　② 아드졸

③ 황화칼륨　　　　　　　　　　　④ 톱밥

> ★**note** ①② 밀봉저장시 사용하는 건조제이다.
> ③ 밀봉 저장시 씨앗의 활력을 유지시키기 위해 사용하는 첨가제이다.
> ※ 습적법
> 　　㉠ 1 ~ 2℃의 냉장실이나 냉장고에 보습재와 혼합한 종자를 용기에 담아 저장하는 방법이다.
> 　　㉡ 종자의 함수율은 20 ~ 25% 정도를 유지한다.
> 　　㉢ 보습재로는 깨끗한 이끼나 톱밥 등을 사용한다.
> 　　㉣ 보습저장법 중에서 효과는 높으나 저온을 유지하는 시설이 필요하다.

55 다음 중 밤나무에서 밤알을 1kg을 주웠더니 협잡물이 28g 나왔을 경우 순량률로 옳은 것은?

① 66.3%　　　　　　　　　　　② 74.5%

③ 87.1%　　　　　　　　　　　④ 97.2%

> ★**note** 순량률 $= \dfrac{\text{순정종자의 무게}}{\text{시료의 무게}} \times 100$ 이므로
>
> $\dfrac{(1,000g - 28g)}{1,000g} \times 100 = 97.2(\%)$

56 다음 중 장기간 노천매장할 수 없는 수종은?

① 은행나무　　　　　　　　　　　② 단풍나무

③ 편백　　　　　　　　　　　　　④ 피나무

> ★**note** ③ 편백은 종자가 작아 보통 파종 1개월 전에 매장한다.
> ※ 종자에 따른 매장시기
> 　　㉠ 종자채취 직후 매장(9월 상순 ~ 10월 하순) : 단풍나무, 들메나무, 느티나무, 벚나무, 은행나무, 잣나무, 호두나무, 가래나무, 백합나무 등
> 　　㉡ 토양 동결 전 매장(11월 하순) : 벽오동나무, 물푸레나무, 신나무, 피나무, 옻나무 등
> 　　㉢ 파종 1개월 전 매장(3월 중순) : 소나무, 곰솔, 가문비나무, 전나무, 이깔나무, 측백나무, 리기다소나무, 오리나무, 자작나무, 삼나무, 편백 등

57 다음은 소나무 종자 200개를 파종하여 시험한 것으로 발아율과 발아세가 옳은 것은?

경과일수	1	2	3	4	5	6	7	8	9	10	11	12	13
발아종자수	2	6	13	18	24	25	30	40	5	2	2	0	

① 81% - 89%

② 84% - 79%

③ 85% - 91%

④ 91% - 85%

✿note 발아율과 발아세

ⓐ 발아율(%) = $\dfrac{\text{발아종자수}}{\text{발아실험용 종자수}} \times 100 = \dfrac{167}{200} \times 100 = 83.5 ≒ 84\%$

ⓑ 발아세(%) = $\dfrac{\text{가장 많이 발아한 날까지 발아한 종자수}}{\text{발아실험용 종자수}} \times 100 = \dfrac{158}{200} \times 100 = 79\%$

58 다음 중 발아시험방법에서 온도를 일정하게 유지하는 기구에서 싹 트는 능력을 측정하는 방법은?

① 토양 발아시험

② 정온기 발아시험

③ 테트라졸륨 발아력시험

④ X선 촬영 발아력시험

✿note ① 포장과 비슷한 환경조건에서 발아율을 측정하는 방법으로 실용성이 가장 크다.
③ 테트라졸륨이라는 화학약품을 이용하는 방법으로 발아의 가능성이 있는 종자는 약액과 접촉하면서 호흡과정에서 나오는 효소에 의해 단면이 붉은 색으로 변하고, 활력이 없는 죽은 종자는 아무 변화를 일으키지 않는다.
④ X선 사진장치를 이용하여 종자의 내부조직을 촬영하여 발아력을 측정하는 방법이다.
※ 정온기 발아시험방법
ⓐ 샬레(Schale)에 흡수지나 탈지면을 깐다.
ⓑ 50~100알의 순정종자를 배열하고 물을 준다.
ⓒ 23~25℃ 범위의 정온기 안에 넣어 둔다.
ⓓ 발아가 어려운 종자는 미리 물에 담그거나 발아촉진처리를 하여 실시한다.
ⓔ 하루에 한 번 일정한 시간에 검사한다.
ⓕ 뿌리가 나와 그 길이가 종자길이의 2~3배에 달하면 발아한 것으로 본다.
ⓖ 떡잎이 뿌리보다 먼저 나온 것은 이상발아로 취급하여 계산에 넣지 않는다.
ⓗ 싹 튼 종자는 그 수를 기록한 후 제거한다.

59 다음 중 철수가 가지고 있는 주목의 순량률이 70%이고, 발아율이 82%일 때 주목의 효율로 옳은 것은?

① 57.4%

② 62.4%

③ 73.2%

④ 81.6%

☆ note 효율(%) = $\dfrac{순량률(\%) \times 발아율(\%)}{100}$ = $\dfrac{70 \times 82}{100}$ = 57.4%

60 다음 중 속효성이 뛰어나 덧거름으로 좋고, 밑거름으로도 쓰이지만 강한 산성토양에는 사용하지 않는 비료는?

① 칼륨

② 두엄

③ 황산암모늄

④ 요소

☆ note ① 각종 무기양분을 공급하고, 토양의 물리적 성질을 좋게 하며, 유익한 미생물의 활동을 돕는다.
② 산성의 황산칼륨, 중성의 염화칼륨, 나무의 재 등이 많이 사용된다.
④ 질소비료의 일종으로 산성토양에 좋으며 밑거름과 덧거름, 엽면살포용으로 이용된다.

61 다음 중 파종상을 만드는 방법으로 옳지 않은 것은?

① 보도의 깊이가 10~15cm가 되게 한다.

② 모판 너비 1m, 보도 너비 50cm 마다 줄을 친다.

③ 모판면에 롤러를 굴려 평탄하게 만든다.

④ 1m²당 질소 20g, 칼륨 10g, 인산 15g을 모판에 고루 뿌린다.

☆ note 파종상 만들기
㉠ 씨앗을 뿌릴 장소를 만드는 것으로 먼저 모판 너비 1m, 보도 너비 50cm마다 줄을 친다.
㉡ 보도의 깊이가 10~15cm가 되게 하고, 어깨의 각도가 45°를 유지하도록 삽으로 보도의 흙을 떠서 양쪽 모판에 한 삽씩 나눠 놓는다.
㉢ 흙덩이를 부술 때 모판이 평탄하게 흙을 펴고 1m²당 질소 30g, 칼륨 15g, 인산 15g을 모판에 고루 뿌린 후 땅 속에 묻히도록 레이크로 겉흙을 긁어 준다.
㉣ 모판면에 롤러를 굴려 더욱 평탄하게 만들고, 흙의 입자끼리 밀착되도록 하면 모세관의 발달로 땅속의 수분을 효과적으로 이용할 수 있다.

🌱 Answer 59.① 60.③ 61.④

62 다음 중 해송, 대왕송, 구주소나무의 경우는 적외선이 발아를 억제하므로 피해야 하지만 오리나무류, 자작나무, 버드나무류, 포플러류에는 유리한 발아촉진법은?

① 광처리법   ② 열탕처리법

③ 산처리법   ④ 종피에 상처를 내는 법

> **note** 광처리법 … 광선을 이용하여 발아를 촉진시키는 방법으로 자작나무류, 포플러류, 오리나무류,
> 버드나무류의 발아에 이용한다.

63 다음 중 인산질 비료로 쓰이는 것으로 옳지 않은 것은?

① 나뭇재   ② 용성인비

③ 닭똥   ④ 중과인산석회

> **note** ① 나뭇재는 칼륨질 비료이다.
> ※ 인산질 비료
> ㉠ 중과인산석회(중과석) : 지효성이므로 밑거름으로 많이 쓰인다.
> ㉡ 용성인산 비료(용성인비) : 산성토양, 화산회토양, 신개간지 토양에 적합하다.
> ㉢ 닭똥 : 질소, 칼륨 등이 들어 있으며 인산질 비료로 매우 좋다.

64 다음 중 파종상에서 묘목의 보잔 그루수가 가장 적은 것은?

① 은행나무   ② 호두나무

③ 전나무   ④ 가문비나무

> **note** 파종상에서 묘목의 보잔 그루수는 종자의 굵기에 따라 다르다. 호두나무는 종자가 크므로 보
> 잔 그루수가 많다.
> ※ 주요 수종의 보잔 그루수
>
> | 수종 | 보잔 그루수 | 수종 | 보잔 그루수 |
> |---|---|---|---|
> | 호두나무 | 36 | 잣나무 | 400 |
> | 밤나무, 상수리나무 | 49 | 소나무, 해송, 리기다소나무, 낙엽송, 측백나무 | 600 |
> | 아카시아나무, 옻나무 | 60 | 전나무, 향나무, 회양목 | 1,000 |
> | 은행나무 | 100 | 주목, 가문비나무, 분비나무 | 1,200 |

65 다음 중 소나무 씨앗의 효율을 85%, 1g당 씨앗의 알수를 120, S = 700, 득묘율은 0.6으로 할 때 1m²의 씨 뿌리는 양은?

① 7.52g   ② 8.25g

③ 11.43g   ④ 15.37g

✩note

$$W(\text{m}^2\text{당 씨 뿌리는 양}) = \frac{S(\text{가을이 되면 1m}^2\text{에 남길 묘목의 수})}{N(\text{1g당 씨앗의 알수}) \times U(\text{씨앗의 효율}) \times P(\text{득묘율})}$$

$$= \frac{700}{120 \times 0.85 \times 0.6} = 11.43\text{g}$$

66 다음 중 저장으로 인해 종자의 수명이 단축되는 주요 원인으로 옳은 것은?

① 유독물질이 생성되기 때문이다.   ② 원형질 단백질이 응고하기 때문이다.

③ 저장물질이 부패하기 때문이다.   ④ 저장양분이 소모되기 때문이다.

✩note 종자수명에 영향을 끼치는 조건 … 작물의 품종 및 종류, 채종지의 환경, 수분함량, 수확 및 조제방법, 저장조건(수분함량, 산도, 온도 등), 종자의 숙도 등이다. 이 중에서 저장 중에 발아력을 상실하는 주요 원인은 종자 원형질의 구성물질인 단백질이 응고하기 때문이다.

67 다음 중 모판의 표면을 눌러 씨뿌림 골을 만들어 3 ~ 5cm 간격으로 종자를 뿌리는 방법으로 옳은 것은?

① 흙덮기   ② 점파

③ 산파   ④ 조파

✩note 씨 뿌리는 법

㉠ 줄뿌림(조파)
- 종자를 뿌린 그 해에 묘목이 크게 자라는 아카시아나무, 유동나무, 살구나무 등에 적용된다.
- 일정한 너비의 나무자로 모판의 표면을 눌러 만든 씨뿌림 골을 따라 3 ~ 5cm 간격으로 종자를 뿌린다.
- 씨뿌림 골의 간격은 10 ~ 20cm 정도로 한다.

㉡ 흩어뿌림(산파)
- 작은 종자를 뿌리는 방법으로 잣나무, 낙엽송, 오리나무 등에 적용된다.
- 종자와 모래의 비를 1 : 1 ~ 3으로 섞어 뿌릴 양의 반으로 전면에 뿌리고, 나머지 반은 부족한 부분에 뿌려 고르게 분포되도록 한다.

㉢ 점뿌림(점파)
- 굵은 종자를 뿌리는 방법으로 호두, 칠엽수, 밤 등에 적용된다.
- 가로 · 세로로 일정한 간격을 유지하며 한 알씩 종자를 뿌린다.

❤Answer   65.③   66.②   67.④

68 다음 중 묘포에서 가장 피해를 많이 주는 병으로 토양소독과 종자소독을 실시해야 예방효과가 큰 병은?

① 모잘록병
② 잎마름병
③ 오갈병
④ 적성병

> **note** 모잘록병
> ⊙ 리족토리아(Rhizoctoria), 푸자리움(Fusariun), 피지움(Pysium) 등에 의해 생긴다.
> ⓒ 줄기의 지표면 가까이에 발생하고, 발아하여 얼마되지 않은 어린 묘의 줄기 밑동이 잘록해지면서 쓰러져 죽는다.
> ⓒ 소나무류, 가문비나무류, 전나무류, 낙엽송 등 침엽수의 피해가 크다.
> ② 흙 속에서 살아남을 수 있기 때문에 토양전염을 하며 종자전염도 가능하므로, 토양소독과 종자소독을 함께 실시하도록 한다.
> ⑰ 과습하면 발생하기 쉬우므로 필요 이상 물을 너무 많이 주지 않도록 한다.

69 다음 중 해가림용 시설재료로 옳지 않은 것은?

① 대나무
② 차광망
③ 굵은 철사
④ 말뚝

> **note** ② 해가림용 덮개재료로 쓰인다.
> ※ 해가림
> ⊙ 적용수종 : 음수수종인 전나무류, 가문비나무류, 주목, 편백, 삼나무 등에 실시한다.
> ⓒ 효과 : 강한 햇볕을 차단하고, 건조를 막아준다.
> ⓒ 시기 : 짚을 걷은 직후에 실시하며, 밤이나 장마철, 습기가 많을 때는 가림덮개를 거두어주는 것이 좋고, 7월말 이후에는 제거한다.
> ② 재료 : 시설재료는 대나무, 굵은 철사, 말뚝 등을 사용하며, 덮개로는 억새, 조릿대, 차광망 등을 쓴다.
> ⑰ 방법 : 높이는 모판면에서 40~50cm 정도가 되게 수평으로 실시한다.
> ⑭ 주의사항 : 해가림의 정도가 심하면 묘목이 웃자라서 약하게 되고, 뿌리의 발달이 빈약해진다.

70 다음 중 제초약제로 많이 쓰이는 것은?

① 인돌초산 ② 티람
③ 시마진 ④ 실리카겔

> ☆ note 시마진(CAT) 약제의 효과
> ㉠ 줄기나 잎에 닿아도 영향을 주지 않고, 뿌리에서 흡수되어 약효를 낸다.
> ㉡ 물에 잘 녹지 않으므로 땅 속에서의 이동이 잘 안 된다.
> ㉢ 사질양토에서는 땅속 깊이 들어가서 묘목을 해칠 수 있다.
> ㉣ 발아 직후의 어린 잡초제거에 좋다.
> ㉤ 뿌리가 깊게 들어가는 잡초에는 효과가 없다.

71 다음 중 무성번식의 단점으로 옳지 않은 것은?

① 실생번식에 비해 기술이 필요하다.
② 좋은 형질의 어미나무를 확보해야 한다.
③ 초기의 생장이 느리다.
④ 실생묘에 비해 대량생산이 어렵다.
⑤ 실생묘에 비해 수명이 짧다.

> ☆ note 무성번식의 특징
> ㉠ 나무의 일부분을 이용해 개체를 증식하는 방법으로 영양번식이라고도 한다.
> ㉡ 장점
> • 어버이의 형질을 그대로 이어받으므로 우량하고 좋은 형질의 묘목을 얻을 수 있으며 품종의 특성을 보존할 수 있다.
> • 개화·결실을 촉진시킬 수 있다. 결실하는데 3∼7년 정도가 걸려 실생번식하는 것에 비해 개화와 결실이 빨라 2∼3년 만에 결실한다.
> • 초기의 생장이 빠르다.
> ㉢ 단점
> • 좋은 형질을 가진 모수가 있어야 한다.
> • 대량생산이 어렵다.
> • 유성번식에 비해 기술이 필요하다.
> • 면적을 많이 차지한다.
> • 실생묘보다 수명이 짧다.

72 다음 중 뿌리끊기작업의 목적으로 옳지 않은 것은?

① 묘목의 웃자람을 유도하기 위해서
② 옮겨 심었을 때 활착이 유리하게 하기 위해서
③ 잔뿌리가 발생하는 것을 촉진시키기 위해서
④ 내한성을 향상시키기 위해서

> ✦**note** 뿌리끊기작업의 목적
> ㉠ 묘목의 웃자람을 방지한다.
> ㉡ 잔뿌리의 발생을 촉진시킨다.
> ㉢ 옮겨 심었을 때 활착을 돕는다.
> ㉣ 내한성을 높인다.

73 다음 중 접목에 대한 설명으로 옳지 않은 것은?

① 접수는 주로 지난 해에 자란 충실한 가지 중에서 채취한다.
② 줄기와 가지가 될 부분을 접수라고 한다.
③ 접목묘는 유실수, 과수, 꽃나무 등의 번식에 이용된다.
④ 삽목묘에 비해 수관이 휘어서 올라간다.
⑤ 대목과 접수의 형성층을 서로 맞닿게 하여 두 조직 간의 연결이 이루어지도록 한다.

> ✦**note** 접목
> ㉠ 개념 : 대목과 접수의 조직을 서로 유착시켜 완전한 새로운 개체를 만드는 무성번식법이다.
> ㉡ 대목 : 뿌리가 있는 부분으로 친화성이 있는 야생수종의 씨앗으로 번식한 실생묘를 쓰는 것이 좋다.
> ㉢ 접수 : 자라서 줄기와 가지가 될 부분으로, 가지를 많이 이용하며, 눈을 이용하는 경우에 이 눈을 접눈이라 한다. 접수는 형질이 뛰어나고, 품종이 확실한 것을 선택하며, 주로 지난해에 자란 충실한 가지 중에서 채취하여 사용한다.
> ㉣ 방법 : 대목과 접수의 형성층을 서로 맞닿게 하여 두 조직 간의 연결이 이루어지도록 하는데, 형성층이 맞으면 접수와 대목의 깎인 자리인 삭면에서 캘러스 조직이 생겨 서로 융합하여 자라게 된다.
> ㉤ 장점 : 삽목묘에 비하여 수관이 곧게 올라간다.
> ㉥ 단점 : 숙련된 기술이 필요하고 시간과 비용이 많이 든다.
> ㉦ 과수, 유실수, 꽃나무 등의 번식에 많이 이용한다.

❀**Answer**   72.①   73.④

74 다음 중 삽수의 발근에 영향을 미치는 요인으로 옳지 않은 것은?

① 꺾꽂이 방법
② 삽수의 채취위치
③ 수종의 유전성
④ 삽수의 양분조건
⑤ 어미나무의 형태

> **note** 삽수의 발근에 영향을 미치는 요인
> ㉠ 수종의 유전성 : 삽수의 발근이 이루어지는 정도는 선천적인 유전형질에 따라 수종이나 개체의
> 성질에 따라 다르다.
> ㉡ 어미나무의 연령
> • 어린 나무에서 채취한 삽수가 늙은 나무에서 채취한 삽수보다 발근이 더 잘 된다.
> • 늙은 나무는 줄기를 잘라 새로운 움가지를 발생시켜 삽수로 이용하면 발근이 잘 된다.
> ㉢ 삽수의 영양상태
> • 어미나무의 영양상태가 좋을 때 채취한 삽수가 발근이 더 잘 된다.
> • 질소의 함유량보다 탄수화물의 함유량이 더 많을 때 발근율이 높아지므로 질소를 적게 주어
> 탄수화물의 축적을 높여 주도록 비배관리를 잘 해야 한다.
> ㉣ 삽수의 채취위치
> • 삽수를 채취하는 수관과 가지의 부위에 따라 발근 정도가 달라지는데 수종에 따라 적합한
> 위치가 다르다.
> • 전나무류, 소나무류는 수관의 아래쪽에서 채취한 삽수가 발근이 잘 된다.
> • 한 개의 가지에서 여러 개의 삽수를 딸 경우 낙엽활엽수는 대부분 가지의 위쪽에서 채취한
> 삽수가 발근이 잘 된다.
> ㉤ 꺾꽂이 방법 : 꺾꽂이 시기, 발근촉진제의 종류, 꺾꽂이 방법에 따라 발근에 차이가 있다.
> ㉥ 꺾꽂이 환경
> • 삽목상은 삽수를 지탱하고, 수분을 공급하며, 발근 부위에 공기를 공급하는 역할을 하므로,
> 삽목상의 재료, 습도, 온도, 광선, 해로운 토양 미생물의 존재 등에 따라 발근에 차이가 있다.
> • 전열온상을 만들어 삽목상의 온도를 20 ~ 25℃ 정도로 유지하는 것이 좋다.
> • 꺾꽂이를 한 곳은 관계습도를 높게 유지해야 한다.
> • 침엽수류는 발근 초기에 차광을 하여 주고 뿌리가 뻗기 시작하고 새 잎이 나오기 시작하면
> 햇볕을 충분히 받도록 한다.
> • 삽목상에는 공기유통이 잘 되며, 보수력이 좋고 해로운 미생물이 없는 것을 이용하며, 재료로
> 모래, 질석, 이끼, 마사토, 황토흙 등이 많이 쓰인다.
> • 삽목상은 사전에 살균제로 처리하여 무균상태로 계속 유지시키며, 수시로 관찰하여 병에 걸
> 리지 않도록 관리에 유의해야 한다.

75 다음 중 삽목상의 알맞은 온도조건은?

① 15 ~ 20℃ 정도 ② 20 ~ 25℃ 정도

③ 25 ~ 28℃ 정도 ④ 25 ~ 30℃ 정도

⑤ 28 ~ 35℃ 정도

> ✿note 삽목상은 온도를 자동으로 제어할 수 있는 전열온상을 만들어 20 ~ 25℃ 정도를 유지하는 것이 좋다.

76 다음 중 접밀을 바르는 이유로 옳은 것은?

① 개화를 촉진시킨다. ② 생장을 억제시킨다.

③ 병충해를 방지한다. ④ 발근을 촉진시킨다.

⑤ 결실을 촉진시킨다.

> ✿note 접밀
> ㉠ 접붙인 부위에 칠하는 점성을 가진 물질이다.
> ㉡ 효과 : 자른 면 부근의 관계습도를 100%로 유지하고, 그 속에 병균 등의 침입을 막아준다.
> ㉢ 주로 송진, 벌밀, 돼지기름을 0.6 : 1.2 : 0.2의 비율로 조제한다.

77 다음 중 접붙임에서 서로 간에 친화력이 떨어지는 수종에서 나타나는 현상으로 옳지 않은 것은?

① 가을에 일찍 낙엽이 진다.

② 처음 접착은 되었지만 1 ~ 2년이 지나면 죽는다.

③ 대목과 접수의 생장속도에 차이가 심하게 난다.

④ 수세가 현저하게 약하다.

⑤ 접목률이 높고 활착이 잘 된다.

> ✿note 대목과 접수의 불화합성이 미치는 영향
> ㉠ 접목률이 낮거나 활착이 되지 않는다.
> ㉡ 대목과 접수의 생장속도에 차이가 심하다.
> ㉢ 처음 접착은 되었지만 1 ~ 2년이 지나면 죽는다.
> ㉣ 가을에 일찍 낙엽이 지거나, 수세가 현저하게 약하다.

Answer   75.② 76.③ 77.⑤

78 다음 중 실생묘의 연령이 S1P−2P−1과 같은 표시일 때 표기에 대한 설명으로 옳은 것은?

① 봄에 씨를 뿌려 1년, 판갈이 하여 2년이 지난 후 다시 판갈이 하여 1년이 지난 4년생 묘목

② 파종상에서 1년 지낸 후 단근작업을 하고 판갈이 하여 2년이 지난 후 단근작업을 하고 다시 판갈이 하여 1년이 지난 4년생 묘목

③ 파종상에서 1년, 판갈이 하여 2년이 지난 후 다시 판갈이 하여 1년이 지난 4년생 묘목

④ 봄에 씨를 뿌려 1년을 지낸 후 단근작업을 하고 판갈이 하여 2년이 지난 후, 단근작업 후 판갈이를 하여 1년이 지난 만 4년생 묘목

> **note** 실생묘 표시법
> ⊙ 파종상에서 지낸 햇수, 판갈이상에서 지낸 햇수, 파종시기, 뿌리끊기작업 여부 등으로 나타낸다.
> ⓒ 기호의 의미
> • 숫자 : 경과연수
> • − : 판갈이(이식)
> • S : 봄(Spring)에 씨를 뿌린 것
> • F : 가을(Fall)에 씨를 뿌린 것
> • P : 뿌리끊기작업(Root pruning)

79 다음 중 단풍나무류를 접목할 때 가장 많이 사용하는 방법은?

① 박접법 　　　　　　　　　② 기정법
③ 할접법 　　　　　　　　　④ 설접법
⑤ 아접법

> **note** ① 밤나무의 접목시 사용한다.
> ③ 소나무류의 접목시 많이 사용한다.
> ④ 호두나무의 접목시 사용한다.
> ⑤ 복숭아나무, 장미, 호두나무 등의 접목시 사용한다.

80 다음 중 뿌리묘를 나타낸 것은?

① 0/0묘 　　　　　　　　　② 0/1묘
③ 1/1묘 　　　　　　　　　④ 1/2묘

Answer　78.④　79.②　80.②

note ① 뿌리도 줄기도 없는 것으로 삽수 자체를 뜻하며 실생묘에서의 씨앗과 같다고 할 수 있다.
② 삽수를 꽂아 줄기와 뿌리가 1년 된 것을 줄기부위는 자르고 뿌리부분만 남은 삽목묘이다.
③ 삽수를 꽂아 뿌리나이가 1년, 줄기나이가 1년 된 삽목묘이다.
④ 뿌리는 2년, 줄기는 1년 된 묘로 1/1묘에서 지상부를 자르고 1년이 경과된 묘이다.

81 다음 중 판갈이 작업에 대한 설명으로 옳은 것은?

① 판갈이는 보통 초가을에 한다.

② 일반적으로 침엽수를 먼저 하고, 낙엽활엽수는 나중에 한다.

③ 생장이 빠른 수종은 판갈이 없이 직접 임지에 심는다.

④ 뿌리는 수분이 제거된 상태가 좋다.

note 판갈이 작업 … 파종상의 묘목을 캐서 다른 묘상에 옮겨 심는 일을 말한다.
㉠ 묘목에 충분한 공간을 주어서 발육을 촉진시킨다.
㉡ 판갈이 작업은 대체로 초봄에 실시하고 묘목의 생리활동이 시작되기 전에 일찍 실시한다.
㉢ 곁뿌리와 잔뿌리의 발생을 왕성하게 하여 산지식재 때에 활착률을 높인다.
㉣ 작업 중에 뿌리가 건조하지 않도록 한다.
㉤ 묘목의 뿌리를 상하지 않도록 주의한다.
㉥ 일반적으로 낙엽활엽수를 먼저 하고, 침엽수는 나중에 한다.
㉦ 생장이 빠른 수종이나 뿌리를 끊으면 생육이 나빠지는 수종은 판갈이 없이 작은 묘목을 직접 임지에 심는다.

82 다음 중 용기묘의 장점으로 옳지 않은 것은?

① 옮겨 심은 후 뿌리활착이 좋다.　　② 여름철에도 식재할 수 있다.

③ 관수가 용이하다.　　④ 산지에 이식할 때 뿌리가 상하지 않는다.

note ③ 용기묘는 관수가 매우 어렵다.
※ 용기묘의 특징
㉠ 장점 : 처음부터 용기 안에서 키워 옮겨 심는 묘목양성법으로, 뿌리와 흙이 밀착된 상태로 심겨져서 옮겨 심은 후 대부분 활착이 되며, 생장이 빠르고, 식재시기에 문제가 없어 생장이 활발한 여름철에도 옮겨심기가 가능하다.
㉡ 단점 : 일반 묘포에서 생산한 묘목보다 생산비가 많이 들고, 용기묘의 운반비용이 많이 든다.

83 다음 중 실생묘의 단점으로 옳은 것은?

① 개화·결실이 빨라진다.　　　　　　② 변이가 잘 일어나지 않는다.

③ 초기 생장이 무성번식보다 느리다.　④ 묘목의 수명이 짧다.

⑤ 모수의 형질을 이어받는다.

> ☆note　실생묘의 특징
> ㉠ 씨앗으로 번식하는 방법으로 종자번식, 유성번식이라고도 한다.
> ㉡ 장점
> • 일시에 많은 양의 묘목을 생산할 수 있다(대량생산 가능).
> • 변이가 잘 일어나므로 종자번식을 통해 새로운 품종을 얻을 수 있다.
> ㉢ 단점
> • 개화·결실하는 데 오랜 시간이 걸린다.
> • 초기의 생장이 무성번식에 비해 느리다.

84 다음 중 우량종자의 조건으로 가장 중요한 것은?

① 유전적 형질이 뛰어나야 한다.　　　② 발아율과 효율이 높아야 한다.

③ 실중이 높아야 한다.　　　　　　　④ 두터운 종피를 가지고 있어야 한다.

> ☆note　우량종자의 구비조건
> ㉠ 재질이 뛰어나고 병충해에 대한 저항능력이 큰 유전적 형질을 갖추어야 한다.
> ㉡ 줄기가 곧게 자라고 생장이 신속해야 한다.
> ㉢ 잎의 총량이 적고 곁가지가 가늘면서도 광합성의 능력이 강력해서 해마다 다량의 재적 생
> 장을 가져올 수 있어야 한다.

85 다음 중 종자휴면의 원인으로 옳지 않은 것은?

① 이중휴면　　　　　　　　　　　　② 산소교환의 방지현상

③ 미성숙한 배　　　　　　　　　　　④ 생장억제 물질의 존재

⑤ 생장소의 과다

> ☆note　종자휴면의 원인
> ㉠ 종피의 불투기성
> ㉡ 종자의 물리적 작용(종피의 기계적 저항)
> ㉢ 배 휴면

    ⓔ 미성숙 배
    ⓜ 산소교환의 방지현상
    ⓑ 생장억제 물질의 존재
    ⓢ 이중휴면

86 다음 중 좋은 묘목을 고르는 조건으로 옳지 않은 것은?

① 조직이 충실해야 한다.   ② 곧은 뿌리가 비교적 길어야 한다.

③ 건조한 흔적이 보이지 않아야 한다.   ④ 잎의 색깔이 선명해야 한다.

⑤ 곁뿌리나 가는 뿌리가 많아야 한다.

> **note** 우량한 묘목의 품질조건
> ㉠ 잎 : 건전하고 조직이 충실하며, 잎의 색깔이 선명해야 한다.
> ㉡ 가지 : 아랫가지가 사방으로 잘 뻗어 있고 끝눈이 굵어야 한다.
> ㉢ 줄기 : 줄기가 굵고 곧아야 한다.
> ㉣ 뿌리 : 뿌리의 발달이 잘 되고 곧은 뿌리가 비교적 짧으며, 가는 뿌리나 곁뿌리가 많고 뿌리가 굽지 않아야 한다.
> ㉤ 기타 : 웃자라지 않아야 하고, 건조된 흔적이 보이면 안 된다.

87 다음 중 노천매장을 할 경우 종자를 일찍 매장해야 하는 수종으로 옳은 것은?

① 느티나무, 벚나무, 호두나무   ② 벽오동나무, 들메나무, 낙엽송

③ 물푸레나무, 백송, 자작나무   ④ 전나무, 편백나무, 벽오동나무

⑤ 리기다소나무, 층층나무, 벚나무

> **note** 종자가 크고, 종피가 두꺼우며, 종피에 수분흡수를 방해하는 물질을 가진 수종은 종자채취 직후부터 2 ~ 3개월 장기간 매장한다.
> ※ 종자에 따른 매장시기
> ㉠ 종자채취 직후 매장(9월 상순 ~ 10월 하순) : 단풍나무, 들메나무, 느티나무, 벚나무, 은행나무, 잣나무, 호두나무, 가래나무, 백합나무 등
> ㉡ 토양 동결 전 매장(11월 하순) : 벽오동나무, 물푸레나무, 신나무, 피나무, 옻나무 등
> ㉢ 파종 1개월 전 매장(3월 중순) : 소나무, 곰솔, 가문비나무, 전나무, 이깔나무, 측백나무, 리기다소나무, 오리나무, 자작나무, 삼나무, 편백 등

88 다음 중 종자의 저장방법으로 옳지 않은 것은?

① 침수저장법　　　　　　　　② 보호저장법
③ 밀봉저장법　　　　　　　　④ 노천매장법
⑤ 실온저장법

> **note** 종자의 저장법
> ㉠ 건조저장법 : 종자를 말려 저장하는 방법이다.
> • 실온저장법 : 건조시킨 종자를 용기에 담아 기온이 낮고 습도가 낮은 상태로 창고나 지하실 등에 보관한다.
> • 밀봉저장법(냉건저장법) : 종자를 건조시켜 탈기하고 진공상태로 밀봉하여 냉온상태로 저장한다.
> ㉡ 보습저장법
> • 노천매장법 : 저장과 동시에 발아를 촉진시킬 수 있는 방법으로 채집하여 정선한 종자를 비나 눈을 맞을 수 있는 노천에 묻어둔다.
> • 보호저장법(건사저장법) : 마른 모래와 종자를 섞어 창고나 지하실에 저장하거나 비나 눈이 스며들지 않는 곳에 노천매장의 방식으로 저장한다.
> • 습적법 : 1 ~ 2℃의 냉장실이나 냉장고에 보습재와 혼합한 종자를 용기에 담아 저장하는 방법이다.

89 다음 중 삽수조제에 대한 설명으로 옳지 않은 것은?

① 물오르고 난 후 긴 가지를 채취한다.
② 삽수 아랫부분에 있는 잎과 가지는 따낸다.
③ 삽수의 하단은 날카로운 칼로 45˚ 각도로 깎는다.
④ 상록침엽수에서는 삽수의 길이가 15cm 가량 되면 아래쪽 5 ~ 7cm 길이에 붙어 있는 잎과 곁가지를 제거한다.

> **note** 삽수의 조제
> ㉠ 물 오르기 전 긴 가지를 채취해서 삽수를 조제한다.
> ㉡ 수분의 증산을 막기 위해 침엽수의 경우 15cm 정도 자르고, 아랫부분의 잎과 가지를 7cm 정도 따낸다. 이때 발근에 지장을 주지 않도록 잎을 적당히 따낸다.
> ㉢ 날카로운 칼로 아랫부분을 45˚ 각도로 깎아 20 ~ 50개씩 묶어 밑부분만 물 속에 잠기도록 세워 둔다.
> ㉣ 잎에 물이 묻으면 좋지 않고, 물에 장시간 담그는 것도 해롭다.

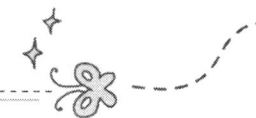

90 다음 중 작은 종자의 실중을 구하려고 할 때 종자수와 측정 횟수로 옳은 것은?

① 100알, 3회
② 100알, 4회
③ 1,000알, 3회
④ 1,000알, 4회
⑤ 1,000알, 5회

> **note** 실중 … 씨앗의 충실도를 무게로 나타낸 것으로 실중의 값이 높으면 종자가 무겁고 충실한 것으로 판단할 수 있는데, 작은 종자는 1,000알을 4회 측정하여 평균값을 g으로 표시하고, 큰 종자는 100알을 4회 측정하여 평균값을 g으로 나타낸다.

91 다음 중 X선 사진에 의한 발아시험방법이 가지는 단점으로 옳은 것은?

① 발아력 검정에 시일이 오래 걸린다.
② 짧은 시간 안에 결과를 알 수 있다.
③ 실용성이 떨어진다.
④ 생활력을 상실한 것도 건전한 종자로 나타난다.
⑤ 자연상태보다 이상적인 환경이 제공된다.

> **note** X선 사진에 의한 발아시험 … X선 사진장치를 이용하여 종자의 내부조직을 촬영해 발아력을 측정하는 방법으로, 짧은 시간 안에 결과를 알 수 있지만, 오래되어 생활력을 상실한 종자도 내부조직만 그대로 있으면 건전한 종자로 나타내는 단점이 있다.

92 다음 중 묘목의 생장을 돕기 위해 뿌리는 비료로 옳지 않은 것은?

① 염화칼륨
② 석회질소
③ 나뭇재
④ 인산질 비료
⑤ 규소질 비료

> **note** 비료의 종류
> ㉠ 두엄 : 각종 무기양분을 공급하고, 토양의 물리적 성질을 좋게 하며, 유익한 미생물의 활동을 돕는다.
> ㉡ 질소질 비료 : 요소가 많이 쓰이며, 황산암모늄, 석회질소 등이 사용된다.
> ㉢ 칼륨질 비료 : 산성의 황산칼륨, 중성의 염화칼륨, 나뭇재 등이 많이 사용된다.
> ㉣ 인산질 비료 : 중과인산석회(중과석), 용성인산비료(용성인비), 닭똥 등이 사용된다.

93 다음 중 씨뿌리기 전 1~3일 동안 물에 담가 두면 발아를 촉진하는 수종은?

① 자작나무   ② 낙엽송
③ 벗나무   ④ 회양목

> ✿note 침수처리법 … 씨뿌리기 전 1~3일 동안 물에 담가 수분을 충분히 흡수하게 하여, 발아를 촉진
> 시키는 방법으로 해송, 소나무, 낙엽송, 리기다소나무 등 건조시켜 실내에 저장한 수종에 효과가
> 크다.

94 다음 중 묘목의 발생이 빽빽하게 나있는 묘목이나 허약한 묘목 등은 뽑아 버리고, 묘목의 간격을
일정하게 하여 건전한 생장을 할 수 있도록 해주는 작업은?

① 짚덮기   ② 접붙이기
③ 솎기   ④ 제초
⑤ 덧심기

> ✿note 솎기
> ㉠ 묘목의 간격을 일정하게 하여 건전한 생장을 할 수 있도록 공간을 만들어 주는 작업으로,
> 빽빽하게 나 있는 묘목이나 허약한 묘목 등은 뽑아 버린다.
> ㉡ 가을에 남길 묘목의 수를 예상하여 3회 정도 나누어 솎기작업을 한다.
> ㉢ 솎기는 제초작업과 병행하여 하고 끝난 후 바로 관수를 한다.

95 다음 중 묘목의 덧거름을 줄 때 9월 이후에는 시용할 수 없는 것은?

① 닭똥   ② 나뭇재
③ 용성인비   ④ 요소
⑤ 황산칼륨

> ✿note 요소는 질소질 비료로 질소 비료는 7월 이후 덧거름으로 주게 되면 묘목이 웃자라 겨울에 동
> 해를 입기 쉬우므로 주의해야 한다.

96 다음 중 장미나무를 접붙이기 할 때 대목으로 쓰이는 수목은?

① 은행나무
② 가래나무
③ 해당화
④ 해송
⑤ 찔레나무

⭐note 접붙이기에 쓰이는 대목

접붙일 수종 (접수)	대목	접붙일 수종 (접수)	대목	접붙일 수종 (접수)	대목
밤나무	밤나무	섬잣, 백송	해송	매실나무	개복숭아
호두나무	가래나무	배나무	산돌배나무	매화나무류	개복숭아
은행나무	은행나무	사과나무	해당화	장미나무	찔레나무
소나무류	해송	대추나무	산조인	백목련나무	목련나무

97 다음 중 삽목법의 종류에 대한 설명으로 옳지 않은 것은?

① 경단 – 생리적 활동이 왕성하게 진행 중인 삽수를 이용하는 방법이다.
② 수직삽 – 삽수를 땅 표면에 수직으로 꽂는 방법이다.
③ 삽수조제의 요령에 따른 분류 – 보통삽, 발꿈치꽂이, 경단꽂이, 쪼개꽂이, T자삽이 있다.
④ 할삽 – 삽수의 하단을 칼로 쪼개서 그 틈에 작은 돌 같은 것을 끼우는 방법이다.

⭐note ① 미숙지삽에 대한 설명이다.
   ※ 삽목법
     ㉠ 식물체로부터 잎, 줄기, 뿌리 등의 일부분을 분리하여 발근시켜 하나의 독립개체를 만드는 방법으로 무성번식의 한 방법이다.
     ㉡ 삽목시기나 생리상태에 의한 분류 : 녹지삽(반숙지삽, 미숙지삽), 휴면지삽 등으로 분류한다.
     ㉢ 삽수를 꽂는 방법에 따른 분류 : 사삽, 수직삽, 곡삽 등이 있다.
     ㉣ 삽수조제 요령에 따른 분류 : 보통삽, 발꿈치꽂이(종삽), 경단꽂이(단자삽), 쪼개꽂이(할삽), T자삽 등이 있다.

98 다음 중 점뿌림 하기에 적합한 종자는?

① 잣나무

② 호두나무

③ 단풍나무

④ 벚나무

> **note** 점뿌림(점파)
> ㉠ 굵은 종자를 뿌리는 방법으로 호두, 밤, 칠엽수 등에 적용한다.
> ㉡ 가로·세로로 일정한 간격을 유지하며 한 알씩 종자를 뿌린다.

99 다음 중 T/R율에 대한 설명으로 옳은 것은?

① 지상부와 근부와의 건중량이다.

② 묘고와 뿌리와의 백분비이다.

③ 지상부와 근부와의 실중비이다.

④ 묘고와 근장과의 비이다.

> **note** T/R율 … 묘목의 지상부의 무게를 지하부의 무게로 나눈 값으로 생리적 형질을 고려하기 위한 묘목발달의 균형기준이다. T/R율이 적으면 활착률이 좋다.

100 다음 중 묘포관리의 설명으로 옳지 않은 것은?

① 인산질 비료를 덧거름으로 한다.

② 관수는 아침·저녁에 하는 것이 좋다.

③ 솎기는 완전 발아 후 2~3회 실시한다.

④ 제초는 한 해에 4~5회 실시한다.

⑤ 음수는 일반적으로 해가림을 한다.

> **note** 묘포의 관리
>
> ㉠ 해가림
> - 지면에서의 증발을 조절하여 건조를 억제하고 지표면의 과도한 온도상승을 막아준다.
> - 발아직전에 가설하고 대나무·철사 등의 재료를 쓴다.
> - 제거는 8월 하순경에 하고, 9월 이하에 전부 걷는다.
> ㉡ 제초 : 기구로 직접 뽑거나 제초제를 사용하고, 한 해에 6~8회 실시한다.
> ㉢ 솎기 : 발아 완료 뒤 2~3회 실시하고 8월 상순 이전에 끝내도록 한다.
> ㉣ 관배수 : 장마가 계속되면 물 빼기를 잘 하고, 가뭄이 계속되면 아침·저녁으로 물을 준다.
> ㉤ 병충해 방제 : 포지를 청결한 상태로 유지한다.
> ㉥ 덧거름 : 인산질 비료를 사용한다.
> ㉦ 동해예방 : 배수가 잘 되도록 하고 묘목이 도장되지 않게 질소질 비료를 과다하게 주지 않는다.

Chapter 02
묘목의 식재

1 조림수종과 조림지대

① 조림수종 선정시 고려사항

(1) 조림수종의 선택에 고려해야할 사항

① 입지조건과 선택수종의 생태적 특성이 부합되는지의 여부를 고려해야 한다.

② 적용될 작업종과 그 수종의 생태적 특성이 관련 있는지를 고려해야 한다.

③ 식재될 입지에 선택된 수종이 미치는 영향에 대해 고려해야 한다.

④ 선택수종의 이용적 가치를 고려해야 한다.

⑤ 조림비용, 생장속도, 내병충성 등을 고려해야 한다.

(2) 조림수종의 선택원칙

① **생물적 원칙**

   ㉠ 병충해에 대한 저항력이 강해야 한다.

   ㉡ 입지조건에 적응이 가능한 수종이어야 한다.

② **경제적 원칙**

   ㉠ 재질이 우수해 수요가 많고 재적수확량이 많아야 한다.

   ㉡ 그 수종의 경제적 가치가 높아야 한다.

③ **조림적 원칙**

   ㉠ 쉽게 조림할 수 있고 작업종에 수종의 생리상태가 알맞아야 한다.

   ㉡ 임지양호 및 국토양호에 도움이 되어야 한다.

② 우리나라의 조림지대와 수종

(1) 우리나라의 조림지대

① **조림구역의 기준** … 각 나라에서 조림지대를 위도, 해발고도, 기후조건, 토양조건 등의 환경조건을 고려해서 나누고 지대별로 권장수종을 제시한다.

② **우리나라의 구분**

　㉠ 남한을 대상으로 7개의 조림지대로 구분하는데 행정구역과 관계 없이 산림기후대, 온난지수, 한랭지수, 강수량, 평균 기온 등 임목생육에 영향을 끼치는 기상적 인자를 고려한다.

　㉡ 기상인자 외에도 토양조건, 해발고도, 지형 등의 인자도 포함하여 결정한다.

③ **7개의 조림지대** … 난대, 온대 남부, 온대 중부, 온대 남서부, 온대 남동부, 온대 해안, 온대 북부 등으로 나눈다.

(2) 우리나라의 조림지대별 수종

① **조림 장려수종**

　㉠ 우리나라에서는 여러 가지 인자를 종합해서 고려해 21개 조림수종을 선정·권장하고 있다.

　㉡ 수목의 종류별 장려수종

　　• 장기수

　　− 오랜 기간 자라서 큰 목재를 생산하는 수목을 말한다.

　　− 침엽(10종) : 리기테다소나무, 버지니아소나무, 강송, 해송, 낙엽송, 전나무, 잣나무, 스트로브잣나무, 삼나무, 편백이 있다.

　　− 활엽수(4종) : 참나무류, 자작나무류, 느티나무, 물푸레나무가 있다.

　　• 속성수

　　− 비교적 단시일 내에 목재를 생산하는 수목을 말한다.

　　− 이태리포플러(1호, 2호), 수원포플러, 현사시나무(3호, 4호), 양황철나무, 오동나무가 있다.

　　• 유실수

　　− 열매를 주로 생산하는 수목을 말한다.

　　− 밤나무, 호두나무가 있다.

　　• 이밖에 주요 조림수종에 속하는 것에는 은행나무, 아카시아, 피나무류, 오리나무류, 대나무류가 있다.

◎ 조림지대별 조림 장려수종 ◎

지대	조림 장려수종
제1구 (난대)	강송, 낙엽송, 잣나무, 삼나무, 편백, 해송, 리기테다소나무, 버지니아소나무, 스트로브잣나무, 참나무류, 물푸레나무, 느티나무, 현사시나무, 포플러류, 오동나무, 밤나무 등
제2구 (온대 남서부)	강송, 낙엽송, 잣나무, 삼나무, 편백, 리기테다소나무, 버지니아소나무, 스트로브잣나무, 참나무류, 물푸레나무류, 자작나무류, 느티나무, 현사시나무, 포플러류, 오동나무, 밤나무 등
제3구 (온대남동부)	강송, 낙엽송, 잣나무, 편백, 해송, 리기테다소나무, 버지니아소나무, 스트로브잣나무, 참나무류, 물푸레나무, 느티나무, 현사시나무, 포플러류, 오동나무, 밤나무, 호두나무 등
제4구 (온대 남부)	강송, 전나무, 잣나무, 낙엽송, 리기테다소나무, 버지니아소나무, 스트로브잣나무, 참나무류, 자작나무류, 물푸레나무, 느티나무, 현사시나무, 포플러류, 오동나무, 밤나무 등
제5구 (온대 중부)	강송, 전나무, 잣나무, 낙엽송, 리기테다소나무, 버지니아소나무, 스트로브잣나무, 참나무류, 자작나무류, 물푸레나무, 느티나무, 현사시나무, 포플러류, 오동나무, 밤나무 등
제6구 (온대 해안)	강송, 해송, 전나무, 리기테다소나무, 스트로브잣나무, 참나무류, 자작나무류, 물푸레나무, 느티나무, 현사시나무, 포플러류, 밤나무 등
제7구 (온대 북부)	강송, 전나무, 잣나무, 낙엽송, 스트로브잣나무, 참나무류, 자작나무류, 물푸레나무, 느티나무, 현사시나무, 포플러류, 밤나무 등

(3) 도입수종에 의한 조림수종

① **도입수종 조림에서의 주의사항** … 조림수종을 외국에서 도입하는 것은 중요하고 필요한 사항이지만 주의할 사항은 우리나라에서 도입수종에 대한 조림기술의 확립과 시험식물이 아닌 기업화 단계로까지의 모든 사항이 확인된 후 실천적 조림을 시행해야 한다는 것이다.

② **우리나라에서의 주요 도입수종**

ㄱ 미국 : 리기다소나무, 방크스소나무, 스트로브소나무, 낙우송, 플라타너스, 미국물푸레나무, 아카시아, 미루나무, 네군도단풍 등이 있다.

ㄴ 유럽 : 독일가문비, 이태리포플러, 유럽소나무 등이 있다.

ㄷ 일본 : 낙엽송, 삼나무, 편백, 일본전나무, 오리나무 등이 있다.

2 묘목의 굴취와 가식

① 묘목의 굴취

(1) 굴취의 개요

① 굴취의 개념

 ㉠ 땅으로부터 나무를 옮겨심기 위해 파내는 것을 말한다.

 ㉡ 굴취의 방법은 나무의 크기나 수종별 뿌리의 생육상태에 따라서 다르다.

② 수종에 따른 굴취시기

 ㉠ 초봄 : 땅이 풀리면 상록수를 비롯해 거의 대부분의 묘목에서 굴취를 실시한다.

 ㉡ 가을 : 일부 낙엽수종이나 월동시 특별보호가 필요한 수종, 포지의 활용상 필요할 때에 묘목을 굴취할 수 있다.

 ㉢ 가을묘목의 굴취시 주의사항

  • 잎이 떨어지고 생육이 정지된 상태에서 얼음이 얼기 전에 실시해야 한다.

  • 겨울기간의 가식상태에서 건조나 동해, 통기불량 등으로 인해 피해를 받을 우려가 있기 때문에 특별보호 · 관리가 필요하다.

③ 굴취시의 기후

 ㉠ 흐리고 서늘하며 바람이 없는 날이 적당하다.

 ㉡ 대기의 습도가 높으면 묘목의 건조를 방지할 수 있지만 아침이슬이 있거나 비가 오는 날씨는 피해야 한다.

(2) 굴취방법

① 묘목이 작거나 뿌리의 발달이 좋지 않을 경우 묘목이 상하지 않도록 조심하고 흙덩이 채로 파내 뿌리가 끊어지지 않도록 조심스럽게 추려내면서 거적을 바로 덮어서 작업실에서 선묘한다.

② 굴취시 땅의 습기가 적당하도록 습기가 많은 경우는 어느 정도 마른 다음에 하고, 건조할 경우에는 물을 주어 축축해 진 다음 실시한다.

③ 축축한 거적을 묘목에 덮어 건조를 막아주고 선묘 할 때까지 보호하며 묘포에 도랑을 파 일시 가식하기도 한다.

② 묘목의 선묘와 포장

(1) 선묘

① **개념** … 굴취한 묘목의 뿌리나 줄기의 크기가 규격에 적합한지, 묘목형태의 정상적 인지의 여부, 기계적 상처나 병충해가 있는지의 여부, 확실한 품종인지 등을 조사해 조림에 적당한 수종을 가려내 불량묘를 버리고 좋은 묘목을 크기별로 구분하는 것을 말한다.

② **선묘의 방법**
  ㉠ 묘목을 굴취한 즉시 천막 속이나 작업실 안에서 실시해 묘목의 건조를 방지해야 한다.
  ㉡ 선묘를 실시하는 중에도 축축한 거적 속에 묘목을 보관하고 되도록 빨리 끝내도록 한다.
  ㉢ 선묘의 기준이 선묘를 하는 사람마다 다를 수 있기 때문에 각자 선묘기준의 표본을 정해 비교하면서 실시하는 것이 좋다.

③ **선묘의 묶음**
  ㉠ 선묘를 해 합격한 묘는 일정 개수를 다발로 묶어서 가식한다.
  ㉡ 묘목의 크기에 따라 계산이 편리하도록 묶는 개수를 10, 20, 25, 50, 100개 단위로 한다.
  ㉢ 묶는 정도의 힘은 풀어지지 않을 범위에서 느슨하게 묶는다.
  ㉣ 묘목의 크기에 따른 묶는 부분의 위치 : 묘목이 작을 경우 중앙부, 묘목이 클 경우 상·하부 두 군데를 부드러운 노끈이나 짚으로 묶어준다.

(2) 포장(곤포)

① **방법**
  ㉠ 거적이나 헌 가마니로 묘목의 크기에 따라서 적당한 양을 한 다발씩 포장해 조림지로 수송한다.
  ㉡ 포장재료 위에 뿌리를 안쪽으로 들어가게 두 줄로 늘어놓고, 뿌리 사이에는 짚이나 이끼로 만든 축축한 물수세미를 끼워 넣는다.
  ㉢ 묶는 부위 : 양쪽 가지 끝부분, 뿌리부분 등을 묶는다.

② **포장의 크기**
  ㉠ 부피가 작은 어린 침엽수는 한 다발을 1,000그루 안팎으로 한다.
  ㉡ 이태리포플러, 밤나무, 오동나무 등은 한 다발을 50 ~ 100그루로 한다.
  ㉢ 묘목을 다발상태에서 오랫동안 보관하면 안 되고 한 다발의 무게는 20kg 이하이어야 취급하기가 좋다.

③ 운반 및 가식

(1) 운반

① 포장을 하면 당일에 조림지에 운반되도록 하고 짧은 시간 안에 운반이 끝나도록 한다.

② 운송수단은 기차나 트럭을 이용하는데 차량에 선반을 설치할 때 묘목이 겹쳐 눌리지 않게 하고, 차량의 겉면을 포장하여 햇빛이나 바람으로 인해 건조되는 것을 방지해서 습기를 유지하도록 한다.

③ 포장한 당일 안에 일찍 끝내서 다시 풀어 가식하는 시간까지 하루에 끝내도록 해야 하고 기온이 높고 건조한 날에는 원거리 수송을 하면 절대 안 된다.

(2) 가식

① **개념** … 묘목을 조림하기 전에 임시로 땅에 심어 뿌리가 건조하게 되는 것을 방지하는 일을 말한다.

② **가식장소**
  ㉠ 햇빛이 많이 들어오지 않아서 서늘한 장소이어야 한다.
  ㉡ 건조하지 않고 습기가 적당히 있으며 주변의 대기습도가 높은 곳이어야 한다.
  ㉢ 배수와 통기가 잘 되고 바람을 피할 수 있어야 한다.
  ㉣ 되도록 조림지 근처를 선택한다.

③ **가식방법**
  ㉠ 줄지어 대부분의 묘목을 묻을 때 흙이 뿌리 사이에 충분히 들어가서 공간이 없도록 한다.
  ㉡ **묘목끝의 방향** : 봄에는 북쪽, 가을에는 남쪽으로 기울어지도록 한다.
  ㉢ **가식기간** : 단기간일 때에는 다발째로, 장기간 가식할 경우에는 다발을 풀어서 한다.
  ㉣ **추위에 약한 묘목의 가식** : 월동가식할 경우 움속에 하거나, 낙엽 · 짚 등을 덮어서 추위를 막아주도록 한다.
  ㉤ 묘목의 뿌리가 쇠약해진 것은 물에 담가 세력을 회복시킨 후에 가식한다.
  ㉥ 관리가 편하도록 한 줄에 들어가는 묘목을 일정한 수로 심는다.
  ㉦ 가식을 너무 조밀하게 해 오랫동안 방치한 경우 뿌리에 통기가 잘 안 되어 부패할 수 있기 때문에 적당하게 밀도를 조절한다.

3 묘목의 식재

① 조림지 준비(지존작업)

(1) 예취법

① **전체깎기**

 ㉠ 개념 : 식재지 전체에 걸쳐서 잡물을 제거하는 방법이다.

 ㉡ 양성의 강건한 수종 즉, 소나무, 낙엽송, 곰솔, 상수리나무 등은 물론이고 그 밖의 수종에서도 풍해가 적다고 짐작될 때 사용할 뿐만 아니라 개벌적지에 적용하는 일도 많다.

② **줄깎기**

 ㉠ 개념 : 묘목을 심을 줄에서만 폭 1~3m 정도 깎아내는 방법이다.

 ㉡ 목적 : 남아있는 지피식생으로서 바람과 추위로부터 묘목을 보호하고 경비를 절약하는 데 있다.

 ㉢ 양수에 대해서는 적당한 방법이 아니다.

③ **둘레깎기**

 ㉠ 개념 : 묘목을 심을 곳의 둘레만 네모형태나 둥근 형태로 정비하는 방법이다.

 ㉡ 극단한 음수나 건조한 고지에서 적용이 가능하다.

(2) 소각법

① **개념** … 식재 지역에다 불을 질러 잡초와 관목을 태우는 방법이다.

② **특징**

 ㉠ 소각을 하기 전 치밀하게 지형조사와 준비를 해야하고 적용시기, 방법 및 장소 등에 주의를 기울여야 한다.

 ㉡ 주의를 소홀히 할 경우 예기치 않은 산불이 일어나 막대한 손실과 지력감퇴를 가져오기 때문에 국내에선 거의 실시하지 않는다.

 ㉢ 입지에 따라서 산불 잔해물을 제거하는 것이 더 어려운 경우도 많다.

(3) 약제살포법

① **의의** … 잡관목이나 잡초를 제거할 때 약제를 살포하면 인력과 경비의 감소를 가져올 수 있다.

② **단점**

　㉠ 묘목에 약해가 일어날 수 있다.

　㉡ 숲땅의 생태환경에 나쁜 영향을 미칠 수 있다.

　㉢ 숲땅에 고사된 식생이 그대로 남아 있게 되면 조림에 장애를 주게 된다.

③ **사용약제**

　㉠ 근사미 100배액, 그라목손 25배액 : 아카시아 발생지에 사용된다.

　㉡ 근사미 100배액, 그라목손 100배액 : 일반 잡관목의 제거에 사용된다.

　㉢ 염소산 나트륨 30배액 : 주로 산죽 발생지에 사용된다.

②　식재밀도

(1) **식재밀도의 개요**

① **개념** … 어린 묘목을 일정한 면적에 어느 정도 심을 것인지를 결정하는 것을 말한다.

② 식재밀도의 변화에 영향을 주는 요소에는 수종, 조림의 목적, 무육관리, 경영자의 경영계획 등이 있는데, 조림 이후 그 임분의 생산성과 더불어 목재의 형질에도 큰 영향을 준다.

③ 밀도는 수고성장보다 직경성장에 더 영향을 끼치고, 그 결과로 단목의 재적성장이 달라지게 된다

④ **높은 밀도에서 나타나는 현상**

　㉠ 높은 밀도에서는 묘목의 지름이 가늘지만 완만재가 되고 소립시키면 초살형이 된다.

　㉡ 높은 밀도일수록 총생산량에서의 가지비율이 낮아지고 간재적의 점유비율이 높아지게 되며 밀립상태에서는 목재의 마디와 가지가 적게 생산된다.

　㉢ 임업에서 임목의 굵기가 어느 정도 되고 간재적을 크게 해야 할 필요가 있다.

② 어느 밀도까지는 일정 면적당 총생산량이 본수가 많을수록 증가하지만 그 밀도가 초과되면 총생산량이 일정하게 되는데 그 총생산량을 일정하게 만드는 최대 밀도는 수종마다 차이가 있다.

⑩ 지나치게 높은 밀도의 임분은 안정성의 감소와 단목의 생활력이 약해지기 때문에 간벌을 할 필요가 있다.

(2) 식재밀도의 일반원칙

① 식재밀도의 표시는 ha당 본수로 한다.

② 식재밀도의 변화에 영향을 미치는 요인에는 조림지의 자연조건과 경제적 사정이 있다.

③ 일반적으로 식재를 한 후 5～6년경이 되면 묘목의 가지끼리 맞닿게 되고, 10여 년이 되면 무육작업인 간벌이나 가지치기 등으로 조절을 한다.

④ **주요 수종의 식재밀도**

　　㉠ **낙엽송** : 1,000～3,000본

　　㉡ **상수리나무 · 밤나무** : 3,000～4,500본

　　㉢ **소나무 · 곰솔** : 3,000～5,000본

　　㉣ **삼나무 · 편백** : 3,000～8,000본

⑤ 식재밀도의 합리적인 방법은 무육작업을 집약적으로 하고 식재본수를 가능한 대로 충분히 해 곧 울폐에 이르게 하는 것이다.

(3) 밀식의 특징

① **장점**

　　㉠ 수관의 울폐가 빠르게 와 표토의 침식 · 건조를 방지해 개벌에 의한 지력감퇴를 감소시킬 수 있다.

　　㉡ 하예기간(下刈其間)을 단축하게 된다.

　　㉢ 개체끼리의 경쟁으로 인해 균일한 연륜폭이 되어 고급재의 생산이 가능하다.

　　㉣ 가지가 가늘어져 임목형질이 높아지게 되어 가지치기에 드는 비용이 줄어든다.

　　㉤ 제벌 및 간벌을 실시함에 있어서 선목의 여유가 생겨 우량임분으로 유도할 수 있고 간벌수입이 기대된다.

② **단점**

　　㉠ 밀식을 하기 위해서 더 알뜰히 지존작업을 해야 하고, 식재 및 묘목대 비용이 증가되어 경제적으로 문제가 생긴다.

ⓛ 초기 재식할 때 노무량이 많이 필요하고, 이로 인해 합리적 작업진행에 차질을 가져올 수 있다.

ⓒ 임분을 밀립하면 줄기가 가늘고 근계발달이 약해서 풍해 · 설해 등의 피해를 입기 쉽다.

(4) 식재밀도에 영향을 주는 인자

① 보통 양수는 소식을 하고 전나무 같은 음수는 밀식을 한다.

② 목표가 소경재 생산인 경우에는 그 반대의 경우보다 밀식을 한다.

③ 지력이 나쁜 곳에서는 빠른 울폐를 기대해 밀식해서 지력을 돕고, 땅이 비옥한 경우 빠른 성장 속도로 인해 소식하는 것이 좋다.

④ 교통이 안 좋은 오지림에서는 목재운반을 위해 소식한다.

⑤ 활엽수종처럼 굵은 가지에 줄기가 굽는 경향이 있는 묘목은 밀식하는 것이 좋다.

⑥ 소나무같이 피해 받기 쉬운 수종은 건전목이 남을 수 있는 여유가 있도록 밀식한다.

⑦ 산림 소유자의 경제사정이 좋지 않을 경우 소식을 한다.

③ 식재방법

(1) 식재의 시기

① **식재시기**

ⓙ 식재시기가 정해지는 것은 묘목의 생리조건과 기상조건으로 이루어지고 보통 봄에 많이 심는다.

ⓛ 겨울의 날씨가 강설이 많거나 기온이 따뜻한 지역에서는 가을식재도 무방하지만 우리나라는 가을식재가 좋은 편이 아니다.

② **봄식재**

ⓙ 식재시기

• 남부지방 : 2월 하순에서 3월 중순 사이에 한다.

• 중 · 북부 지방 : 4월에서 5월 중순 사이에 한다.

ⓛ 해빙 후에 건조해지고 기온이 상승하게 되므로 다소 안전하게 식재하기 위해선 조기식재를 한다.

③ **가을식재**

ⓙ 상록침엽수보다 낙엽활엽수 즉, 아카시아, 현사시나무와 같은 묘목에 적용이 가능하다.

ⓛ 식재시기 : 생장이 정지되고 땅이 얼기 전에 한다.

④ **포트묘**(용기묘)**식재** … 봄, 여름, 가을에 걸쳐서 계속 식재가 가능한데 그 이유는 뿌리가 완전하고 흙이 그대로 붙어 있어서 식재 적기가 매우 길어지기 때문이다.

⑤ **관리** … 식재 후 기상조건이 묘목활착에 영향을 크게 미치므로 계속된 건조기에서 식재를 할 때에는 세심한 주의를 요하고 더 건조한 묘목을 심을 필요가 있다.

(2) 식재망

① **개념** … 묘목 심을 지점의 배열을 뜻한다.

② **특징**

   ⊙ 배열이 규칙적으로 되면 묘목이 같은 생육공간을 갖게 되어 균일하게 생장할 수 있다.

   ⓛ 공간의 낭비가 없어서 숲땅의 생산성 증가가 가능하다.

   ⓒ 식재가 수월하고 경비가 감소된다.

   ② 식재한 후에는 묘목을 현황파악하는 것과 무육을 관리하는 것이 편하다.

③ **방법**(식재망)

   ⊙ **정사각형 식재**

   • 개념 : 가장 많이 사용하는 방법으로 줄 사이의 간격과 묘목 사이의 간격이 같은 것을 말한다.

   • 식재할 묘목수

$$N = \frac{A}{a^2}$$

   ◦ N : 식재할 묘목수
   ◦ A : 조림지의 면적
   ◦ a : 묘목 사이의 거리

   예 2.0ha에 묘목 사이에 거리를 2m 간격으로 정사각형 식재할 때 2.0ha에 식재할 묘목의 수를 구하라.

   [풀이] 1ha = 10,000m^{2}이므로 2.0ha = 20,000m^{2}에서 N = $\dfrac{20,000}{2^2}$ = 5,000(그루)

   ⓛ **직사각형 식재**

   • 개념 : 열간보다 묘목 사이의 거리가 더 긴 것이다.

   • 열식 : 묘목 사이의 거리가 짧고 열간이 더 긴 경우를 말한다.

• 식재할 묘목의 수

$$N = \frac{A}{a \times b}$$

◦ N : 식재할 묘목수
◦ A : 조림지의 면적
◦ a : 묘목 사이의 거리
◦ b : 열간 거리

📖 15,000m²에 묘목 사이에 거리 2m, 줄 사이의 거리 1.6m로 직사각형 식재를 할 때 식재할 묘목의 수를 구하라.

[풀이]$N = \frac{15,000}{(2 \times 1.6)} = \frac{15,000}{3.2} ≒ 4,687$(그루)

ⓒ 정삼각형 식재

• 개념 : 정삼각형의 꼭짓점에 심는 것을 말하고, 묘목 사이의 거리가 같게 된다.
• 단위면적에 묘목을 많이 심을 수 있고, 기상적 재해에 대한 저항성이 있는 임분구조가 된다.
• 식재되는 묘목의 수

$$N = \frac{A}{a^2 \times 0.866} \text{ 또는 } N = 1.155 \times \frac{A}{a^2}$$

📖 1ha에 묘목 사이에 거리를 1.5m로 정삼각형 식재를 할 때 식재할 묘목의 수를 구하라.

[풀이]$N = \frac{(1.555 \times \times 10,000)}{1.5^2} = \frac{15,550}{2.25} ≒ 6,911$그루

ⓔ 군식식재 : 묘목을 3 ~ 5그루씩 모아서 식재하는 것을 말한다.

(3) 식재지점의 결정

① 식재지점을 결정하기 위해서 먼저 식재할 예정지를 돌아본 후 지형에 따라서 구획한다.

② 산기슭에서 줄은 등고선 방향으로 치고 이것으로 줄 사이의 거리도 조정을 한다.

③ 심는 줄을 쳐 나가는 방향은 산밑에서 산꼭대기이고 붉은 천으로 일정한 간격마다 표시가 되어 있어 식재지점을 결정 할 수 있다.

④ **식재거리** … 원래 수평거리이지만 20°이하의 경사에선 큰 무리가 가지 않기 때문에 그대로 하고, 20°이상의 경사에선 사면거리를 늘리도록 한다.

⑤ 식재 할 지점에 장애물 즉, 돌이나 나무뿌리 등이 있으면 위·아래로 지점을 조금 이동시킨다.

(4) 식재의 방법

① 식재도구

　　㉠ 묘목의 식재시 묘목의 크기와 식재지의 조건에 알맞은 괭이가 주로 사용되고 있다.

　　㉡ 깊은 토심과 돌의 양이 적은 곳에서 도끼형의 도구를 사용할 수 있지만 우리나라의 산지식재
　　　로는 적당하지 않은 경우가 많다.

② 식재순서

　　㉠ 묘목을 심기 전에 활착을 좋게 하기 위해서 가식지의 한 구석에다 판 얕은 구덩이에 물을 부
　　　어 만든 흙탕물을 묘목의 뿌리에 적셔준다.

　　㉡ 묘목을 넣을 수 있는 용기에 30 ~ 50본 정도의 묘본을 넣고 식재지점을 중심으로 해서 직경
　　　50 ~ 70cm의 사방에 있는 땅 표면을 정리한다.

　　㉢ 식재지 가운데에서 괭이를 깊게 넣어 구덩이를 판다.

　　㉣ 구덩이 둘레에도 괭이를 넣어서 구덩이 방향으로 뻗어 나온 풀뿌리나 나무뿌리를 절단한 후
　　　묘목의 뿌리가 들어갈 정도로 파 흙을 부드럽게 만든 뒤 묘목이 곧게 되도록 세우고 구덩이의
　　　70 ~ 80% 정도를 좋은 흙으로 해서 채운다.

　　㉤ 묘목의 끝을 손으로 잡아 위로 살짝 추켜올려 뿌리의 위치가 자연스럽게 되도록 한 다음 나
　　　머지 흙을 넣고 지표면을 밟아 전과 같도록 만든다.

> ★TIP 땅이 너무 경송할 경우 묘목을 조금 깊은 느낌이 들도록 심어 바람과 건조를 견디도록 하고 심
> 은 뒤 뿌리목 부근에 낙엽 같은 것을 덮어준다.

◎ 나무 심을 때의 깊이와 흙덮기 ◎

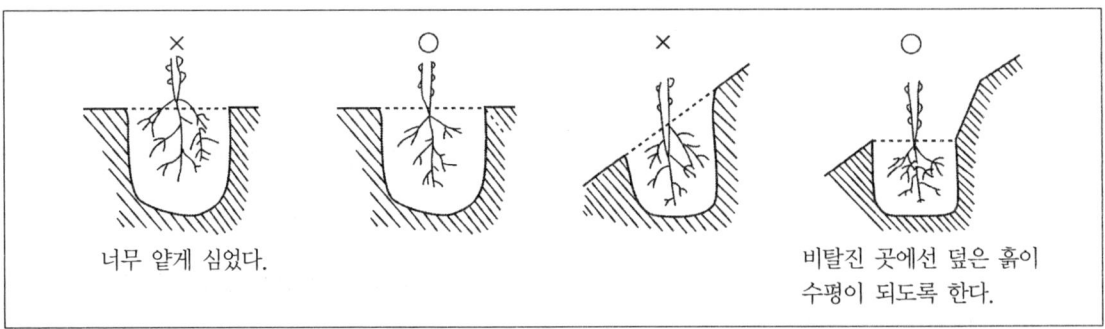

(5) 시비

① 묘목을 식재할 때 시비를 같이 해주면 경비와 노력을 줄일 수 있다.

② 산지에는 일반적으로 산림용 고형 복합 비료를 사용하는 데 이 비료는 질소, 인산, 칼륨 또는
　황산암모늄, 요소, 중과인산석회, 염화칼륨을 혼합해서 만든 것이다.

TIP 고형 비료

    ㉠ 질소, 인산, 칼륨을 이탄 등의 첨가물과 혼합해 하나의 무게를 15g 정도가 되도록 해서 조 개형태로 압축하여 만든 것으로 산림에 주기 편리하다.

    ㉡ 3요소인 질소 : 인산 : 칼륨의 비율은 3 : 4 : 1 (1.8g : 2.4g : 0.6g)이 된다.

③ **시비방법**

    ㉠ 묘목을 심을 구덩이 아래에 먼저 비료를 넣고 그 위에 흙을 얇게 덮은 후 묘목을 심는다.

    ㉡ 묘목을 심은 후 묘목의 둘레 흙을 깊이가 5cm 정도가 되도록 파고 그 곳에 비료를 주는 방 법이 있는데 산에서 흔히 사용되고 있다.

④ 밤나무, 오동나무 등을 식재 할 때에는 두엄 같은 밑거름을 충분히 사용해서 다른 묘목보다 특히 비료를 많이 준다.

⑤ 척박한 땅에 묘목을 심었을 경우 2 ~ 3년 동안 계속 비료를 주어야 한다.

⑥ 식재할 때 준 비료의 효과를 올리려면 식재 당시의 묘목이 건전하고 뿌리가 잘 발달하여 바로 활착이 되어야 한다.

식재시 첨가하는 비료량

(단위 : g)

수 \ 비료	질소	인산	칼륨
비료목	3 ~ 6	6 ~ 12	5 ~ 10
소나무, 해송	6 ~ 8	4 ~ 5	4 ~ 5
편백	8 ~ 10	5 ~ 6	5 ~ 6
삼나무	8 ~ 12	5 ~ 7	5 ~ 7
낙엽송	10 ~ 14	7 ~ 8	5 ~ 6
포플러류	24 ~ 40	16 ~ 28	12 ~ 34
오동나무	24 ~ 48	16 ~ 32	12 ~ 40
기타 활엽수	10 ~ 14	7 ~ 8	5 ~ 8

④ 식재 후 관리

(1) 묘목의 수분흡수

① 식재된 묘목은 뿌리가 절단된 상태이기 때문에 자체적으로 물을 흡수하는 힘이 약하다.

② 식재한 구덩이에서의 물 공급은 굵은 뿌리의 끊긴 자리로부터 이어지므로 식재시 뿌리에 고운 흙이 잘 접촉해야 가는 뿌리의 표면으로부터 흡수가 일어난다. 활착이 되면 많이 생긴 잔뿌리로 인해 스스로 물을 빨아들일 수 있는 힘이 생기게 된다.

③ 이 단계가 지나면 굵은 곁뿌리가 생기고 여기서 또 다른 잔뿌리가 나와 흡수가 왕성하게 일어 나고 생장도 잘 된다.

④ 증산작용이 억제될 수 있도록 지상부의 발달이 과도한 것은 제거한 후 심고 뿌리의 발달이 좋은 묘를 심는다.

⑤ 토양입자간 모세관이 끊겨서 토양표면에서의 증발을 억제할 수 있도록 토양표면을 낙엽 등으로 덮어주거나 긁어 준다.

(2) 보식(덧심기)

① 개요

  ㉠ 신식 : 식수조림에서 처음 심는 작업을 말한다.

  ㉡ 보식 : 활착되지 않은 곳에서의 식재를 말한다.

  ㉢ 묘목을 봄에 심고 난 후 그 해의 여름에 활착상태가 알려졌을 때 고사묘목의 수를 알면 봄에 보식을 할 수 있다.

② **고사에 영향을 미치는 인자** … 묘목의 충실 정도, 식재방법, 식재지 환경조건 및 그 해의 기후상태 등이 고사에 관계된다.

③ **고사율 조사**

  ㉠ 단순하게 죽은 나무수만 계산하는 것이 아니라 묘목이 죽은 원인을 찾아내도록 노력해야 한다.

  ㉡ 무더기로 고손을 보았을 경우 그 곳에 보식을 해야 하지만 밀식한 곳에서 드문드문 보았을 경우에는 보식을 할 필요가 거의 없다.

④ **보식의 방법**

  ㉠ 보식용 묘목의 선정

  • 신식이 끝난 뒤 바로 보식이 될 경우에 같은 수종을 사용할 수 있지만 몇 해가 지나 식재목의 높이가 2m 내외가 되었을 때에는 음수로 보식한다.

  • 가급적 큰 묘목을 사용하도록 한다.

  ㉡ 실행

  • 같은 해에 신식과 보식을 다 해야 할 경우에는 보식을 먼저 하고 신식을 나중에 한다.

  • 식재 다음해 봄에 보식을 할 때 너무 작은 나무를 심으면 전년도 묘목과 생장에 차이가 생겨서 피압되기 쉽다.

  • 큰 묘목 중에서 뿌리발달이 잘된 것을 보식하거나, 포트묘를 양성해 식재 당년 여름에 죽은 자리에 보식을 하는 것이 좋다.

02 출제예상문제

1 다음 중 묘목을 굴취할 때 적당하지 않은 날씨는?

① 흐린 날   ② 서늘한 날

③ 아침 이슬이 내리는 날   ④ 바람없는 날

> **note** 묘목굴취하기 적당한 날
> ㉠ 바람이 없고 서늘한 날이 좋다.
> ㉡ 대기습도가 높은 날은 뿌리의 손상이 적고, 묘목의 건조도 막을 수 있으며 작업하기 쉽다.
> ㉢ 비가 오거나 아침 이슬이 있을 때는 피한다.

2 묘목 사이의 거리 2m, 줄 사이의 거리 2.5m로 식재할 경우 1ha에 필요한 묘목수는?

① 2,000주   ② 2,500주

③ 3,000주   ④ 3,500주

> **note** 직사각형 식재
> $$식재할\ 묘목수(N) = \frac{조림지\ 면적(A)}{묘목\ 사이의\ 거리(a) \times 열간\ 거리(b)} 이고,$$
> $1ha = 10,000m^2$ 이므로
> $$N = \frac{10,000}{2 \times 2.5} = 2,000주$$

3 다음 중 속성수에 해당하는 수종은?

① 소나무   ② 밤나무

③ 현사시나무   ④ 옻나무

> **note** 조림장려 속성수 … 현사시나무(3호, 4호), 이태리포플러(1호, 2호), 수원포플러, 양황철나무, 오동나무로 5종이 있다.

Answer   1.③   2.①   3.③

4 다음 중 가식할 때 묘목의 끝이 기우는 방향으로 옳은 것은?

① 봄에는 동쪽, 가을에는 서쪽　　　　② 봄에는 서쪽, 가을에는 동쪽

③ 봄에는 남쪽, 가을에는 북쪽　　　　④ 봄에는 북쪽, 가을에는 남쪽

> **note** 가식방법
> ㉠ 한 줄에 들어가는 묘목의 수를 일정하게 하여 대부분 줄지어 묻는다.
> ㉡ 뿌리 사이에 흙이 충분히 들어가 공간이 생기지 않도록 한다.
> ㉢ 가식이 단기간일 때에는 다발째로, 장기간일 때에는 다발을 풀어 가식한다.
> ㉣ 묘목의 끝이 봄에는 북쪽으로, 가을에는 남쪽으로 기울어지도록 한다.
> ㉤ 가식밀도를 적절히 조절하고, 쇠약해진 묘목의 뿌리는 물에 담가서 세력을 회복시킨 후 가식한다.
> ㉥ 월동 가식할 경우 추위에 약한 묘목은 움속에 가식하거나, 짚·낙엽 등을 덮어 추위를 막아준다.

5 다음 중 산림용 고형 복합 비료의 혼합비율은?

① 8 : 12 : 4　　　　② 12 : 16 : 4

③ 18 : 18 : 18　　　　④ 22 : 22 : 11

> **note** 고형 비료 … 질소, 인산, 칼륨을 3 : 4 : 1의 비율로 이탄 등의 첨가물과 혼합하여 한 개의 무게가 15g 정도 되도록 조개모양으로 압축하여 만든 비료로 산림에 주기 편리하다.

6 다음 중 우리나라에서 활엽수로 권장하고 있는 수종으로 옳은 것은?

① 은행나무　　　　② 낙엽송

③ 밤나무　　　　④ 현사시나무

⑤ 참나무

> **note** 조림권장수종
> ㉠ 장기수(14종)
> • 침엽수(10종) : 해송, 강송, 리기테다소나무, 버지니아소나무, 잣나무, 낙엽송, 스트로브잣나무, 전나무, 편백, 삼나무
> • 활엽수(4종) : 느티나무, 참나무류, 물푸레나무, 자작나무류
> ㉡ 속성수(5종) : 현사시나무(3호, 4호), 이태리포플러(1호, 2호), 양황철나무, 오동나무, 수원포플러
> ㉢ 유실수(2종) : 호두나무, 밤나무

Answer 4.④ 5.② 6.⑤

7 다음 중 묘목의 식재시기에 대한 설명으로 옳지 않은 것은?

① 용기묘는 봄, 여름, 가을에 걸쳐 계속 심을 수 있다.

② 찬바람이 부는 지방에서는 주로 봄식재를 한다.

③ 눈이 빨리 트는 수종을 다른 수종보다 빨리 식재한다.

④ 우리나라 봄식재 적기는 남부에서는 4 ~ 5월이다.

> **note** ④ 남부지방의 봄 식재는 2 ~ 3월이 적기이며, 중·북부 지방의 봄식재는 4 ~ 5월이 적기이다.
> ※ 식재시기
> ㉠ 봄식재 : 대부분의 식재가 이루어지는 시기로 남부지방에서는 2월 하순에서 3월 중순, 중·북부 지방에서는 4월에서 5월 중순 사이에 이루어진다.
> ㉡ 가을식재 : 현사시나무, 아카시아와 같은 낙엽활엽수에 적용하는 식재로 생장이 정지되고 땅이 얼기 전에 식재한다.
> ㉢ 포트묘(용기묘)식재 : 뿌리가 완전하고 흙이 그대로 붙어 있으므로 식재 적기가 매우 길어 봄, 여름, 가을에 걸쳐 계속해서 심을 수 있다.

8 다음 중 묘목을 식재할 때 기본 식재거리의 기준으로 옳은 것은?

① 수직거리   ② 수평거리

③ 경사거리   ④ 사면거리

> **note** 식재거리
> ㉠ 원래 수평거리이다.
> ㉡ 경사가 20° 이하이면 큰 무리가 없기 때문에 그대로 한다.
> ㉢ 20° 이상이 되면 사면거리를 늘려야 한다.
> ㉣ 식재지점에 나무뿌리, 돌 등이 있으면 그 지점을 상하로 조금 이동시킨다.

9 묘목 사이의 거리가 2m, 조림지 면적이 1ha일 때 조림지에 식재할 묘목수는?

① 1,500주   ② 2,500주

③ 3,500주   ④ 4,500주

> **note** 정사각형 식재
> $$N = \frac{A}{a^2} = \frac{10,000}{2^2} = 2,500주$$

10 다음 중 조림수종을 선택할 때의 고려사항으로 옳지 않은 것은?

① 자연환경의 보호에 도움을 주는 수종을 선정한다.

② 한 분야에만 이용될 수 있으면 된다.

③ 심을 곳의 환경에 적응할 수 있는 수종을 선택한다.

④ 씨앗확보, 양묘, 식재 후 관리가 쉬운 수종을 선택한다.

> **note** ② 수종이 여러 분야에 이용될 수 있어야 한다.
> ※ 조림수종의 선택요건
> ㉠ 경제성이 있는 수종
> • 일정한 기간에 질이 좋은 많은 목재를 생산할 수 있어야 한다.
> • 많은 분야에 이용될 수 있어야 한다.
> • 생장이 빠르고 원줄기가 곧고 길며 밑부분과 윗부분의 굵기가 거의 같은 나무로 성장해야 한다.
> ㉡ 조림지 환경에 적응이 가능한 수종
> • 병충해에 강한 수종을 선택한다.
> • 토양과 기후조건에 대한 적응력이 큰 수종을 선택한다.
> ㉢ 숲땅을 확보할 수 있고, 자연환경보호에 도움을 주는 수종을 선택한다.
> ㉣ 양묘, 씨앗확보, 식재 후에 관리하기 쉬운 수종을 선택한다.

11 다음 중 가을에 묘목을 굴취할 때 주의할 점으로 옳은 것은?

① 비료를 시용한다.

② 땅이 풀리면 굴취한다.

③ 땅이 얼기 전에 굴취한다.

④ 낙엽이 지기 전에 실시한다.

> **note** 가을의 묘목굴취
> ㉠ 보통의 묘목은 초봄에 땅이 풀리면 굴취하지만, 월동시 특별한 보호를 해야 하는 수종, 일부 낙엽수종, 포지의 활용상 필요할 때는 가을에도 묘목을 굴취한다.
> ㉡ 낙엽이 지고 생육이 정지된 이후 얼음이 얼기 전에 실시한다.
> ㉢ 겨울동안의 가식상태에서 동해나 통기불량, 건조 등으로 피해를 받을 수 있기 때문에 특별히 관리·보호해야 한다.

12 다음 중 선묘를 하는 목적으로 옳지 <u>않은</u> 것은?

① 불량한 묘목을 제거하기 위해서이다.

② 품종이 확실한지 조사하기 위해서이다.

③ 키가 큰지 조사하기 위해서이다.

④ 기계적 상처가 없는지 조사하기 위해서이다.

> ★note 선묘의 목적
> ㉠ 품종이 확실한가를 조사한다.
> ㉡ 불량한 묘목은 제거한다.
> ㉢ 묘목의 형태가 정상적인지 조사한다.
> ㉣ 병충해나 기계적 상처가 없는지 조사한다.
> ㉤ 묘목의 줄기와 뿌리의 크기가 규격에 적합한지 조사한다.

13 다음 중 묘목의 운반방법으로 옳지 <u>않은</u> 것은?

① 운반은 짧은 시간 내에 끝내도록 노력한다.

② 묘목이 겹쳐 눌리지 않도록 선반을 설치한다.

③ 차량 겉면을 포장해 묘목이 마르지 않도록 한다.

④ 날이 건조하고 더울 때에 원거리 수송이 가능하다.

> ★note 묘목의 운반방법
> ㉠ 묘목의 운반은 세심한 보호아래 짧은 시간 안에 끝낸다.
> ㉡ 기차 또는 트럭으로 운반하고, 묘목이 겹쳐 눌리지 않도록 선반을 설치해야 한다.
> ㉢ 차량 겉면을 포장하여 햇빛이나, 바람에 의해 마르는 일이 없도록 하고, 습기를 간직하도록 한다.
> ㉣ 수송수단이 불편하고 수송거리가 멀 때에는 포장에 더욱 신경을 쓰고, 수송 도중에도 묘목의 상태를 자주 파악하여 적절한 조치를 취해야 한다.
> ㉤ 날이 건조하고 더울 때에는 절대로 원거리 수송을 하지 않는다.
> ㉥ 포장한 당일 중 일찍 끝마쳐 다시 풀어 가식하는 일까지 하루에 끝낸다.

14 다음 중 가식의 방법으로 옳지 않은 것은?

① 관리에 편리하도록 묘목의 수를 일정하게 한다.

② 뿌리 사이에 흙이 충분히 들어가 공간이 생기지 않도록 한다.

③ 봄에는 남쪽으로, 가을에는 북쪽으로 기울어지도록 한다.

④ 단기간 가식할 때에는 다발째로, 장기간일 때에는 다발을 풀어 가식한다.

> ✿**note** ③ 봄에는 북쪽으로, 가을에는 남쪽으로 기울어지도록 해야 한다.
>
> ※ 가식의 방법
> ㉠ 한 줄에 들어가는 묘목의 수를 일정하게 하여 대부분 줄지어 묻는다.
> ㉡ 뿌리 사이에 흙이 충분히 들어가 공간이 생기지 않도록 한다.
> ㉢ 가식이 단기간일 때에는 다발째로, 장기간일 때에는 다발을 풀어 가식한다.
> ㉣ 묘목의 끝이 봄에는 북쪽으로, 가을에는 남쪽으로 기울어지도록 한다.
> ㉤ 가식밀도를 적절히 조절하고, 쇠약해진 묘목의 뿌리는 물에 담가서 세력을 회복시킨 후 가식한다.
> ㉥ 월동가식할 경우에 추위에 약한 묘목은 움속에 가식하거나, 짚, 낙엽 등을 덮어 추위를 막아준다.

15 다음 중 가식장소로 옳지 않은 곳은?

① 통기가 잘 되어야 한다.

② 되도록 조림지 근처를 선택한다.

③ 주변의 대기습도가 낮은 곳을 택한다.

④ 햇빛이 많이 드는 곳이어야 한다.

> ✿**note** 가식장소
> ㉠ 적당한 습기가 있어야 한다.
> ㉡ 통기와 배수가 잘 되어야 한다.
> ㉢ 바람을 피할 수 있어야 한다.
> ㉣ 주변의 대기습도가 높은 곳이어야 한다.
> ㉤ 햇빛이 많이 들지 않아 서늘한 곳이어야 한다.
> ㉥ 되도록 조림지 근처를 선택한다.

16 다음 중 묘목의 생육을 이롭게 하기 위해 그 지역의 관목, 잡초, 덩굴, 벌채 잔해물 등을 정리 · 제거하는 작업으로 옳은 것은?

① 풀베기
② 지존작업
③ 선묘작업
④ 벌목잡업

✿note 지존작업 … 조림지의 준비작업으로 묘목을 식재할 숲땅에 식재하기 편리하고, 식재한 후에는 묘목의 생육을 좋게 하기 위해서 그 지역의 관목, 잡초, 덩굴, 벌채 잔해물 등을 정리 · 제거하는 작업이다.

17 다음 중 우리나라 장기수의 1ha당 묘목의 밀도로 옳은 것은?

① 2,000주
② 3,000주
③ 5,000주
④ 6,000주
⑤ 7,000주

✿note 식재밀도
　　㉠ 장기 용재 : 1ha당 3,000그루 정도를 심는다.
　　㉡ 연료림 중 단벌기 작업목적의 조림 : 1ha당 10,000 ~ 20,000그루로 밀식한다.

18 다음 중 묘목을 심을 줄만 1 ~ 3m 폭으로 깎아내는 예취법은?

① 줄깎기
② 소각법
③ 전면깎기
④ 둘레깎기

✿note 예취법의 종류
　　㉠ 전면깎기 : 토양이 비옥하고 기후가 온화하며 잡관목이 너무 무성한 곳에 낙엽송이나 소나무와 같은 양수를 식재할 때 이용하는 방법으로 조림예정지 전체를 깎거나 제거한다.
　　㉡ 줄깎기
　　　• 입지조건이나 기상이 나쁜 곳에 적용하는 방법으로 묘목을 심을 줄만 1 ~ 3m 폭으로 깎아낸다.
　　　• 작업공정이 빨라 경비를 줄일 수 있고, 숲땅과 묘목을 보호할 수 있다.
　　㉢ 둘레깎기
　　　• 음수를 심거나 환경조건이 대단히 불량한 곳에 적용하는 방법으로 묘목 심을 둘레만 둥글게 깎아낸다.
　　　• 노력을 크게 줄일 수 있으며, 식재된 묘목의 보호효과가 크다.

19 다음 중 가을식재를 하게 되는 수종은?

① 소나무 ② 낙엽송
③ 향나무 ④ 현사시나무
⑤ 잣나무

✿▌note 가을식재는 상록침엽수보다는 현사시나무, 아카시아와 같은 낙엽활엽수에 적용한다.

20 다음 중 묘목밀식의 단점으로 옳은 것은?

① 개벌에 의한 지력의 감퇴를 증가시킨다.
② 임목의 형질이 저하된다.
③ 설해 및 풍해를 입기 쉽다.
④ 간벌 및 제벌에 있어서 선목의 여유가 없다.

✿▌note 묘목밀식의 장·단점
ㄱ 장점
• 밑깎기작업을 단축할 수 있고 간벌수입이 기대된다.
• 수관의 울폐가 빨리 와서 표토의 침식과 건조를 방지하여 개벌로 인한 지력감퇴를 줄인다.
• 개체간의 경쟁으로 연륜폭이 균일하게 되어 고급재를 생산할 수 있다.
• 가지가 가늘게 되어 가지치기의 비용을 줄이고 임목의 형질이 향상된다.
• 간벌 및 제벌에 있어서 선목의 여유가 있기 때문에 우량임분으로 유도할 수 있다.
ㄴ 단점
• 묘목대 및 식재비용의 증가로 경제적 문제가 생기고 지존작업을 더 알뜰하게 해야 한다.
• 초기 재식시 많은 노무량이 요구되는데 이것이 어떤 경우에는 합리적인 작업을 진행시키는 데 차질을 가져올 수 있다.
• 밀식하면 근계발달이 약하고 줄기가 가늘게 될 수 있어서 설해, 풍해 등을 입기 쉽다.

21 다음 중 식재적기가 매우 길어 봄, 여름, 가을에 걸쳐 계속하여 심을 수 있는 식재방법으로 옳은 것은?

① 접목묘식재 ② 삽목묘식재
③ 파종묘식재 ④ 포트묘식재

✿▌note 포트묘식재 … 뿌리가 완전하고 흙이 그대로 붙어 있기 때문에 식재적기가 매우 길어 봄, 여름, 가을에 걸쳐 계속하여 심을 수 있다.

22 다음 중 중·북부 지방에서 봄식재의 시기로 적당한 때는?

① 2월 초순

② 2월 중순~하순 사이

③ 3월 초순

④ 3월 중순~하순 사이

⑤ 4월~5월 중순 사이

> ✦**note** 봄식재 … 봄식재 시기로 적당한 때는 땅이 녹은 직후이고, 이보다 늦으면 봄철 건조기 이전에 묘목이 활착하지 못하여 말라죽기 쉽다. 따라서 남부지방에서는 2월 하순에서 3월 중순, 중·북부 지방에서는 4월~5월 중순 사이에 이루어진다.

23 다음 중 식재지점을 결정하는 방법으로 옳지 않은 것은?

① 기슭에 등고선 방향으로 줄을 친다.

② 식재거리는 수평거리가 원칙이다.

③ 심는 줄은 산꼭대기에서 산밑으로 친다.

④ 식재지의 경사가 20° 이상이면 사면거리를 늘린다.

⑤ 식재지점에 돌, 나무뿌리가 있으면 상·하로 조금씩 이동할 수 있다.

> ✦**note** ③ 심는 줄은 산밑에서 산꼭대기 쪽으로 친다.

24 다음 중 15,000m²에 묘목 사이의 거리를 2m, 줄 사이의 거리를 1.5m로 직사각형 식재를 할 때 식재 할 묘목의 수는?

① 3,000그루

② 4,000그루

③ 5,000그루

④ 6,000그루

⑤ 7,000그루

> ✦**note** 직사각형 식재
> $$N = \frac{A}{a \times b} = \frac{15,000}{2 \times 1.5} = 5,000 \text{그루}$$

25 다음 중 1ha에 묘목 사이의 거리를 1.6m로 정삼각형 식재를 하고자 할 때 식재할 묘목의 수는?

① 2,260그루

② 2,945그루

③ 3,467그루

④ 4,512그루

⑤ 5,036그루

note 정삼각형 식재

$$N = \frac{A}{a^2 \times 0.866} \quad \text{또는,} \quad N = 1.155 \times \frac{A}{a^2}$$

(단, N : 식재할 묘목수, A : 조림지 면적, a : 묘목 사이의 거리)

$$N = 1.155 \times \frac{10,000}{(1.6)^2} = 4,511.71 = 4,512\text{그루}$$

26 다음 중 묘목을 산에 식재하는 요령의 설명으로 옳지 않은 것은?

① 흙덩이는 잘게 부수고 뿌리는 가려낸다.

② 잡초, 낙엽 등의 지피물은 태운다.

③ 묘목의 뿌리보다 구덩이의 너비와 깊이를 훨씬 크게 한다.

④ 묘목의 뿌리를 구덩이 속에 넣을 때 휘는 일이 없도록 한다.

⑤ 흙이 70% 정도 채워지면 묘목을 약간 위로 잡아 올리면서 뿌리를 자연스럽게 편다.

note ② 잡초, 낙엽 등의 지피물은 한 쪽에 모아둔다.

※ 묘목의 식재방법

ㄱ 잡초, 낙엽 등의 지피물을 모아서 한쪽에 두고, 식재지점의 땅표면을 정리한다.

ㄴ 식재지점에 괭이를 넣어 땅 속에 있는 풀뿌리, 나무뿌리 등을 끊고, 뿌리는 가려내면서 흙덩이는 잘게 부수는 식으로 흙을 부드럽게 한다.

ㄷ 정리했던 땅표면의 한가운데에 구덩이를 다시 파는데 묘목의 뿌리보다 구덩이의 너비와 깊이를 크게 해서 판다.

ㄹ 묘목의 뿌리가 휘는 일이 없도록 골고루 펴서 묘목을 구덩이 속에 세운다.

ㅁ 흙이 70% 정도 채워지면 묘목을 약간 위로 잡아 올리면서 뿌리를 자연스럽게 편다.

ㅂ 뿌리와 가는 흙이 밀착되게 하고 물을 줄 수 있으면 준다.

ㅅ 나머지의 흙을 채우고 발로 밟아 주며 묘목을 심은 둘레에 낙엽 등으로 덮어서 땅의 건조를 막아준다.

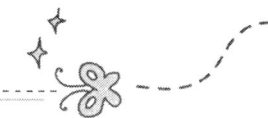

27 다음 중 산림용 고형 복합 비료의 주성분으로 옳지 않은 것은?

① 칼륨 ② 탄소
③ 인산 ④ 질소

> **note** 고형 비료 … 질소, 인산, 칼륨의 성분을 이탄 등의 첨가물과 섞어 조개모양으로 압축해서 만든 비료이다. 한 개의 무게가 15g 정도로 산림에 주기에 편리하다.

28 다음 중 속성수의 특성에 대한 설명으로 옳지 않은 것은?

① 목재의 질이 좋다. ② 지하고가 높아야 한다.
③ 생장이 빠른 수종이다. ④ 특별한 재배기술이 필요하다.
⑤ 벌기는 20 ~ 30년 정도이다.

> **note** 조림용 속성수가 갖추어야 할 조건 … 지하고가 길고 생장이 빠르며, 목재의 질이 좋아 이용가 치가 높고, 가꾸는 데 특별한 관리와 기술이 필요하지 않아야 한다.

29 다음 중 묘목을 심을 때 특히 비료를 많이 주어야 하는 수종은?

① 오동나무 ② 아카시아
③ 굴참나무 ④ 스트로브잣나무
⑤ 소나무

> **note** 묘목을 심을 때 특히 비료를 많이 주는 수종에는 오동나무, 밤나무 등이 있는데 두엄과 같은 밑거름을 충분히 쓰도록 한다.

30 다음 중 직사각형의 식재법에서 묘목의 수 계산방법으로 옳은 것은?

① N = 조림지 면적/(묘목 사이의 거리 × 열간 거리)
② N = 조림지 면적/묘목 사이의 거리2
③ N = 1.155 × (조림지 면적/묘목 사이의 거리2)
④ N = 조림지 면적/(묘목 사이의 거리2 × 0.866)

> **note** ② 정사각형 식재방법 ③④ 정삼각형 식재방법

Answer 27.② 28.④ 29.① 30.①

31 다음 중 단위면적당 가장 많은 묘목을 심을 수 있는 식재방법으로 옳은 것은?

① 군식식재　　　　　　　　　　② 마름모형 식재

③ 정삼각형 식재　　　　　　　　④ 정사각형 식재

> ✿note 정삼각형 식재… 정삼각형의 꼭지점에 심는 것으로, 기상재해에 대한 저항성 임분구조이다. 묘목 사이의 거리가 같게 유지되고 단위면적당 가장 많은 묘목을 심을 수 있다.

32 다음 중 묘목 사이의 거리를 1.4m, 줄 사이의 거리를 1.4m로 식재할 경우 1ha에 필요한 묘목 수는?

① 1,500주　　　　　　　　　　② 2,400주

③ 3,300주　　　　　　　　　　④ 4,600주

⑤ 5,100주

> ✿note 묘목 사이의 거리와 줄 사이의 거리가 같으므로 정사각형의 식재이다.
> 1ha = 10,000m^{2}이므로,
> $N = \dfrac{10,000}{2^2} = 5,102 ≒ 5,100$주

33 다음 중 묘목의 포장크기로 옳지 않은 것은?

① 묘목을 다발상태로 오래 보관하는 일이 없어야 한다.

② 다발의 무게가 20kg을 넘지 않도록 해야 취급이 편리하다.

③ 묘목의 크기에 따라 적당한 양을 한 다발로 포장한다.

④ 대부분의 어린 침엽수는 부피가 작으므로 2,000그루 안팎을 한 다발로 한다.

> ✿note ④ 대부분의 어린 침엽수는 부피가 작으므로 1,000그루 안팎을 한 다발로 한다.

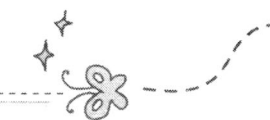

34 다음 중 묘목식재에 대한 설명으로 옳지 않은 것은?

① 임지가 비옥하면 소식한다.

② 대경재 생산을 빨리 하고자 할 때는 소식한다.

③ 양수는 소식을 하고 음수는 밀식을 한다.

④ 형질이 나빠지기 쉬운 수종은 소식한다.

⑤ 교통이 불편하고 노동력의 공급이 어려운 곳은 소식한다.

> **note** ④ 형질이 나빠지기 쉬운 수종은 밀식하는 것이 좋다.
> ※ 밀식조림에 관계되는 인자
> ㉠ 임지의 생산력 : 임지가 비옥한 곳이면 나무의 성장이 빠르므로 소식을 해도 되며, 지력이 다소 낮은 곳이면 밀식하여 지력유지와 조기폐쇄에 노력하는 것이 좋다.
> ㉡ 수종의 성질 : 양수는 소식하고 음수는 밀식하며, 형질이 나빠지기 쉬운 수종은 밀식하는 것이 좋다.
> ㉢ 생산재의 규격 : 소경재의 생산이 유리하면 밀식을 하고, 대경재를 빨리 생산하고자 할 때에는 소식하는 것이 좋다.
> ㉣ 지리적 조건 : 도로사정이 나빠 반출이 어려울 때에는 간벌재의 생산이 그다지 유리하지 않다. 소경재의 수요가 예측되는 곳에서는 밀식이 유리해진다.
> ㉤ 위해의 다소 : 위해의 다소를 생각하여 밀식한다.
> ㉥ 노무사정 : 밀식을 하면 초기의 노임이 증가하게 되므로 노무사정에 따라 소식한다.

35 다음 중 식재된 묘목의 보호효과가 커서 음수를 심거나 환경조건이 대단히 불량한 곳에 적용하는 예취법은?

① 전면깎기   ② 약제 살포법

③ 줄깎기   ④ 둘레깎기

> **note** 둘레깎기
> ㉠ 묘목 심을 둘레만 둥글게 깎아내는 방법으로 노력을 크게 줄일 수 있다.
> ㉡ 조림목에 대한 보호효과가 크다.
> ㉢ 강도의 음수나 풍해 및 한해가 심한 지역에 적용되며 작업이 다소 복잡해진다.

산림의 무육과 작업종

산림의 무육

1 무육의 방법

① 산림무육의 개요

(1) 개념 및 특징

① **개념** … 산림무육은 산림의 갱신이 끝난 후부터 벌기수확에 착수하기까지의 기간 중에 유목의 성립을 보호, 조장하고 목적산림의 생산촉진 및 그 형질의 향상을 위한 손질 및 벌채를 말한다.

② **특징**

　㉠ 일제림 : 임목갱신의 기간과 임목무육의 기간이 명확하게 구별되므로 갱신벌과 무육벌의 구분이 분명하다.

　㉡ 택벌림 : 임목갱신의 기간과 임목무육 기간의 구별이 곤란하여 택벌 또는 무육벌의 명칭하에 산림의 무육벌이 함께 진행된다.

(2) 유형 및 종류

① **산림무육의 유형**

　㉠ 임목무육 : 임목의 재적생장 및 재질향상을 목적으로 하는 산림무육이다.

　㉡ 임지무육 : 임목무육을 뒷받침하기 위한 것으로 지력유지 및 증진을 목적으로 실시하는 산림무육이다.

② **무육의 종류**

　㉠ 유령림의 무육 : 밑깎기, 덩굴치기, 잡목 솎아베기 등

　㉡ 성숙림의 무육 : 가지치기, 간벌 등

　㉢ 임지의 무육(보호) : 지피물 보존, 임지시비, 하목식재, 수평구 설치, 우죽덮기 등

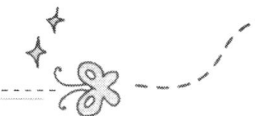

② 밑깎기

(1) 밑깎기(하예작업)의 개요

① **개념** … 묘목을 심고난 뒤 둘레에 나는 잡초, 관목, 벌근에서 나오는 맹아 등을 제거하는 작업이다.

② **목적** … 생육 중인 조림목에 안정된 생육환경을 주기 위해 실시한다.

> ★TIP 잡초의 역할 … 땅을 보호하고 바람을 막아 조림목을 보호하는 작용을 하는 까닭에 충분한 고려와 알맞은 방도를 취하여야 한다.

(2) 밑깎기 방법

① **전면깎기**

　　㉠ 기후가 온화하고 토양이 비옥한 곳은 지상식물이 무성하므로 전면적에 대한 밑깎기를 실시한다.

　　㉡ 조림목이 양수(햇빛이 많이 필요한 수종)인 경우 적용한다.

　　㉢ 소나무, 리기다소나무, 해송, 낙엽송 등의 조림지에 유용하다.

② **줄깎기**

　　㉠ 기후가 거친 곳에서는 줄에 따라 풀을 깎아서 남아있는 잡초가 조림목을 보호하도록 한다.

　　㉡ 전면깎기에 비하여 경비가 적게 든다.

　　㉢ 잣나무, 전나무 등 어릴 때 많은 광선이 필요하지 않는 수종에 적합하다.

　　㉣ 직사광선과 바람으로부터 조림목을 보호할 수 있다.

③ **둘레깎기**

　　㉠ 조림목의 둘레만을 깎는 것으로 조림목을 보호하는 효과가 크다.

　　㉡ 강도의 음수나 풍해 및 한해가 심한 지역에 적용되며 작업이 다소 복잡해진다.

　　㉢ 삼나무, 편백 등의 조림지에 유용하다.

> ★TIP 밑깎기의 방법은 수조의 특성이나 조림지의 기상, 지형, 경비 등을 고려하여 적합한 방법을 선택하여 실시하여야 한다.

④ **밑깎기 방법의 특징**

　　㉠ 조림목이 어릴 때에는 전면깎기가 좋고 자라면서는 줄깎기가 좋다.

　　㉡ 줄깎기와 둘레깎기는 흙의 침식작용을 방지하나 밀식조림지에는 부적당하다.

(3) 밑깎기의 공정

① **밑깎기에 사용되는 기구** … 지피식생의 조건에 따라서 다소 차이가 있는데, 대개 낫, 도끼, 작은 톱이 사용된다.

② **공정** ··· 전면깎기인 경우 1인 1일을 기준으로 다음과 같다.

　　㉠ **초생지** : 0.1 ~ 0.2ha

　　㉡ **초생 및 관목혼생지** : 0.07 ~ 0.15ha

　　㉢ **산죽생지** : 0.05 ~ 0.1ha

(4) 밑깎기의 시기와 횟수

① 밑깎기 시기

㉠ 보통 6 ~ 7월 중에 실행하고, 9월에 들어가서는 하지 않는 것이 좋다. 9월에 실시하면 늦어서 오히려 가을의 냉온으로 식재목이 피해를 받게 된다.

㉡ 잡초생장이 지나치게 왕성한 곳은 연중 2회 실시한다.

② 밑깎기 횟수

㉠ 밑깎기는 식재목이 잡초의 높이를 벗어나 수관이 서로 맞대어 임분의 성립이 확실시 될 때까지이다.

㉡ 심은 나무가 잡초의 키보다 80cm 이상이 될 때까지 계속하는 것이 좋다.

㉢ 경비 절감의 방법으로 기계를 사용하는 밑깎기도 실시되고 있다.

밑깎기의 적정횟수

구분		적정횟수
초기 생장속도	어릴 때 생장이 빠른 수종(낙엽송, 삼나무 등)	3년
	어릴 때 생장이 느린 수종(잣나무, 전나무, 편백 등)	5년
묘목의 크기	작은 묘목을 심는 곳	1 ~ 2년 추가 실시
	큰 묘목을 심는 곳	1 ~ 2년 단축 실시
생장속도	생장이 빠른 묘목(낙엽송 등)	3 ~ 4년
	기타 묘목	5 ~ 6년

③　덩굴치기

(1) 덩굴치기의 개요

① 덩굴치기의 개념

㉠ 개념 : 밑깎기가 끝난 조림지에서, 조림목을 감아 올라가는 덩굴식물을 제거하는 일이다.

㉡ 밑깎기와 잡목 솎아베기 등을 하는 도중뿐만 아니라 그 후에도 덩굴식물이 발생하면 계속해서 제거해야 한다.

TIP 덩굴식물의 종류 ··· 칡, 머루, 다래, 담쟁이덩굴, 으름덩굴, 바위수국, 산포도, 청미래덩굴 등이 조림지에서 많이 발생한다.

② **덩굴치기의 시기**

　㉠ 덩굴이 무성하기 전인 5 ~ 6월에 하는 것이 좋다.

　㉡ 너무 늦을 경우

　　• 덩굴제거에 많은 비용이 든다.

　　• 임목이 피해를 받게 된다.

③ **덩굴식물의 피해**

　㉠ 수관을 덮어 조림목의 생장에 지장을 준다.

　㉡ 덩굴이 조림목의 줄기를 감아 압박을 가하면 그 부위가 잘록해지거나 양료의 하강이 불가능해져서 줄기에 팽대부가 생겨 기형을 나타내게 되고, 풍해나 설해를 받기 쉬우며 목재의 가치를 떨어뜨리고 각종 병충해의 발생거점이 된다.

(2) 덩굴식물의 제거방법

① **할도법**

　㉠ 방법

　　• 칡의 생장이 왕성한 여름철에 덩굴줄기는 남겨 둔 채 뿌리목 부분을 칼을 이용하여 깊이 4 ~ 5cm의 I자형이나 X자형의 상처를 만들어 쪼갠다.

　　• 쪼개어진 부위에 약제를 부어 준다.

　　• 약액을 붓고 난 다음, 그 위에 흙이나 낙엽을 덮어 준다.

　㉡ 사용약제

　　• 클라신, 피크람(케이핀) 등을 사용한다.

　　• 피크람

　　－성냥개비처럼 생긴 것으로, 목침에 약액에 들어 있어 근주부나 줄기를 송곳으로 뚫고 꽂아 두면 뿌리까지 말라죽는다.

　　－사용시기 : 칡의 원줄기가 발견되기 쉬운 가을에서 봄 사이에 사용하는 것이 능률적이며, 연중 어느 때나 처리해도 좋다.

② **얹어두는 법**

　㉠ 방법

　　• 상처를 내지 않고 뿌리 주변의 단면에 약제를 발라 준다.

　　• 할도법에 비하여 일이 간단하고 시간이 절약되지만 효과는 떨어진다.

　　• 칡의 발생량이 많을 때에는 이 방법을 쓴다.

ⓛ 사용약제
　　　　• 글라신, 염소산나트륨 등을 사용한다.
　　　　• 글라신 : 칡을 처리할 경우 주두부를 송곳으로 뚫고 면봉에 약액을 묻혀 꽂아 주거나 약액을 0.5 ~
　　　　　1.0ml 주사하면 뿌리까지 고사한다.

③ **살포법**
　　ⓖ 약제를 잎과 줄기에 뿌려서 제거하는 방법이다.
　　ⓛ 사용약제
　　　• 파라코, 글라신 등을 사용한다.
　　　• 칡의 뿌리 부근에 3월 하순부터 4월 초순 사이에 뿌린다.
　　　• 수종에 따라서는 조림목도 피해를 받을 수 있으므로 선택적으로 사용하도록 한다.

④ **흡수법**
　　ⓖ 방법
　　　• 칡의 몸 안에 약을 흡수시켜서 제거한다.
　　　• 그루터기의 수가 적은 칡을 제거하는 데 적용된다.
　　　• 목질화된 굵은 덩굴줄기 1 ~ 2개를 60cm 정도 남겨서 자른다.
　　　• 끊어진 줄기의 끝을 약병 속에 넣어 흡수시킨다.
　　ⓛ 사용약제
　　　• 흔히 염소산나트륨이 사용된다.
　　　• 황갈색으로 목질화한 덩굴줄기에 약을 흡수시켜야 한다.

⑤ **제초제 사용방법**
　　ⓖ 제초제 : 잡초 및 잡목을 제거하는 데 쓰이는 약제이다.
　　ⓛ 제초제의 종류
　　　• 적용범위에 따른 분류
　　　－비선택성 제초제 : 제초제가 살포된 지역의 모든 식물을 죽인다.
　　　－선택성 제초제 : 특정 식물종만 선택시켜 죽이는 것으로 작물재배 중의 잡초를 방제하는 데 효과
　　　　가 있으며, 잡초의 종류에 대한 선택성과 잡초의 생육시기에 대한 선택성이 있다.
　　　• 살초작용에 따른 분류
　　　－이행형 제초제(침투성 제초제) : 식물체 안에 약제가 흡수되어 잎, 줄기, 뿌리까지 이행되어 식물
　　　　의 대사·생장을 저해하여 제초효과를 나타내는 것으로 호르몬형과 비호르몬형으로 구별한다.
　　　－접촉형 제초제 : 약제가 직접 접촉한 부분만 죽이는 제초제이다.
　　　• 흡수위치에 따른 분류 : 토양제초제와 경엽제초제가 있다.
　　　• 사용시기에 따른 분류
　　　－발아 전 처리제 : 잡초가 발아하기 전에 토양에 살포하여 잡초의 종자를 죽인다.
　　　－발아 후 처리제 : 이미 발아하여 생육하고 있는 잡초를 죽이는 것이다.

★◉TIP 각종 약제의 특성과 사용방법을 충분히 이해하여, 약의 해가 없이 효과적으로 쓸 수 있도록 해야 한다.

ⓒ 사용방법과 시기

• 경엽살포

－방법 : 약제를 희석하여 줄기와 잎에 뿌려 잡목을 죽이는 방법으로 전착제를 섞어서 사용하면 효과가 더욱 좋다.

－약제 : 팔코, 글라신, 디카바, 시마네 등을 사용한다.

－사용시기 : 대개 잡초가 많이 발생하는 봄부터 여름 사이에 살포한다.

• 나무껍질 처리

－줄기가 작고 껍질이 두꺼운 목본형 식물의 제거에 효과적이다.

－방법 : 지표면 근처의 줄기에 제초제를 뿌리면 껍질을 통해 흡수되어 잡초를 죽인다.

－일반적으로 지름 15cm 이하의 잡목을 제거하는 데 효과적이다.

－수평으로 뻗은 땅속뿌리나 땅속줄기는 이른 여름에 사용하면 방제가 쉽다.

－약제 : 페녹시계 화합물이 널리 쓰인다.

• 줄기주입

－나무의 상처부위를 통하여 제초제를 흡수시켜 잡목을 제거한다.

－방법 : 잡목의 밑동 둘레에 상처를 내거나 도끼로 홈을 내어 제초제를 주입시킨다.

－약제 : 술폰산암모늄, 디캄바 등을 이용한다.

－지름이 큰 나무에 효과적이다.

－사용시기 : 주로 여름철에 이용한다.

• 그루터기 처리

－방법 : 잡목을 자르고 난 뒤 그루터기에 제초제를 처리하여, 새싹이 나오는 것을 방제한다.

－사용시기 : 여름철 건조한 상태에서 실시하면 효과가 크다.

－약제 : 술폰산암모늄 정제를 사용한다.

• 토양 처리

－방법 : 토양에 제초제를 살포하여 목본형 식물을 방제한다.

－약제 : 디캄바, 피크람 등이 사용된다.

④ 잡목 솎아베기(제벌)

(1) 잡목 솎아베기의 개요

① 개념

㉠ 밑깎기가 끝난 임분이 울폐하게 되고, 조림목 이외의 나무가 침입해서 자랄 경우나 조림목 중에서도 형질이 불량하고 임분의 구성인자로서 그냥 둘 수 없는 것이 있을 때, 이것을 제거하는 작업이다.

  ⓒ 밑깎기, 덩굴치기 작업이 충분히 된 임분은 거의 제벌의 필요가 없고 바로 간벌로 들어간다.

② 잡목 솎아베기는 간벌의 일종으로 취급할 수 있으나 특히 유령림에 대한 무육은 주로 불필요한 수종의 제거가 목적이며 전혀 수입을 고려하지 않는다는 점에서 간벌과 구별된다.

(2) 잡목 솎아베기의 방법

① 인공 조림지

  ㉠ 조림목의 생장에 지장을 주는 천연생의 불필요한 나무와 조림목 중에서 형질이 불량한 나무를 제거한다.

  ⓒ 형질이 우량한 참나무류, 자작나무류, 피나무류 등이 있으면, 남겨 두어 혼효림이 되도록 한다.

② 천연림

  ㉠ **침엽수 천연림** : 나무의 크기에 따라 적정 그루수만 남기고, 간격을 조절하여 불량목을 제거한다.

  ⓒ **활엽수 천연림** : 수종이 다양하고 임분 구조가 복잡하므로, 우선 키울 수종과 제거할 나무를 선정해야 한다.

  ⓒ 제거 대상목 선정

   • 키울 나무의 생장에 지장을 주는 나무

   • 가지가 너무 크고 넓게 퍼져 있는 나무

   • 형질이 불량한 나무

   • 우량한 형질의 나무라도 너무 빽빽하게 서 있는 것

  ⓔ 우량목이 없거나 덩굴식물로 완전히 덮여 있는 것은 모두 베어 내고 인공조림을 한다.

(3) 잡목 솎아베기의 방법

① 벌채된 수종의 맹아력에 따라 잡목 솎아베기의 방법이 다르다.

② 소나무 등 침엽수는 맹아력이 약하므로 뿌리 부근에 벌채해도 무관하나 맹아력이 강한 수종은 지상 1m 내외의 높이에 줄기를 끊고 줄기에 칼자국을 넣어 그곳에 굽혀서 둔다. 이렇게 하면 뿌리목에서 벌채한 것보다 더 맹아력을 억제할 수 있다.

③ 잡목 솎아베기는 밑깎기가 끝날 때부터 간벌이 실시될 때까지 2~3회 반복한다.

④ 시기는 임분의 구성상태 및 수종의 식별 등을 고려해서 여름에서 초가을 사이에 실시한다. 노동력의 공급 상태로 보면 겨울이 좋으나 조림목이 거친 환경에 놓이게 되어 적당치 않다.

⑤ **잡목 솎아베기가 시작되는 숲의 나이**

  ㉠ **인공림** : 식재 후 7~8년

  ⓒ **천연림** : 10년 생 전후

ⓒ 소나무, 낙엽송 등 : 식재 후 3∼8년

ⓔ 삼나무, 편백나무 등 : 식재 후 10년

ⓜ 가문비나무, 전나무 등 : 식재 후 13∼15년

⑥ 잡목 솎아베기 작업은 잡목의 잎과 가지가 무성하여 생육의 상황을 잘 판단할 수 있는 6∼8월에 실시한다.

⑦ 잡목 솎아베기의 공정은 나무의 크기와 그루 수에 따라 차이가 있다. 최근에는 노동력 절감을 위하여 약제를 사용한다.

⑤ 가지치기

(1) 가지치기의 개요

① **개념** … 우량한 간재를 생산할 목적으로 가지의 일부분을 계획적으로 끊어주는 것을 말한다.

② **가지치기의 장점**

ⓐ 옹이가 없는 목재를 생산하여 가치를 높인다.

ⓑ 하층목에 수광량을 증가하여 성장을 촉진시킨다.

ⓒ 나이테 폭의 넓이를 조절하여 수간의 완만도를 높인다.

ⓓ 산림의 위해를 감소시킨다.

ⓔ 임목 상호간의 부분적 경쟁을 완화시킨다.

③ **가지치기의 단점**

ⓐ 노력과 비용이 소요된다.

ⓑ 임목의 생산을 감퇴시킬 우려가 있다.

ⓒ 부정아가 줄기에 나타나 해를 주는 일이 있다.

(2) 산 마디와 죽은 마디

① **산 마디**(생절)

ⓐ 살아있는 나무의 곁가지가 줄기 속에 묻힐 경우 만들어진다.

ⓑ 살아있는 상태에서 줄기 속에 묻혔으므로 다른 조직과 긴밀히 결합되어 톱으로 켰을 경우에도 빠지지 않고 그대로 남아 있다.

② **죽은 마디**(사절)

ⓐ 가지가 죽은 뒤에 줄기 속에 묻힐 경우 만들어진다.

ⓛ 이미 죽은 조직이므로 다른 조직과 결합이 되지 않아, 톱으로 켰을 경우 빠져나와 판재에 구멍이 뚫린다.

ⓒ 송진 등이 모여 짙은 색을 나타낸다.

③ **소나무 줄기의 종단면**

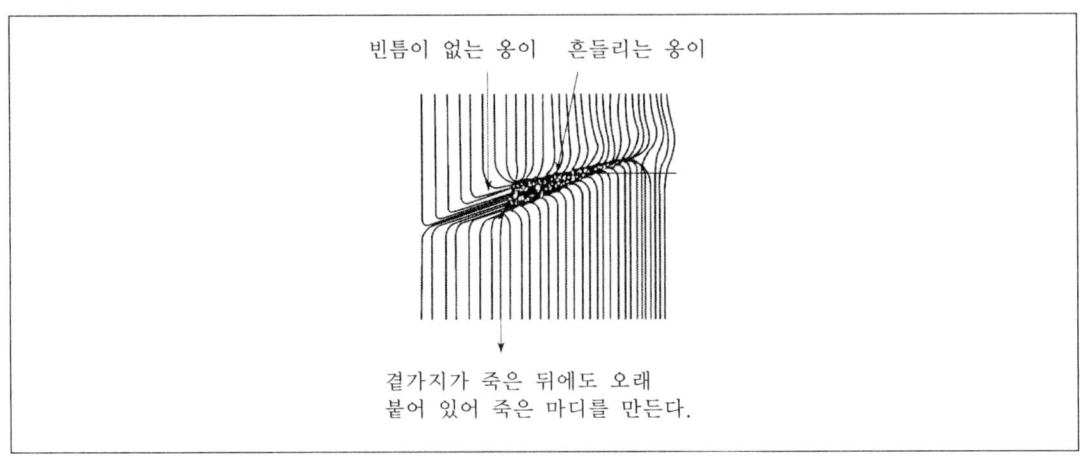

빈틈이 없는 옹이   흔들리는 옹이

곁가지가 죽은 뒤에도 오래
붙어 있어 죽은 마디를 만든다.

㉠ 나이테의 굴곡방향이 산 마디인 경우 바깥쪽을 따라간다.

ⓛ 죽은 마디 부분에서는 그 흐름이 반대로 나타난다.

(3) 생가지치기의 가능성

① 생가지를 치면 절단면으로부터 부후균이 침입하여 쉽게 썩는 수종과 그렇지 않은 수종이 있다.

② **썩을 위험성이 큰 수종의 가지치기**

㉠ **수종** : 단풍나무, 물푸레나무, 벚나무, 느릅나무 등이 있다.

ⓛ **방법** : 자른 면이 유합이 잘 되지 않으므로 밀식하여 자연낙지가 되도록 하고, 죽은 가지만을 잘라낸다.

③ **부패할 위험성이 있는 수종의 가지치기**

㉠ **수종** : 자작나무, 너도밤나무, 가문비나무 등이 있다.

ⓛ **방법** : 죽은 가지와 쇠약한 가지만을 잘라 낸다.

★**TIP** 활엽수 … 가급적 밀식으로 자연낙지를 유도하고 죽은 가지를 제거한다.

④ 소나무류, 낙엽송, 삼나무, 편백, 잣나무, 해송 등은 생장이 좋아 큰 생가지를 쳐도 위험성이 작다.

⑤ 포플러나무류는 으뜸가지 이하의 가지만 제거한다.

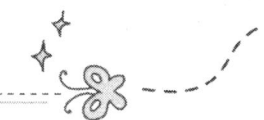

(4) 가지치기할 나무와 정도

① **가지치기할 나무**

　㉠ 가지치기는 줄기가 곧고 상처가 없으며 생장이 왕성한 나무에 실시한다.

　㉡ 큰 나무, 생장이 불량한 나무 등은 간벌할 때 베어내므로, 비용을 들여 가지치기할 필요는 없다.

　㉢ 첫 번째 가지치기 : 좋은 나무의 선별이 어려우므로, 모든 나무에 대하여 손이 닿는 높이까지 실시한다.

　㉣ 두 번째 가지치기
　　• 우량한 나무만 골라 1ha당 400 ~ 1,000그루가 대상이 된다.
　　• 일반적으로 역지 아래의 가지를 잘라 없앤다.
　　• 역지의 구별이 어려울 때에는 수관의 아랫부분이 서로 맞닿아 울폐한 부분 이하의 가지를 자른다.

② **가지치기의 정도**

　㉠ 삼나무, 편백 등의 유령림에서는 나무높이의 1/2, 장령림에서는 3/5 정도를 쳐준다.

　㉡ 포플러
　　• 8년생까지는 나무높이의 약 1/3 정도 쳐준다.
　　• 8 ~ 15년생은 나무높이의 1/2 정도 쳐준다.
　　• 15년생 이후에는 지상부의 높이 8 ~ 10m까지 쳐준다.

(5) 가지치기의 방법

① **가지치기의 시기**

　㉠ 늦은 겨울(11월 이후)에서부터 초봄(5월 이전)에 걸쳐 실행한다.

　㉡ 가지치기를 시작하는 시기는 임목이 울폐해서 광선의 부족으로 아래가지 1m 내외의 높이까지 말라 올라 갔을 때가 적합하다.

　㉢ 대개 침엽수에서는 10 ~ 15년 사이, 간벌 이전에 한번 하는 것이 좋다.

② **가지의 굵기** … 지름 3 ~ 5cm 이내의 것만 제거하는 것이 원칙이며, 굵은 가지를 제거하면 유합기간이 길기 때문에 병원균이 침입할 우려가 있으므로 주의한다.

③ **가지를 자르는 방법**

　㉠ 역지 이하의 가지는 가지치기의 대상이 되나, 그 이상의 가지를 끊어서는 안 되며, 수관의 길이가 매우 길 때는 역지의 부분도 끊는 일이 있다.

　㉡ 가지의 굵기가 가지치기의 한도가 되는 일이 있다. 활엽수는 가지치기가 된 뒤 상처가 잘 아물지 않으므로 직경 5cm 이상이 되면 끊지 않는 것이 좋다.

　㉢ 가지치기는 절단면을 줄기에 평행하도록 하고, 이 때 줄기의 껍질을 벗기는 일이 없도록 주의한다.

㉣ 주로 재래식 낫, 손도끼 또는 이가 가는 톱을 사용한다.

㉤ 귀중한 나뭇가지를 끊었을 때는 그곳에 균이 침입하지 않도록 타르를 칠한다.

㉥ 침엽수와 활엽수의 가지치기

　• 침엽수 : 절단면이 줄기와 평행하게 되도록 가지를 제거한다.

　• 활엽수 : 죽은 가지의 경우 지융부가 상하지 않도록 제거한다.

⑥　간벌(솎아베기)

(1) 간벌의 개요

① **간벌의 필요성** … 제벌이 끝난 뒤 임목이 성장함에 따라 임관이 울폐하고 그대로 방치하면 수목 상호간에 경쟁, 우열, 부정이 생겨서 임목 개체는 물론 임분 전체에 있어서도 그 형질 및 성장을 저하시키는 결과를 가져온다.

② **간벌의 개념** … 임분의 구성상태를 적당하게 조절하여 재적생장의 증대와 형질의 향상에 주안점을 두고 임목간의 경쟁이나 부정을 제거하여 항상 임목이 순조롭게 생육을 유지시킬 수 있도록 임목구성을 적당히 조절하기 위하여 실행하는 조림행위이다.

③ **간벌의 특징**

㉠ 간벌은 다소 울폐를 소개하지만 수년 후에는 다시 임관이 울폐되는 것을 원칙으로 한다.

㉡ 윤벌기 가까이 실시하는 간벌은 산벌작업의 예비벌과 비슷하지만 어디까지나 갱신을 마음에 둔 것이 아니며 벌채된 곳의 공간은 남은 수목의 성장으로 말미암아 폐쇄되는 것이 다르다.

④ **간벌의 목적**

㉠ 숲땅은 곳에 따라 각각 생산력이 다르므로, 간벌을 통해 좋은 위치에 심어진 것을 남긴다.

㉡ 나무는 개체에 따라 자라는 모양이 다르므로 생장이 나쁜 나무를 솎아내어 잘 크는 나무만을 벌기까지 남길 수 있도록 한다.

㉢ 너무 빽빽하게 서 있는 나무들은 서로 경쟁을 일으켜 좋은 나무의 형질이 나빠지기 때문에 간벌로 경쟁을 제거한다.

㉣ 아직 벌기가 되기 전에 나무를 솎아서 베어내므로 중간수입을 얻어 임업경영을 유리하게 한다.

㉤ 나무의 밀도를 조절하여 남아 있는 나무의 질을 좋게 한다.

㉥ 나무를 솎아 벤 자리에 햇빛이 들어가 잡초가 무성하게 되므로, 홍수 때 표토의 유실을 막고 빗물을 오래 머무르게 하여 숲땅을 비옥하게 한다.

(2) 간벌의 효과

① 임목의 생육을 촉진하고 재적생장과 형질생장을 증가시킨다.

② 각종 위해를 감소시키고 산림의 보호관리에 편리하다.

③ 지력을 증진시킨다.

④ 간벌재를 이용할 수 있다.

⑤ 결실이 촉진되고 천연갱신이 용이해진다.

(3) 수관급(수목급, 수형급)

① 수관급의 개념

ㄱ 개개 수목의 높이(상대적 또는 절대적), 수관층에서의 비교위치, 수관의 확장상태, 수간의 우열 등에 따라 계급을 정하는 것이다.

ㄴ 수관에 치중하느냐 수간에 치중하느냐에 따라 수관급, 수간급, 수목급 등으로 말한다.

ㄷ 수관급의 의의 : 수관급을 조사하고 식별한다는 것은 우량형질의 나무와 형질이 불량한 나무를 서로 비교·판별하여 임목생육의 경쟁상태를 알아내는 근본이 되는 것으로, 조림작업 특히 간벌 등에 이용될 수 있고 임분의 형질향상에 도움을 주는 기초가 된다.

수관급을 나타낸 숲의 단면도

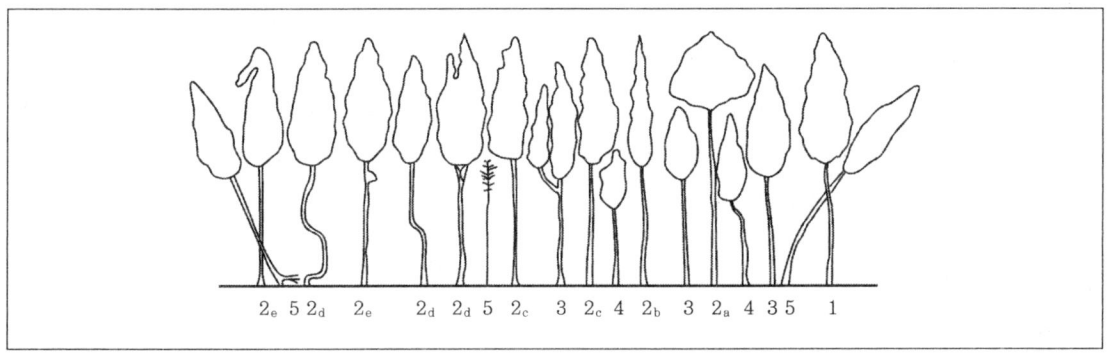

2_e 5 2_d 2_e 2_d 2_d 5 2_c 3 2_c 4 2_b 3 2_a 4 3 5   1

② 우세목 ⋯ 임관의 상층부를 구성하는 임목으로서 1급목과 2급목으로 나눈다.

ㄱ 1급목 : 옆에 있는 나무에 의해 방해를 받지 않아 수관의 발달이 정상적이고, 줄기도 결함이 없는 나무이다.

ㄴ 2급목
- 개념 : 이웃에 있는 나무의 방해를 받아 수관의 발달이 정상적이지 못하고, 줄기에도 결함이 있는 나무이다.

- 2급목의 분류
  - 수관의 발달이 지나치고, 그 위치가 매우 높은 곳에 있으며, 모양이 편평한 것(그림의 2a)
  - 수관의 발달이 지나치게 약하고, 줄기가 매우 가는 것(그림의 2b)
  - 이웃 나무 사이에 끼어 자라서, 수관이 기울거나 알맞게 자라지 못한 것(그림의 2c)
  - 나무 모양이 나쁜 것, 즉 줄기가 갈라지거나 구부러진 것(그림의 2d)
  - 피해를 받은 나무, 즉 병충해, 바람 등으로 줄기의 끝이 죽었거나 줄기에 상처를 입은 것(그림의 2e)

③ **열세목** … 임관의 하층부를 구성하는 나무이다.
  - ㉠ 3급목 : 수관과 줄기의 발달은 정상적이나 생장이 뒤떨어져 있는 것으로 그 둘레에 있는 1, 2급목이 제거되면 힘을 찾아 생장을 계속할 수 있는 나무이다.
  - ㉡ 4급목 : 생장은 지속하고 있으나 너무 피압되어서, 충분한 공간을 주어도 쓸 만한 나무로 될 가능성이 없는 나무이다.
  - ㉢ 5급목 : 죽은 나무, 넘어진 나무, 살아남을 가능성 없는 나무이다.

④ **상층임관과 하층임관**
  - ㉠ 상층임관을 구성하는 나무와 하층임관을 구성하는 나무는 이웃에 서 있는 나무와 비교하여 정한다.
  - ㉡ 땅이 비옥한 산 아래쪽에서 자라고 있는 3급목의 나무가 산 위쪽의 산마루 부근에 자라고 있는 1급목보다 키가 더 크고 줄기도 더 굵을 수 있다.
  - ㉢ 분류방법
    - 숲에 들어가 임관이 위에 있으면 일단 우세목에 넣은 뒤, 결함이 없는 것은 1급목, 어디엔가 결함이 있는 것은 2급목으로 분류한다.
    - 2급목을 5가지로 구분할 때의 결정이 어려운 경우가 있어 판정하는 사람의 주관에 크게 좌우된다.
    - 3 · 4급목의 구별 : 나무의 높이나 모양에 의해 결정되는 것이 아니고, 위에 서 있는 나무에 의한 피압 여부에 따라 결정한다.

(4) 간벌의 종류

① **정성간벌**
  - ㉠ 하층간벌
    - A종 간벌(약도간벌) : 임분을 구성하는 주요임목은 남겨두고 4 · 5급목의 전부를 벌채하는 것으로, 임지 내를 깨끗이 했다는 데 불과하고 실질적인 간벌수단이라 할 수 없다.
    - B종 간벌(중도간벌) : 1급목 전부와 2급목의 일부 및 3급목의 대부분을 남겨두는 방법으로 3급목의 경쟁을 완화하고 중용목을 주체로 하는 임분을 만든다.
    - C종 간벌(강도간벌) : 우량목이 많은 임지 내에 적용하는 방법으로 2 · 4 · 5급목의 전부, 3급목의 대부분을 벌채하고 다른 1급목에 지장을 주는 1급목도 벌채한다.

ⓛ 상층간벌(D종 · E종 간벌)
- 임지표면이 햇빛에 노출되는 것을 막기 위해 3 · 4급목을 남기는 방법이다.
- 1급목 중 벌기까지 남겨둘 필요없는 나무와 2 · 5급목의 전부를 벌채하고 3, 4급목을 남겨 임분의 개선을 촉구한다.
- 임분이 주로 3, 4급목으로 구성되어 있어 2, 5급목의 전부와 1급목 일부를 벌채하지 않으면 좋은 임상을 유지할 수 없다고 인정될 때 사용된다.

ⓒ 도태간벌
- 개념 : 장벌기로 가꿀 미래목을 미리 선정하고, 이 나무에 방해가 되는 나무를 벌채하는 방법이다. 최근에 개발되어 우리나라에서는 1985년부터 산림 시책에 반영, 실행되고 있다.
- 도태간벌의 대상
  - 숲땅이 비옥한 곳
  - 임목의 생육이 좋은 곳
  - 도태간벌을 실행하기 전에 잡목 솎아베기 및 예비간벌을 실행할 임지로서, 주림목의 평균 수고가 6 ~ 10m 내외의 임지
  - 형질이 우량한 대경목 생산을 목표로 하는 임지
- 도태간벌시 줄기와 형상에 따른 임목 구분
  - 미래목 : 최종 수확기에 벌채하게 될 나무로 줄기가 곧고 피해가 없는 나무
  - 압박목 : 다른 나무로부터 피해를 받아 형상이 나쁜 나무
  - 마찰목 : 생장이 불량하고 다른 나무에 기대어 있는 나무
  - 무해목(중용목) : 줄기가 곧고 흠이 없는 나무로, 미래목이 피해를 받게 되면 대치할 수 있는 나무
  - 유용목 : 하층임관을 이루는 나무로, 미래목 벌채 후 가꿀 나무
  - 회초리목 : 수관발달이 좋지 않고 수간이 가는 나무
- 도태간벌시 제거 대상목
  - 압박목, 회초리목, 마찰목 전부를 제거하고, 무해목이 너무 빽빽하면 그 중에서 불량한 나무를 제거한다.
  - 미래목에 피해를 주거나 향후 피해가 예상되는 칡, 머루, 다래, 담쟁이 등의 덩굴류를 제거한다.
- 미래목은 가지치기를 하고, 벌목과 집재 작업시 피해를 받지 않도록 유의한다.
- 최종 수확시에는 미래목과 일부 무해목이 함께 수확된다.

ⓔ 기계적 간벌
- 개념 : 수관급에 관계없이 임의의 간격을 정해 남겨 둘 임목을 제외하고 모두 베어내는 방법이다.
- 방법 : 한 줄을 단위로 번갈아 가면서 한 줄을 남기고 다음 한 줄을 간벌하거나 한 나무씩 어기어기 솎아낸다.
- 적용대상
  - 아직 수관급이 구분되지 않은 균일한 임목
  - 벌기까지 남겨둘 우세목이 필요 이상으로 많은 임분

ⓜ 택벌식 간벌
- 일종의 상층간벌로 1급목 중 가장 큰 것 또는 1급목 전부와 5급목을 솎아 낸다.
- 적용조건 : 우세목으로 대체될 좋은 하급목이 충분히 있어야 한다.
- 적용대상 : 펄프재, 중경목의 생산이 유리한 경우 등에 적용된다.

② **정량간벌**
ⓖ 특징
- 나무의 크기에 따라 남겨놓을 나무의 그루 수를 정한다.
- 간벌 후에 남기는 그루 수가 같아진다.
ⓛ 실행수단 : 임령에 관계시킨 평균 수고, 평균 흉고직경에 적응한 단위면적당 임목 본수, 평균 수간거리, 흉고단면적 등이 쓰인다.
ⓒ 간벌기준
- 적정 본수에 의한 것

  ★TIP 적정 임목 본수는 수종, 지위, 임령, 직경, 벌기령, 생산목표 등에 따라 달라진다.
- 흉고직경 및 수간거리에 의한 것
- 수고에 의한 것
- 흉고단면적에 의한 것

③ **정성간벌과 정량간벌**

정성간벌	정량간벌
• 기준 : 베어 낼 나무와 남길 나무 • 수관급을 기준으로 양을 구체화하지 않고 간벌종류에 따라 실시	• 기준 : 베어 낼 그루 수와 남길 그루 수 • 임목 내의 전재적을 추정하여 일정량의 간벌량을 정하여 실시

(5) 간벌의 실행

① **간벌의 방법**
ⓖ 수종, 식재밀도, 숲땅의 힘 등에 따라 간벌 시작시기가 달라진다.
ⓛ 간벌을 일찍 시작하는 것이 잔존목에 대해서는 효과가 크다.
ⓒ 간벌재가 어느 정도의 경제적 가치에 도달했을 때 실시하는 것이 좋다.

② **간벌의 시기**
ⓖ 제1회의 간벌은 임목이 서로 맞닿아 생존경쟁을 시작하는 시기에 한다.
ⓛ 수종, 입지, 밀도에 따라서 시기가 다소 달라진다.
ⓒ **주요 수종별 1차 간벌시기**
- 소나무, 낙엽송, 오리나무, 아카시아, 포플러 : 10 ~ 15년

- 잣나무, 참나무류, 자작나무 : 15 ~ 20년
- 전나무, 가문비나무 : 25 ~ 30년

> **★TIP 임령**
> ㉠ 숲이 성립되어 경과된 연수로 그 숲의 나이를 말한다.
> ㉡ 각 나무의 나이는 수령이라 하여 임령과 구분된다.
> ㉢ 인공조림지는 2 ~ 3그루의 나무의 나이를 알게 되면 산림의 나이를 알 수 있다.
> ㉣ 이령림은 분모에 수령의 범위를, 분자에 평균 수령을 나타낸다.

㉣ 간벌의 시기는 늦겨울에서 이른 봄에 실시하는 것이 바람직하다.

㉤ 생장기에 실시하면 나무가 잘 썩고 해충의 피해가 있을 우려가 있으므로 주의한다.

③ 간벌량 결정

㉠ **정성간벌** : 주수율, 재적률 및 흉고단면적률 등에 의해 간벌량을 결정한다.

㉡ **유령림** : 주수율을 주로 적용한다.

㉢ **성목** : 재적률을 주로 적용한다.

㉣ 적정 주수를 기준으로 할 때에는 각 수종의 성질 및 형상을 연구하여 거기에 알맞은 적정 주수를 지위, 임령에 따라 정한다.

㉤ **임분에 따른 간벌률** : 간벌률은 일정하지 않으나 제1회 간벌의 경우 보통 다음과 같다.
- 유령림 : 주수를 30 ~ 50%, 재적은 10 ~ 20%로 한다.
- 장령림 : 주수를 20 ~ 30%, 재적은 15 ~ 25%로 한다.

> **★TIP** 성숙한 임분은 임관의 소개를 삼가도록 해야 한다.

④ 간벌목의 선정

㉠ 기준을 수관급에 두고 임목의 배치관계를 고려하여 간벌의 종류에 따라 결정한다.

㉡ **경사지** : 상방에서 하방으로 향하여 산림 내를 10m씩 띠모양으로 수평방향으로 진행하면서 선정한 후 표시를 한다.

㉢ **공정**
- 1명의 기술자와 3명의 노무자가 일할 경우에 600 ~ 700주 정도를 선목한다.
- 지형이 좋고 능률적으로 진행할 경우 1,000주 정도를 선목한다.

⑤ 간벌의 실시

㉠ **경사지** : 상부에서 시작하여 상방 또는 수평방향으로 임목을 벌도한다.

㉡ **벌도목의 건조** : 초두부의 가지를 수관길이의 2/10정도 남겨 두면 잎에서 증발되어 건조가 된다.

㉢ **공정** : 보통 인부 1인이 하루 50 ~ 300본 정도를 벌도한다.

간벌의 종류에 따른 간벌

	A종	B종	C종	상층간벌
재적률(%)	15 ~ 20	20 ~ 30	30 ~ 40	25 ~ 30
그루수율(%)	25 ~ 35	35 ~ 45	45 ~ 60	25 ~ 35

2 천연림 보육

① 천연림의 개요

(1) 천연림의 개념

① **원시림**

　㉠ 사람에 의해 한 번도 이용 · 벌채된 적이 없거나 오랫동안 해(산불, 극심한 병충해 등)를 받은 적이 없는 산림을 말한다.

　㉡ 처녀림 또는 원생림이라고도 한다.

② **천연림**

　㉠ 산림이 벌채, 산불, 병충해 등으로 파괴된 후에 순수한 자연의 힘을 빌려 새로 산림이 조성된 지역으로, 인공조림 등 인위적인 조작이 가해지지 않은 곳이다.

　㉡ 오랫동안 각종 재해를 입지 않아 극성상을 이루어 안정되어 있는 원시림, 인공조림 실패지, 사방조림 후 방치되어 산림이 자연의 힘에 따라 분화 · 발달되어 가는 지역 등도 천연림으로 본다.

> **TIP** 원시림과 천연림
> ㉠ 원시림과 천연림은 비슷한 의미로 사용되고 있다.
> ㉡ 원시림 : 수종과 임상이 외계의 공격을 받지 않아 거의 변화가 없는 경우이다.
> ㉢ 천연림 : 사람의 힘이 크게 주어지지 않은 산림으로 임목이 벌채된 후 천연갱신에 의해 조성된 산림을 포함한다.

③ **자연림** … 인공림과 상반되는 것으로서 원시림과 천연림을 합하여 적용시킨 말이라고 할 수 있다.

(2) 천연림과 인공림의 비교

	인공림	천연림
목재생산성	목재생산성이 높고, 경제적 임업경영이 될 수 있다.	총물질생산능력은 높지만 경제적 임업경영으로 볼 때는 낮다.
환경과의 관계	부자연스럽다.	자연의 이치에 맞다.
외계인자에 대한 저항력	충해, 병해, 기상적 인자 등에 대한 저항력이 약하다.	비교적 저항력이 강하다.
수종	수종에 관계없이 조성될 수 있다.	극성상에 있어서 음수 수종이 많다.
위치	교통이 편리한 곳에 조성된다.	오지나 경사지에 많다.
국토보안효과	지력을 저하시키고 토양유실이 심하다.	국토보안효과가 높다.
미적효과	천연림에 비해 미적효과가 낮다.	미적효과가 높다.
개체의 형질	수목의 개체 형질이 고르고, 전체임분의 평균 형질을 높게 유지시킬 수 있다.	산림을 형성한 개체의 형질에 변이가 많다.

② 천연림의 분류

(1) 수종 구성에 따른 천연림의 분류와 특성

① 단순림

  ㉠ 산림이 단일 수종으로 구성된 것(75% 이상)을 말한다.

  ㉡ 단순림 형성원인

- 어떤 한 수종의 생존에만 유리한 극단적인 기후조건을 가진 경우 단순림이 형성된다.
- 토지적 조건이 어떤 극단성을 지닌 경우
- 건조하고 토박한 곳 : 소나무
- 습한 산성땅 : 가문비나무류
- 습한 낮은 땅 : 오리나무류
- 산불이 난 후의 산림
- 때로 사시나무나 자작나무류의 산림이 잘 나타난다.
- 방크스소나무 : 산화수종으로 내화성이 강하기 때문에 산불이 난 곳에 단순림을 잘 형성한다.
- 강한 음수 수종 : 전나무류, 가문비나무류, 너도밤나무, 사탕단풍나무 등은 다른 나무에 피음을 주어 경쟁에 이겨 단순림을 잘 형성한다.
- 종자에 다량의 저장양분을 축적하고 있는 수종 : 도토리 등과 같은 수종은 어릴 때 묘목 간의 경쟁에서 이겨 단순림을 형성하기 쉽다.

  © 인공조림시 단순림의 장점
   • 간편하고 경제적인 산림작업 및 임업경영
   • 가장 유리한 수종만으로 임분 형성가능
   • 임목의 벌채비용과 시장성 유리
   • 원하는 수종으로 쉽게 임분 조성가능
   • 경관상의 아름다움
   • 양수로 이루어진 순림의 경우 엽량생산이 증가하여 사료로 이용시 유리
  © 잣나무, 전나무 등 일부 침엽수와 서어나무, 거제수나무, 사시나무 등 여러 가지 활엽수도 일부 지역에 순림을 이루고 있다.

② **혼효림**
  ◯ 산림이 2가지 이상의 수종으로 구성되어 있는 것을 말한다.
  ☞ 순림에 비해 숲의 구성이 복잡하여 보육 관리에 세련된 기술과 주의를 요한다.
  © **혼효림 형성원인**
   • 더운 지방에서 형성되는 경향이 있다.
   • 입지조건이 훌륭한 곳에서 자연적으로 발생한다.
   • 우리나라에서는 소나무와 상수리나무, 소나무와 오리나무를 혼효림으로 하는 경우가 많다.
  © **혼효림의 장점**
   • 기후변화의 폭이 감소
   • 수관에 의한 공간의 효과적 이용가능
   • 빠른 유기물의 분해로 인한 무기양료의 순환 발달
   • 심근성 수종과 천근성 수종의 혼생
    – 바람에 대한 저항력 증가
    – 토양 단면에 대한 효과적인 공간적 이용
   • 각종 피해 인자에 대한 저항력 증가

    ★**TIP** 활엽수림 내에 소나무류나 가문비나무가 있을 경우 목재 부후균에 대해 더 큰 저항력이 나타난다.

   • 천연갱신 용이
   • 높은 입지 이용도
  ☉ **혼효림의 단점** : 간벌작업의 시간과 자본이 많이 들어 작업상 불리하다.
  ☊ 침엽수 또는 활엽수만으로 이루어진 곳도 많지만 침엽수와 활엽수가 같이 자라는 곳이 대부분이며 소나무와 참나무류 혼효림이 대표적이다.

(2) 영급 구성에 따른 천연림의 분류와 특성

① **동령림**
  ◯ 산림을 구성하는 나무의 나이가 모두 같은 경우로 실제에 있어서는 흔하지 않다.

ⓛ 산림을 구성하고 있는 수령의 범위가 평균 임령의 20% 이내이면 동령림이라고 한다.

ⓒ 동령임분은 종형 곡선을 만든다.

② **동령 치수림**

㉠ 상층임관의 평균 높이가 2m 안팎이거나 그 이하인 곳이다.

ⓛ 차후 덧심기, 시비, 덩굴치기, 잡목 솎아베기, 가지치기, 간벌 등 대부분의 무육작업이 적용되어야 한다.

ⓒ 특징

- 성립 초기부터 숲을 가꾸기 때문에 인공림에 버금가는 우량한 임분을 이룰 수 있다.
- 많은 노력과 비용을 필요로 한다.
- 자연재해에 대해서 주의를 해야 한다.

③ **동령 유령림**

㉠ 상층임관의 평균 높이가 최소 3m 이상에서 임관이 울폐가 이루어진 평균 높이 10m 이하의 임분을 포함한다.

ⓛ 특징

- 불량목 등의 잡목 솎아베기 작업을 시작해 미래목을 육성한다.
- 일부 가지치기 작업이 도입되기도 한다.

ⓒ 이 시기에서 임분 전체의 형질이 결정지어지기 때문에 집중적인 보육작업이 필요하다.

④ **동령 장령림**

㉠ 수관의 울폐와의 수관 경쟁으로 인해 수관급이 구분되어지고, 고사목이 발생한다.

ⓛ 지하고가 자연 낙지에 의해서 급속히 증가된다.

ⓒ 특징

- 미래목에 대해서 가지치기 작업을 집중적으로 실시한다.
- 부분적인 잡목 솎아베기 또는 간벌이 요구된다.

⑤ **동령 성숙림**

㉠ 나무높이생장은 완만해지고, 지름생장이 계속된다.

ⓛ 재적생장, 재질생장이 중요시 된다.

ⓒ 특징 : 간벌작업이 지속적으로 해서 최종 미래목이 비대생장하는 것을 도모한다.

⑥ **동령 과숙림**

㉠ 나무높이생장, 비대생장이 모두 둔화되는 시기이다.

ⓛ 목재의 용도 및 시장가격이 적정 수준일 때는 언제라도 수확벌채를 실시할 수 있다.

⑦ **이령림**
    ㉠ 산림을 구성하는 나무의 생리적 연령이 다른 경우로 흔히 자연상태에서 이루어진 수풀에서 볼 수 있다.

> ★TIP 이령이란 반드시 1년을 영계로 한 모든 임목이 그곳에 고루 있어야 하는 것은 아니다.

    ㉡ 이령림을 이루는 천연림은 산림을 구성하고 있는 임목의 영급이 다르므로 임분보육이나 경영관리를 일괄적으로 실시하기 어려우며, 그 취급에 있어 보다 세련된 기술을 필요로 한다.

    ㉢ **균형 이령임분**
        • 한 임분 내에 직경분포가 몇 개의 영급으로 구분된다.
        • 전체적 경향으로 J형 곡선을 만든다.

    ㉣ **이령림의 예**
        • 우리나라 서해안의 해송림의 이층림
        • 열대지방의 다층림

(3) 천연림의 성립과정에 따른 분류와 임분의 특성

① **성립과정**
    ㉠ 천연림은 자연상태로 장시간 방치되면 여러 가지 원인에 의해 임분구성이 변한다.
    ㉡ 생태적 천이단계 : 극상, 아극상, 2차림 등

② **극상 천연림**
    ㉠ 자연생태가 생태학적으로 완전히 회복된 안정한 숲을 말한다.
    ㉡ 생태환경보존을 위한 풍치림으로 중요한 가치를 지니고 있기 때문에 임지 생산성 등을 위한 인위적인 보육사업을 피하는 것이 좋다.
    ㉢ 우리나라에서는 국립공원, 산간오지, 고산지역 등에 극상에 가까운 숲이 일부 존재한다.

③ **아극상 천연림**
    ㉠ 천연림이 여러 가지 원인에 의해 극상에 도달하지 못한 숲이다.
    ㉡ 임목생산을 위한 경제림으로의 육성이 가능하므로 필요에 따라 인위적인 보육사업을 실시할 수 있다.

④ **피해 적지의 2차 후계림**
    ㉠ 우리나라 천연림의 대부분이 속하는 형태이다.
    ㉡ **피해 유형에 따른 종류**
        • 벌채 적지의 방치에 따른 천연재생림
        • 갱신조림 실패지의 천연재생림
        • 사방조림지의 후계림
        • 산불, 병해충 등의 피해지의 천연재생림

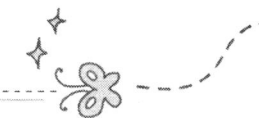

ⓒ 후계림은 피해 유형에 따른 차이보다는 각 임분의 입지환경, 피해규모, 피해경과시간 등에 따라 임분의 조성 및 발달에 큰 차이가 나타난다.

ⓔ 임분별로 보육경영상의 구분을 두어야 할 경우가 많다.

③ 소나무 천연림의 보육

(1) 소나무 천연림 보육을 위한 준비

① **중요성**

ⓐ 소나무는 우리나라에 분포하는 침엽수 중에서 가장 넓게 분포되어 있는 수종으로 많은 축적을 가지고 있다.

ⓑ 우리나라 산림에서 소나무의 보육이 중요한 의미를 지니는 것은 대부분의 소나무의 임분이 천연림이며, 척박하고 황폐된 산림에 천연의 힘으로 쉽게 우량한 임분을 이룰 수 있기 때문이다.

② **임분구성**

ⓐ 소나무는 극양수로 비교적 건조척박한 지역에 주로 순림을 이룬다.

ⓑ 참나무류 등의 활엽수의 침입으로 혼효림으로 바뀔 수 있다.

> ★TIP **활엽수가 침입할 수 있는 경우** … 소나무림이 노령화되어 수관이 소개되거나 어린 나무의 생육이 불량할 때, 솔잎혹파리 등의 피해를 받을 때

ⓒ 천연하종갱신으로 벌채 적지, 나지 등에 밀도가 넓은 동령 일체림을 구성한 어린 나무 숲은 보육관리의 여하에 따라 생산성이 높은 우량한 순림을 계속 유지시킬 수 있으며, 그렇지 못한 경우에 불량한 소나무와 잡목이 뒤섞여 숲땅의 생산성을 떨어뜨린다.

ⓔ 소나무림의 분포

• 우량한 소나무 천연림 : 태백산맥을 중심으로 강원도 지역에 넓게 분포되어 있다.

• 불량한 소나무림 : 인위적으로 진행된 유전형질 퇴화와 약탈적인 산림관리, 각종 자연의 위해요인 및 부적합한 생태환경 등의 복합적인 작용에 의한 것으로 중·남부 지방에 분포되어 있다.

③ **소나무 천연림 보육경영을 위한 현실조사**

ⓐ 현재의 임분상황을 조사하고 기능성을 평가하는 것은 소나무 천연림을 보육하는 기초가 된다.

ⓑ 현재 임분상황의 평가기준

• 임분의 평균임령에 따라 조사, 평가하는 기준이 다르다.

• 임분의 혼효도와 구성 수종에 따라 다르게 평가해야 한다.

• 어린 나무 숲

－중요인자 : 어린 나무 발생밀도, 분포상, 주변 잡목과의 식생경합, 분포 지역의 임지환경·생육상황, 피해 또는 잠재 위해요인 등에 따라 평가된다.

－우량한 생육을 보이고 있는 어린 나무가 충분한 밀도와 고른 분포로 건전하게 자란다면 보육가치가 있는 임분으로 평가될 수 있다.

• 성립지 : 보육가치가 있는 우량 형질의 미래목이 적정 밀도로 고른 분포를 보이는 지역이 유리하다.

ⓒ 수종 구성 및 혼효 형태에 따른 평가 : 충분한 양의 미래목의 가치를 지닌 소나무와 보육가치를 지닌 혼효목이 있어야 한다.

ⓔ 보육에 따른 임분의 형질 향상을 뒷받침할 수 있도록 숲땅의 땅힘이나 기후 등의 생육환경이 적합하여야 한다.

(2) 소나무 천연림의 보육의 방법

① 목표설정

ⓐ 현실 임분을 조사 · 분석한 자료를 토대로 보육경영의 목표를 설정한다.

ⓑ 임분구성, 형질 등에 따라 목표를 설정한다.

ⓒ 목표설정의 방향

• 주로 우량 용재생산에 주목적을 둘 필요가 많다.

• 펄프재생산, 송이생산, 휴양 풍치림 등의 기능을 높이는 방향으로 보육을 할 수도 있다.

• 목표설정의 불확실한 어린 천연림의 경우에는 우량 용재생산을 궁극적인 목표로 하는 것이 좋다.

② 어린 나무 가꾸기

ⓐ 천연갱신이 이루어진 소나무의 어린 나무 숲 : 어린 나무가 불규칙적으로 분포하거나 밀도가 일정하지 않을 때 부분적으로 직파조림을 하거나 양묘된 묘목을 덧심고, 일부 나무를 솎아 내거나 옮겨 심는다.

ⓑ 직파조림이나 묘목을 덧심을 경우 반드시 동일 수종을 도입할 필요는 없다.

ⓒ 천연갱신으로 어린 나무가 발생했을 경우 초기에 1ha당 3,000그루를 기준으로 솎아낼 필요는 없다.

ⓔ 자연적인 생육경쟁으로 도태되도록 하며, 부근의 어린 나무 전체에 피해를 줄 정도로 밀도가 높을 경우에는 일부를 제거해 준다.

ⓜ 수세가 왕성한 어린 나무를 중심으로 밑깎기 작업을 실시하여 생육에 피해를 주는 잡관목, 덩굴, 초본류 등을 제거해 준다.

ⓗ 소나무의 높이가 1~2m 안팎이 될 때까지 작업을 계속하며, 필요에 따라 시비, 병해충 방제 등을 실시한다.

③ 유령림 가꾸기

ⓐ 천연림의 형질에 중요한 영향을 주는 시기이다.

ⓑ 미래목이 구분되기 전 필요없는 잡목 · 불량목을 솎아내고 덩굴을 쳐준다.

ⓒ 부분적인 밀도조절을 시도하고, 보육 대상의 모든 나무가 곧게 자라도록 한다.

② 임분의 밀도조절

- 나무의 생육에 크게 지장을 주지 않는 범위에서 관리하도록 한다.
- 쇠약한 밑가지는 말라 떨어지도록 한다.
- 임관 하부에서 불필요한 잡목이 발생되지 않는 정도로 유지시킨다.

ⓜ 천연치수의 밀도관리 기준 : 천연갱신이 이루어진 소나무의 어린 나무 임분의 밀도기준과 같으며, 임업 연구원에서 제시하는 밀도 지수 0.4를 기준으로 한다.

ⓗ 미래목이 구분되기 시작하는 시기

- 수형급이 분화되는 시기로 미래목의 후보가 될 수 있는 나무를 중심으로 이들의 생육에 방해가 되는 나무들을 솎아 낸다.
- 400그루 안팎으로 선정되는 최종 미래목보다는 많은 그루수의 후보목까지 보육하는 것이 안전하다.
- 선정되는 미래목은 임분 전체에 고르게 분포되도록 한다.

ⓢ 선정된 미래목과 후보목의 관리

- 가슴높이 지름 8cm 전후나 15년생 안팎부터 약 5년 간격으로 2 ~ 3회 가지치기를 해준다.
- 초기에는 800그루 안팎을 가지치기 한다.
- 최종 가지치기 그루수는 확정된 미래목만을 대상으로 400그루 미만에 대해 실시한다.
- 가지치기를 처음 할 때에는 수세가 약해진 역지 이하의 가지를 제거하고, 가지의 굵기가 3cm 이하로 가늘 때에 잘라주도록 한다.

④ 장령림 가꾸기

ⓖ 수형급의 분화가 확실해지고, 미래목이 확정된 시기이다.

ⓛ 간벌을 중심으로 하는 보육작업이 실시된다.

ⓒ 높이 약 10m 이상이나 4령급에 속하는 소나무 임분이 대상이 된다.

> **★TIP** 유령림과 장령림에서의 간벌
> ⓖ 유령림 : 하층간벌을 주로 실시한다.
> ⓛ 장령림 : 미래목의 생육 간격을 넓혀 주기 위한 상층간벌을 주로 실시한다.

◎ 소나무 천연림의 보육 단계별 수형급 구분 및 선목방법 ◎

보육단계		수형급 구분		선목방법
		보육 대상목	제거 대상목	
잡목 솎아베기 단계 (나무높이 10m 이하)		우량목, 무관목	유해목(열세목, 형질불량목, 병충해목, 고사목 등)	불량목 제거를 중심으로 한다.
간벌단계 (나무 높이 10m 이하)	중·소경재 및 일반 용재 생산용	우량목, 무관목	유해목(열세 개재목, 형질 불량목, 병충해목, 고사목 등)	불량목 제거를 중심으로 한다.
	고급 대경재 생산용	미래목, 중용목, 무관목	유해목(미래목 및 중용목의 생육 방해목)	우량목(미래목) 보육을 중심으로 한다.

④ 참나무류 천연림의 보육

(1) 참나무류 천연림의 중요성과 특성

① 중요성

  ㉠ 참나무류는 우리나라 산림을 구성하고 있는 대표적인 활엽수로, 분포 면적이 넓고, 많은 축적을 지니고 있다.

  ㉡ 적응력이 강하여 생태학적으로 환경이 좋지 못한 우리나라 산림에 넓게 분포하며 목재의 쓰임새가 다양하다.

  ㉢ 대경재로 키우면 재질이 대단히 좋아지므로 고급 가구재로 활용될 수 있어 고가의 재목으로 판매할 수 있다.

  ㉣ 씨앗이나 움돋이로 천연갱신이 잘 되므로 적은 경비와 노력으로 좋은 숲을 만들 수 있다.

  ㉤ 최근 솔잎혹파리 등으로 심한 피해를 받고 있는 소나무 숲을 대치하는 데 적합한 특성을 가지고 있다.

② 참나무류의 수종별 특성

  ㉠ 우리나라의 낙엽성 참나무류 기본종에는 굴참나무, 상수리나무, 신갈나무, 졸참나무, 떡갈나무, 갈참나무의 6종이 있으며 굴참나무와 상수리나무는 씨앗이 2년에 익는 수종이며, 나머지는 1년 만에 익는다.

  ㉡ 어느 수종이나 씨앗 또는 움돋이 갱신이 잘 되지만, 분포지역은 서로 차이가 있다.

  ㉢ 수종별 분포지역
- 신갈나무 : 높은 산의 중복 이상에 많이 자란다.
- 졸참나무 : 산중복 또는 그 이하에서 계곡 쪽의 수분 및 양분 조건이 좋은 지역에 많다.
- 굴참나무 : 능선 쪽 남향의 다소 건조하고 메마른 곳에 주로 분포한다.
- 상수리나무 : 산기슭의 수분 및 양분 조건이 좋은 지역에 흔하게 분포되어 있다.
- 떡갈나무, 갈참나무 : 지역적으로 또는 환경 조건별로 매우 불규칙한 분포상을 보인다.

  ㉣ 굴참나무는 형태적으로 비교적 똑바르게 자라며, 졸참나무와 상수리나무도 좋은 수형을 보이는 것이 많다.

③ 참나무류의 천연림의 보육경영을 위한 분류 및 평가

  ㉠ 참나무류의 천연림은 경제적인 이용성을 최대로 높일 수 있도록 임분을 구성하는 수종, 임령, 임분구조, 개체목의 형질 등을 고려하여 보육경영 해야 한다.

  ㉡ 미래목을 고급 대경재로 가꾸는 것이 최종 생산목표이다.

  ㉢ 미래목의 재질향상, 땔감, 표고 골목용 등의 중간 생산물을 충분히 확보하기 위해 초기의 생립밀도를 높여준다.

  ㉣ 현실임분이 지니고 있는 장·단점을 평가하여 필요한 보육작업을 실시한다.

(2) 참나무류 천연림의 보육의 방법

① 보육의 개요

㉠ 수종구성, 생육환경에 따라 목표설정을 한다.

㉡ 최대의 경영효과를 얻을 수 있는 방법은 보육경영 초기에 땔감, 미래목 등의 고급용재를 생산하는 것이다.

㉢ 시기별 생산재

- 15 ~ 30년 : 주로 표고용재 등의 소경재가 생산된다.
- 30 ~ 60년 : 주산물이 펄프용재가 된다.
- 80 ~100년 이후 : 고급용재가 생산될 수 있다.

② 갱신 및 어린 나무 가꾸기

㉠ 참나무류의 갱신법 : 대부분 천연하종 갱신과 움돋이 갱신으로 임분이 성립된다.

㉡ 갱신에 따른 목표설정

- 움돋이 갱신된 나무 : 표고목 등 소경재 생산을 목표로 둔다.
- 실생묘 : 대경 고급용재로 이용하는 것이 좋다.

㉢ 어린 나무 숲의 조사

- 기존의 천연 어린 나무 숲을 조사하여 성립배경을 파악한다.
- 생립밀도, 공한지 등의 분포상황 등을 조사한다.

㉣ 보육방법

- 불량한 움돋이 생신묘는 새로운 움돋이를 발생시키기 위해 바로 제거한다.
- 미래목이 적정간격으로의 배치가 어려울 때에는 포트묘를 이용하거나 부분적으로 직파조림하도록 한다.

㉤ 움돋이 갱신을 위한 벌채

- 휴면기 중에 실시한다.
- 벌채 부위는 지상 5cm 높이에서 북서쪽으로 다소 기울게 하여 평활하게 잘라준다.

㉥ 움돋이의 보육

- 움돋이는 발생된지 2년째에 충실한 움돋이 4 ~ 5그루를 남기고 잘라준다.
- 4년째에 다시 2 ~ 3그루만 남기고 잘라준다.
- 펄프재, 대경 고급용재 등을 목표로 보육하는 나무 : 가장 곧고 충실한 줄기 하나만을 남기고 나머지는 제거해준다.

㉦ 밑깎기, 덩굴치기 등을 하여 어린 나무를 가꾸는데 보육대상이 되는 참나무류의 움돋이, 실생묘, 경제적으로 가치가 있는 나무 등은 형질과 생장이 좋은 경우 보존하도록 한다.

㉧ 제거되는 나무 : 잡관목, 덩굴 등 보육 대상목의 생육에 지장을 주는 것을 제거한다.

ⓩ 참나무류 움돋이는 식생경쟁에서 왕성한 초기 생장을 보여 주므로 밑깎기를 다소 거칠게 하여도 괜찮다.

ⓩ 생육을 촉진시키기 위하여 전 숲땅에 1ha당 500kg 정도의 고형비료를 실생·식재묘목을 중심으로 뿌려준다.

ⓚ 갱신초기에는 1ha당 최소한 10,000그루 이상의 임목 그루수를 유지시킨다.

③ **유령림 가꾸기**

ⓐ 보육 대상목이 잡관목과의 경쟁에서 벗어나 수형급이 분화되기 전까지의 시기이다.

ⓑ 불필요한 잡목이나 형질이 불량한 보육목 등을 제거하여 밀도를 조절한다.

ⓒ **보육임목의 밀도조절**
- 보육임목은 수종, 수령, 나무높이 등에 따라 밀도가 달라진다.
- 인접목의 생육에 지장을 주지 않으면서 경쟁적으로 곧게 자라게 하고, 수관이 겹치지 않는 상태를 유지시킨다.

ⓓ **유령림 후기**
- 형급이 분화되기 시작한다.
- 잡목을 솎아내고, 우량목의 가지치기 등을 실시하여 형질이 우량한 나무를 보육한다.

ⓔ **잡목 솎아베기를 통한 밀도조절**
- 수종, 경영목표 등에 따라 정도를 달리하여 밀도를 조절한다.
- 비교적 밀도가 높은 나무로는 굴참나무가 있다.

ⓕ 주목적이 표고목 생산인 경우에는 일반적으로 고급용재 지역보다 높은 밀도를 유지시킨다.

ⓖ 5 ~ 8m 정도의 나무높이가 되면 2,000 ~ 4,000그루/ha 정도로 고르게 분포시킨다.

ⓗ 가지치기 : 일찍 시작하여 조금씩 제거하며, 경영비용을 고려하여 1 ~ 3회 실시한다.

④ **장령림 가꾸기**

ⓐ **표고목 생산을 위한 간벌실시**
- 15 ~ 25년 전후의 임령을 가진다.
- 나무높이가 10m 내외, 가슴높이지름이 10m 이상이 되기 시작하면 표고목 생산을 위한 간벌을 실시하도록 한다.

ⓑ **임분밀도**
- 초기 : 우선적으로 형질이 불량한 나무를 간벌하여 이용하고, 1,000그루/ha 정도의 임분밀도를 유지하도록 한다.
- 지름생장이 계속되어 가슴높이지름이 20cm 내외로 되면 ha당 700 ~ 800그루 정도를 남기고 잘라낸다.

ⓒ 주기적으로 간벌하여 50 ~ 60년생이 될 때까지 펄프재 등으로 이용한다.

ⓓ 최종 고급용재 생산을 위한 미래목은 수종에 따라 알맞은 밀도로 잔존시켜 100년 이상 키운다.

ⓜ 수종에 따른 잔존밀도

- 굴참나무 : 150 ~ 200그루/ha
- 상수리나무 : 150그루/ha 내외
- 신갈나무, 졸참나무 : 110 ~ 130그루/ha

❀ 참나무림의 보육 단계별 수형급 구분 및 선목방법 ❀

보육단계		수형급 구분		선목방법
		보육 대상목	제거 대상목	
잡목 솎아베기 단계 (나무높이 10m 이하)		우량목, 무관목, 유용 어린 나무	유해목(열세목, 형질불량목, 병충 해목, 고사목 등)	불량목 제거를 중심으로 함
간벌단계 (나무 높이 10m 이하)	중·소경재 및 일반 용재 생산용	우량목, 무관목, 유용 어린 나무	유해목(형질 불량목, 세장목, 경 합목 등)	불량목 제거를 중심으로 함
	고급 대경재 생산용	미래목, 중용목, 무관목, 유용 어린 나무	유해목(미래목 및 중용목의 생육 방해목)	우량목(미래목) 보육을 중 심으로 함

3 임지보호

① 생물적 임지보호

(1) 비료목

① 개념

ㄱ 숲땅의 생산력을 높이고, 유지하기 위해서 보조적으로 심어주는 나무이다.

ㄴ 콩과식물

- 뿌리혹을 만들어 그 속에 리조븀(Rhizobium)과 같은 질소 고정균과 공생하면서 공기 중에 있는 질소를 자기의 양분으로 이용할 수 있도록 도와준다.
- 아카시아, 자귀나무, 싸리나무류, 칡 등이 있다.

ㄷ 콩과식물 이외의 비료목

- 콩과식물과 같은 능력이 있어 비료목으로 취급되는 것으로 뿌리혹을 만들어 질소 고정균인 프랑키아(Frankia)와 공생하며, 종류로는 오리나무류, 보리수나무류, 소귀나무, 갈매나무 등이 있다.

⭐🔍TIP 비료목은 대개 양수지만 소귀나무와 같이 약간 음수성을 띤 것도 있다.

- 척박한 땅에서 잘 견디며 자라고, 잎에 질소성분을 많이 포함하여 땅힘을 높이는 데 도움을 주는 붉나무, 딱총나무, 누리장나무, 식나무 등도 비료목으로 취급한다.

구분		종류
비료목		아카시아, 자귀나무, 싸리나무류, 칡 등
비료목 외	뿌리혹을 만드는 나무	오리나무류, 보리수나무류, 소귀나무, 갈매나무 등
	잎에 질소를 많이 포함한 나무	붉나무, 딱총나무, 누리장나무, 식나무 등

② 비료목의 효과

㉠ 낙엽에 의한 유기물의 공급

- 질소 성분을 많이 가진 비료목의 잎이 숲땅에 떨어져 유기물을 공급해준다.
- 땅 속에 자라는 미생물의 생육에 도움을 주고, 질소 성분을 증가시킨다.
- 부식을 만들어 땅의 물리적·화학적 성질을 개량한다.

㉡ 균근균의 형성

- 비료목의 뿌리혹은 침엽수종의 생장에 큰 도움을 주는 균근균의 형성에 도움을 준다.
- 침엽수종을 심은 곳에 활엽수종을 혼식해 주면 균근균이 잘 형성된다.
- 균근균의 형성은 각종 미생물의 활동에 이로운 영향을 준다.

> ★ TIP 뿌리혹은 죽어서 땅 속의 질소 성분으로 된다.

㉢ 지력향상 : 땅에 떨어진 비료목의 잎은 침엽수종의 잎의 분해를 도와 지력을 향상시킨다.

㉣ 탄산가스 방출

- 비료목은 다른 식물에 비해 뿌리로부터 많은 양의 탄산가스를 방출한다.
- 임지 내의 탄산가스 양료와 관계된다.

③ 비료목의 식재방법

㉠ 보통 주림목과 함께 비료목을 심는다.

㉡ 주림목을 심고 여러 해가 지난 뒤에 비료목을 심는 일도 있다.

㉢ 경우에 따라서는 주림목을 심기 전에 비료목을 심어 먼저 땅 힘을 높이기도 한다.

> 📖 우리나라의 사방조림지 : 땅 힘이 매우 낮으므로 땅의 물리적·화학적 성질을 개량하기 위해 싸리나무류나 오리나무류 등의 비료목을 먼저 심어 땅 힘을 높인 후에 경제수종을 심었다.

④ 비료목 수종의 선택

구분	수종
척박한 산지	아카시아, 오리나무류, 자귀나무, 싸리나무류, 칡, 족제비싸리, 소귀나무 등
해안 사구용	보리장나무, 자귀나무, 아카시아, 오리나무류, 은백양, 족제비싸리 등
광산의 설석지	아카시아, 오리나무류 등

(2) 균근균

① 균근은 임목의 뿌리에 사상균이 붙어서 만들어진 것으로, 뿌리와 균류가 긴밀하게 설합하여 공생관계를 가지는 뿌리를 말한다.

② 균근균은 물과 질소나 인산 등의 양료를 흡수해서 기주식물에 공급하는 양분섭취의 중개역할을 한다.

③ 외생균근과 공생하는 식물이 각종 무기물을 더 많이 흡수하며, 생육이 훨씬 좋다는 사실이 조사되고 있다.

④ 지력을 향상시킬 목적으로 균근균이 배양되어 상품화되고 있다.

② 물리적 임지보호

(1) 수평구의 설치와 계단조림

① **수평구의 개념** … 산의 급경사면, 건조하기 쉬운 곳, 겉흙의 유실이 우려되는 곳 등에 산의 등고선 방향을 따라 홈을 파두는 것을 말한다.

② **수평구의 설치방법**
   ㉠ 크기
     • 너비와 깊이 : 20 ~ 30cm 정도로 한다.
     • 길이 : 4 ~ 6m 정도로 한다.
   ㉡ 경사면상에서 서로 엇갈리도록 하여 1.5 ~ 2m 정도의 간격으로 설치한다

③ **수평구의 효과**
   ㉠ 빗물을 모은다.
   ㉡ 낙엽을 모아서 부식을 형성한다.
   ㉢ 토양의 유실을 막는다.
   ㉣ 수평구를 설치하면 수평구의 안쪽은 땅힘이 높아진다.
   ㉤ 수평구에 묘목을 심으면 묘목의 활착을 돕고, 초기 생장을 왕성하게 한다.

④ **계단조림**
   ㉠ 임지에 계단을 만들어 계단 위에 나무를 심는 방법이다.
   ㉡ 건조하고 토양의 유실이 우려되는 경사지에 임지가 있을 경우 적용한다.

(2) 우죽덮기

① **개념** … 임지의 표면에 나무의 잔가지, 임지에 자라는 관목 등을 잘라 덮는 방법이다.

② **방법**
　㉠ 임지전면을 고루 덮어 준다.
　㉡ 등고선에 따라 줄로 덮는다.

③ **효과**
　㉠ 임지 건조 예방
　㉡ 표토의 침식과 유실 방지
　㉢ 양분공급 : 낙엽, 잔가지 등이 분해하여 양분을 공급
　㉣ 잡초발생 억제
　㉤ 수분의 증발 및 토양의 과열과 방열 방지 : 토양 중의 동물상과 미생물상을 보호
　㉥ 토양구조발달 : 나무의 성장에 이로운 토양구조로 발달
　㉦ 근계발달 : 토양구조의 투수성 · 보수성을 도와 근계발달에 도움

(3) 임지 경토(耕土)

① 임지개량의 목적이나 천연하종갱신, 식재의 보조작업 등으로 경토한다.

　★TIP 평지림이 많은 외국에서는 흙을 갈아주는 경우도 있지만, 임지의 흙을 갈아주는 일은 드물다.

② **경토의 방법**
　㉠ 전면적으로 갈아주는 방법
　㉡ 일정한 폭으로 갈아주는 방법
　㉢ 국부적으로 갈아주는 방법

③ **경토의 깊이에 따른 분류**
　㉠ 표토굴 : 5cm 이하
　㉡ 상층굴 : 5 ~ 10cm
　㉢ 중굴 : 10 ~ 15cm
　㉣ 심굴 : 15 ~ 20cm

③ 임지(숲땅)비배

(1) 임지비배의 개요

① **임지비배의 개념** ⋯ 임목의 생장을 촉진하고 땅힘을 높이기 위해 임지에 비료를 주는 것을 말한다.

② **임지비배의 필요성** ⋯ 임지의 생산력이 저하되고 산림자원의 감소되면서 임지비배를 통해 생산력을 증가시키기 위한 임지비배의 필요성을 느끼게 되었다.

> ★TIP 지피물에 의한 임지비배 효과
> ㉠ 시비를 하지 않은 임지에서는 낙지, 고지, 고초 등의 지피물이 유일한 유기질 양분의 공급원이 된다.
> ㉡ 지피물의 효과
> • 토양부식질의 주성분으로 분해를 통해 임지에 양분을 공급하는 환원작용을 한다.
> • 토양의 이화학적 성질을 개선한다.
> ㉢ 지력유지와 보속적 목재생산을 위해서는 지피물을 임지 외로 반출하는 것을 금해야 한다.

(2) 임지비배의 효과

① **근계발달**

　　㉠ 사방 · 식재 · 파종 조림시 시비를 하므로 근계의 발달이 좋다.

　　㉡ 근계의 발달은 임목생장을 좋게 하며 뿌리가 깊게 뻗어 건조에 대한 저항력도 강해진다.

② **생장촉진** ⋯ 임목의 조기 생장을 위한 시비의 효과가 크며, 척박지에서는 조림 초기의 치묘생육을 촉진하여 성림기간을 단축시켜준다.

③ **밑깎기 기간 단축** ⋯ 나무의 생장이 촉진되어 밑에서 자라는 잡초목의 힘을 빨리 꺾을 수 있어 밑깎기 기간이 단축된다.

④ 숲이 빨리 울창해지므로 낙엽량의 증가로 땅의 성질을 개량하는 데 도움을 주며, 표토유실을 방지하는 데 효과가 높다.

(3) 임지비배의 단계

① **유령목의 시비**

　　㉠ 시기 : 임지비배의 가장 중요한 단계로 묘목 식재 후 일정 기간 동안 2 ~ 3회 실시한다.

　　㉡ 식재된 묘목은 어릴 때 뿌리를 발달시켜 초기 생장을 촉진시켜야 하므로 묘목식재 후 묘목에 양분을 공급하고, 밑깎기 기간을 단축하기 위해 실시한다.

　　㉢ 처음부터 심는 땅에 비료를 많이 주는 수종으로 오동나무가 있으며, 초기 생장이 좋지 못하면 줄기를 몇 번이라도 베어 주어야 한다.

② **성숙목의 시비**

　　㉠ **시기** : 가지치기 후, 간벌 후, 벌채 전 시비로 구분하여 실시한다.

　　㉡ **가지치기 후 시비**

　　　• 가지치기로 인한 생장감퇴 예방

　　　• 절단 부위의 유합촉진

　　㉢ **간벌작업 후 시비** : 임목의 생장촉진

　　㉣ **벌채 전 시비**

　　　• 벌채목의 생장촉진

　　　• 숲땅의 힘을 높여 새로운 숲은 만드는 기반조성

🌸 임지비배의 단계 🌸

구분	특징
제1기 시비 (식재시)	• 식재시에 부족한 양분을 주어 뿌리의 발달을 왕성하게 하고, 초기 성장을 촉진시킨다. • 2~3회 계속 실시한다.
제2기 시비 (간벌 전후)	• 간벌기의 시비로 성장을 촉진시킨다. • 간벌 예정 2~3년 전과 간벌 후에 실시한다.
제3기 시비 (벌채 전)	• 주입목에 양분을 공급하여 줄기의 완만도를 높인다. • 다음 조림준비를 위한 효과도 있다. • 주벌하기 4~5년 전에 1~2회 실시한다.

(4) 시비량

① **시비량의 결정** ··· 비료의 종류·양, 수종 및 연령, 흙의 성질, 비옥도, 기후, 지형 등에 따라 다르다.

② **시기별 시비량**

　　㉠ **유령목** : 여러 가지 조건을 감안하여 증감한다.

🌸 수종별 식재 당년 시비량 🌸

비료 수종	성분량(g)				비료량(g)				고형비료	
	계	N	P₂O₅	K₂O	계	요	용과린	염화칼슘	개수	수량(g)
장기수	9.6	3.6	4.8	1.2	20	8	10	2	2	30
속성수	28.8	14.4	11.0	2.9	60	30	25	5	6	90
연료림	9.5	2.8	5.5	1.2	20	6	12	2	2	30

　　㉡ **성숙목** : 가지치기 후, 간벌 후, 벌채 전 등 작업 종류에 따라 비료량을 조절하여 시비한다.

장기수 성목림 시비량

비배구분	성분별 시비량(g)		
	N	P	K
가지치기 후	60	80	20
간벌 전	90	120	30
벌채 전	112	150	38

(5) 비료의 종류

① **유기질비료** … 깻묵 종류, 어박, 퇴비, 닭똥, 누에똥 등

② **무기질비료** … 뼛가루, 재 등

> ★TIP 농용비료 … 숲땅에 그대로 사용할 수 있지만 구하기 어려우며 값도 비싸므로 특수한 나무에 주고 있다.

③ **화학비료** … 황산암모니아, 요소, 과석, 석회, 염화칼륨, 황산칼륨, 석회질소 등

④ **복합비료** … 각종 화성비료, 고형비료 등

> ★TIP 고형복합비료
> ㉠ 한 알의 무게가 약 15g으로, 질소, 인산, 칼륨 성분이 모두 들어 있다.
> ㉡ 질소 : 인산 : 칼륨 = 12 : 16 : 4
> ㉢ 양을 쉽게 조절할 수 있고 비료의 효과가 오래 지속된다.

(6) 비료주는 방법

① **방법의 결정**

㉠ 숲땅 비배를 할 때에는 먼저 비료의 종류, 주는 횟수, 주는 방법, 주는 양을 정하도록 한다.

㉡ 비료는 나무가 가장 잘 흡수할 수 있도록 해야 한다.

② **구덩이 밑 시비법**

㉠ 묘목을 심을 구덩이를 판 후 구덩이 밑바닥의 흙을 부드럽게 한다.

㉡ 비료를 주어 잘 섞은 후 위에 흙을 약간 덮는다.

㉢ 묘목의 뿌리를 넣고 흙을 채운다.

③ **구덩이 전체 시비법**

㉠ 주로 귀중한 정원수를 심을 때에만 적용하는 드문 방법이다.

㉡ 묘목을 심은 구덩이 전체를 비료흙으로 채운다.

④ **구덩이 위 시비법**

    ㉠ 묘목을 덮는 흙 사이에 비료흙을 넣어 빗물에 비료가 녹아서 아래에 있는 뿌리로 내려가게
       하는 방법이다.

    ㉡ 묘목의 뿌리 부근은 보통흙으로 채운 후, 그 위에 비료흙을 한 층 넣고 다시 흙으로 덮어 준다.

⑤ **측방 시비법**

    ㉠ 식재를 한 후 바로 또는 몇 달 뒤에 비료를 주는 것으로 구멍이나 홈을 파서 비료를 넣어준다.

    ㉡ 묘목의 줄기를 중심으로 가장 긴 가지의 길이를 반지름으로 하는 원둘레에 5 ~ 10cm의 깊이로
       구멍을 파고 비료를 넣은 후 흙으로 덮는다.

    ㉢ 구멍은 같은 간격으로 네 곳에 파도록 한다.

    ㉣ 경사지의 경우는 위쪽에 만들어 준다.

    ㉤ 측방 시비법의 종류

      • 윤상 시비법 : 구멍을 파지 않고 원둘레 전체에 홈을 파고 고루 비료를 주는 것을 말한다.

      • 반월상 시비법 : 경사지일 때 위쪽의 원둘레의 반만 골을 파고 비료를 주는 것을 말한다.

⑥ **표면 시비법**

    ㉠ 묘목을 심은 뒤 숲땅의 표면에 비료를 고루 뿌려 주는 방법이다.

    ㉡ 손으로 뿌리거나 동력 살포기, 헬리콥터 등을 사용하여 뿌려준다.

    ㉢ 장령림의 경우에는 전면에 뿌려준다.

(7) 비료 주는 시기

① 유령목의 시비는 땅이 녹은 후 5월까지 실시하는 것이 좋다.

② 식재 당년에는 나무를 심을 때, 또는 심고 난 2 ~ 3개월 내에 해준다.

③ 봄에 시비를 하지 못했을 경우에는 11월쯤에 실시하고, 2 ~ 3년 동안 계속 실시한다.

(8) 비료별 특징

① **질소질 비료**

    ㉠ 임목에서는 주목적이 나무 줄기의 재적을 늘리기 위한 것이므로 질소질 비료에 중점을 둔다.

    ㉡ 질소질 비료는 5월쯤 시비하는 것이 흡수율이 가장 높다.

    ㉢ 늦여름이나 초가을에 너무 많이 주면 줄기와 눈이 웃자라서 겨울 추위의 해를 입을 수 있다.

② **인산과 칼륨**

    ㉠ 뿌리의 발달을 돕는 효과가 크다.

    ㉡ 뿌리가 땅 속 깊이 들어가면 추위에 견디는 힘이 커진다.

    ㉢ 땅 속의 물을 흡수하여 겨울 동안의 건조의 해를 피할 수 있다.

④ 하목식재

(1) 개념

① 양수 임분이 노령으로 소개되었거나, 재해로 인하여 임관이 파괴되었을 때 그 밑에 내음성의 나무로 비효가 있고, 상목의 생장을 촉진할 수 있으며, 어느 정도 이용가치가 있는 나무를 식재하는 것을 말한다.

② **필요성**

  ㉠ 임관이 소개되면 숲땅에 햇볕이 쬐어 건조해지고, 유기물질의 분해가 지연된다.

  ㉡ 미생물의 활동이 억제되며, 표토의 유실이 일어난다.

(2) 하목식재용으로 적합한 수종의 구비조건

① 내음성이 강해야 한다.

② 낙엽량이 많고 근류균을 가진 비효가 높은 수종이어야 한다.

③ 지조가 밀생하여 임지의 피음도가 높고, 수분을 보존할 수 있어야 한다.

④ 토지에 대한 요구도가 적고, 소목이라도 목재이용 가치가 있는 수종이어야 한다.

⑤ **하목으로 이용되는 수종** … 오리나무류, 단풍나무류, 아카시아나무, 붉나무, 참나무류 등

01 출제예상문제

1 조림의 측면에 있어서 무육작업으로 옳지 않은 것은?

① 제벌

② 하예작업(밑깎기)

③ 택벌

④ 간벌

> **note** ③ 산림벌채종에 속한다.
> ※ **무육작업**… 어린 조림목이 자라서 갱신기에 이르기까지 주임목의 자람을 돕고, 숲땅의 생산력을 높이기 위해 실시한다.

2 다음 중 순림의 장점에 대한 설명으로 옳지 않은 것은?

① 단순하다.

② 수관급이 구분된다.

③ 전환이 쉽다.

④ 임분의 활용도가 높다.

> **note** 단순림의 장점
> ㉠ 간편하고 경제적인 산림작업 및 임업경영
> ㉡ 가장 유리한 수종만으로 임분 형성가능
> ㉢ 임목의 벌채비용과 시장성 유리
> ㉣ 원하는 수종으로 쉽게 임분 조성가능
> ㉤ 경관상의 아름다움
> ㉥ 양수로 이루어진 순림의 경우 엽량생산이 증가하여 사료로 이용시 유리

3 생가지치기를 하여도 썩을 위험이 작은 수종으로 짝지어진 것은?

① 벚나무, 느티나무
② 자작나무, 가문비나무
③ 단풍나무류, 물푸레나무
④ 낙엽송, 포플러류

> **note** 생가지치기의 가능성
> ㉠ 활엽수는 보통 생가지치기를 하지 않고 자연 낙지가 되도록 한다.
> ㉡ 낙엽송, 소나무류, 편백, 삼나무, 포플러류 등은 생장이 좋으므로 큰 생가지를 쳐도 썩을 위험성이 적다.
> ㉢ 너도밤나무, 자작나무, 가문비나무 등은 부패할 위험성이 있으므로, 죽은 가지와 쇠약한 가지만을 잘라낸다.
> ㉣ 단풍나무, 느릅나무, 물푸레나무, 벚나무 등은 썩을 위험성이 크고, 자른 면의 유합이 잘 안되므로 밀식하여 자연 낙지가 되도록 한다.

4 다음 중 4급목의 특성이란?

① 생장은 뒤떨어져 있으나 수관과 줄기가 정상인 나무
② 죽은 나무, 넘어진 나무, 살아남을 가능성이 없는 나무
③ 수관의 발달이 지나치게 약하고, 줄기가 매우 가는 나무
④ 충분한 공간을 주어도 쓸만한 나무로 될 가능성이 없는 나무

> **note** 수관급
> ㉠ 우세목 : 상층임관을 구성하는 나무이다.
> • 1급목 : 수관이 옆에 있는 나무에 의하여 방해를 받지 않아 발달이 정상적이고, 줄기도 결함이 없는 나무를 말한다.
> • 2급목 : 수관의 발달이 이웃에 있는 나무 때문에 방해를 받아 정상적이지 못하고, 줄기에도 결함이 있는 나무를 말한다.
> ㉡ 열세목 : 하층임관을 구성하는 나무이다.
> • 3급목 : 생장이 뒤떨어져 있으나 수관과 줄기가 정상적이며, 그 둘레에 있는 1·2급목이 제거되면 힘을 찾아 생장을 계속할 수 있는 나무를 말한다.
> • 4급목 : 생장은 지속하고 있으나 너무 피압되어서, 충분한 공간을 주어도 쓸 만한 나무로 될 가능성이 없는 나무를 말한다.
> • 5급목 : 죽은 나무, 넘어진 나무, 살아남을 가능성이 없는 나무를 말한다.

5 간벌순서의 연결로 옳은 것은?

① 표준지 설정→답사→간벌목의 선정→간벌의 공정

② 답사→간벌목의 선정→표준지 설정→간벌의 공정

③ 간벌목의 선정→표준지 설정→답사→간벌의 공정

④ 답사→표준지 설정→간벌목의 선정→간벌의 공정

6 비료목에 대한 설명으로 옳지 않은 것은?

① 콩과식물의 뿌리혹균은 땅 속에 질소 양분을 높이는 능력이 크다.

② 비료목으로 콩과식물, 오리나무류, 보리수나무류 등이 있다.

③ 비료목은 경제적 효과를 기대할 수 없다.

④ 비료목이란 숲땅의 생산력을 높이기 위해 보조적으로 심어주는 나무를 말한다.

✿✿Answer 5.④ 6.③

7 다음 중 정량간벌 실시 후 남겨지는 나무의 기준은?

① 수고

② 임령

③ 가슴높이지름

④ 수관급

> **note** 정량간벌 … 간벌 후 남겨놓을 나무의 수를 나무의 크기에 따라 정하는 방법으로, 정성간벌이 사람이나 임분에 따라 남겨 놓는 그루수가 다른 것에 비해 간벌 후 남기는 그루수가 일정하도록 개발되었다. 간벌 후 남기는 나무의 적정 그루수는 수령, 나무높이, 평균가슴높이 지름 등을 기준으로 정하는데 우리나라에서는 가슴높이지름을 기준으로 한다.

8 비료목의 특성과 효과에 대한 설명 중 옳은 것은?

① 그늘을 만들어 줄 수 있는 것

② 내음성이 큰 것

③ 낙엽을 만들어 유기물질을 공급하는 것

④ 작은 나무라도 이용가치가 있는 것

> **note** 비료목의 효과
> ㉠ 낙엽을 통해 유기물을 공급(땅의 화학적 및 물리적 성질을 개량)한다.
> ㉡ 뿌리혹이 나중에는 죽어서 땅 속의 질소성분으로 된다.
> ㉢ 뿌리혹이 침엽수종의 균근균 형성에 도움을 준다.
> ㉣ 잎이 땅에 떨어지면 침엽수종의 잎의 분해를 도와 지력을 높이는 데 좋다.

9 다음 중 1차 간벌시가 가장 이른 수종은?

① 잣나무

② 이태리포플러

③ 낙엽송

④ 리기다소나무

> **note** 주요 수종의 간벌시기 (단위 : 년)
>
> | 수종 | 1차 간벌시기 | 2차 간벌시기 | 3차 간벌시기 |
> |---|---|---|---|
> | 현사시나무, 이태리포플러 | 6 | 9 ~ 12 | |
> | 리기다소나무, 낙엽송, 강원도 지방 소나무 | 10 ~ 15 | 15 ~ 20 | 25 ~ 30 |
> | 잣나무, 편백, 삼나무, 중부 지방 소나무 | 15 ~ 20 | 20 ~ 25 | 25 ~ 30 |

Answer 7.③ 8.③ 9.②

10 다음 중 상층간벌에 해당하는 것은?

① A종   ② B종
③ C종   ④ D종

> **note** 상층간벌 … D · E종 간벌로 3, 4급목을 남겨 임지표면이 햇빛에 노출되는 것을 막는다.

11 다음 중 양수수종에 적용하는 밑깎기 방법은?

① 둘레깎기   ② 전면깎기
③ 줄깎기   ④ 줄깎기와 전면깎기

> **note** 수목의 예취법
> ⊙ 전면깎기 : 기후가 온화하고 토양이 비옥한 곳은 지상식물로 매우 무성하므로 전면적에 대한 밑깎기를 실시한다. 특히, 조림목이 양수일 때 적용된다. 소나무, 리기다소나무, 해송, 낙엽송의 조림지에 적합하다.
> ⊙ 줄깎기 : 기후가 거친 곳에서는 줄을 따라 풀을 깎아서 남아있는 잡초가 조림목을 보호하도록 한다. 전면깎기에 비하여 경비가 적게 든다.
> ⊙ 둘레깎기 : 조림목에 대한 보호효과가 크다. 강도의 음수나 풍해 및 한해가 심한 지역에 적용되며 다소 복잡해진다.

12 다음 중 생가지를 자르면 부후균이 침입하여 쉽게 썩는 수종은?

① 포플러, 버드나무   ② 주목, 삼나무
③ 벚나무, 단풍나무   ④ 소나무, 낙엽송

> **note** 생가지치기의 가능성
> ⊙ 활엽수는 보통 생가지치기를 하지 않고 자연 낙지가 되도록 한다.
> ⊙ 낙엽송, 소나무류, 편백, 삼나무, 포플러류 등은 생장이 좋으므로 큰 생가지를 쳐도 썩을 위험성이 적다.
> ⊙ 너도밤나무, 자작나무, 가문비나무 등은 부패의 위험성이 있으므로, 죽은 가지와 쇠약한 가지만을 잘라낸다.
> ⊙ 물푸레나무, 단풍나무, 벚나무, 느릅나무 등은 썩을 위험성이 크고, 자른 면의 유합이 잘 안되므로 밀식하여 자연 낙지가 되도록 한다.

13 3급목의 대부분을 남기고 2급목의 일부와 1급목의 전부를 남겨두는 간벌은?

① A종 간벌   ② B종 간벌

③ C종 간벌   ④ D종 간벌

> **note** B종 간벌 … 열세목 중 3급목의 대부분을 남기고, 2급목의 일부와 1급목의 전부를 남겨 두는 방법으로 3급목의 경쟁을 완화시킨다. 가장 많이 적용되는 간벌로 보통 간벌이라고도 한다.

14 다음 중에서 비선택성 제초제에 속하는 것은?

① MCP   ② 2, 4-D

③ Propanil   ④ 근사미

⑤ Sethoxydim

> **note** ①②③⑤ 선택성 제초제
> ※ 제초제의 종류
>   ㉠ 선택성 제초제
>   • 제초제가 살포된 지역의 모든 식물을 죽이는 제초제이다.
>   • 종류 : Propanil, Sethoxydim, MCP, 2, 4-D 등
>   ㉡ 비선택성 제초제
>   • 특정 식물종만 선택시켜 죽이는 것으로 작물재배 중의 잡초를 방제하는 데 효과가 있다.
>   • 종류 : 근사미, 바스타, 그라목손 등

15 다음 중 활엽수의 조재율은?

① 0.4 ~ 0.7   ② 0.5 ~ 0.8

③ 0.6 ~ 0.9   ④ 0.7 ~ 0.9

> **note** 조재율 … 표준목의 원목 재적을 임목간 재적(임목의 전체 재적)으로 나눈 것을 말하며 이용률이라고도 한다. 보통 활엽수는 0.4 ~ 0.7이며, 침엽수는 0.7 ~ 0.9이다.

16 다음 중 내생균근을 가지는 것으로 옳지 않은 것은?

① 단풍나무류　　　　　　　　　② 동백나무
③ 호두나무　　　　　　　　　　④ 소나무류

　　🌟**note**　④ 소나무류는 외생균근이다.
　　　　　　※ 균류
　　　　　　　　㉠ 외생균류 : 소나무류, 참나무류 등
　　　　　　　　㉡ 내생균류 : 호두나무, 동백나무, 단풍나무류 등

17 다음 중 성림에 대한 무육의 내용으로 옳지 않은 것은?

① 밑깎기　　　　　　　　　　　② 간벌
③ 제벌　　　　　　　　　　　　④ 가지치기

　　🌟**note**　① 유령림의 무육방법이다.
　　　　　　※ 무육과정
　　　　　　　　㉠ 유령림 : 밑깎기, 제벌, 덩굴치기 등의 작업을 하며, 임관 울폐가 일어나기 이전의 무육을 말한다.
　　　　　　　　㉡ 성숙림 : 임관이 형성된 뒤에 실시하는 무육으로 가지치기, 잡목 솎아베기, 간벌 등의 작업이 있고, 덩굴치기는 계속 해준다.

18 다음 중 비료목으로 옳지 않은 것은?

① 자귀나무　　　　　　　　　　② 낙엽송
③ 싸리나무　　　　　　　　　　④ 아카시아나무

　　🌟**note**　비료목의 종류
　　　　　　㉠ 콩과식물의 비료목으로 자귀나무, 아카시아, 싸리나무류, 칡 등이 있다.
　　　　　　㉡ 콩과식물 이외에 오리나무류, 소귀나무, 보리수나무류, 갈매나무 등은 뿌리혹을 만들어 그 속에 프랑키아(Frankia)라는 질소 고정균이 공생하므로 콩과식물과 동일한 능력이 있어 비료목으로 취급된다.
　　　　　　㉢ 딱총나무, 붉나무, 식나무, 누리장나무 등과 같이 콩과식물은 아니지만 척박한 땅에서 잘 견디며, 잎에 질소성분을 많이 포함해서 지력을 높이는 데 도움을 주는 것도 비료목과 같이 취급할 수 있다.
　　　　　　㉣ 비료목은 보통 양수이지만 소귀나무와 같이 조금 음수성을 띤 것도 있다.

🌱**Answer**　　16.④　17.①　18.②

19 다음 간벌목의 선정기준 중 2급목의 설명으로 옳은 것은?

① 수관발달이 비정상적이고 줄기에도 결함이 있는 나무
② 살아남을 가능성이 없는 나무
③ 생장은 뒤떨어지나 수관과 줄기가 정상적인 나무
④ 생장은 지속되나 쓸만한 나무로 될 가능성이 없는 나무

> ☆ **note** ② 5급목 ③ 3급목 ④ 4급목
> ※ **2급목** … 수관의 발달이 이웃 나무에 의해 방해되고, 또 수간의 생장이 기울고 형태가 불량한 나무로 이것은 다시 다음 다섯 가지로 구분한다.
> ㉠ 수관의 발달이 지나치게 약하고, 줄기가 매우 가는 나무
> ㉡ 수관의 발달이 지나치고, 그 위치가 매우 높은 곳에 있으며, 모양이 편평한 나무
> ㉢ 줄기가 구부러지거나 갈라지는 등 모양이 나쁜 나무
> ㉣ 이웃 나무 사이에 끼어 자라서, 수관이 알맞게 자라지 못하거나 기운 나무
> ㉤ 바람, 병충해 등으로 줄기의 끝이 죽었거나 줄기에 상처를 입는 등 피해를 받은 나무

20 다음 중 수평구에 관한 설명으로 옳지 않은 것은?

① 토양유실을 촉진한다.
② 길이는 4 ~ 6cm 정도로 한다.
③ 등고선 방향에 따라 홈을 판다.
④ 너비의 깊이를 20 ~ 30cm로 한다.

> ☆ **note** 수평구의 설치
> ㉠ 건조하기 쉬운 곳이나 산의 급경사면 또는 겉흙의 유실이 우려되는 곳에 산의 등고선 방향에 따라 홈을 파두는 것이 좋다.
> ㉡ 길이는 4 ~ 6m로 하고 크기는 대체로 깊이와 너비를 20 ~ 30cm로 한다.
> ㉢ 수평구는 경사면상에 1.5 ~ 2m 간격으로 엇갈리게 설치한다.
> ㉣ 수평구는 빗물을 모아서 토양수분을 보존하며 낙엽을 모아서 부식을 형성하게 하고, 토사의 유실을 막는 효과가 있다.
> ㉤ 수평구를 설치함으로써 수평구 안쪽의 지력이 높아지고, 뒤에 이 수평구에 묘목을 심으면 초기의 생장을 왕성하게 하고 묘목의 활착을 돕는다.
> ㉥ 수평구 사이에 나무를 심으면 천연갱신에 도움이 된다.

21 산림 식생균집을 파악하기 위한 방법으로 옳지 않은 것은?

① 접선법   ② 점 조사법

③ 방형구법   ④ 목측법

> **note** 식생의 양적 분석방법 … 선형구 조사법(또는 접선법), 방형구 조사법, 점 조사법 등이 있다.

22 다음 중 조림지에 많이 발생하는 덩굴식물이 아닌 것은?

① 으름덩굴   ② 벌개미취

③ 산포도   ④ 바위수국

⑤ 담쟁이덩굴

> **note** 조림지에 발생하는 덩굴식물 … 칡, 다래, 머루, 바위수국, 산포도, 담쟁이덩굴, 으름덩굴, 청미
> 래덩굴 등이 있다.
> ※ 덩굴치기
>   ⊙ 밑깎기가 끝난 조림지에서, 조림목을 감아서 올라가는 덩굴식물을 제거하는 일이다.
>   ⓛ 잡목 솎아베기와 밑깎기를 할 때와 그 후에도 덩굴식물이 발생하면 계속해서 제거해야
>   한다.

23 어릴 때에는 그다지 많은 광선을 요구하지 않는 잣나무, 전나무 등에 적합하며 조림목이 직사
광선과 바람으로부터 보호될 수 있는 밑깎기 방법은?

① 전면깎기   ② 줄깎기

③ 전예법   ④ 둘레깎기

> **note** 줄깎기
>   ⊙ 가장 많이 사용하는 밑깎기 방법으로 조림목의 줄을 따라 해로운 식물을 베어 내고, 줄 사
>   이에 있는 풀을 남겨 둔다.
>   ⓛ 조림목의 줄을 따라 1m 정도의 너비로 베어 주므로 전면깎기에 비하여 경비가 절약된다.
>   ⓒ 조림목을 직사광선과 바람으로부터 보호할 수 있다.
>   ⓔ 어릴 때에는 그다지 많은 광선을 요구하지 않는 잣나무, 전나무 등에 적용한다.
>   ⓜ 일반적으로 조림목이 어릴 때에는 전면깎기를 하고, 커감에 따라 줄깎기로 바꾸는 경우가
>   많다.

24 다음 중 유령림에 행하는 무육의 방법으로 옳은 것은?

① 덩굴치기　　　　　　　　　② 가지치기

③ 간벌　　　　　　　　　　　④ 잡목 솎아베기

  ✿ **note** ②③④ 성숙림의 무육방법이다.

　　　　※ 유령림에 대한 무육 … 임관 울폐가 일어나기 이전의 무육으로, 덩굴치기, 풀베기, 제벌 등의
　　　　　 작업이 있다.

25 다음 덩굴식물을 제거하는 약제 중 주로 가을에서 봄 사이에 칡에 사용하면 효과가 좋은 것은?

① 그라목손　　　　　　　　　② 시마진

③ 염소산나트륨　　　　　　　④ 피크람

  ✿ **note** 할도법

　　　　㉠ 방법 : 칡의 생장이 왕성한 여름철에 덩굴줄기는 남겨 둔 채 뿌리목 부분을 칼로 X자형이나
　　　　　 I자형으로 깊이 4～5cm 정도 상처를 만들어 쪼개고, 그 안에 약제를 부어 준다. 약액을
　　　　　 붓고 그 위에 낙엽이나 흙을 덮어 준다.

　　　　㉡ 약제 및 특징

　　　　• 피크람(케이핀), 글라신 등의 약제가 있다.

　　　　• 피크람은 성냥개비 같은 모양이고, 목침에 약액에 들어 있어 줄기나 군주부에 송곳으로 뚫고
　　　　　 꽂아 두면 뿌리까지 말라죽는다.

　　　　• 가을에서 봄 사이가 칡의 원줄기가 발견되기 쉽기 때문에 효과가 좋다.

26 파라코, 글라신의 약제를 사용하여 칡의 뿌리 부근에 뿌리는 것으로 조림목에도 피해를 줄 수
있으므로 선택적으로 사용해야 하는 덩굴식물 제거방법은?

① 살포법　　　　　　　　　　② 할도법

③ 얹어두기　　　　　　　　　④ 흡수법

  ✿ **note** 살포법

　　　　㉠ 방법 : 약제를 줄기와 잎에 뿌린다.

　　　　㉡ 약제 및 특징

　　　　• 글라신, 파라코 등의 약제를 사용한다.

　　　　• 3월 하순부터 4월 초순 사이에 칡의 뿌리부근에 뿌린다.

　　　　• 수종에 따라서는 조림목도 피해를 받을 수 있으므로 선택적으로 사용해야 한다.

27 다음 중 경엽살포에 주로 사용하는 제초제가 아닌 것은?

① 파라코 ② 디캄바
③ 글라신 ④ 염소산나트륨

> **note** 경엽살포 … 약제를 희석하여 줄기와 잎에 뿌려 잡목을 죽이는 방법으로, 사용하는 약제로는 파라코, 디캄바, 글라신, 시마네 등이 있으며, 대개 봄~여름 사이 잡초가 많이 발생할 때 살포한다.

28 다음 중 밑깎기 작업을 하기 가장 적당한 때는?

① 4~6월 중에 실시 ② 5월 전에 실시
③ 6~8월 중에 실시 ④ 9월 이후 실시

> **note** 밑깎기 작업시기
> ㉠ 대개 6~8월 중에 실시하며, 9월 이후에는 풀이 조림목에 피해를 주지 않고 오히려 보호하는 역할이 크므로 9월 이후에는 하지 않는다.
> ㉡ 조림지 중 잡초목이 적은 곳은 7월에 한 번 실시한다.
> ㉢ 잡초목이 무성한 곳은 6월과 8월에 걸쳐 두 번 실시한다.

29 다음 중 밑깎기의 횟수에 대한 설명으로 옳지 않은 것은?

① 어릴 때 생장이 빠른 수종은 3년 동안 실시하고, 어릴 때 생장이 느린 수종은 5년 동안 실시한다.
② 심은 나무가 잡초의 키보다 80cm 이상 될 때까지 계속하는 것이 좋다.
③ 약제를 살포하거나 비료를 주어 나무를 빨리 자라게 하는 등의 일도 함께 시행한다.
④ 기계사용은 어린 묘목에 피해가 갈 수 있기 때문에 피한다.

> **note** 밑깎기의 횟수
> ㉠ 밑깎기의 작업기간은 수종과 숲땅에 따라 다르다.
> ㉡ 어릴 때 생장이 빠른 낙엽송, 삼나무 등의 수종은 3년 동안 실시하고, 어릴 때 생장이 느린 잣나무, 편백, 전나무 등의 수종은 5년 동안 실시한다.
> ㉢ 심은 나무가 잡초의 키보다 80cm 이상 될 때까지 계속하는 것이 좋다.
> ㉣ 노동력 절감의 방법으로 약제 살포비료를 주어 나무를 빨리 자라게 하는 일, 조림목 부근의 지표면을 피복시켜 잡초가 발생하지 않도록 억제하는 일 등 여러 방법을 실시한다.
> ㉤ 경비 절감의 방법으로 기계를 사용하는 밑깎기도 실시되고 있다.

Answer 27.④ 28.③ 29.④

30 산죽이 난 곳의 전면깎기 공정은 얼마나 할 수 있는가?

① 0.025 ~ 0.1ha

② 0.05 ~ 0.1ha

③ 0.1 ~ 0.2ha

④ 0.15 ~ 0.3ha

> **note** 전면깎기 공정
> ㉠ 초생지 : 0.1 ~ 0.2ha
> ㉡ 산죽이 난 곳 : 0.025 ~ 0.1ha
> ㉢ 맹아·관목·초류의 혼생지 : 0.05 ~ 0.1ha

31 나무의 상처부위를 통해 술폰산암모늄, 디캄바 등을 흡수시켜 잡목을 제거하는 방법으로 지름이 큰 나무에 효과적이며, 주로 여름철에 이용하는 것은?

① 경엽살포

② 그루터기 처리

③ 줄기주입

④ 나무껍질 처리

> **note** 줄기주입
> ㉠ 방법
> • 나무의 상처부위를 통해 제초제를 흡수시켜 잡목을 제거한다.
> • 도끼로 홈을 내거나 잡목의 밑동 둘레에 상처를 내어 제초제를 주입시킨다.
> ㉡ 약제 : 디캄바, 술폰산암모늄 등
> ㉢ 주로 여름철에 이용하는 데 지름이 큰 나무에 효과가 있다.

32 다음 중 생가지치기를 해도 위험성이 적은 수종은?

① 느릅나무

② 단풍나무

③ 편백

④ 가문비나무

> **note** 생가지치기의 가능성
> ㉠ 활엽수는 보통 생가지치기를 하지 않고 자연 낙지가 되도록 한다.
> ㉡ 소나무류, 편백, 낙엽송, 삼나무, 포플러류 등은 생장이 좋으므로 큰 생가지를 쳐도 썩을 위험성이 적다.
> ㉢ 너도밤나무, 자작나무, 가문비나무 등은 부패할 위험성이 있으므로, 쇠약한 가지와 죽은 가지만을 잘라낸다.
> ㉣ 단풍나무, 느릅나무, 물푸레나무, 벚나무 등은 썩을 위험성이 크고, 자른 면의 유합이 잘 안되므로 밀식하여 자연 낙지가 되도록 한다.

33 다음 중 가지치기 방법으로 옳지 않은 것은?

① 마른 가지가 생기기 시작할 때 1차로 실시한다.

② 잡목 솎아베기 작업 후 실시한다.

③ 수액의 유동이 시작하기 직전이 가장 좋다.

④ 생장이 멈춘 늦가을에서 이른 봄 사이에 실시한다.

> **note** 가지치기의 시기
> ㉠ 마른 가지가 생기기 시작하면 1차로 실시하며, 잡목 솎아베기 작업시기와 비슷하기 때문에 잡목 솎아베기 작업과 같이 실시한다.
> ㉡ 생장이 멈추는 늦가을에서 이른 봄 사이에 실시하고, 가장 좋은 시기는 수액의 유동이 시작하기 직전이다.
> ㉢ 죽은 가지는 연중 실시할 수 있다.

34 1급목이 많은 숲에 적용하는 것으로, 2급목을 모조리 솎아내고, 3급목의 일부를 남기는 간벌의 종류는?

① A종 간벌   ② B종 간벌

③ C종 간벌   ④ D종 간벌

> **note** 정성간벌
> ㉠ A종 간벌
> • 4·5급목의 전부를 베어 임상을 깨끗이 정리하는 정도의 방법이다.
> • 잡목 솎아베기 작업이 잘 되어 있으면 필요가 없다.
> • 우세목의 수관조절에는 효과가 없다.
> ㉡ B종 간벌 : 열세목 중 3급목의 대부분을 남기고, 2급목의 일부와 1급목의 전부를 남겨두는 방법으로, 비교적 작은 임목이 많이 남게 되어 중용목을 주체로 하는 임분이 된다. 가장 널리 적용되는 간벌로 보통간벌이라고도 한다.
> ㉢ C종 간벌 : 1급목이 많은 숲에 적용하는 방법으로, 2급목을 모조리 솎아내고, 3급목의 일부를 남긴다.
> ㉣ D종·E종 간벌 : 숲땅의 표면이 햇빛에 노출되는 것을 막기 위한 방법으로 3급목이나 4급목을 남긴다.

Answer   33.②   34.③

35 다음 중 간벌의 목적에 속하지 않는 것은?

① 중간 수입을 얻을 수 있다.
② 나무 사이에 경쟁이 일어나서 좋은 나무가 생산된다.
③ 잘 크고 좋은 위치에 심어진 나무를 벌기까지 남긴다.
④ 나무의 밀도를 조절함으로써 나무의 질을 좋게 할 수 있다.

note ② 나무가 너무 빽빽한 곳은 나무 사이에 경쟁이 일어나 좋은 나무의 형질이 나빠질 수 있으므로 경쟁을 완화시키기 위해 간벌을 실시한다.
※ 간벌의 목적
　　㉠ 나무는 개체에 따라 자라는 모양이 다르고, 숲땅은 곳에 따라 생산력이 다르므로, 간벌을 하여 잘 크고 좋은 위치에 심어진 나무를 벌기까지 남긴다.
　　㉡ 나무가 너무 빽빽하게 서 있으면 나무 사이에 경쟁이 일어나서 좋은 나무의 형질이 나빠지므로 간벌을 하여 경쟁을 완화시킨다.
　　㉢ 나무를 솎아베어 벌기 전에 중간 수입을 얻을 수 있으므로, 임업경영에 유리하다.
　　㉣ 서 있는 나무의 밀도를 조절함으로써 남아있는 나무의 질을 좋게 할 수 있다.
　　㉤ 나무를 솎아베면 숲땅 내에 햇빛이 들어가 잡초가 무성하게 되므로, 홍수 때 표토의 유실을 막고 빗물을 오래 머무르게 하여 숲땅이 비옥해진다.

36 생장이 뒤떨어져 있으나 수관과 줄기가 정상적이며, 그 둘레에 있는 상위의 수관급이 제거되면 힘을 찾아 생장을 계속할 수 있는 나무는 수관급으로 나누면 어디에 해당하는가?

① 2급목　　　　　　　　　　　② 3급목
③ 4급목　　　　　　　　　　　④ 5급목

note ① 병충해, 바람 등으로 줄기의 끝이 죽었거나 줄기에 상처를 입은 나무
③ 생장은 지속하고 있으나 너무 피압되어서, 충분한 공간을 주어도 쓸 만한 나무로 될 가능성이 없는 나무
④ 죽은 나무, 넘어진 나무, 살아남을 가능성이 없는 나무 등을 말한다.

37 다음 중 천연림에서 잡목을 솎아내는 방법으로 옳지 않은 것은?

① 해송, 소나무는 적정 그루수만 남기고, 간격을 조절하여 불량목을 제거한다.

② 참나무류, 피나무류, 자작나무류 등이 있으면, 남겨 두어 혼효림이 되도록 한다.

③ 덩굴식물로 완전히 덮여 있는 것은 모두 베어낸다.

④ 활엽수 천연림은 제거할 수종과 키울 수종을 선정한다.

> **note** 잡목 솎아내는 방법
> ㉠ 천연림
> • 활엽수 천연림은 수종이 다양하고 임분구조가 복잡하므로, 우선 제거할 나무와 키울 수종을 선정해야 한다.
> • 해송, 소나무와 같은 침엽수 천연림은 나무의 크기에 따라 적정 그루수만 남기고, 간격을 조절하여 불량목을 제거한다.
> • 제거 대상목 선정은 키울 나무의 생장에 지장을 주는 나무를 선정하는데 형질이 불량한 나무, 가지가 크고 넓게 퍼져 있는 나무, 우량한 형질의 나무라도 너무 빽빽하게 서 있는 것들로 한다.
> • 덩굴식물로 완전히 덮여 있거나 우량목이 없는 것은 모두 베어내고 인공조림을 한다.
> ㉡ 인공조림지
> • 조림목 중 형질이 불량한 나무와 조림목의 생장에 지장을 주는 천연생의 불필요한 나무를 제거한다.
> • 형질이 우량한 자작나무류, 참나무류, 피나무류 등이 있으면, 남겨 두어 혼효림이 되도록 한다.

38 다음 중 도태간벌 대상임지에 속하지 않는 것은?

① 임목의 생육이 좋은 곳

② 숲땅이 비옥한 곳

③ 주림목의 평균 수고가 6 ~ 10m 내외의 임지

④ 소경목 생산을 목표로 하는 임지

> **note** 도태간벌 대상지
> ㉠ 숲땅이 비옥하고 임목의 생육이 좋은 임지
> ㉡ 형질이 우량한 대경목 생산을 목표로 하는 임지
> ㉢ 도태간벌을 실행하기 전에 예비간벌 및 잡목 솎아베기를 실행할 임지로서, 주림목의 평균 수고가 6 ~ 10m 내외인 임지

Answer 37.② 38.④

39 다음 중 하층임관을 이루며, 미래목 벌채 후 가꿀 나무는?

① 압박목   ② 유용목

③ 회초리목   ④ 마찰목

> **note** 도태간벌시 임목구분(줄기와 형상에 따른 구분)
> ㉠ **미래목** : 최종 수확기에 벌채하게 될 나무로 피해가 없고 줄기가 곧은 나무
> ㉡ **마찰목** : 생장이 불량하고 다른 나무에 기대어 있는 나무
> ㉢ **압박목** : 다른 나무로부터 피해를 받아 형상이 나쁜 나무
> ㉣ **회초리목** : 수관발달이 좋지 않고 수간이 가는 나무
> ㉤ **유용목** : 하층임관을 이루는 나무로, 미래목 벌채 후 가꿀 나무
> ㉥ **무해목(중용목)** : 줄기가 곧고 흠이 없는 나무로, 미래목이 피해를 받게 되면 대치할 수 있는 나무

40 다음 중 소나무의 장령림을 가꿀 때 간벌 형태는?

① 제벌   ② 상층간벌

③ 하층간벌   ④ 택벌식 간벌

⑤ 도태간벌

> **note** 소나무 장령림 가꾸기
> ㉠ 수형급의 분화가 확실해지고, 미래목이 확정된 장령림에서는 간벌을 중심으로 하는 보육 작업을 한다.
> ㉡ 소나무의 대상임분은 높이 약 10m 이상이나 4령급에 속하는 임분이다.
> ㉢ 미래목의 생육간격을 넓혀 주기 위한 상층간벌을 실시할 경우가 많다.

41 다음 중 임목의 무육순서로 옳은 것은?

① 제벌→간벌→밑깎기   ② 밑깎기→제벌→간벌

③ 간벌→제벌→밑깎기   ④ 밑깎기→간벌→제벌

⑤ 덩굴치기→제벌→밑깎기

> **note** 무육의 순서 … 밑깎기→덩굴치기→제벌→가지치기→간벌→임지보호의 순이다.

42 다음 중 수관급이 구분되지 않은 균일한 임목에 적용되는 간벌 형태는?

① 기계적 간벌
② 하층간벌
③ 정량간벌
④ 택벌식 간벌
⑤ 상층간벌

> **note** 기계적 간벌
> ㉠ 아직 수관급이 구분되지 않은 균일한 임목, 벌기까지 남겨둘 우세목이 필요 이상으로 많을 때 적용되는 방법으로 수관급에 관계없이 미리 정해진 임의의 간격에 따라 남겨 둘 임목을 제외하고 모두 베어낸다.
> ㉡ 한 줄 남겨두고 다음 한 줄을 간벌하거나, 한 나무씩 어기어기 솎아낸다.

43 우리나라에서 정량간벌의 기준으로 삼는 것은?

① 가슴높이의 지름
② 나무높이
③ 나무수명
④ 수관폭
⑤ 나무의 뿌리둘레

> **note** 정량간벌 … 간벌 후 남겨놓을 나무의 수를 나무의 크기에 따라 정하는 방법으로, 정성간벌이 사람이나 임분에 따라 남겨 놓는 그루수가 다른 것에 비해 간벌 후 남기는 그루수가 일정하도록 개발되었다. 간벌 후 남기는 나무의 적정 그루수는 수령, 나무높이, 평균가슴높이 지름 등을 기준으로 정하는데 우리나라에서는 가슴높이지름을 기준으로 한다.

44 참나무의 천연림 보육에서 갱신 초기에 1ha당 유지시킬 임목 그루수는?

① 100그루 이상
② 1,000그루 이상
③ 3,000그루 이상
④ 5,000그루 이상
⑤ 10,000그루 이상

> **note** 갱신 초기의 1ha당 임목 그루수는 최소한 10,000그루 이상으로 유지시킨다.

45 무육작업 중 어린 임분에 실시하는 것은?

① 밑깎기   ② 잡목 솎아베기
③ 가지치기   ④ 간벌

> **note** 임분의 무육작업
>
> ㉠ 제벌(잡목 솎아베기)
> - 쓸모없는 조림목이나 침입목 중 형질이나 성질이 불량한 것을 제거하는 작업이다.
> - 밑깎기, 덩굴치기 작업이 충실하게 된 임분은 제벌하지 않고 직접 간벌작업으로 들어갈 수 있다.
> ㉡ 가지치기
> - 수관의 일부를 계획적으로 끊어서 간재의 형질을 양호하게 하기 위한 작업이다.
> - 가지의 굵기가 지름 3～5cm 이내의 것만 제거한다.
> - 마디가 없는 경제성 높은 목재를 생산하기 위해서 실시한다.
> - 생장이 멈추는 늦가을에서 이른 봄 사이에 하고, 가장 적당한 시기는 수액의 유동이 시작하기 직전이다.
> ㉢ 밑깎기
> - 묘목을 심은 뒤 임지에 나는 풀을 베어주는 일이다.
> - 어린 임분에 실시하여 안정된 환경을 만들어 준다.
> - 조림목이 어릴 때는 전면깎기를 하고, 커가면서 줄깎기로 바꾸는 일이 많다.
> ㉣ 간벌
> - 남게 되는 임목의 생장을 촉진하고, 임분 구성을 조절하기 위한 작업이다.
> - 임분의 구성상태를 조절하여 자연의 경쟁을 제거하고 잔존 임목의 형질 및 성질 향상이 목적이다.

46 다음 중 가지치기의 방법으로 옳지 않은 것은?

① 포플러 등에서는 수고의 1/3 정도의 가지를 쳐준다.
② 잡목 솎아베기 작업과 동시에 실시한다.
③ 일반적으로 가지치기는 역지 이하의 가지를 대상으로 한다.
④ 가지치기는 수액의 유동이 시작된 직후에 하는 것이 가장 좋다.

> **note** ④ 수액의 유동이 시작하기 직전에 하는 것이 가장 좋다.

47 다음 중 간벌의 시기에 대한 설명으로 옳지 않은 것은?

① 침엽수종은 15 ~ 20년생일 때 첫 번째 간벌을 실시한다.

② 활엽수종은 30 ~ 40년생일 때 첫 번째 간벌을 실시한다.

③ 간벌은 늦겨울에서 이른 봄에 실시한다.

④ 간벌을 생장기에 실시하면 나무가 잘 썩고 해충피해가 있다.

⑤ 소나무 숲의 경우에는 임령 30년생인 때까지는 15년마다 한번 간벌한다.

> **note** ⑤ 소나무 숲의 경우에는 임령 30년생인 때까지는 5년마다 한번 간벌한다.
> ※ 간벌의 시기
> ㉠ 침엽수종은 보통 15 ~ 20년생 때 첫 번째 간벌을 실시하고, 활엽수종은 30 ~ 40년생일 때 처음으로 간벌을 실시한다.
> ㉡ 여러 가지 사정에 따라 간벌주기는 다르나, 나무가 빨리 자라면 그만큼 간벌을 반복하게 된다.
> ㉢ 소나무 숲의 경우 임령 30년생인 때까지는 5년마다 한번, 그 후로는 15년마다 한 번씩 하는 것이 좋다.
> ㉣ 간벌은 생장기에 실시하면 나무가 잘 썩고 해충의 피해가 있으므로, 늦겨울에서 이른 봄에 실시하는 것이 좋다.

48 다음 중 가지치기의 효과로 옳지 않은 것은?

① 마디가 적은 재목을 얻을 수 있다.　　② 수고 생장을 촉진시킨다.

③ 수간의 완만도를 높인다.　　④ 임지가 비옥해진다.

⑤ 산불의 위험성을 감소시킨다.

> **note** 가지치기의 효과
> ㉠ 수고 생장을 촉진한다.
> ㉡ 마디가 없는 경제성 높은 목재를 얻을 수 있다.
> ㉢ 하목의 수광량을 증가시켜 생장을 촉진시킨다.
> ㉣ 연륜폭을 조절하여 수간의 완만도를 높인다.
> ㉤ 임목 상호간의 생존경쟁을 완화시킨다.
> ㉥ 산불의 위험성을 감소시킨다.

49 다음 중 기계적 간벌의 설명으로 옳은 것은?

① 간벌 후 남길 나무의 그루 수에 중점을 두는 방법

② 수관급에 관계없이 미리 정해진 간격에 따라 하는 방법

③ 1급목 중 가장 큰 것이나 1, 5급목 전부를 솎는 방법

④ 미래목을 미리 선정하는 방법

⑤ 제 4, 5급목 전부를 벌채하는 방법

note ① 정량간벌 ③ 택벌식 간벌 ④ 도태간벌 ⑤ A종 간벌

※ 기계적 간벌
    ㉠ **개념** : 수관급에 관계없이 미리 정해진 임의의 간격에 따라 남겨 둘 임목을 제외하고 모두 베어내는 방법이다.
    ㉡ **방법** : 한 나무씩 어기어기 솎아내거나, 한 줄 남겨두고 다음 한 줄을 간벌하는 형식을 취한다.
    ㉢ **대상목** : 아직 수관급이 구분되지 않은 균일한 임목이나 벌기까지 남겨둘 우세목이 필요 이상으로 많을 때 적용된다.

50 다음 중 간벌을 실시하기 적당한 때는?

① 이른 봄   ② 초여름

③ 초가을   ④ 초겨울

note 간벌의 시기
    ㉠ 침엽수종은 보통 15～20년생 때 첫 번째 간벌을 실시하고, 활엽수종은 30～40년생일 때 처음으로 간벌을 실시한다.
    ㉡ 여러 가지 사정에 따라 간벌주기는 다르나, 나무가 빨리 자라면 그만큼 빨리 간벌을 반복하게 된다.
    ㉢ 소나무 숲의 경우 임령 30년생인 때까지는 5년마다 한 번, 그 뒤부터는 15년마다 한 번씩 하는 것이 적당하다.
    ㉣ 간벌은 생장기에 실시하면 나무가 잘 썩고 해충의 피해가 있으므로, 늦겨울에서 이른 봄에 실시하는 것이 좋다.

51 다음 중 프랑키아(Frankia)라는 질소 고정균이 공생하면서 콩과식물과 같은 효과를 낼 수 있는 수종은?

① 칡   ② 소귀나무

③ 참나무   ④ 자귀나무

⑤ 자작나무

> ✿▌note 보리수나무류, 오리나무류, 갈매나무, 소귀나무 등은 뿌리혹을 만들어 그 속에 프랑키아(Frankia)라는 질소 고정균이 공생해서 콩과식물과 같은 능력이 있어 비료목으로 취급된다.

52 다음 중 제벌에 대한 설명으로 옳지 않은 것은?

① 제벌의 목적은 수종의 혼효와 임상을 정비하여 건전한 숲을 만들려는 것이다.

② 침엽수 단순림에 활엽수종이 들어오면 토양의 수분조건이나 토양의 물리적 조건을 개량한다.

③ 소나무와 같은 침엽수종은 맹아력이 강하므로 약제처리를 해준다.

④ 낙엽송, 소나무 등의 제벌은 식재 후 7 ~ 8년 정도일 때 하는 것이 적당하다.

> ✿▌note ③ 소나무와 같은 침엽수는 맹아력이 약해서 뿌리 부근에서 벌채해도 괜찮으나, 맹아력이 강한 수종은 이와 같은 벌채를 하면 그 뒤 더 강한 맹아력을 나타내게 되므로 이러한 나무는 약제 처리를 해줘야 한다.

53 다음 중 수관급을 기준으로 해서 실시하는 간벌법으로 옳지 않은 것은?

① 정성간벌   ② 도태간벌

③ 정량간벌   ④ 택벌식 간벌

⑤ 하층간벌

> ✿▌note ① 베어낼 나무와 남길 나무에 중점을 두고 하는 방법으로 수관급을 기준으로 한다.
> ② 미래목을 미리 선정하여, 방해가 되는 나무를 솎아내는 방법이다.
> ④ 1급목 중 가장 큰 나무나 1급목 전부와 5급목을 솎아내는 간벌법이다.
> ⑤ 임관의 상층을 강하게 파괴하여 주림목의 생장을 촉진시키고 하층목을 남겨 숲땅을 보호한다.
> ※ **정량간벌** … 베어낼 그루수와 남은 그루수에 중점을 두고 하는 방법으로 간벌 후 남기는 그루수가 같게 한다.

54 다음 중 산의 급경사면이나 쉽게 건조되거나 겉흙의 유실이 우려되는 곳에 산의 등고선 방향에 따라 홈을 파두는 것은?

① 집수구   ② 배수구

③ 산림측구   ④ 하목식재

⑤ 수평구

> **note** 수평구 … 산의 급경사면이나 쉽게 건조되거나 겉흙의 유실이 우려되는 곳에 산의 등고선 방향에 따라 홈을 파두어 빗물을 모으고, 낙엽을 모아 부식을 형성하게 하고 토양의 유실을 막는 방법이다.

55 다음 중 가지치기 후에 시비를 하는 이유로 옳은 것은?

① 개화를 촉진시키려고

② 밑깎기 기간단축을 위하여

③ 뿌리발달을 촉진시키려고

④ 숲땅의 힘을 높이려고

⑤ 유합조직을 촉진시키려고

> **note** 가지치기 후의 시비는 가지치기로 인한 생장감퇴를 예방하고, 절단 부위의 유합을 촉진시킨다.

56 숲땅의 생산력을 유지하고, 또 그것을 높이기 위해 보조적으로 심어 주는 나무는?

① 대목   ② 수분수

③ 비료목   ④ 어미나무

> **note** 비료목 … 숲땅의 생산력을 높이기 위해 보조적으로 심어주는 나무로 콩과식물의 뿌리혹균이 공중의 질소를 고정시켜 기주식물에 주고 토양질소의 양을 증가시켜 생장에 이용할 수 있게 해주고 토양을 비옥하게 만들어준다. 콩과식물, 오리나무류, 소귀나무, 보리수나무류가 비료목으로 이용된다.

Answer   54.⑤ 55.⑤ 56.③

01. 산림의 무육 **315**

57 척박한 땅에서 잘 견디며 자라고, 잎에 질소 성분을 많이 포함하여 땅힘을 높이는 데 도움을 주는 수종으로 짝지어진 것은?

① 붉나무, 딱총나무

② 소나무, 해송

③ 자귀나무, 자작나무

④ 오리나무, 단풍나무

> **note** 콩과식물은 아니지만 척박한 땅에서 잘 견디며 잎에 질소 성분을 많이 포함하여 땅힘을 높이는 데 도움을 주어 비료목과 같이 취급할 수 있는 것으로 딱총나무, 붉나무, 식나무, 누리장나무 등이 있다.

58 다음 중 숲땅 비배의 효과로 옳지 않은 것은?

① 숲이 빨리 울창해 진다.

② 근계의 발육이 빨라진다.

③ 겉흙의 유실을 막는 효과가 크다.

④ 땅의 성질을 개량하는 데 도움을 준다.

⑤ 하부의 수풀도 왕성하게 자라 밑깎기 작업기간이 길다.

> **note** ⑤ 비료를 주면 나무의 생장이 촉진되어 하부의 수풀의 힘을 빨리 꺾을 수 있어 밑깎기 기간을 단축시킬 수 있다.
> ※ 숲땅 비배의 효과
> ㉠ 숲이 빨리 울창해질 뿐 아니라, 낙엽량의 증가로 땅의 성질을 개량하는 데 도움을 준다.
> ㉡ 근계의 발육이 빨라지고, 건조에 대해서도 저항력이 생긴다.
> ㉢ 숲이 빨리 울창해지면 겉흙의 유실을 막는 효과가 크다.
> ㉣ 조리된 나무의 생장이 촉진되어 그 밑에서 자라는 풀의 힘을 빨리 꺾을 수 있어 밑깎기 기간을 단축시킬 수 있다.

59 뿌리의 발달을 돕는 효과가 큰 비료는?

① 탄소비료

② 칼륨비료

③ 질소질비료

④ 규산질비료

> **note** 인산과 칼륨은 뿌리의 발달을 돕는 효과가 크며, 나무줄기의 재적을 늘리기 위한 임목시비는 질소질비료에 중점을 둔다.

60 다음 중 우죽덮기의 효과로 옳지 않은 것은?

① 잡초의 발생을 촉진한다.　　　　② 숲땅의 건조를 예방한다.

③ 낙엽과 잔가지의 분해로 양분을 공급한다.　④ 숲땅의 유실을 방지한다.

　✎note　① 잡초의 발생을 억제한다.
　　　　※ **우죽덮기** … 나무의 잔가지나 숲땅에 자라는 관목 등을 잘라 숲땅의 표면을 덮어 주는 일로, 숲땅 전면을 고루 덮어 주기도 하고, 등고선에 따라 줄로 덮어 주기도 한다.

61 다음 중 간벌의 효과로 옳지 않은 것은?

① 임목의 형질생장과 재적생장을 증가시킨다.

② 지력을 좋게 한다.

③ 산림을 보호하고 관리하기에 어렵게 한다.

④ 천연갱신을 쉽게 할 수 있고 결실을 촉진시킨다.

　✎note　간벌의 효과
　　　　㉠ 임목의 형질생장과 재적생장을 증가시키고 생육을 촉진시킨다.
　　　　㉡ 간벌재를 이용한다.
　　　　㉢ 산림의 보호·관리를 편하게 하고, 여러 위해를 감소시킨다.
　　　　㉣ 천연갱신을 쉽게 할 수 있고, 결실을 촉진시킨다.
　　　　㉤ 지력을 좋게 한다.

62 다음 중 간벌작업을 실시할 때 주는 것으로, 장령림의 생장을 촉진하려는 데 목적이 있는 임지 비배 단계는?

① 제1기 비배　　　　　　　　② 제2기 비배

③ 제3기 비배　　　　　　　　④ 제4기 비배

　✎note　임지비배의 단계
　　　　㉠ 제1기 비배 : 식재 이후 임목이 울폐할 때까지의 기간으로 풀베기를 주로 할 때인데 2~3회의 시비를 하여 초기 성장을 촉진한다.
　　　　㉡ 제2기 비배 : 임분이 울폐해서 성림이 된 뒤부터 주벌 수년 전까지의 기간으로 주로 제벌과 간벌을 하며, 비배목표는 간벌 수입의 증가와 간벌 후 폐쇄의 촉진에 있다. 이 때 시비와 아울러 간벌을 적기에 실시해야 한다.
　　　　㉢ 제3기 비배 : 벌기 수년 전의 기간으로 벌기 수확량을 증대시키고 다음 조림의 효과를 노린다. 2회 정도 시비한다.

63 다음 중 경엽살포의 설명으로 옳은 것은?

① 지표면 근처의 줄기에다 뿌리면 나무껍질을 통해서 흡수된다.

② 잡목을 자르고 난 후 그루터기에 제초제를 뿌린다.

③ 제초제를 희석해서 잎과 줄기에 뿌려서 잡목을 죽인다.

④ 토양에 제초제를 뿌려서 목본형 식물을 방제한다.

> ☆note ① 나무껍질처리 ② 줄기주입 ④ 토양처리
> ※ 경엽살포
> ㉠ 제초제를 희석해서 잎과 줄기에 뿌려서 잡목을 죽인다.
> ㉡ 전착제를 제초제에 녹이면 효과적이다.
> ㉢ 봄 ~ 여름 사이에 잡초가 많이 발생하면 뿌린다.

64 다음 중 15 ~ 20년생일 때 간벌을 시작하는 수종으로 옳은 것은?

① 가문비나무류 · 오리나무류

② 소나무 · 포플러류

③ 아카시아나무 · 전나무류

④ 편백나무 · 참나무류

> ☆note 15 ~ 20년생일 때 간벌을 시작하는 수종은 잣나무 · 편백나무 · 참나무류 등이 있다.

65 다음 중 도태간벌시 간벌대상목으로 옳지 않은 것은?

① 압박목
② 미래목
③ 회초리목
④ 마찰목

> **note** 도태간벌시 간벌대상목 … 회초리목, 압박목, 마찰목 전부와 너무 빽빽한 무해목 중 불량한 나무를 제거한다.

66 다음 중 건조하고 척박한 곳에서 순림이 잘 형성되는 수종은?

① 소나무
② 사시나무
③ 오리나무
④ 가문비나무
⑤ 자작나무

> **note** 단순림의 형성
> ㉠ 습한 산성땅 : 가문비나무류
> ㉡ 습한 낮은 땅 : 오리나무류
> ㉢ 건조하고 척박한 땅 : 소나무
> ㉣ 산불이 난 후의 땅 : 자작나무, 사시나무, 방크스소나무
> ㉤ 가문비나무류, 전나무류, 사탕단풍나무, 너도밤나무 : 다른 나무에 피음을 주어 경쟁에 이겨 단순림 형성이 잘된다.
> ㉥ 도토리처럼 종자에 다량의 저장양분을 축적하고 있는 수종은 어릴 때 묘목 간의 경쟁에 이겨 단순림을 형성하기 쉽다.

제4편 산림의 무육과 작업종

산림의 작업종

1 작업종의 개요

① 인공조림과 천연갱신

(1) 인공조림

① **갱신** ··· 산의 나무가 성숙목이 되면 벌채하여 이용하고, 그 곳에 새로운 숲을 조성하는 것을 말한다.

② **조림** ··· 황무지, 원야상태의 곳, 무입목지에 나무를 심거나 씨앗을 뿌려서 새 임분을 만들거나 성숙목을 벌채한 후 새로운 나무를 심어서 갱신하여 새 임분을 만드는 일을 말한다.

(2) 인공조림과 천연갱신의 방법

① **인공조림**(인공갱신) ··· 묘목식재, 인공파종, 삽목 등의 인공적 수단에 의해 후계림을 성립시키는 것으로 천연갱신과 비교되는 개념이다.

② **천연갱신** ··· 천연하종, 맹아 등의 임목 자체의 재생능력을 이용하여 후계림을 성립시키는 것이다.

② 인공조림과 천연갱신의 특성

(1) 인공조림의 장·단점

① **장점** ··· 엄선한 좋은 씨앗으로 묘목을 길러서 식재하고, 무육작업에 힘을 쓸 수 있으므로 짧은 기간에 좋은 목재를 생산할 수 있다.

② **단점**
　㉠ 경비가 많이 든다.
　㉡ 수종이 단순하다.
　㉢ 동령림이 되므로 땅힘을 이용하는 데 무리가 있다.
　㉣ 병충해, 바람 등의 외부환경에 대한 저항력이 약하다.

(2) 천연갱신의 장·단점

① 장점

    ㉠ 수종, 품종이 적어도 수백 년 이상 그 지방에서 생육하여 조림지의 기후, 토양에 적응한 것이 므로 수종이나 품종의 선정을 잘못하여 조림에 실패할 염려가 없다.

    ㉡ 임관이 다소 복잡하며 대개 혼효림이 되므로 저항력이 강하다.

    ㉢ 적지에 적수를 생육하고, 완만하지만 건전한 발육을 한다.

    ㉣ 적당한 수종이 발생하며 혼효하므로 지력의 유지에 적합하다.

    ㉤ 임지가 나출되는 일이 드물다.

    ㉥ 경비가 거의 들지 않는다.

    ㉦ 수광생장을 이용할 수 있다.

② 단점

    ㉠ 벌채목의 선정이 곤란하다.

    ㉡ 벌도, 조림, 집재, 운재 등의 작업시 치수를 손상하기 쉽다.

    ㉢ 결실년에 다량 벌목하게 되고 치수의 발육 등 갱신의 요구에 따라 벌채목을 선정하게 되므로 해마다의 수확이 격변하기 쉽고 이의 조절이 어려워 수확의 규정이 어렵다.

    ㉣ 갱신의 시기가 불확실하고, 갱신기간이 길어지기 쉽다.

    ㉤ 갱신이 불완전한 경우가 많으며, 갱신기간 중의 모수는 폭풍 등의 해를 받기 쉽다.

    ㉥ 열등 수종이 증가하여 새 임분의 경제적 가치가 저하되기 쉽다.

(3) 인공조림과 천연갱신의 적용

① 수종, 지형, 교통, 목재의 이용 등에 따라 인공조림으로 할 것인지 천연갱신으로 할 것인지 숲의 경영방법을 결정한다.

② **천연갱신을 적용하는 경우** … 보안림, 국립공원, 풍치나 휴양을 위한 숲

③ **인공조림을 적용하는 경우** … 집약적인 목재생산을 위한 숲, 천연갱신이 어려운 수종, 수종을 갱 신하는 경우

③ 작업종의 용어

(1) 상방천연하종

① **개념** … 열매가 성숙한 뒤 중력에 의해 수직방향으로 아래로 떨어져 그것이 후에 발아해서 묘목 으로 되는 것을 말한다.

② **방법** … 임분을 소개벌채하여 울폐되어 있는 임관에 틈새를 만들어 임상에 광선이 들어와 치수의 발육을 도울 수 있도록 해야 한다.

③ 대표적인 수종으로 참나무류가 있다.

(2) 측방천연하종

① **개념** … 종자가 가벼워 바람에 날려 입목의 측방으로 떨어져 발아하는 경우를 말한다.

② **방법** … 천연으로 하종되는 종자가 착상될 수 있도록 임분의 측방에 있는 나무를 벌채해 주어야 한다.

③ 치수의 발육에 이용되는 일광의 사입방향에 따라 상방광선 또는 측방광선이라고 한다.

④ 대표적인 수종으로 소나무류가 있다.

(3) 벌구

① **개념** … 벌구는 벌채면을 말하는 것으로 택벌에서는 벌구의 개념이 없으나 개벌과 산벌에는 벌구가 있다.

② **대벌구**
　㉠ 벌채면이 대면적인 경우로 통상 5ha 이상이면 대벌구로 취급한다.
　㉡ 갱신을 위해 임분을 구별할 필요가 없이 전면을 하나의 구역으로 한다.
　㉢ 구분을 할 경우에도 면적이 광대하여 측방임분으로부터 그 벌구상의 치수가 환경적·조림적으로 영향을 받지 않는다.

③ **소벌구**
　㉠ 소면적의 벌채면으로 갱신에 있어서 측방에 있는 성숙임분의 영향을 받는다.
　㉡ 종류와 모형 : 대구, 연조, 단과 군으로 나뉜다.
　　• 대조(대구와 연조) : 대구와 연조는 대폭의 광협에 의해 나뉘며, 연조는 특히 폭이 좁고 임연에 실시된다.
　　• 단과 군 : 형상과는 관계없이 크기로 구별된다.
　　－단 : 보통 면적이 0.1~1.0ha인 것을 말한다.
　　－군 : 면적이 0.1ha 이하가 되는 것을 말한다.
　　－일정한 표준이 없고, 구별하기가 곤란하여 혼돈되는 경우가 많다.

(4) 임형

① 교림

    ㉠ 임목이 주로 종자로 양성된 묘목으로 성립된 것을 말한다.

    ㉡ 높은 수고를 가지며 성숙해서 열매를 맺는다.

    ㉢ 실생묘뿐만 아니라 삽목묘, 복조묘 등에 의해서도 성립될 수 있다.

② 왜림

    ㉠ 임목이 주로 맹아에 의해 성립된 것으로 맹아림이라고도 한다.

    ㉡ 비교적 단벌기로 이용되면 수고가 낮다.

    ㉢ 연료생산에 주로 이용되었기 때문에 연료림이라고도 한다.

③ 중림

    ㉠ 동일한 임지에 교림과 왜림을 성립시킨 것이다.

    ㉡ 위에는 교림, 아래에는 왜림이 있어 층계로 나누어진 임형을 가진다.

④ 죽림 … 임업상 예외적인 것으로 취급하고 있는 것으로, 대나무는 지하경에 의하여 증식된다.

(5) 벌채종

① 개벌 … 일시에 벌구 위에 서 있는 임목 전부 또는 대부분을 벌채하는 것으로 1벌이라고도 한다.

② 산벌

    ㉠ 이용기에 이른 임목을 몇 번에 나누어 벌채하면서 그 동안에 어린 임분이 발생하도록 하는 것을 말한다.

    ㉡ 3가지 종류의 벌채로 수행되므로 3벌, 점차로 끊어낸다고 해서 점벌이라고도 한다.

③ 택벌

    ㉠ 전윤벌 기간에 걸쳐 전임분으로부터 벌채 대상목을 선출하여 주벌과 간벌의 구별 없이 벌채를 반복하는 것이다.

    ㉡ 갱신기간이라는 것이 따로 정해져 있지 않다.

    ㉢ 택벌의 결과 만들어지는 임분은 대소노유의 나무들이 혼생하는 연속층림으로 된다.

    ㉣ 다벌이라고도 한다.

2 작업종의 종류

① 개벌작업

(1) 개벌작업의 개요

① **개념** … 1회의 벌채로 현존 임분의 전체를 제거하고, 그 적지에 주로 인공식재나 파종 또는 천연 갱신에 의하여 후계림을 조성하는 것을 말한다.

② **개벌작업의 적용조건**

    ㉠ 임분은 모두 동령림으로 되어 있거나 이령림 중에서도 가장 어린 임목이 이용될 단계에 있어야만 개벌을 할 수 있다.

    ㉡ 개벌 후에 성립되는 임분은 개벌 전의 임목연령 여하를 막론하고 모두 동령림이 성립된다.

    ㉢ 양수 수종에 주로 적용되는 작업종이다.

(2) 개벌작업의 효과

① **장점**

    ㉠ 작업이 간단하고, 시간이 절약된다.

    ㉡ 현재의 수종을 타수종으로 수종갱신 하고자 할 때 적합하다.

    ㉢ 벌채목을 선정할 필요가 없다.

    ㉣ 작업이 집중되므로 동일 벌채량에 대해 타 갱신법보다 수확비가 절약된다.

    ㉤ 동일한 규격의 목재를 생산할 수 있어 경제적으로 유리하다.

    ㉥ 후갱작업이므로 벌채목 반출시 치수에 손상을 입히는 일이 없다.

    ㉦ 인공식재로 갱신하면 새로운 수종을 도입할 수 있다.

    ㉧ 성숙임분·과숙임분 등을 갱신하는 데 알맞은 방법이다.

    ㉨ 풍도에 의한 입목의 피해를 막아준다.

    ㉩ 갱신 후 동령림이 성립되므로 각종 보육작업에 유리하다.

② **단점**

    ㉠ 임지를 황폐화시키기 쉽다.

    ㉡ 임지가 노출되므로 지력이 저하되고, 표토가 유실될 수 있으며 이화학적 성질이 나빠진다.

    ㉢ 건조가 심하고 한해를 받기 쉬워진다.

    ㉣ 일반적으로 병충해의 발생이 심하다.

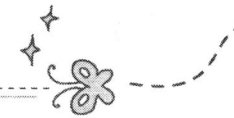

ⓜ 풍치적 가치가 낮다.

ⓗ 잡초, 관목 등의 유해식생이 번성할 수 있다.

ⓢ 음수 수종, 중력종자 수종의 갱신에는 적당하지 않다.

ⓞ 갱신의 성과가 충분하지 못할 수가 있다.

ⓩ 개벌로 생산된 모든 재종이 잘 이용될 수 있는 시장성의 문제가 있다.

ⓩ 갱신된 후 동령 일제림이 성립되므로 각종 위해에 대한 저항력이 약해진다.

(3) 개벌작업의 방법

① 인공조림에 의한 개벌작업

ⓐ 임목을 일시에 다 벌채하여 이용하고, 그 자리에 파종, 식수조림 등의 인공조림으로 갱신하는 방법이다.

ⓑ 가장 간단하며, 비교적 갱신이 확실하고 빨리 이루어지므로 보통 개벌 후 곧 완성된다.

ⓒ 개벌면은 대개 인공조림에 방해가 되는 잡초, 잡목 등이 나기 쉽다.

ⓓ 두꺼운 부식이 있을 때는 그 분해를 기다려 조림을 연기하는 일이 있다.

② 천연갱신에 의한 개벌작업

ⓐ 임목이 개벌된 후 어린 나무가 자연적으로 나타나도록 하는 방법이다.

ⓑ 강한 햇볕을 요구하는 수종이나 환경조건이 적당하면 천연갱신이 가능하다.

ⓒ 갱신에 소요되는 연수가 길어지며, 실패율이 작다.

ⓓ 인공조림이 어려운 곳에 적용한다.

ⓔ 천연갱신의 성공조건

• 전임지에 종자공급이 충분해야 한다.

• 임지가 종자발아에 알맞은 상태여야 한다.

• 다량의 종자가 살포되어야 한다.

• 발아한 치묘가 건전한 발육을 할 수 있도록 좋은 환경이 주어져야 한다.

• 임지에 수분조절을 해주고 벌채면의 넓이를 조절하여 갱신에 유리하도록 한다.

ⓕ 산림 내에는 종자 및 치묘를 식해하는 조수류가 많으므로 미리 조사하여 예방책을 강구한다.

(4) 개벌작업의 변법

① 대상개벌작업

ⓐ 대조벌구(폭 40∼60m 정도)를 벌채지와 잔유지를 교대로 평행배열시켜 2회의 벌채로 임분의 갱신을 완료하는 방법이다.

ⓑ 처음의 벌채가 끝나면 벌채지는 잔존임목의 측방하종이나 인공조림으로 갱신된다.

ⓒ 두 번째의 잔존임목의 벌채는 새로 갱신된 임목의 결실연도에 벌채하지 않으면 개벌에 의한 천연갱신은 대체로 어렵다.

ⓔ 보통 인공조림으로 잔존임분의 갱신을 실시하며, 처음의 벌채와 두 번째의 벌채 사이의 간격은 5 ~ 10년 정도가 된다.

ⓜ 갱신이 끝난 임분은 동령림이 된다.

② **연속 대상개벌작업**

ⓖ 임분의 한쪽부터 대상의 벌구를 선정하여 차례로 벌채하는 방법으로 벌채와 갱신이 동시에 이루어진다.

ⓛ 대상개벌작업보다 띠의 수가 늘어난 것으로, 3회 또는 그 이상의 벌채로 전임분의 임목을 제거한다.

ⓒ 임분 전체에 대한 벌채는 전림의 갱신임목이 동령 일제림이 될 수 있는 기간 내에 벌채가 이루어져야 한다.

ⓔ 이 기간은 윤벌기의 길이에 관계되지만 대개 10 ~ 20년이다.

ⓜ 1구역을 먼저 개벌하면 측방의 2, 3구역에서 씨앗이 공급되어 갱신이 완료되고, 계속해서 2구역을 벌채하면 3구역의 나무로부터 씨앗이 공급되어 갱신이 된다.

ⓗ 나머지 작업방법은 대상 개벌작업과 비슷하다.

③ **군상개벌작업**

ⓖ 임지의 기복이 심하거나 지세가 험한 곳, 토질의 변화가 많은 곳 등 규칙적인 대상벌구를 설정하기 어려운 경우 적용시킨다.

ⓛ 개벌지를 군상으로 만들어 주위의 모수에서 하종시켜 갱신한다.

ⓒ 수년 후 다시 주위의 임목을 군상으로 벌채하여 갱신지를 확장해 나간다.

ⓔ 군상지의 크기는 3 ~ 10ha 정도로 하고, 이미 치수가 발생하여 갱신이 시작되고 있는 곳이나 햇볕의 투사가 좋아 치수의 생장이 좋은 곳을 찾아 첫 벌채를 한다.

ⓜ 이곳을 기점으로 치수가 생장함에 따라 갱신면을 4 ~ 5년 간격으로 점차 넓혀가며 개벌하여 전임분의 갱신을 완료한다.

② **모수작업(어미나무작업)**

(1) **모수작업의 개요**

① 형질이 좋고 결실이 잘 되는 모수 또는 종자나무라고 불리는 일부분의 나무만을 남기고 그 외의 나무를 일시에 베어내는 방법이다.

② 모수는 한 그루 외따로 남기기도 하고(산생 모수), 몇 그루씩 무더기로 남기기도 한다(군생 모수).

③ 모수작업에 의해 갱신되는 산림은 동령림이고, 벌채 후 발생한 어린 나무와는 10 ~ 20년의 나이 차이가 있어 처음 벌채 후 상당기간 복층림을 이룬다.

④ 모수에서 떨어진 씨앗으로 갱신을 하고, 갱신이 끝나면 모수는 벌채하거나 그대로 두어 다음 벌기 때에 함께 베어내기도 한다.

⑤ 남겨질 모수의 수는 전체 나무의 수에 비해 극히 적은 일부에 지나지 않는다.

(2) 모수작업의 효과

① **장점**

　㉠ 벌채가 한 곳에 집중되므로 작업이 비교적 간편하고 운반 등의 경비가 절약된다.

　㉡ 모수가 종자를 공급하므로 넓은 면적이 일시에 벌채된다.

　㉢ 양수 수종의 갱신에 적합하다.

　㉣ 모수의 종류를 적절히 조절하여 수종의 구성을 변화시킬 수 있다.

　㉤ 갱신이 완료될 때까지 모수를 남겨두어 실패를 줄일 수 있다.

② **단점**

　㉠ 임지가 사실상 노출되므로 환경이 급변하여 대부분 수종의 종자발아와 치묘발육에 불리해진다.

　㉡ 표토유실, 토양침식 등 표토의 보호가 완전할 수 없다.

　㉢ 잡초, 관목 등이 무성해져 갱신에 지장을 준다.

　㉣ 풍도의 해를 입을 수 있다.

　㉤ 산벌 · 택벌작업에 비해 미관상 좋지 못하다.

　㉥ 종자가 가벼워 멀리 날아갈 수 있는 수종에만 적용할 수 있다.

　㉦ 모수로 잔존시키기에 안정성이 너무 부족한 경우가 있으므로 과숙임분에는 적합하지 않다.

(3) 모수작업의 방법

① 전재적의 80 ~ 90% 이상의 나무를 벌채하여 이용하고 종자공급을 위한 모수를 1ha당 25 ~ 50 그루 정도 여기저기에 남긴다.

② 바람의 피해를 막기 위해서는 모수를 10여 그루씩 군상으로 남긴다.

③ **모수로 선택되는 나무**

　㉠ 바람에 저항력이 강해야 한다.

　㉡ 씨앗을 맺을 만한 연령에 도달한 나무여야 한다.

　㉢ 형질이 우수해야 한다.

> **TIP** 모수작업이 어려운 경우
> ⊙ 뿌리가 얕은 수종은 어미나무작업을 하기 어렵다.
> ⓛ 갱신되기 전 너무 밀생해 있던 것은 바람에 약해 어미나무작업이 어렵다.

④ **ha당 남겨지는 모수의 수량 결정요인**

　⊙ 어미나무의 결실량

　ⓛ 씨앗이 바람에 날아갈 수 있는 거리

　ⓒ 어미나무의 높이

　ⓔ 씨앗의 발아율

⑤ 전면적에 씨앗이 고루 공급될 수 있도록 한다.

⑥ 소나무류와 같은 양수 수종으로 종자나 열매가 작고 가벼워 바람에 멀리 날아갈 수 있는 수종에 적용한다.

⑦ 미루나무 등과 같이 암·수 구별이 있는 수종은 암수를 섞어서 남기도록 한다.

(4) 모수작업의 변법

① 군생모수법

　⊙ 모수를 무더기로 남겨 바람에 대한 저항력을 증가시키는 방법이다.

　ⓛ 무더기의 폭은 나무높이와 비슷해야 하는데, 실제적으로는 20～30주를 무더기로 세우고 있다.

② 보잔목작업

　⊙ 모수의 왕성한 생장을 다음 윤벌기가 올 때까지 계속시켜 그 형질을 향상시키고 갱신을 천연 적으로 진행하고자 할 때 적용하는 방법이다.

　ⓛ 모수는 다음 번 벌기까지 남아서 생장을 계속하고 다음 벌채 시기에 함께 제거된다.

　ⓒ 보잔목작업시 남겨지는 모수는 종자의 공급과 신속한 생장을 할 수 있는 능력도 고려해야 한다.

③ 　산벌작업

(1) 산벌작업의 개념과 특징

① 개념

　⊙ 벌기에 달한 임분을 몇 차례의 벌채로 균등하게 소개하여 천연하종에 의한 후계림을 조성하는 방법이다.

　ⓛ 발생한 치수는 초기에 노령임목의 보호하에 생장할 수 있으며, 노령임목은 2～6회의 벌채과 정에서 벌채된다.

ⓒ 벌채의 종류
- 예비벌 : 갱신준비를 위해 실시
- 하종벌 : 치수의 발생을 완성하기 위해 실시
- 후벌 : 치수의 발육을 촉진하기 위해 실시

② **특징**

㉠ 음수나 약간 음성을 띤 수종에 적합하다.

㉡ 갱신이 비교적 오래 걸린다.

㉢ 갱신된 숲은 동령림으로 취급된다.

③ **갱신기간**

㉠ 수종, 결실의 특성, 숲땅의 입지조건 등에 따라 갱신기간이 달라진다.

㉡ 유럽에서의 갱신기간
- 너도밤나무, 가문비나무 등 : 20 ~ 30년 정도로 한다.
- 소나무 : 양수이므로 4 ~ 10년으로 한다.

㉢ 전나무와 같은 극단한 음수는 40년 또는 그 이상이 필요하다.

(2) 산벌작업의 효과

① **장점**

㉠ 택벌작업보다 벌채의 방법이 간단하며, 갱신이 더 안전하고 확실하다.

㉡ 수령이 거의 비슷하므로 가지가 굵지 않고 마디가 작으며, 줄기가 곧게 자라게 된다.

㉢ 양수와 음수의 혼효를 조절할 수 있다.

㉣ 임지의 생산력을 보호하는 데 이로우며, 아름답게 유지할 수 있다.

㉤ 성숙한 임목의 보호하에서 동령림을 갱신할 수 있는 방법으로 위에 있는 모수가 어린 나무를 잘 보호해 준다.

㉥ 음수의 갱신에 잘 적용될 수 있다.

② **단점**

㉠ 벌채 대상목이 분산되어 있으므로 작업이 다소 복잡하며 비용이 많이 든다.

㉡ 모든 것이 천연갱신으로만 진행되는 경우에는 갱신의 시간이 오래 걸린다.

㉢ 후벌에서 벌채될 나무들은 바람의 피해를 받을 우려가 있다.

㉣ 벌채면의 배치를 잘못하면 어린나무를 상하게 하기 쉽다.

(3) 산벌작업의 방법

① 예비벌

- ㉠ 임관을 약하게 소개시켜 나무가 햇빛을 받을 수 있도록 하여 결실을 돕는다.
- ㉡ 숲땅에 쌓여 있는 부식질의 분해를 촉진시킨다.
- ㉢ 흙이 바깥 환경의 영향을 받아 어린 나무의 뿌리가 쉽게 땅 속으로 들어가도록 하기 위한 작업이다.

② 하종벌

- ㉠ 예비벌 실시 후 충분한 결실연도가 되면 실시하는 것으로 숲땅에 씨앗이 공급되고, 어린 나무가 발생할 수 있도록 한다.
- ㉡ 간벌이 잘 된 곳은 곧바로 하종벌을 실시할 수도 있다.
- ㉢ 수종의 음·양성, 지형 등에 따라 벌채의 정도를 다르게 한다.
- ㉣ 대부분 양수일수록 강하게 벌채하고, 음수는 약간 약하게 벌채한다.

③ 후벌

- ㉠ 하종벌 때 남겨 둔 나무를 벌채하여 임관을 소개시켜 어린 나무의 발육을 돕기 위해 실시한다.

  ★TIP 하종벌 때 남겨 두는 나무… 새로 발생하는 어린 나무를 위해 나무를 남겨두는데, 어린 나무가 자라면 오히려 광선을 차단하여 어린 나무의 발육을 방해하므로 어린 나무의 발육을 돕기 위해 벌채해야 한다.

- ㉡ 하종벌을 실시하고 3～5년 정도가 지나서 실시하며, 1회로 끝내거나 몇 회에 걸쳐 실시한다.
- ㉢ 종벌 : 후벌을 몇 회에 걸쳐 실시할 경우 마지막으로 실시하는 후벌을 말한다.

◎ 산벌작업의 순서 ◎

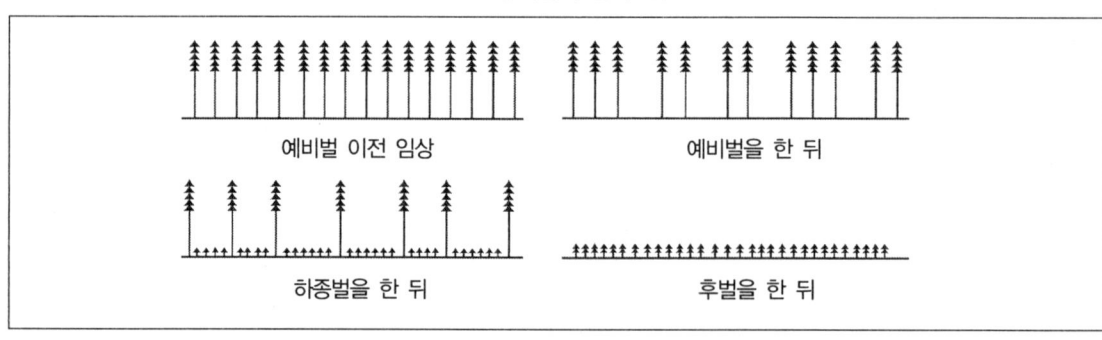

④ 하종벌과 후벌의 비교

구분	하종벌	후벌
횟수	원칙적으로 1회 실시	보통 수회에 나누어 벌채
목적	후계림 조성에 필요한 치수발생의 완료	치수 발육촉진
방법	• 예비벌에 의해 준비된 하종상과 종자모수를 결실연도를 기다려 종자성숙 직후에 벌채 • 수관울폐 : 0.4 ~ 0.7 정도 • 치수의 발생에 적합한 여건 조성	• 잔존보호수와 노임목을 점차적으로 벌채 • 종벌 : 최후에 행하는 벌채 • 치수의 높이가 50 ~ 150cm 정도 되면 종벌완료
고려사항	갱신치수가 없는 하종상에 모수로부터 종자를 공급하는 데 필요한 벌채이므로 종자결실과 벌채목의 형질, 하종상의 상태 등을 고려	갱신치수의 보호, 발육촉진 등을 위한 벌채이므로 벌채시 잔존노목보다는 치수생육관계에 치중

④ 택벌작업

(1) 택벌작업의 개요

① 갱신을 위해 일정기간에 임목을 모두 제거하는 일이 없이 성숙한 일부 임목만을 국지적으로 골라 벌채하면서 갱신하는 방법이다.

② 갱신기간의 제한이 없다.

③ **택벌림형** … 임분이 크고 작은 나무가 섞여 이령림형이 항상 변함 없이 유지되는 임분형을 말한다.

④ **택벌작업의 시대적 변천양식**

　㉠ 초기 : 항상 일정 직경 이상의 나무만을 벌채하는 형식이다.

　㉡ 최근 : 단순히 굵은 나무만을 벌채하는 것이 아니라 수관의 배치상황, 나무의 형질 등 자연환경조건을 고려하여 경우에 따라 벌채하여 갱신을 안전하게 하고자 한다.

⑤ 택벌작업은 산림을 하나의 생태계로 보고 안정성을 유지하고, 임지의 생산능력을 손상시키지 않고, 계속적으로 산림수확을 거두는 산림시업을 이상적으로 생각하는 현대의 임업경영에 부합되는 시업법이다.

⑥ 주로 보안림, 풍치림, 국립공원 등 자연림에 가까운 숲에 적용된다.

⑦ **택벌작업의 기본조건**

　㉠ 영급배치가 보속수확을 할 수 있도록 어느 정도 갖추어져야 한다.

　㉡ 항상 임목으로 피복되어 있으므로 갱신조건이 음수에만 성립될 수 있다.

　㉢ 집약적인 작업이 되므로 어느 정도의 임도시설을 갖추어야 한다.

(2) 택벌작업의 효과

① 장점

- ㉠ 임지가 항상 나무로 덮여 있어 지력유지, 표토유실방지 등의 국토보전적 가치가 크다.
- ㉡ 상층목이 햇빛을 충분히 받아 결실이 잘 된다.
- ㉢ 모수가 많아 치수보호의 효과가 크다.
- ㉣ 음수의 무거운 종자를 가진 수종의 갱신에 유리하다.
- ㉤ 면적이 좁은 산림에서 보속적 수확을 올리는 작업을 할 수 있다.
- ㉥ 공간 및 토양 등 숲땅이 입체적으로 이용되어 생산력이 높다.
- ㉦ 미관상 가장 훌륭한 임형을 가지고 있다.
- ㉧ 산림생태계의 안정을 유지하고, 각종 재해요인에 대한 저항력이 높으며, 임목생육에 적절한 환경을 제공한다.

② 단점

- ㉠ 작업에 고도의 기술이 필요하며 경영내용이 복잡하다.
- ㉡ 임목의 벌채가 어렵고, 벌채시 치수에 손상을 입히기 쉬우며, 갱신이 까다롭다.
- ㉢ 양수 수종에는 적용하기 어렵다.
- ㉣ 성숙목이 산재해 있으며 넓은 면적에서 적은 벌채를 하고 잔존임목에 의해 벌채운반이 어려우므로 벌채비용이 많이 든다.
- ㉤ 동령림에서 생산된 임목에 비해 재질이 불량하다.
- ㉥ 비옥한 토지가 아니면 성적이 불량하며, 일시의 벌채량이 적어 경제상 비효율적이다.

(3) 벌채목의 선정

① 벌채해야 할 중·소경목

- ㉠ 고사목, 병해목과 완전한 피압목
- ㉡ 장차 좋은 나무가 될 수 없다고 확정된 나무
- ㉢ 인접해 있는 우세목이나 어린 나무의 성장에 장해가 되는 나무
- ㉣ 원하지 않는 종류의 나무
- ㉤ 불량목
- ㉥ 이용기에 달한 성숙목

② 잔존시켜야 할 대경목

- ㉠ 현재 건전목으로 질적·양적으로 완전한 생장을 할 수 있는 나무
- ㉡ 소경목군 안에 서 있는 임목으로서 제거됨으로써 풍도, 벌채손상 등의 피해를 가져올 수 있는 나무

ⓒ 어린 나무의 생장에 지장을 주지 않는 나무

ⓡ 군상 벌채면의 갱신을 위한 모수로서 필요한 나무

ⓜ 토양조건이나 수종의 보호에 필요한 나무

ⓗ 풍치상 남길 가치가 있는 나무

(4) 택벌작업의 방법

① 단목택벌작업

ⓖ 이령림을 구성하는 단목이나 극소수의 임목군을 벌채하고 전임분에 걸쳐 곳곳에 산재하는 공극
  지면의 갱신을 도모한다.

ⓛ 음수 수종의 천연하종에 적합하다.

ⓒ 큰 나무가 벌채된 곳에는 많은 치수가 자라며 성장에 따라 그 수가 점차 감소해간다.

ⓡ 문제점 : 치수의 발달이 충분하기 전에 인접한 나무의 수관이 확장되어 큰 나무의 벌채 적지를
  덮게 되어 치수의 생장에 방해가 될 수 있다.

② 군상택벌작업

ⓖ 광선의 요구량이 큰 수종에는 부적합하며 갱신면이 너무 좁아서 치수의 정상적인 발달이 어
  려운 단목택벌작업의 문제점을 보안하여 갱신면을 넓혀 군상으로 택벌을 유도하는 방법이다.

ⓛ 단목택벌작업보다 경비가 절약된다.

ⓒ 치수의 손상이 감소한다.

🌹 단목택벌림과 군상택벌림 🌹

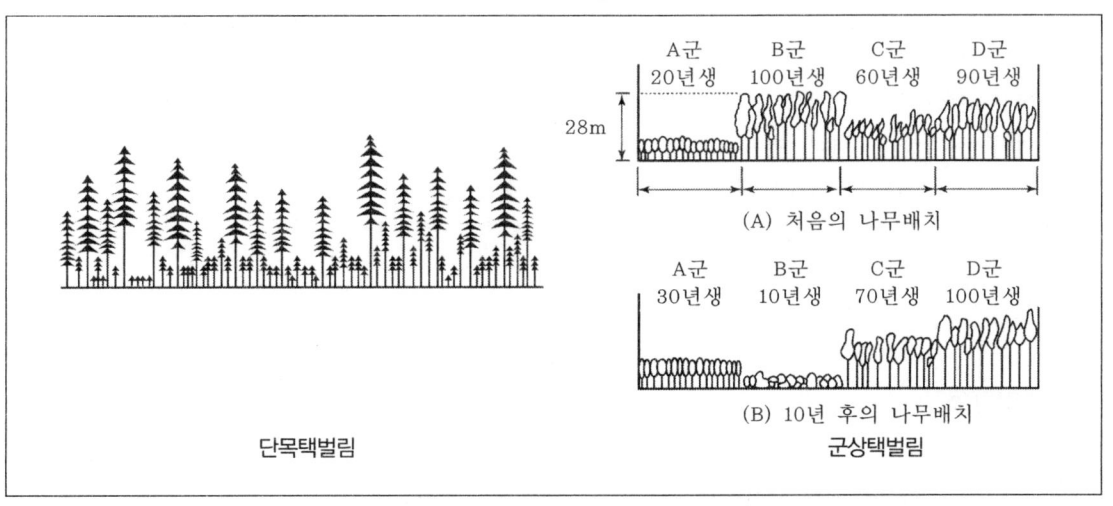

단목택벌림

(A) 처음의 나무배치

(B) 10년 후의 나무배치

군상택벌림

③ 대상택벌작업

    ㉠ 구분된 대상지에 단목·군상택벌작업을 적용하면 벌채작업이 더 잘 될 수 있다.

    ㉡ 문제점 : 자연상태에서 볼 수 있는 것과 차이가 있으며 영급의 순서가 너무 인공적이기 때문에 형성하기 어렵다.

④ 순환식 택벌작업

    ㉠ 개념 : 일정한 순서에 따라 돌아가면서 택벌작업을 하는 것으로 아래 모식도와 같이 임지를 몇 개의 임분으로 나누어 택벌작업을 실시한다.

◈ 윤벌기 100년, 회귀년 10년으로 되어 있는 택벌림의 모식도(20ha) ◈

①		②		③		④		⑤		⑥		⑦		⑧		⑨		⑩	
1	11	2	12	3	13	4	14	5	15	6	16	7	17	8	18	9	19	10	20
21	31	22	32	23	33	24	34	25	35	26	36	27	37	28	38	29	39	30	40
41	51	42	52	43	53	44	54	45	55	46	56	47	57	48	58	49	59	50	60
61	71	62	72	63	73	64	74	65	75	66	76	67	77	68	78	69	79	70	80
81	91	82	92	83	93	84	94	85	95	86	96	87	97	88	98	89	99	90	100

※ ①②③ …… ⑩ : 임분번호

    ㉡ 방법(모식도의 설명)

- 모식도는 20ha의 임지를 10개의 임분으로 나눈 후, 한 임분을 다시 10개의 영급으로 나누어 하나의 벌채면적이 약 0.2ha가 된다.
- 처음의 택벌은 임분 ⑩의 100년 생의 나무에 대하여 실시된다.
- 다음 해에는 임분 ⑨의 99년생이 100년생의 나무가 되므로 이곳에 대해 갱신을 위한 벌채를 실시한다.
- 이런 식으로 계속 택벌을 진행시키면 10년이 지난 뒤 다시 임분 ⑩으로 돌아와 90년으로 된 벌채면이 100년생의 나무가 되어 이곳의 나무를 갱신 벌채하게 된다.
- 윤벌기 : 나무는 항상 100년생일 때 벌채되므로 윤벌기는 100년이다.
- 회귀년 : 임분은 10년마다 한번씩 벌채되므로 회귀년은 10년이 된다.
- 각 임분이 10개의 영급으로 되어 있어 현실적이다.
- '지름 : 나무수의 분포 그림이 반달모양으로 택벌림형을 보인다.

(5) 항속림작업

① 항속림

    ㉠ 산림 유기체의 항속을 원칙으로 산림을 경영하는 방법이다.

    ㉡ 정해진 윤벌기가 없으며, 갱신에 특별한 고려를 하지 않고, 이용을 위해 벌채할 경우에는 나무가 없는 빈 땅이 발생하지 않도록 숲을 관리한다.

ⓒ 간벌, 산벌, 택벌 등 모든 벌채방법이 적용될 수 있다.

② **항속림 사상**

ⓐ 개념 : 묄러(Möller)에 의해 나타난 것으로 경제적 기능을 최대화하기 위해서는 안정된 산림을 유지해야한다고 주장하였다.

ⓑ **항속림 사상의 기본내용**

- 이령 혼효림으로 단목택벌을 원칙으로 한다.
- 택벌작업의 선정기준에 의해 벌채목을 선정한다.
- 개벌을 금하고 매년 간벌형식의 벌채를 반복하도록 한다.
- 갱신은 천연갱신을 원칙으로 한다.
- 지표 유기물을 잘 보존하여 지력을 유지시키도록 한다.

⑤ 왜림작업

(1) 왜림작업의 개념과 특징

① **개념**

ⓐ 근주로부터 나오는 움돋이(맹아)에 의해 갱신되는 방법이다.

ⓑ 활엽수림에서 연료재생산이나 소경재생산을 목적으로 비교적 짧은 벌기령으로 개벌한다.

ⓒ **움돋이(맹아)의 발생원인**

- 줄기 안에서 오래 숨어서 잠자고 있던 눈이 줄기의 절단으로 자극을 받아 생활력을 회복하여 밖으로 나타나거나, 막눈이 생겨나는 경우이다.
- 수종, 수령, 절단면 위치, 벌채계절 등에 따라 맹아가 나타나는 것이 다르다.

② **특징**

ⓐ 줄기의 근관부 등 보통 뿌리 부근을 벌채 이용한다.

ⓑ **그루 움돋이**

- 줄기의 옆부분에서 맹아가 돋아나는 것을 말한다.
- 세력이 강하고 생장이 왕성하다.
- 갱신상 적합하다.

ⓒ **뿌리 움돋이**

- 뿌리에서 돋아나는 움돋이이다.
- 사시나무, 은백양, 아카시아 등의 수종에서 많이 보인다.

⚘ 움돋이의 힘에 따른 수종 ⚘

구분		수종
움돋이 힘이 있는 나무		참나무류, 밤나무, 오리나무 등
움돋이로 갱신이 가능한 나무	활엽수	상수리나무, 굴참나무, 아카시아나무, 싸리나무류 등
	침엽수	리기다소나무 등
뿌리 움돋이만 나는 나무		사시나무 등
그루 움돋이와 뿌리 움돋이가 같이 나는 나무		아카시아, 버드나무, 느릅나무 등
움돋이가 잘 되지 않는 나무		자작나무류 등

(2) 맹아(움돋이)의 종류

① 묘목맹아
㉠ 근주 직경이 5cm 이하의 어린 나무에서 발생한 맹아를 말한다.
㉡ 큰 근주에서 나온 맹아와 비슷한 생리학적·해부학적 기원을 가진다.
㉢ 일반 묘목으로서의 속성도 지니고 있다.

② 단면맹아
㉠ 수피부와 목부 사이에서 캘러스 조직에 연유하는 부정아가 형성되어 신장한 것이다.
㉡ 지면에 근접해서 근계 조직과 연락이 긴밀해야 쓸모가 있다.
㉢ 일반적으로 단명해서 이용가치가 낮다.

③ 측면맹아
㉠ 근주의 측면부터 나는 것을 말한다.
㉡ 근주맹아 또는 주맹아라고도 한다.
㉢ 측근이 아닌 근원부의 바로 아래에 있는 수직 근부에서 나는 맹아는 주맹아로 취급한다.

④ 근맹아
㉠ 지표면에 가까운 측근 조직에 생기는 부정아에 기원하는 맹아이다.
㉡ 측근에서 나는 것이므로 넓은 면적에 산재해서 발생한다.

⚘ 맹아의 종류에 따른 수종 ⚘

구분	수종
단면맹아	버드나무류, 느릅나무류, 너도밤나무류
측면맹아	참나무류, 밤나무, 단풍나무류, 물푸레나무류, 서나무류, 아카시아, 느릅나무류, 버드나무류
근맹아	버드나무, 아카시아, 느릅나무, 사시나무류

(3) 왜림작업의 방법

① 벌채는 맹아가 잘 돋아날 수 있는 이른 봄이나 겨울에 실시하는 것이 좋고, 여름벌채는 피하도록 한다.

    ★TIP　여름벌채 … 수액이 흘러나와서 그루터기를 쇠약하게 한다.

② 맹아는 양성으로 광선이 부족하면 발육이 좋지 못하므로 주의하도록 한다.

③ 벌채는 되도록 줄기의 낮은 곳에 실시하도록 하고, 절단면은 남쪽으로 경사지고 평활하게 한다.

④ 벌채 후 맹아가 여러 개 발생하면 튼튼한 것을 3 ~ 4개 남기고 제거한다.

⑤ 왜림의 갱신이 완료되면 맹아를 정리한다.

(4) 왜림작업의 효과

① **장점**

    ㉠ 작업이 간단하고 갱신이 확실하다.

    ㉡ 연료재나 소형재의 생산을 목적으로 할 때 적합하다.

    ㉢ 벌기가 짧고 단위면적당 물질생산이 높아 자본의 회수가 빠르다.

    ㉣ 비용이 적게 든다.

    ㉤ 환경 등의 여러 가지 위해에 대한 저항력이 크다.

    ㉥ 모수의 유전형질을 유지시킬 수 있다.

② **단점**

    ㉠ 벌기를 길게 한 용재나 큰 용재를 생산할 수 없다.

    ㉡ 지력의 소비가 크므로 척박한 임지에서는 성과가 좋지 못하다.

    ㉢ 맹아는 발생 직후 매우 연약하여 병충해의 침입을 받기 쉬우며 한해에도 약하다.

    ㉣ 단위면적당 생육축적이 낮다.

    ㉤ 미적 가치가 낮으며 교림보다 산불발생의 위험이 높다.

⑥　중림작업

(1) 중림작업의 개념

① **개념**

    ㉠ 같은 구역 안에서 연료재생산을 목적으로 하는 왜림과 용재생산을 목적으로 하는 교림을 동시에 세워 두는 것이다.

    ㉡ 임형은 보통 상 · 하목의 두 층으로 된다.

② 상목

    ㉠ 교림으로 용재림생산을 목적으로 한다.

    ㉡ 택벌식으로 벌채된다.

    ㉢ 일반적으로 침엽수종으로 한다.

③ 하목

    ㉠ 왜림으로 연료재생산을 목적으로 한다.

    ㉡ 윤벌기로 개벌된다.

    ㉢ 일반적으로 활엽수종으로 한다.

(2) 중림작업의 효과

① 장점

    ㉠ 조림 비용이 일반 교림작업보다 적게 들므로 임업자본이 적어도 경영할 수 있는 농가 경영림으로 적당하다.

    ㉡ 하목은 벌채된 뒤 쉽게 울폐하여 임지의 노출을 방지하고 보호해 준다.

    ㉢ 상목은 수광량이 많아 성장이 좋아진다.

    ㉣ 왜림작업에 비해 지력을 보호하는 힘이 크다.

    ㉤ 미관상 좋은 숲을 형성한다.

    ㉥ 여러 가지 위해에 대한 저항력이 크다.

② 단점

    ㉠ 작업방법이 복잡하여 경영에 기술과 숙련을 필요로 한다.

    ㉡ 상목의 벌채시 다른 나무가 피해를 받기 쉽다.

    ㉢ 조림 기술이 세밀하지 않으면 수형이 불량해질 수 있다.

    ㉣ 상목의 피음으로 인해 하목의 맹아발생과 성장이 억제된다.

    ㉤ 상목에 대한 벌채량 조절이 어렵다.

(3) 중림작업의 방법

① 수종

    ㉠ 하목은 비교적 응달에 잘 견디는 수종을 택한다.

    ㉡ 상목은 양성의 나무로 줄기에서 부정아가 발생하지 않는 수종을 택한다.

☙ 상·하목의 수종 ❧

구분	수종
상목	참나무류, 느티나무류, 소나무류, 전나무, 낙엽송 등
하목	참나무류, 서어나무류, 단풍나무류 등

② **하목** … 한 층으로 되어 있으며 윤벌기는 20년이다.

③ **상목**

ㄱ 여러 개의 층으로 구성되며, 윤벌기는 하목의 2~5배 되어 있다.

ㄴ 상목은 벌채 후 왜림작업과 비슷하게 움돋이를 정리하고 잡목 솎아베기를 실시한다.

ㄷ 묘목으로 덧심기도 실시해 준다.

ㄹ 흔히 상목에는 곁가지가 나와 재질이 떨어지는 경우가 있으므로, 가지치기를 해주도록 한다.

④ 일종의 택벌형식으로 벌채를 하며 하목에 피해를 주지 않도록 한다.

3 파종작업

① 파종조림의 개요

(1) 파종조림의 개념과 특징

① **개념** … 조림시 묘목을 식재하는 대신 종자를 직접 파종하여 임분을 조성하는 방법이다.

② **특징**

ㄱ 장점

• 파종조림하여 발생한 나무는 처음부터 그 지역의 토양상태, 기후조건 등에 익숙하므로 환경변화에 대하여 식재조림한 묘목보다 더 잘 견딜 수 있다.

• 묘목을 키우고 식재하는 작업이 생략되어 노력과 경비가 적게 든다.

• 식재조림한 임분보다 자연적이다.

**TIP** 새로운 임분의 자연친화의 크기 … 이식묘 < 1년생 묘 < 파종조림

• 암석지, 급경사지, 붕괴지 등 식재조림하기 어려운 곳에 실시할 수 있다.

ㄴ 단점

• 각종 피해에 대한 기술상의 어려움이 있다.

• 나무는 발아하여 어린 묘목까지가 가장 연약하므로 건조하고 거친 환경 속에서 지내기 어렵다.

③ **적용 수종** … 씨앗의 결실량이 많고 발아가 잘 되는 수종이 적당하다.

구분	수종
파종조림이 용이한 수종	소나무, 곰솔, 만주곰솔, 가래나무, 밤나무, 상수리나무, 굴참나무, 졸참나무, 신갈나무, 해송, 리기다소나무 등
파종조림이 곤란한 수종	소이깔나무, 낙엽송, 전나무, 분비나무, 단풍나무류 등
상당한 주의를 요하는 수종 (파종의 성립 정도는 보통이지만 각종 피해가 많은 나무)	잣나무, 박달나무, 느티나무, 물푸레나무 등

(2) 파종조림의 성과에 관계되는 인자

① **수분**
　㉠ 수분은 조림의 성과에 관계되는 가장 큰 요인이다.
　㉡ 산은 항상 건조하고, 봄에는 특히 건조하므로 파종조림시 평지보다 씨앗을 약간 깊게 묻어주고 낙엽을 덮어준다.

② **종자의 부패** … 흙을 너무 두껍게 덮었거나 배수가 잘 안 되는 곳에서는 종자가 부패해서 조림이 실패로 돌아갈 수 있다.

③ **동물의 해**
　㉠ 새, 쥐, 토끼, 다람쥐 등이 종자를 먹어 큰 피해를 줄 수 있다.
　㉡ 종자를 보호하기 위해 모자모양의 철망을 덮는 등의 기술적인 조치가 필요하다.

④ **한발과 더위의 해** … 소나무류, 자작나무, 전나무 등은 발아한 뒤 뿌리가 매우 빈약하여 건조의 해를 받기 쉽다.

⑤ **서리의 해**
　㉠ 발아한 다음 해에는 서리의 피해가 심하다.
　㉡ 뿌리가 땅 속 깊이 들어가도록 하고, 파종시 다소의 비료를 주어 뿌리의 발달을 촉진시켜 서리의 해를 방지한다.

⑥ **흙옷의 부착**
　㉠ 비가 와서 흙이 줄기에 튀어 흙옷을 만들 수 있다.
　㉡ 발아한 해에는 아직 줄기가 약하여 흙옷에 의해 고사할 수 있다.

② 작업방법

(1) 파종방법

① **시기**

　　㉠ 봄에 얼음이 녹는 즉시 파종을 하는 것이 좋다.

　　㉡ 봄철 파종 : 보통 중부지방은 4월 상순, 남부지방은 3월 하순에 파종한다.

　　㉢ 가을철 파종 : 10 ~ 11월에 실시한다.

② 파종 전에 파종 예정지에 있는 지피물들을 50 ~ 60cm 크기로 제거하고 정리작업을 한다.

③ **파종의 종류**

　　㉠ 흩어뿌림

　　　• 조림지에 전 면적에 씨앗을 고르게 흩어 뿌리는 방법이다.

　　　• 작은 종자를 가진 소나무, 해송 등에 적합하다.

　　㉡ 줄뿌림

　　　• 조림지에 1 ~ 2m 간격으로 줄뿌림하는 방법이다.

　　　• 종자가 큰 상수리나무 등에 적합하다.

　　㉢ 상면파종

　　　• 보통 1ha 정도에 3,000개 가량의 씨를 뿌릴 상면을 만들어 파종하는 방법이다.

　　　• 대개 둥근 모양의 지름 30 ~ 40cm 정도의 크기로 만든다.

　　　• 지피물을 긁어 없애고 겉흙을 노출시켜 괭이로 흙을 부드럽게 하고, 파종 전에 흙은 잘 다져서 흙이 건조하는 일이 없도록 한다.

　　　• 상면에 참나무류 같은 것은 2 ~ 3알 정도를 심고, 작은 종자는 양을 증가시켜 뿌리도록 한다.

(2) 발아한 뒤의 관리

① 한 상에서 어린 묘목이 너무 많이 나면 묘목이 서로 압박하여 생장에 좋지 않으므로 몇 차례에 나누어 없애주고 왕성한 것만을 남기도록 한다.

② **제초**

　　㉠ 잡초는 키가 낮고 드문드문 났을 경우에는 묘목을 보호하므로 그대로 두며, 마구 뽑지 않도록 한다.

　　㉡ 나중에 필요한 경우 높이의 반 정도를 베어주도록 한다.

　　㉢ 상면파종을 한 것 : 둘레의 풀만 베어준다.

　　㉣ 줄뿌림 한 것 : 줄에 따라 풀을 베어준다.

02 출제예상문제

1 다음 중 택벌에 관한 설명으로 옳지 않은 것은?

① 택벌작업에서 회귀년이 적용된다.

② 택벌은 우량재목을 생산한다.

③ 경사가 급한 지역에 적합하다.

④ 택벌의 임령은 모두 이령림이다.

> ☆ **note** ② 택벌작업시에는 동령림에서 생상된 임목에 비해 재질이 불량하다.

2 다음 중 대상개벌작업에 대한 설명으로 옳은 것은?

① 기간은 보통 10 ~ 15년이다.

② 군상자의 크기는 0.03 ~ 0.1ha이다.

③ 2 · 3구역에서 씨앗이 공급되어 갱신된 방법이다.

④ 띠모양으로 구획되고 두 번의 개벌에 의한 갱신방법이다.

> ☆ **note** 대상개벌작업
> ㉠ 벌채 예정지를 띠모양으로 구획하고, 교대로 두 번의 개벌에 의하여 갱신을 끝낸다.
> ㉡ 처음의 벌채가 끝나면 남아 있는 측방 임분으로부터 씨앗이 떨어져 갱신이 되거나 인공조림으로 갱신이 완성된다.
> ㉢ 두 번째 벌채면의 갱신은 현존 임목의 결실연도에 벌채하지 않고서는 개벌에 의한 천연갱신은 대체로 어려워 인공조림이 실시된다.
> ㉣ 처음과 두 번째 벌채 사이의 간격은 5 ~ 10년이다.
> ㉤ 갱신이 끝난 다음의 임분은 동령림이 된다.

3 다음 중 천연갱신의 장점을 설명한 것으로 옳은 것은?

① 그 지역의 환경에 잘 적응되어 온 나무로 구성된다.

② 생산된 목재가 균일하지 못하다.

③ 짧은 기간에 좋은 목재를 생산한다.

④ 벌채된 자리에 새로운 수풀이 이루어지기까지 오랜 세월이 필요하다.

> **note** ②④ 천연갱신의 단점 ③ 인공조림의 장점
>
> ※ 천연갱신
>   ㉠ 벌채 후 새로운 임분이 자연의 힘으로 이루어지는 것으로 천연하종, 복조, 맹아 등 임목 자체의 재생능력을 이용하여 새 임분을 성립시킨다.
>   ㉡ 장점 : 그 곳의 환경에 잘 적용되어 온 나무로 구성되고, 경비가 거의 들지 않는다.
>   ㉢ 단점 : 벌채된 자리에 새로운 숲이 이루어지기까지 오랜 세월이 필요하고 생산된 목재가 균일하지 못하다.

4 산벌작업에서 하종벌에 대한 설명으로 옳지 않은 것은?

① 충분한 결실연도가 되면 실시한다.

② 보통 양수는 약하게 실시한다.

③ 간벌이 잘 된 곳에서는 곧바로 실시한다.

④ 치수발생을 완료시키기 위해 실시한다.

> **note** ② 하종벌은 양수일수록 강하게 벌채하고, 음수는 약간 약하게 벌채한다.

5 산벌이란 예비법, 하종벌, 후벌의 단계를 걸쳐 진행되는 순차벌이라고 한다. 순차적으로 벌채가 진행되어 완료된 기간은?

① 갱정기   ② 정리기
③ 윤벌기   ④ 갱신기

> **note** 산벌작업방법 … 벌기에 달한 임분을 균등하게 소개하여 천연하종에 의하여 후계림을 조성하는 데 몇 차례의 벌채로써 모든 나무를 베어내고 새 임분을 출현시키는 방법이다. 순차적으로 벌채가 진행되서 순차벌 또는 갱신기라고도 한다.

6 개벌작업의 효과에 대한 설명으로 옳은 것은?

① 숲땅이 황폐해지기 쉽다.

② 숲이 단조롭고 아름답지 못하다.

③ 갱신된 어린 나무는 건조나 추위의 해를 입기 쉽다.

④ 성숙한 임분에 적용할 수 있는 가장 간편한 방법이다.

> ☆**note** 개벌작업의 효과
>   ㉠ 장점
>   • 시업이 간단하고 벌채목을 선정할 필요가 없다.
>   • 작업이 한 지역에 집중되어 간편하고 경제적으로 진행될 수 있다.
>   • 현재의 수종을 다른 수종으로 변경할 때 적합하다.
>   • 과숙임분 및 성숙한 임분에 적용할 수 있는 가장 간편한 방법이다.
>   • 타 갱신법보다 사업이 집중되므로 동일 벌채량에 대하여 수확비가 절약된다.
>   • 개벌법이 후갱작업인 관계로 벌채목 반출시 치수를 손상하는 일이 없다.
>   • 동령 일제림이 형성되기 때문에 각종 보육작업을 편리하게 할 수 있다.
>   • 풍도에 의한 입목의 피해를 막아준다.
>   ㉡ 단점
>   • 숲땅이 황폐해지기 쉽고, 지력을 저하시킨다.
>   • 관목, 잡초 등 유해식생이 번성한다.
>   • 갱신된 어린 나무는 건조나 한해를 받기 쉽다.
>   • 숲이 단조롭고 아름답지 못하다.
>   • 병충해는 한 번 발생하면 쉽게 번진다.
>   • 음수 수종이나 중력종자 수종의 갱신에는 적당하지 않다.
>   • 천연갱신의 경우 갱신효과가 충분하지 못할 때가 있다.
>   • 개벌로 생산된 모든 재종이 잘 이용될 수 있는 시장성의 문제가 있다.

7 다음 중 개벌작업에 대한 설명으로 옳지 않은 것은?

① 숲땅이 황폐해지기 쉽다.

② 나무가 일시에 벌채되고 새로운 임분이 조성된다.

③ 미관상 아름다운 숲을 형성할 수 있다.

④ 간편하고 경제적으로 진행될 수 있다.

> ☆**note** ③ 택벌작업의 효과이다.

8 다음 중 중림작업에서 상목으로 식재할 수 있는 수종은?

① 참나무

② 가래나무

③ 서어나무

④ 단풍나무

> ✿note 중림작업방법
> ㉠ 같은 숲땅에서 용재생산을 목적으로 하는 교림작업과 연료재생산을 목적으로 하는 왜림작업을 동시에 실시하는 것으로, 임형은 대체로 상·하목의 두 층으로 이루어진다.
> ㉡ 상목은 양성의 나무로서 줄기에 부정아가 발생하지 않는 참나무류, 소나무류, 느티나무류, 낙엽송, 전나무류 등을 택한다.
> ㉢ 하목은 비교적 응달에 잘 견디는 참나무류, 서어나무류, 단풍나무류 등을 택한다.

9 생태계의 파괴를 가능한 하지 않는 작업종의 방법은?

① 산벌작업

② 개벌작업

③ 택벌작업

④ 모수작업

> ✿note ① 나무의 벌기에 비하여 비교적 짧은 갱신기간 중에 몇 차례의 갱신 벌채로써 모든 나무를 벌채하여 이용하는 동시에 새로운 임분이 나타나게 하는 작업이다.
> ② 숲땅에 있는 모든 나무가 일시에 벌채되고 새로운 임분이 조성되는 방법이다.
> ④ 벌채 예정지의 나무 중 형질이 좋고 결실이 잘 되는 어미나무를 몇 채 남기고 나머지 모든 나무를 베어내는 방법이다.

10 왜림작업에 대한 설명으로 옳지 않은 것은?

① 벌채할 때 되도록 낮은 곳을 벤다.

② 벌채는 겨울이나 이른 봄에 실시한다.

③ 절단면은 북쪽으로 경사지게 한다.

④ 비용이 적게 들고 자본회수가 빠르다.

> ✿note 왜림작업방법
> ㉠ 벌채는 맹아가 잘 돋아날 수 있는 이른 봄에 실시하고, 여름에는 수액이 흘러나와 그루터기를 쇠약하게 할 수 있으므로 피한다.
> ㉡ 맹아는 양성이므로 광선이 부족하면 발육이 좋지 않다.
> ㉢ 벌채는 줄기의 낮은 곳에 실시한다.
> ㉣ 절단면을 남쪽으로 경사지고 평활하게 한다.
> ㉤ 왜림의 갱신이 완료되면 맹아를 정리한다.

11 수풀을 띠모양으로 구획하고, 교대로 두 차례의 개벌에 의하여 갱신을 끝내는 방법은?

① 소벌구작업

② 군상개벌작업

③ 대상개벌작업

④ 연속 대상개벌작업

> ✨**note** 대상개벌작업
> ㉠ 벌채 예정지를 띠모양으로 구획하고, 교대로 두 번의 개벌에 의하여 갱신을 끝낸다.
> ㉡ 처음의 벌채가 끝나면 남아 있는 측방 임분으로부터 씨앗이 떨어져 갱신이 되거나 인공조림으로 갱신이 완성된다.
> ㉢ 두 번째 벌채면의 갱신은 현존 임목의 결실연도에 벌채하지 않고서는 개벌에 의한 천연갱신은 대체로 어려워 인공조림이 실시된다.
> ㉣ 처음과 두 번째 벌채 사이의 간격은 5 ~ 10년이다.
> ㉤ 갱신이 끝난 다음의 임분은 동령림이 된다.

12 풍치림, 보안림, 국립공원 등 자연림에 가까운 수풀에 적용되는 산림작업종은?

① 개벌작업

② 산벌작업

③ 택벌작업

④ 왜림작업

> ✨**note** 택벌작업 … 갱신이 어떤 기간 안에 되어야 한다는 제한 없이 성숙한 일부 임목만을 국소적으로 골라 벌채하면서 갱신되는 방법으로 풍치림, 보안림, 국립공원 등 자연림에 가까운 수풀에 적용된다. 이령림형이 항상 변함없이 유지되는데 이것을 택벌림형이라 한다.

13 어미나무작업을 행할 때 어미나무로 적합한 나무는?

① 형질이 우수한 나무여야 한다.

② 바람에 저항력이 강해야 한다.

③ 씨앗을 맺을 만한 연령에 도달한 나무여야 한다.

④ 뿌리가 얕은 수종이어야 한다.

> ✨**note** 어미나무로 선택하는 나무
> ㉠ 바람에 저항력이 강해야 한다.
> ㉡ 씨앗을 맺을 만한 연령에 도달해야 한다.
> ㉢ 형질이 우수해야 한다.
> ㉣ 뿌리가 얕은 수종은 어미나무작업이 어렵다.
> ㉤ 갱신되기 전 너무 밀생해 있던 것도 바람에 약하다.

14 다음 중 중림작업에서 하목으로 식재할 수 있는 수종은?

① 전나무   ② 소나무

③ 낙엽송   ④ 단풍나무

> **note** 하목은 비교적 응달에 견디는 수종인 참나무류, 서어나무류, 단풍나무 등을 택한다.

15 다음 중 황무지, 원야상태의 곳, 무입목지에 나무를 심거나 씨앗을 뿌려서 새 임분을 만드는 일은?

① 간벌   ② 갱신

③ 벌목   ④ 조림

> **note** ① 벌기까지 남게 되는 임목의 생장을 촉진하고, 임분구성을 조절하기 위한 작업이다.
> ② 산에 나무를 심고 잘 가꾸어서 성숙목이 되면 벌채하여 이용하고, 그 곳에 새로운 숲을 조성하는 일을 말한다.
> ③ 임목을 자르는 작업이다.

16 다음 중 어미나무작업의 장점으로 옳지 않은 것은?

① 어미나무를 오랫동안 남겨 둠으로써 비용이 적게 들고 생산이 안전하다.

② 숲땅이 노출되어 황폐해지기 쉽다.

③ 벌채작업이 한 지역에 집중되므로, 작업이 경제적이고 간단하다.

④ 양수 수종의 갱신에 적합하다.

> **note** 어미나무의 작업
> ㉠ 장점
> • 어미나무를 오랫동안 남겨 둠으로써 비용이 적게 들고 생산이 안전하다.
> • 벌채작업이 한 지역에 집중되어, 작업이 간단하고 경제적이다.
> • 양수 수종의 갱신에 적합하다.
> • 어미나무의 종류를 조절함으로써 수종의 구성을 변화시킬 수 있다.
> ㉡ 단점
> • 개별작업과 비슷한 정도로 숲땅이 노출되어 황폐해지기 쉽다.
> • 숲이 아름답지 못하다.
> • 뿌리가 얕게 뻗고 씨앗이 가벼운 수종에만 적용할 수 있다.

Answer   14.④ 15.④ 16.②

17 다음 중 개벌작업의 장점으로 옳지 않은 것은?

① 병충해가 쉽게 번진다.　　　　　② 수종 변경에 가장 적합한 방법이다.

③ 수확비가 절약된다.　　　　　　　④ 치수 손상이 없다.

> **note** ① 개벌작업의 단점이다.
>
> ※ 개벌작업의 장점
>
> ㉠ 시업이 간단하고 벌채목을 선정할 필요가 없다.
> ㉡ 작업이 한 지역에 집중되어 간편하고 경제적으로 진행될 수 있다.
> ㉢ 현재의 수종을 다른 수종으로 변경하고자 할 때 적합한 방법이다.
> ㉣ 과숙임분 및 성숙한 임분에 적용할 수 있는 가장 간편한 방법이다.
> ㉤ 타 갱신법보다 사업이 집중되므로 동일 벌채량에 대하여 수확비가 절약된다.
> ㉥ 개벌법이 후갱작업인 관계로 벌채목 반출시 치수를 손상하는 일이 없다.
> ㉦ 동령 일제림이 형성되기 때문에 각종 보육 작업을 편리하게 할 수 있다.
> ㉧ 풍도에 의한 입목의 피해를 막아준다.
> ㉨ 인공식재로 갱신하면 새로운 수종을 도입할 수 있다.

18 다음 중 산벌작업의 단점으로 옳은 것은?

① 숲을 아름답게 유지할 수 있다.

② 음수의 갱신에 잘 적용될 수 있다.

③ 숲땅의 생산력을 보호하는 데 이롭다.

④ 천연갱신으로만 진행될 때에는 갱신기간이 길어진다.

> **note** 산벌작업의 효과
>
> ㉠ 장점
> • 동령림의 숲이므로 줄기가 곧고 굵기가 고른 나무를 생산한다.
> • 위에 있는 어미나무가 어린 나무를 잘 보호해 주기 때문에, 갱신이 안전하게 된다.
> • 숲땅의 생산력을 보호하는 데 좋다.
> • 벌채 후 나무의 반출이 잘 될 수 있다.
> • 음수의 갱신에 잘 적용될 수 있다.
> • 숲을 아름답게 유지할 수 있다.
>
> ㉡ 단점
> • 후벌을 할 때 어린 나무가 상하기 쉽고, 후벌에서 벌채될 나무들은 바람의 피해를 받을 우려가 있다.
> • 천연갱신으로만 진행될 때 갱신기간이 길어진다.
> • 벌채 대상목이 흩어져 있어서 작업이 복잡하다.

Answer　17.① 18.④

19 다음 중 택벌작업에 있어 벌채목을 선정하는 기준으로 옳지 않은 것은?

① 생장이 왕성한 나무

② 세력이 약해서 앞으로 좋은 나무가 될 수 없는 나무

③ 죽은 나무, 피압목, 병해목

④ 어린 나무나 옆에 있는 우세목의 생장에 지장을 주는 나무

> **note** 벌채목 선정기준
> ㉠ 세력이 약해서 앞으로 좋은 나무가 될 수 없는 나무
> ㉡ 죽은 나무, 피압목, 병해목
> ㉢ 어린 나무나 옆에 있는 우세목의 생장에 지장을 주는 나무
> ㉣ 원하지 않는 종류의 나무

20 나무의 벌기에 비하여 비교적 짧은 기간 중에 몇 차례의 갱신벌채로써 모든 나무를 벌채, 이용하는 동시에 그 곳에 새로운 임분이 나타나게 하는 작업은?

① 개벌작업   ② 산벌작업

③ 모수작업   ④ 택벌작업

> **note** 산벌작업
> ㉠ 나무의 벌기보다 비교적 짧은 기간 중에 몇 차례의 갱신벌채로써 모든 나무를 벌채하여 이용하는 동시에 새로운 임분이 나타나게 하는 작업이다.
> ㉡ 갱신에 오랜 기간이 걸리지만, 갱신된 숲은 동령림으로 취급된다.
> ㉢ 약간의 음성이나 음수를 띤 수종에 적당하다.
> ㉣ 갱신기간의 길이는 결실의 특성, 수종, 숲땅의 입지조건 등에 따라 다르다.

21 하종벌을 마친 뒤 얼마나 지나야 후벌작업에 들어가는가?

① 3 ~ 5년   ② 5 ~ 8년

③ 8 ~ 11년   ④ 11 ~ 14년

> **note** 산벌작업의 벌채방법 … 예비벌, 하종벌, 후벌의 순으로 하며 하종벌은 예비벌 실시 후 충분한 결실연도가 되면 실시하고, 후벌은 하종벌을 실시한 뒤 3 ~ 5년이 지나서 실시한다.

Answer   19.①   20.②   21.①

22 파종조림의 성과에 영향을 미치는 요건으로 옳지 않은 것은?

① 건조   ② 동물의 해

③ 온도   ④ 수분

⑤ 흙옷

> **note** 파종조림의 성과에 관계되는 요인
>
> ㉠ 수분
> - 일반적으로 산은 건조하고, 봄에는 더욱 건조하므로, 수분은 조림에서 가장 큰 요인이 된다.
> - 파종조림시 씨앗을 평지보다 약간 깊게 묻어 준다.
> ㉡ 발아 후의 건조의 해 : 소나무류, 전나무, 자작나무 등은 발아한 뒤 뿌리가 빈약해서 건조의 해를 받기 쉽다.
> ㉢ 서리의 해
> - 발아한 다음의 해는 서리의 피해가 심하다.
> - 대처방법은 뿌리가 땅 속 깊이 들어가도록 도와주는 것이다.
> ㉣ 동물의 해
> - 새, 토끼, 쥐, 다람쥐 등이 씨앗을 먹어 피해를 입는다.
> - 모자모양의 철망을 덮어 씨앗을 보호한다.
> ㉤ 흙옷 : 발아해서 줄기가 약할 때, 비가 와서 튄 흙이 흙옷을 만들어 묘목이 죽게 된다.

23 중림작업으로 벌채를 할 때 하목으로 식재하면 적당한 수종은?

① 전나무   ② 낙엽송

③ 단풍나무류   ④ 느티나무

> **note** 중림의 작업방법
>
> ㉠ 상목은 양성의 나무로서 줄기에서 막눈이 발생하지 않는 수종을 택하고, 하목은 응달에 견디는 수종을 택한다.
> ㉡ 수종
> - 상목 : 느티나무류, 참나무류, 소나무류, 전나무류, 낙엽송 등
> - 하목 : 참나무류, 서어나무류, 단풍나무류 등
> ㉢ 구성 : 하목이 한 층으로 되고, 상목은 몇 개의 층으로 구성된다.
> ㉣ 윤벌기
> - 상목 : 하목의 2 ~ 5배
> - 하목 : 20년
> ㉤ 벌채방법은 택벌형식으로 하목에 피해를 주지 않도록 한다.

24 다음 중 움돋이에 의해 갱신되는 임분의 벌채방법은?

① 개벌작업   ② 왜림작업
③ 택벌작업   ④ 산벌작업

　　✿note 왜림작업
　　　　㉠ 움돋이에 의해서 갱신되는 방법이다.
　　　　㉡ 참나무류, 오리나무류, 아카시아, 싸리나무류 등과 같은 활엽수종의 지상부를 벌채하여 그
　　　　　 루터기에서 움이 돋아 나오면, 이것으로 후계림을 만드는 방법이다.
　　　　㉢ 움돋이가 생기는 것은, 줄기 안에서 오랫동안 숨어서 잠자고 있던 눈이 줄기의 절단으로
　　　　　 자극을 받아 그들의 생활력을 회복하여 밖으로 나타내거나, 때로는 막눈이 생겨나는 경우
　　　　　 이다.
　　　　㉣ 움돋이는 그루터기에서 발생하는 위치에 따라 그루 움돋이와 뿌리 움돋이로 나눈다.

25 다음 중 파종에 의한 조림을 만들려고 할 때 적합하지 않은 수종은?

① 해송   ② 소나무
③ 참나무   ④ 단풍나무

　　✿note 파종조림 수종
　　　　㉠ 씨앗의 결실량이 많고 발아가 잘 되는 소나무, 리기다소나무, 해송, 참나무류 등과 같은 수
　　　　　 종이 직파조림으로 적당하다.
　　　　㉡ 전나무, 낙엽송, 단풍나무, 가문비나무 등은 파종조림하기가 어렵다.

26 다음과 같은 특성을 가진 벌채방법은?

> • 갱신이 어떤 기간 안에 되어야 한다는 제한이 없다.
> • 임분은 항상 크고 작은 나무가 서로 섞여져 있는 모습을 나타낸다.
> • 경관이 아름답다.

① 개벌작업   ② 택벌작업
③ 산벌작업   ④ 모수작업

　　✿note 택벌작업 … 갱신이 어떤 기간 안에 되어야 한다는 제한 없이 성숙한 일부 임목만을 국소적으
　　　　로 골라 벌채하면서 갱신되는 방법으로서 풍치림, 보안림, 국립공원 등 자연림에 가까운 수풀
　　　　에 적용된다. 이령림형이 항상 변함없이 유지되는데 이것을 택벌림형이라 한다.

27 다음 중 왜림작업의 효과로 옳은 것은?

① 대경목 생산에 적합하다.

② 땅힘을 많이 소비한다.

③ 작업이 간단하고 갱신에 확실성이 있다.

④ 벌기가 길어 경제성이 떨어진다.

> ☆note 왜림작업의 효과
> ㉠ 장점
> • 갱신에 확실성이 있고, 작업이 간단하다.
> • 여러 가지 피해에 대한 저항력이 크다.
> • 땔감 등의 물질생산이나 소경목의 생산에 적합하다.
> • 벌기가 짧으므로, 자본이 적은 농가에서도 할 수 있다.
> ㉡ 단점
> • 경제성이 적다.
> • 땅힘을 많이 소비한다.

28 하목으로 식재할 때 적합한 수종의 조건으로 옳지 않은 것은?

① 뿌리혹박테리아에 의해 토양에 질소분을 증가할 수 있는 비료목

② 작은 나무라도 약간의 이용가치가 있는 수종

③ 가지가 밀생하여 그늘을 만들어 줄 수 있는 수종

④ 양수 수종인 수종

> ☆note 하목의 요건
> ㉠ 내음성이 큰 수종
> ㉡ 가지가 밀생하여 그늘을 만들어 줄 수 있는 수종
> ㉢ 뿌리혹박테리아에 의해 토양에 질소분을 증가할 수 있는 비료목이나 낙엽의 비효가 큰 수종
> ㉣ 작은 나무라도 약간의 이용가치가 있는 수종
> ㉤ 하목으로 이용되는 수종 : 참나무류, 단풍나무, 붉나무, 오리나무류 등의 지력 유지가 알맞고,
> 상목의 생장을 촉진할 수 있는 수종

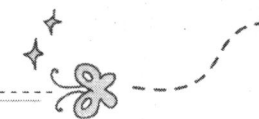

29 나무는 항상 100년생에서 벌채되고, 한 임분은 10년마다 한 번씩 벌채작업을 받게 된다고 할 때, 회귀년은 몇 년인가?

① 10년   ② 30년

③ 50년   ④ 100년

> **note** 나무가 항상 100년생에서 벌채되고, 한 임분은 10년마다 한 번씩 벌채작업을 받게 된다면 윤벌기는 100년이고, 10년을 회귀년이라 한다.

30 다음 중 중림작업의 단점으로 옳은 것은?

① 미관상 좋은 숲을 형성한다.

② 숲땅을 보호하는데 효과적이다.

③ 용재와 땔감을 한 숲땅에서 생산할 수 있다.

④ 경영에 기술과 숙련을 필요로 한다.

> **note** ①②③ 중림작업의 장점이다.
> ※ 중림작업의 단점
> ㉠ 경영에 기술과 숙련을 필요로 한다.
> ㉡ 작업방법이 복잡하다.
> ㉢ 상목을 벌채할 때 하목이 피해를 받기 쉽다.

31 다음 중 인공조림에 비해 천연갱신이 가지는 특징으로 옳은 것은?

① 땅힘을 이용하는 데 무리가 있다.

② 조림비용이 많이 든다.

③ 임지의 환경조건에 알맞은 수종으로서 갱신될 수 있다.

④ 외부 환경요인에 대한 저항력이 약하다.

⑤ 숲이 이루어지기까지 짧은 시간이 걸린다.

> **note** ① 땅힘을 이용하는 데 유리하다.
> ② 조림비용이 적게 든다.
> ④ 외부 환경요인에 대한 저항력이 강하다.
> ⑤ 숲이 이루어지기까지 오랜 시간이 걸린다.

32 다음 중 택벌작업에 관한 설명으로 옳지 않은 것은?

① 경사가 급한 지역에 적합한 방법이다.

② 택벌작업하면 우량 재목이 생산된다.

③ 택벌 임형은 모두가 이령림이 된다.

④ 풍치림, 보안림, 국립공원 등 자연림에 가까운 숲에 적용된다.

> **note** 택벌작업
> ㉠ 벌채의 이용보다 수풀의 무육과 보호에 목적을 두므로 무육상 불량수종을 벌채한다.
> ㉡ 풍치림, 보안림, 국립공원 등 자연림에 가까운 숲에 적용된다.
> ㉢ 이용기가 된 성숙목도 벌채하는데 임목의 재질이 좋지 않은 경우가 많아 경제적인 임업을 경영할 때 여러 가지 어려운 점이 많다.

33 다음 중 대상산벌작업의 장점으로 옳은 것은?

① 햇빛을 많이 받을 수 있어서 양수갱신에 적합하다.

② 숲땅의 생산력을 보호할 수 있다.

③ 벌채 대상물이 한 곳에 집중되어 있어 작업이 간단하다.

④ 후벌을 할 때 어린 나무가 상하기 쉽다.

> **note** 산벌작업의 장·단점
> ㉠ 장점
> • 동령림의 숲으로 줄기가 곧고, 굵기가 고른 나무를 생산한다.
> • 벌채 후 나무의 반출이 잘 될 수 있다.
> • 숲이 아름답게 유지된다.
> • 음수의 갱신에 잘 적용될 수 있다.
> • 숲땅의 생산력을 보호할 수 있다.
> • 개벌작업보다 벌채방법이 복잡하나 택벌작업보다는 간단하다.
> • 위에 있는 어미나무가 어린 나무를 잘 보호해 주므로, 갱신이 안전하게 된다.
> ㉡ 단점
> • 천연갱신으로만 진행될 경우 갱신기간이 길어진다.
> • 후벌을 할 경우 어린 나무가 쉽게 상한다.
> • 벌채 대상목이 흩어져 있어서 작업이 복잡하다.
> • 후벌에서 벌채될 나무들은 바람의 피해를 받을 수 있다.

Answer 32.② 33.②

34 다음 중 군상개벌작업에 대한 설명으로 옳지 않은 것은?

① 군상지의 크기는 0.03 ~ 0.1ha가 적당하다.

② 대략 4 ~ 5년의 간격을 두고 군상지를 넓혀나간다.

③ 일정한 모양을 가진 토지의 변화가 별로 없는 곳에 적용된다.

④ 치수가 이미 발생된 곳을 택하여 첫 벌채를 한다.

> **note** 군상개벌작업
> ㉠ 임지의 기복이 심한 경우나 지세가 험한 산림 내에서는 규칙적인 대상벌구를 설정하기 어려울 때가 있다. 이러한 경우 산림 내에 군상으로 개벌지를 만들어 주위의 모수에서 하종시켜 갱신하고 수년 후 다시 주위의 임목을 군상으로 벌채하여 갱신지를 확장해 나가는 방법이다.
> ㉡ 최초의 갱신지는 이미 발생된 치수 즉 전생치수가 있는 곳이나 햇볕의 투사가 좋아 치수갱신이 좋은 곳을 택하며 군상지의 크기는 보통 0.03 ~ 0.1ha 정도로 한다.
> ㉢ 치수가 생장함에 따라 갱신면은 4 ~ 5년 간격으로 점차 바깥쪽으로 개벌하여 전임분의 갱신을 완료한다.

35 다음 중 농가의 부업으로 유리하고 가장 짧은 기간 내에 수확할 수 있는 작업방법은?

① 왜림작업   ② 죽림작업

③ 교림작업   ④ 개벌작업

> **note** 죽림작업 … 특수한 작업종으로 다른 작업종과 별개의 것으로 취급된다. 대나무는 일반 수목과 달라 짧은 기간 안에 수확되어 농가의 부업으로 유리하다. 우리나라에서는 경상남도, 전라남 · 북도 지방에 경영되고 있다.

36 다음 중 교림에 대한 설명으로 옳은 것은?

① 신탄재 생산을 목적으로 한다.

② 맹아에 의해 갱신된 산림이다.

③ 벌기가 길고 용재로 사용될 산림이다.

④ 순수한 원시림으로서 벌채를 이용한 산림이다.

> **note** 교림 … 종자에 기원해서 성립된 산림으로 용재생산을 목적으로 하고, 키가 높은 산림으로 육성하는 것이다.

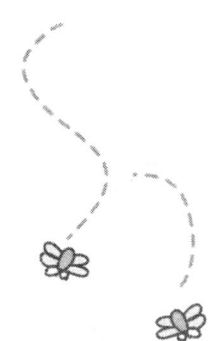

PART 05

산림의 조림과 보호

산림자원의 보호

1 산불

① 산불의 피해와 원인

(1) 산불의 피해

① **임목의 피해**

　㉠ 목재가 손실된다.

　㉡ 천연갱신에서 치수와 종자를 전멸시킨다.

　㉢ 인공조림지에서는 고온으로 수간이 쇠퇴하고 지엽이 적변하여 전 임목이 고사하게 된다.

　㉣ 침엽수는 지엽의 소실·탈락에서 부활될 가능성이 적다.

　㉤ 활엽수는 비교적 근주로부터 맹아하여 회복할 가능성이 있다.

② **임지의 피해**

　㉠ 유기질 양분을 제공하는 낙엽, 낙지, 고초 등의 지피물이 소실된다.

> ★TIP 지피물 소실의 의미 … 질소(N), 인(P), 기타 광물질 양분이 재나 숯으로 화하여 바람에 비산되고 비에 유실되어 극히 일부만이 영양분으로 이용 가능해진다.

　㉡ 토양 습기를 감소시키며 나지를 생성하는 등 피해가 많다.

③ **임지 이외의 피해**

　㉠ 임업수입의 보속을 파괴시킨다.

　㉡ 임가를 떨어지며 노임 및 묘목대가 앙등하고 조림계획이 바뀐다.

　㉢ 풍치를 파괴하고 홍수의 원인을 초래한다.

　㉣ 수원을 고갈시키고 기후를 변조시켜 국토보안상 불리해진다.

　㉤ 건물·사찰의 소실, 농작물의 소실, 교통장해 초래 등의 간접적인 피해가 많다.

(2) 산불의 원인

① **인위적 원인** … 사슴이나 토끼 등 야수의 수렵을 목적으로 방화하거나, 산림노동자·야영자·통행자 등의 부주의, 담배꽁초·이웃의 화재·조림지 등의 준비를 위한 불넣기 등에서의 연소, 고압전선의 누전 등과 같은 부주의나 태만에 의한 실화 등 발생예방이 가능한 화재이다.

② **천연적 원인** … 극히 드물게 발생하는 화재로 낙뢰나 수목간의 마찰, 낙엽과 떨어진 가지들의 발효에 의한 발화 등 발생예방이 불가능한 화재이다.

② 산불의 종류와 발생시기

(1) 산불의 종류

① **수관화**

   ⊙ 개념 : 지표화에서 나무의 윗부분에 불이 붙어 수관을 따라 연속해서 수관으로 옮겨 수초, 수엽 등이 연소하는 화재이다.

   ○ 특징

    • 우리나라에서 가장 빈번히 발생하는 흔히 볼 수 있는 산불이다.

    • 산불 중에서 가장 큰 피해를 주며, 한번 발생하면 끄기 어렵다.

    • 바람이 불어가는 방향으로 V자 모양으로 번져 나가며, 산꼭대기를 향해서 바람을 타고 올라간다.

    • 침엽수림이 활엽수림보다 잘 발생하며, 가시나무, 산호수 등에서는 잘 일어나지 않는다.

    • 장기간 고엽이 붙어 있는 낙엽활엽수나 죽림에서 발생하기도 한다.

    • 임목이 완전히 고사하게 된다.

② **지표화**

   ⊙ 개념 : 초기 단계의 불로 임야에 퇴적된 건조한 하초, 도목, 낙지 등의 지피물, 갱신된 어린 나무, 관목층 등을 연소한다.

   ○ 특징

    • 바람이 없을 경우 : 발화점에서 둥글게 퍼진다.

    • 바람이 있을 경우 : 바람이 불어가는 방향으로 타원형으로 바람의 세기에 비례하여 빠르게 번져간다.

    • 유령림 내에 지표화가 발생할 경우 반드시 수관화를 유발시켜 전멸하게 된다.

    • 장령림이나 노령림은 지표화에 잘 고사하지 않는다.

    • 임목산생지나 원야의 화재는 여기에 기인한다.

③ **수간화**

   ⊙ 개념 : 고손목·수간의 공동부 등에 낙뢰가 발생하거나 지표화로 인해 수간이 연소하는 것을 말한다.

   ○ 특징

    • 고손목의 심재부가 썩어 구멍이 생기면 굴뚝과 같은 작용을 하며 화세가 강해져서 지표화나 수관화를 일으키는 경우가 많다.

    • 불이 붙기 쉬운 자작나무류 등이 타는 경우가 있다.

④ **지중화**

　　㉠ 개념 : 한랭한 고산지대, 고위도 지방에서 낙엽이 분해되지 못하고 깊게 쌓여 있는 곳이나 지
　　　　　하의 이탄질 또는 Tundra 등 연소하기 쉬운 유기질의 퇴적물이 연소하는 것을 말한다.

　　㉡ 특징

　　　• 일반적으로 피해는 적은 편이나 나무뿌리가 높은 열에 피해를 받으면 나무전체가 말라죽는다.

　　　• 지중화는 바람의 영향을 받지 않아 4～5m/h 이하로 확대되는 속도가 늦다.

　　　• 한번 불이 붙으면 화열과 연소가 오래 지속된다.

　　　• 우리나라에서는 발생하는 일이 극히 드물지만 대면적에 걸쳐 피해가 일어나는 불이다.

(2) 산불의 발생시기

① 산불은 산에 있는 가연물이 건조해 있을 때 일어나기 쉬우므로 기후와 계절에 따라 크게 좌우
　된다.

② **장마철** … 가연물이 젖어 있고, 습도도 높고, 나무 자체에 수분이 많아 산불이 일어나기 어렵다.

③ **봄**(3～4월), **가을**(9～11월) … 비가 오지 않아 습도가 낮고 가연물이 말라 있으며 날씨가 건조해
　나무에 물기가 적어 산불이 많이 발생한다.

🌸 산불의 계절별 발생횟수 🌸

연도별 ＼ 계절별	합계	봄 (3～5월)	여름 (6～8월)	가을 (9～11월)	겨울 (12～2월)
평균 (1990～1994)	220 (100%)	151 (69%)	9 (4%)	20 (9%)	40 (18%)
1990	71	62	－	－	9
1991	139	113	－	11	15
1992	180	96	14	10	60
1993	278	214	－	13	51
1994	433	267	33	66	67

③　산불의 예방과 진화

(1) 산불의 예방

① 교육과 계몽

　　㉠ 산불의 51%가 부주의에 의한 실화이므로 산을 이용하는 사람들은 물론 온국민에게 산불이 한
　　　번 나면 수십 년생의 나무들이 일시에 타서 없어지고, 돈으로 보상할 수 없는 막대한 손실을

가져온다는 것, 산림의 국토보안적 효과 등의 애림사상 등을 고취시킨다.

ⓒ 포스터, 신문, 라디오, TV 등을 통해서 철저하게 교육과 계몽을 한다.

ⓒ 산불이 많이 발생하는 봄과 가을에는 되도록 입산을 통제한다.

ⓒ 산에 가는 사람들에게는 불씨 휴대를 금지하도록 한다.

② **법률에 의한 처벌의 강화**

ⓐ **산림법 제119조(산림방화죄)** : 타인소유의 산림 또는 보안림·채종림·산림유전자원보호림·시험림·수형목이나 보호수에 방화한 자는 7년 이상의 유기징역에 처한다.

ⓑ **산림법 제120조(산림실화죄)** : 과실로 인하여 산림을 소훼한 자는 3년 이하의 징역 또는 1천 500만원 이하의 벌금에 처한다.

③ **산불경보 및 순찰**

ⓐ **산불경보**

• 산불발생 위험기에 습도가 낮거나 바람이 불어 산불이 날 위험이 많은 경우 TV, 라디오, 기타 보도 등을 이용하여 산불예방 및 경계내용을 알린다.

• 등산객이 많이 출입하는 등 이용인구가 많은 곳에는 산불조심 문구의 푯말이나 깃발을 꽂아 입산자들의 주의를 환기시킨다.

ⓑ **산불감시**

• 산불발생 위험기에는 도보, 자전거, 오토바이, 헬리콥터 등을 이용하여 순찰을 자주 한다.

• 산불이 발생하였을 때에는 신속하게 대처할 수 있도록 소방기구의 설비를 완비하고 소방사를 즉각 출동할 수 있도록 한다.

• 중요한 산림에는 산불 경망대를 설치하고, 무선시설 등을 갖추어 항상 산불을 감시하여야 한다.

④ **방화선과 방화림의 설정**

ⓐ **방화선**

• 산불이 났을 경우 한번에 넓은 면적이 타지 않게 하여 피해를 줄이고 산불 진화를 쉽게 할 수 있도록 산림면적을 50ha 정도로 구획하여 화선을 설치한다.

• 보통 10 ~ 20m 나비로 임목과 잡초, 관목을 제거하여 만든다.

• 방화선은 산의 능선이나 산림 구획선에 설치하거나, 임도 등을 이용하기도 한다.

ⓑ **방화림** : 방화선에 해당하는 나비에 내화성이 큰 피나무, 음나무, 고로쇠나무, 마가목 등을 심어 불이 넘어가지 못하도록 하는 것이다.

구분		수종
내화력이 강한 수종	침엽수	가문비나무, 낙엽송, 전나무, 분비나무, 화백
	상록활엽수	아왜나무, 굴거리나무, 사철나무, 동백나무
	낙엽활엽수	피나무, 고로쇠나무, 마가목, 굴참나무, 음나무, 황백나무
내화력이 약한 수종	침엽수	소나무, 해송, 삼나무, 편백
	상록활엽수	녹나무, 구실잣밤나무, 조릿대
	낙엽활엽수	아카시아, 벚나무

⑤ **임내의 청소** ··· 이용인구가 많은 도로변의 수풀은 피해를 받지 않을 정도로 가연물을 청소한다.

(2) 산불의 진화

① **일반적인 진화방법**

㉠ 산불진화는 조기발견이 중요하다.

㉡ 화두와 화미

• 화두 : 화재가 발생하여 진행해 나가는 쪽을 말한다. 화두는 항상 풍하측에 있다.

• 화미 : 풍상방향이나 경사를 하향하는 가장 속도가 늦은 불을 말한다.

• 화재를 어떻게 방어하느냐 하는 것은 화두를 어떻게 취급하느냐가 가장 중요하다.

• 화두는 풍향에 따라 변화하며 측면화가 화두가 되고 화두가 측면화가 되기도 한다.

㉢ 산불의 초기나 불길이 약한 경우에는 화두에서 꺼나가며, 불길이 심한 경우에는 측면에서부터 꺼나가 화두면을 좁혀 들어가도록 한다.

㉣ **직접소화법** : 소화에 가장 효과적인 물을 쓰는 방법, 흙을 퍼붓거나 생나무 가지로 두들겨 끄는 방법 등을 말한다.

㉤ **간접소화법** : 불길이 강해 직접소화법을 이용하기 어려운 경우 화두에서 약간 거리를 두어 30 ~ 50cm 나비로 땅을 뒤집어 엎어서 소화선을 만들어 불길을 약화시켜 소화시키는 방법이다.

㉥ 직·간접법으로도 끄기 어려운 경우에는 이미 설치된 방화선에 맞불을 놓거나 화두방향의 상당한 전방에 임시 방화선을 만들어 소화시킨다.

② **수관화의 진화방법**

㉠ 수목이 크지 않은 경우에는 풍하에서 도끼나 톱으로 불붙는 방향으로 수목을 벌도하여 방화선을 만든다.

㉡ 강풍이 불고 수목이 큰 경우에는 진화할 길이 없어 강우를 기다려야 한다.

③ **수간화의 진화방법**

㉠ 큰 나무에서 많이 발생하는 수간화의 특성상 진화가 곤란하다.

  ⓛ 공동내부가 탈 경우 : 흙이나 이끼류로 공동구를 막고 공기유통을 차단하여 진화한다.

  ⓒ 수피가 탈 경우 : 펌프를 사용하여 진화한다.

④ **지표화의 진화방법**

  ㉠ **지표화 초기** : 가시나무, 산호수 등과 같은 푸른잎이 붙은 나뭇가지로 진화하며, 불타기 쉬운 낙엽, 잔가지, 화초 등은 낫으로 없애고 응급 방화선을 만들어 예방한다.

  ⓛ **큰 지표화** : 맞불을 놓는다.

⑤ **지중화의 진화방법** … 보통 지화를 일으키고 있는 화재구역 주위의 지층에서 깊은 도랑을 파고 자연진화가 되기까지 기다린다. 이때 수리가 편리한 곳이 있으면 더욱 효과적이다.

(3) 산불 뒤처리

① 산불은 바람이 불면 재발할 가능성이 높으므로 일단 진화되었더라고 완전히 진화될 때까지 감시인을 두어야 한다.

② **화재적지에 대한 주의**

  ㉠ 화재적지를 수년간 방치하면 조림상 불편하며 경비가 소모된다.

  ⓛ 양수 수종인 오리나무, 황철나무 등이 밀생하기 쉽다.

  ⓒ 지력이 악화되어 삼나무나 편백의 조림에 부적절하게 된다.

  ⓔ 화재 후의 수년간은 토지가 건조하여 한해를 입기 쉬우므로 가급적 조속히 조림해야 한다.

③ 산불의 피해목은 해충의 침입을 유발하며 용재의 공예적 가치가 감소되므로 조속히 임외로 반출해야 한다.

---

2   대기오염

① 대기오염의 피해와 원인

(1) 피해종류

① **급성피해**

  ㉠ 공기 중 유해가스의 농도가 높을 때 일어나는 피해이다.

  ⓛ **침엽수** : 잎의 끝이 황색이나 적갈색으로 변하고, 심하면 잎이 떨어진다.

ⓒ 활엽수 : 잎 가장자리와 잎맥 사이에 황백색이나 회색, 갈색 등의 반점이 생기고, 심하면 잎이 떨어진다.

② **만성피해**

ⓐ 공기 중의 유해가스의 농도가 낮을 때 일어난다.

ⓑ 오랜 기간에 걸쳐서 엽록소가 파괴되어 잎이 황색으로 변하고 나무가 쇠약해진다.

(2) 대기오염의 원인

① **원인**

ⓐ 폭발적으로 증가한 자동차나 대단위 공업단지에 의해 각종 유해가스가 많아지게 되었다.

ⓑ 유류나 석탄을 주연료로 사용하는 가정이나, 각종 공장의 굴뚝에서 나오는 연기 속에는 대기오염물질이 섞여있다.

ⓒ 대기오염물질 : 이산화황(SO_2), 삼산화황(SO_3), 플루오르(F_2), 황화수소(H_2S), 암모니아 (NH_3), 염소(Cl_2), 오존(O_3), 질소산화물(NO_x) 등

② **피해** … 직·간접적으로 식물에 생리적 장해를 일으켜 생장을 억제하거나 죽게 한다.

② 대기오염의 증상과 방제법

(1) 대기오염의 증상 감정법

① **육안적 감정법**

ⓐ 대기오염의 여러 가지 증상은 오염원의 종류, 수종, 시기에 따라 다르며 눈으로 관찰된다.

ⓑ 보통 나무의 끝부터 피해의 증상이 나타나고, 묵은 잎부터 떨어지며, 회녹색의 연한 반점이 생긴다.

② **현미경적 감정법**

ⓐ 현미경을 이용하여 육안으로 볼 수 없는 미세구조의 변화를 볼 수 있다.

ⓑ 기관별 변화

- 기공의 세포 : 적갈색으로 변색된다.
- 껍질의 피목 : 갈색으로 변한다.
- 원형질 : 녹색으로 변한다.

③ **검지식물법**(지표식물법)

ⓐ 대기오염의 해가 있는 곳에 검지식물을 가져다 놓고 그 반응을 관찰하여 대기오염의 해를 감지하는 방법을 말한다.

   ⓛ 검지식물

    • 개념 : 유해가스에 예민하여 피해를 받으면 선명한 증상을 나타내는 식물이다.

    • 종류 : 낙엽송, 소나무, 전나무, 밤나무, 느티나무, 사과나무, 배나무, 메밀, 참깨, 들깨, 담배 등

④ **기타** … 화학분석법, 이화학적 검정법, 공기분석법 등이 있다.

(2) 수목의 내연성과 피해정도

① 내연성

  ㉠ 수종에 따라 내연성이 다르다.

⊚ 주요 수종의 대기오염에 대한 내연성 ⊚

구분		수종
침엽수	약	소나무, 전나무, 히말라야시다, 삼나무, 낙엽송
	중	해송, 편백, 비자나무
	강	은행나무, 가이즈까향나무, 소철
활엽수	약	밤나무, 느티나무, 겹벚나무, 푸조나무, 팽나무, 트릅나무, 층층나무, 사시나무, 오리나무, 단풍나무
	중	붉가시나무, 개나리, 후박나무, 아왜나무, 광나무, 버즘나무, 왕벚나무, 능수버들
	약간 강	녹나무, 감탕나무, 동백나무, 호랑가시나무, 꽝꽝나무, 식나무, 서향, 나무딸기, 남천, 당단풍나무, 검양옻나무
	강	메밀잣밤나무, 돈나무, 사철나무, 종려나무, 협죽도, 팔손이, 유카, 졸참나무, 벽오동나무, 벚나무

  ⓛ 동일 수종이라도 품종 및 개체에 따라 차이가 있다.

  ⓒ 유해성분의 종류와 농도, 수령, 입지조건, 기후상태 등에 따라서 연해의 피해정도가 다르다.

② 조건별 피해정도

구분	특징
수종	• 활엽수가 침엽수보다 매연해에 약하다. • 활엽수 중에서도 상록수는 보통 강하다.
수령	• 유령림과 노령림이 저항력이 약하다. • 20 ~ 30년생의 나무는 매연해에 강하다.
임상	교림 < 중림 < 왜림 순으로 저항력이 강하다.
위치	• 연원에 가까울수록 가스의 농도가 높으므로 피해가 크다(반드시 비례하지는 않는다). • 연원으로부터 가까운 곳에서는 능선부보다 계곡부에 피해가 심하다. • 연원으로부터 먼 곳에서는 능선부에 피해가 심하다.

토양상태	토양이 좋은 곳에서 자라고 있는 임목들은 토양이 나쁜 곳에서 자라고 있는 임목들에 비하여 피해가 적다.
아황산가스(SO_2)	토양 중의 석회와 결합되어 석회량을 감소시키기 때문에 석회가 부족한 곳에서 연해가 크다.
기후	• 기온이 높고 날씨가 맑을 때에 피해가 크다. • 밤보다 낮에, 겨울철보다 여름철에 피해가 크다.

(3) 대기오염의 방제

① **법규적 조처**

　㉠ 실정에 맞는 법을 제정하여 여러 가지 공해를 방지하고 환경을 보호한다.

　㉡ 환경보전과 관계된 법규

　　• 환경정책기본법 : 법은 환경보전에 관한 국민의 권리·의무와 국가의 책무를 명확히 하고 환경정책의 기본이 되는 사항을 정하여 환경오염과 환경훼손을 예방하고 환경을 적정하고 지속가능하게 관리·보전함으로써 모든 국민이 건강하고 쾌적한 삶을 누릴 수 있도록 함을 목적으로 한다.

　　• 대기환경보전법 : 대기오염으로 인한 국민건강 및 환경상의 위해를 예방하고 대기환경을 적정하고 지속가능하게 관리·보전함으로써 모든 국민이 건강하고 쾌적한 환경에서 생활할 수 있게 함을 목적으로 한다.

　㉢ 환경기준의 설정 : 국민의 건강을 보호하고 쾌적한 환경을 조성하기 위하여 환경기준을 설정하고 환경여건의 변화에 따라 그 적정성이 유지되도록 하여야 한다.

② **이화학적 방제법**

　㉠ 유해가스를 화학적으로 중화시켜 흡수, 배출하여 농도를 줄인다.

　㉡ 유해한 고형입자는 제거시설로 수집한다.

　㉢ 화학적 제조방법을 바꾸어 유해가스의 농도를 높여 이를 이용한다.

　㉣ 연도에 고압전류에 의한 매연흡착장치를 설치하여 매연의 배출을 막는다.

③ **임업적 방제법**

　㉠ 조림시 대기오염의 해에 저항성이 강하고 맹아력이 강한 수종을 선택하여 조림한다.

　㉡ 내연성이 강한 수종으로 방연수대를 조성한다.

　㉢ 택벌림, 중림, 왜림작업으로 조성하고 침엽수와 활엽수를 섞어 혼효림으로 조성하도록 한다.

　㉣ 토양의 비배에 힘쓰고 석회를 많이 주어 오염을 방제할 수 있는 수림대를 조성한다.

3 기상재해

① 고온의 해

(1) 껍질데기(피소)

① **개념** … 나무줄기가 강렬한 태양광선의 직사광선을 받았을 때 나무껍질의 일부에 급격한 수분증발이 생겨 형성층이 파괴되어 고사하는 현상이다.

② **피해임목**

　㉠ 수피가 평활하고 코르크층이 발달되지 않는 수종 : 오동나무, 후박나무, 호두나무, 가문비나무 등

　㉡ 흉고직경 15 ~ 20cm 이상의 수령을 가진 임목

　㉢ 서남 및 서면에 위치한 임목

③ **대책**

　㉠ 오동나무 : 서면 식재를 피한다.

　㉡ 은행나무, 가로수, 정원수 : 해가림을 해주고 줄기에 석회유, 점토 등을 칠하고, 짚, 새끼 등으로 주위를 감아 보호한다.

(2) 열에 의한 피해

① **개념** … 토양이 건조하고 직사광선을 받게 되는 7 ~ 8월경에 지표면의 온도가 50℃ 이상까지 올라가 묘목, 조림지의 어린 나무 등의 경우에 지면에 닿는 줄기 부분의 형성층 조직이 죽게 되고 결국 나무 전체가 죽게 되는 현상을 말한다.

② **피해임목** … 내음성이 강한 전나무, 가문비나무, 편백, 화백 등이 열에 약하다.

　★**TIP** 비교적 열에 강한 수종 … 소나무, 해송, 측백 등

③ **대책**

　㉠ 해가림을 해준다.

　㉡ 남서쪽에 보호 수림대를 만들어 보호한다.

(3) 가뭄해(한해)

① **개념**

　㉠ 땅에 수분이 부족하여 원형질 분리현상을 일으켜 치사하는 것을 말한다.

ⓛ 여름에 기온이 높고 햇볕이 강하여 땅 속의 수분이 결핍하여 일어나는 피해로 고온의 피해는 아니다.

ⓒ 비가 오랫동안 오지 않을 때 나무는 수분부족으로 말라 죽게 된다.

② **피해**

ⓐ 묘목과 어린 나무에 피해가 심하며 큰 나무의 생장도 나빠진다.

ⓛ 다음 해의 생장량이 줄어들고 나이테가 좁아진다.

③ **대책**

ⓐ 관수를 자주 해준다.

ⓛ 해가림, 풀뽑기, 겉흙 긁어주기, 짚덮기 등을 해준다.

② 저온의 해

(1) 개념

① 저온에 의한 임목의 피해로 한해, 상해, 동해라 한다.

② 기온이 0℃ 이하로 떨어지면 식물체 내부의 세포간격에 결빙이 생기고, 세포 내의 수분이 탈취되어 원형질이 수분부족으로 파괴되어 생리적 건조현상이 일어나 고사하는 것을 말한다.

③ 자연발생하여 장기간 그 지역의 환경에 적응되어 있는 향토식물은 특별한 기상이변이나 인위적인 방해를 받지 않으면 한해를 받지 않는다.

(2) 서리해(상해)

① **늦서리**(만상) **피해**

ⓐ 개념 : 이른 봄 나무가 자라기 시작한 후 기후의 이변으로 서리가 내려 새순이 피해를 입는 것을 말한다.

ⓛ 특징

• 상륜 : 늦서리의 피해를 받아 생장이 일시 중지되었다가 다시 자라 1년에 2개의 나이테가 생기는 경우를 말한다.

• 어린 나무는 죽기도 한다.

• 추운 지방의 나무를 더운 지방에 옮겨 심었을 경우 해를 받기 쉽다.

• 늦서리의 해를 받기 쉬운 수종 : 낙엽송, 오리나무, 자작나무류 등

ⓒ **대책**
- 방풍림을 조성하고 배수를 양호하게 한다.
- 조림 수종·품종의 선택에 주의한다.
- 늦서리의 피해가 있는 수종은 파종을 늦게 하고, 일찍 발아하는 수종은 음지에 가식하여 발아를 늦춘다.

② **이른서리(조상) 피해**
ⓐ **개념** : 늦가을에 나무가 완전히 휴면에 들어가기 전에 일찍 내리는 서리의 피해를 말한다.
ⓑ **특징**
- 거름이 많거나 수분이 적당하여 웃자란 나무가 해를 입기 쉽다.
- 따뜻한 지방의 나무를 추운 지방에 옮겨 심었을 경우 해를 입기 쉽다.

(3) 상렬

① **개념** … 추위에 수액이 얼어서 수간의 외층이 냉각 수축하여 수선방향으로 나무껍질이 갈라지는 것을 말한다.

② **피해수종** … 껍질이 연한 포플러나 참나무류에 피해가 생기기 쉽다.

③ **상종** … 봄이 되어 갈라진 부분이 아물고 다시 겨울에 터지고 갈라지는 현상이 반복되어 그 부분이 두드러지게 비대생장하는 것으로 나무의 가치가 떨어진다.

④ **대책**
ⓐ 배수를 양호하게 하고 수풀의 울폐를 유지한다.
ⓑ 임의를 조성하고 한랭한 바람을 분산시킨다.

(4) 서릿발(상주)

① **개념** … 기온이 영하로 내려가 지표면이 빙점 이하로 냉각되어 땅 속 입자 사이의 모세관을 통해 올라온 물이 땅 표면에서 얼게 되는 현상이 반복되어 얼음 기둥이 점차 위로 올라가는 것을 말한다.

② **피해**
ⓐ 진흙이 섞인 습한 땅에서 많이 발생한다.
ⓑ 조림시 뿌리가 깊게 뻗지 못한 묘목을 사용한 곳이나, 묘포에 서릿발이 생기면, 어린 나무의 뿌리가 겉흙과 함께 솟아오르고, 서릿발이 녹은 후에도 뿌리가 솟은 채로 흙 밖으로 나와 말라죽게 된다.
ⓒ 편백, 전나무, 가문비나무 등과 같은 천근성 수종의 어린 묘목에 큰 피해를 준다.

③ 대책

　㉠ 배수가 잘 되게 한다.

　㉡ 진흙땅은 모래를 객토하여 토질을 개량해 준다.

　㉢ 천연적 지피물을 보존하고 묘상에는 낙엽, 짚 등을 덮고 판갈이한다.

③　눈의 해(설해)

(1) 개념

늦겨울이나 이른 봄에 내리는 습한 눈의 큰 부착력에 의한 피해를 말한다.

(2) 피해

① 잎과 가지에 쌓인 눈의 무게로 나뭇가지가 굽거나 부러지고, 뿌리째 넘어지기도 한다.

② 매우 추운 지방보다 약간 따뜻한 지방, 엄동기보다 이른 봄에 많이 발생한다.

③ **낙엽활엽수** … 겨울에 잎이 떨어지므로 피해가 적다.

④ **침엽수**

　㉠ 수관에 쌓이는 눈의 양이 많고, 뿌리가 얕은 것이 많아 피해가 크다.

　㉡ 나이 어린 숲에서는 나무들이 기울어지거나 구부러지는 피해가 크다.

(3) 대책

① 눈이 많이 내리는 지방에서는 눈의 피해에 저항력이 큰 수종을 선택한다.

② 이령림과 혼효림으로 만든다.

③ 피해목은 병충해의 서식장소가 되므로 빨리 처분한다.

> **TIP** 눈의 장점
> ㉠ 산에 적당히 내리는 눈은 어린 나무를 추위로부터 보호해 준다.
> ㉡ 임목생장에 필요한 수분을 공급한다.
> ㉢ 집재 · 운재에 편리하다.

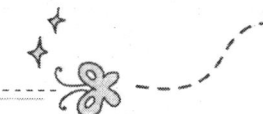

④ 바람의 해(풍해)

(1) 바람의 특징

① **이로운 점**(적당한 속도의 바람이 고루 부는 경우)

ㄱ 나무의 증산작용을 촉진하여 양분의 흡수를 좋게 한다.

ㄴ 꽃가루가 바람에 잘 날려서 꽃가루받이가 잘 되게 하고 씨앗이 잘 흩어지게 한다.

ㄷ 겨울에 찬 공기를 밀어내어 냉해를 막아준다.

② **해로운 점**(바람이 계속해서 한쪽으로만 불거나 너무 빠르게 부는 경우)

ㄱ 증산작용이 과다하게 이루어져 수분부족현상이 발생한다.

ㄴ 동화작용을 해치고 가지를 손상시키며, 줄기를 눕게 하거나 비스듬하게 한다.

ㄷ 가지가 한쪽으로만 뻗게 하여 재질이 좋지 않은 나무를 만든다.

(2) 주풍

① **개념** … 10 ~ 15m/sec의 풍속으로 계속해서 한쪽으로만 부는 바람이다.

② **피해**

ㄱ 동화작용을 방해받아 임목의 생장량을 감소시킨다.

ㄴ 나무가 주풍 방향으로 구부러지며, 나무줄기의 밑부분은 편심생장을 하게 되어 횡단면이 타원형이 되고, 나무의 모양을 나쁘게 만든다.

ㄷ 높은 산의 수목한계선 지역과 산등성이에서 주풍의 피해가 심하다.

③ **주풍의 종류**

ㄱ 계절별(우리나라)

• 봄 · 여름 : 온화한 남동풍이 분다.

• 가을 · 겨울 : 춥고 강한 북서풍의 계절풍이 분다.

ㄴ 지역별(해안지방)

• 낮에는 바다에서 육지로, 밤에는 육지에서 바다로 분다.

• 해풍이 육풍보다 강하여 나무가 육지쪽으로 경사지게 된다.

④ **대책**

ㄱ 주풍을 받는 지역에서는 바람에 저항성이 큰 수종을 조림한다.

ㄴ 영구적 보호수와 임의 등을 조성한다.

(3) 폭풍

① **개념** ⋯ 7 ~ 8월 계절풍이 불어올 때 자주 발생하는 것으로 29m/sec 이상의 풍속을 가지며 대부분 비를 동반한다.

② **피해**

　㉠ 가지가 부러지고 나뭇잎이 찢어지거나 떨어지며, 나무가 넘어지기도 한다.

　㉡ 노령림에 피해가 크다.

③ **대책**

　㉠ 폭풍의 해를 완전히 막는 것은 불가능하지만 적당한 무육으로 피해를 줄일 수 있다.

　㉡ 단순림에 비해 풍해에 저항성이 강한 혼효림이나 택벌림으로 만든다.

　㉢ 방풍림을 조성한다.

④ **방풍림**

　㉠ 심근성이고 바람에 강하며 잎과 가지가 밀생하는 수종을 선택한다.

　㉡ 선택한 나무를 10 ~ 20m 나비로 풍향에 직각이 되도록 띠모양으로 길게 조림한다.

◎ 수종별 풍해에 대한 저항성 ◎

구분	수종
저항성이 약한 수종	삼나무, 편백, 가문비나무, 포플러, 사시나무, 자작나무, 수양버들 등
저항성이 중간인 수종	낙엽송, 전나무, 오리나무, 호두나무, 느릅나무 등
저항성이 강한 수종	소나무, 해송, 참나무류, 느티나무 등

(4) 조풍(염풍)

① **개념** ⋯ 소금기를 가지고 바다로부터 불어오는 바람을 말한다.

② **피해**

　㉠ 바닷가에서부터 8 ~ 10km 정도의 내륙까지 불어오며, 강풍이나 폭풍과 같이 센 바람이 불 거나 강우가 적을 때 잘 발생한다.

　㉡ 소금기가 있는 바람이 나뭇잎 뒷면의 기공으로 침입하여 생리적 작용을 해친다.

　㉢ 부착한 염화나트륨은 원형질로부터 수분을 빼앗아 원형질 분리를 일으켜 잎을 죽게 한다.

　㉣ 잎에 있던 소금기는 빗물에 씻겨 땅 속으로 들어가 숲땅을 악화시킨다.

　㉤ 토양 속의 소금기의 농도가 0.5% 이상인 경우에는 나무의 생육을 방해하고, 토양 속에 있는 세균의 생육을 불가능하게 하여 유기물질의 분해를 방해한다.

　㉥ 조풍의 해가 심한 경우에는 나뭇잎은 갈색이나 검은색으로 변하여 죽게 된다.

③ **대책** ⋯ 내염성 수종으로 해안 방조림을 조성한다.

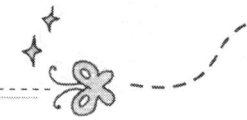

🌸 수종별 내염성의 정도 🌸

구분	수종
내염성이 약한 수종	소나무, 편백, 화백, 전나무, 벚나무 등
내염성이 강한 수종	향나무, 사철나무, 자귀나무, 후박나무, 해송 등

4 주요 병해

① 수병의 원인

(1) 기생성 병

① 세균

㉠ 형태

- 구형(약 1μm), 원통형(3×1μm), 나선형의 3종이 있고, 연쇄상, 괴상을 결합하고 있는 것이 있다.
- 세균은 대부분이 단세포이며 운동기관으로 편모를 가지고 있는 것도 있다.

㉡ 식물의 병을 일으키는 것은 대부분 간균이다.

㉢ 세균은 상처나 자연개구를 통해 침입하며 침해되는 부위와 특징에 따라 나눈다.

㉣ 세균에 의한 병

- 유조직병 : 식물의 조직에 세균이 침입하여 조직의 부패, 반점, 잎마름 등의 병징을 나타낸다.
- 물관병 : 물관에 침입해서 물이 올라가는 것을 막아 말라 죽게 한다.
- 증생병 : 분열조직의 증식이 자극되어 혹을 만든다.
- 기타 : 밤나무 눈마름병과 밤나무, 포플러, 호두나무, 벚나무 등의 뿌리혹병 등이 있다.

㉤ 세균병의 방제

- 세균성 수목병은 다른 병보다 방제가 어렵다.
- 진균성 병해에 비하여 화학적 방제의 효과가 적다.
- 발병요인을 분석 검토하여 저항성 있는 품종을 육성하고, 영림법을 개선하여 방제하는 것이 효과 적이다.

세균 구조의 단면도

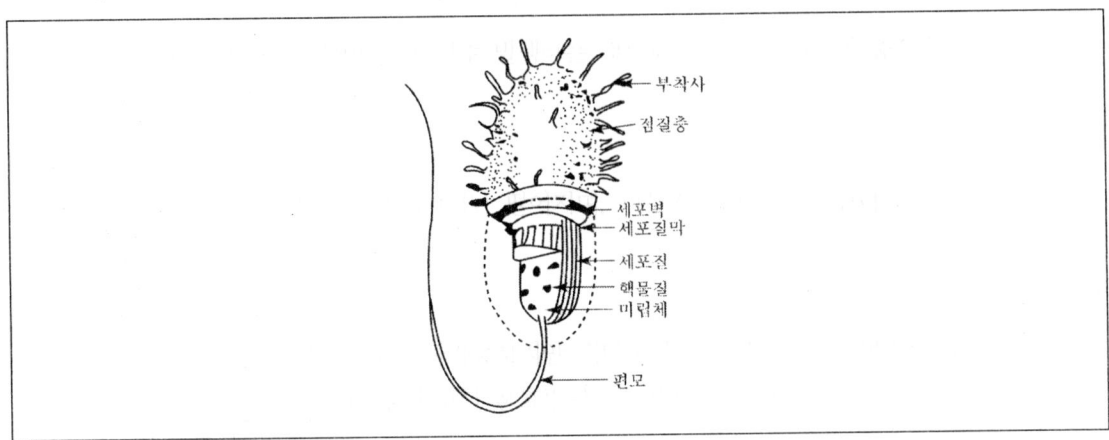

② **진균류**

ⓐ **특징**

- 실모양의 균사체로 되어 있는 것으로 가지의 일부분을 균사라고 하며 사상균, 곰팡이라고 부른다.

균사의 형태

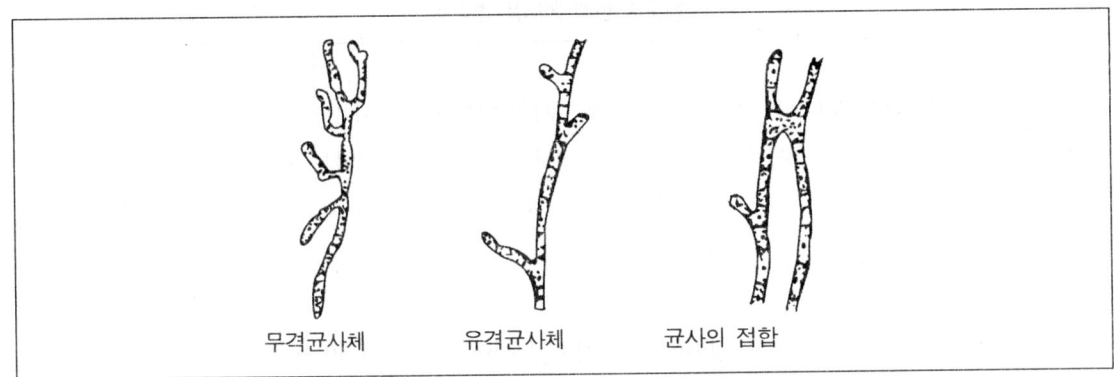

무격균사체　　　유격균사체　　　균사의 접합

- 광의의 균류는 진균, 세균, 점균을 포함한다.
- 균류는 고등식물과 달리 엽록소가 없으므로 무기물을 합성할 수 없다.
- 진균은 개체를 유지하는 영양체와 종족을 보존하는 번식체로 구분된다.
- 진균류의 분류 : 균사에 생기는 격막의 유무, 유성 포자의 종류 및 그 형성방법에 따라 조균류, 자낭균류, 담자균류, 불완전균류 등으로 나눈다.

ⓑ **조균류**

- 특징
  - 균사에 격막이 없다.
  - 여러 개의 핵을 가지고 있다.
- 수병 : 주로 침엽수나 활엽수의 묘목에서 침입하여 모잘록병을 일으킨다.

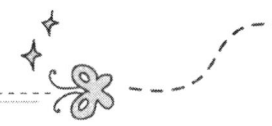

◎ 조균의 모양 ◎

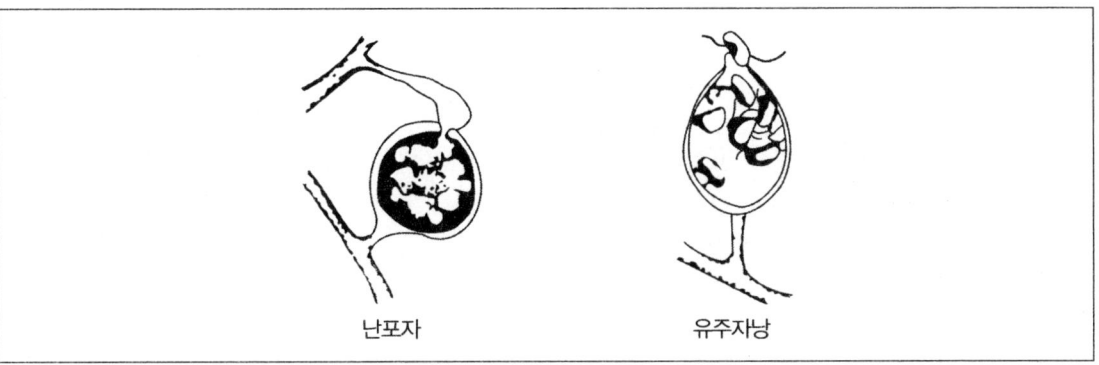

난포자　　　　　　　　유주자낭

ⓒ 담자균류

• 특징 : 모든 버섯류을 만드는 균이다.
• 수병 : 소나무, 잣나무, 포플러 등의 잎녹병, 소나무혹병, 잣나무털녹병, 향나무녹병, 목재썩음병
  등을 일으킨다.

ⓓ 자낭균류

• 특징 : 균사가 뚜렷한 격막을 형성하고 잘 발달되어 균핵 또는 자실체를 만든다.
• 수병
　-밤나무줄기마름병, 벚나무빗자루병
　-소나무류, 낙엽송의 잎떨림병, 낙엽송끝마름병
　-모든 수목의 흰가루병, 그을음병

◎ 자낭균의 여러 가지 모양 ◎

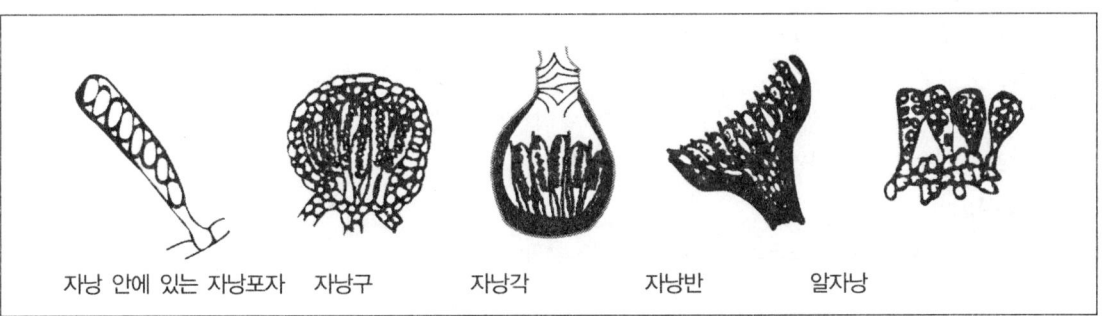

자낭 안에 있는 자낭포자　자낭구　　　자낭각　　　자낭반　　　알자낭

ⓔ 불완전 균류

• 특징
　-균사에 격막이 있다.
　-우성세대가 알려져 있지 않은 곰팡이 종류이다.
• 수병 : 삼나무붉은마름병, 오동나무탄저병, 측백나무잎마름병, 오리나무갈색무늬병 등을 일으킨다.

불완전균의 여러 가지 모양

병자각 안에 형성된
분생포자

분생자층 위에 형성된
분생포자

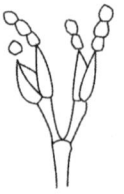

분생포자

분생자 자리 위에 형성된
분생포자

③ 바이러스

㉠ 특징

• 식물 바이러스는 핵산과 단백질로 구성된 일종의 핵단백질이다.

• 핵산은 대부분이 RNA이다.

> ⭐TIP 양배추 모자이크 바이러스 … 예외적으로 핵산이 DNA로 되어 있다.

• 26 ~ 1,250nm로 크기가 매우 작고, 여러 가지 모양을 가지고 있다.

• 식물 바이러스는 둥근모양, 타원형, 막대모양, 실모양이 있다.

• 식물체 내를 자유로이 드나들 수 있다.

• 반드시 살아있는 세포 내에서만 증식되며, 인공배지에서는 배양이 되지 않는다.

㉡ 증상

• 잎, 꽃, 열매 등이 모자이크 병징을 나타내는 것

• 줄무늬, 얼룩무늬, 둥근무늬 등의 빛깔을 나타내는 것

• 왜화, 잎말림, 암종, 돌기, 기형 등을 만드는 것

㉢ 수병

• 바이러스에 의한 수병의 종류는 아직 많이 알려지지 않았다.

• 포프러모자이크병, 아카시아모자이크병 등이 있다.

㉣ 방제법

• 실용화된 방제법이 없으므로 예방에 역점을 둔다.

• 매개충을 없애고, 병든 나무는 전체를 캐내어 소각한다.

• 격리재배, 건전종자사용, 저항성 품종육성, 육림법 개선 등의 방법이 있다.

④ 미코플라스마

㉠ 특징

• 분류학적으로는 바이러스와 세균의 중간에 위치한 미생물이다.

• 원형 또는 불규칙한 타원형으로 지름이 70 ~ 900nm 정도 된다.

• 일종의 원형질막에 둘러싸여 있다.

> ⭐TIP 세균과의 차이점 … 크기가 작으며 세포벽이 없다.

ⓒ 매개체
- 주로 식물 즙액을 빨아 먹는 매미충류에 의해서 건전한 식물로 옮겨진다.
- 전신감염을 한다.
- 오동나무빗자루병은 담배장님노린재가 매개한다.

ⓒ 전염경로
- 대추나무빗자루병 : 포기나누기, 나무접붙이기 등을 할 때 전염된다.
- 뽕나무오갈병 : 마름무늬매미충이나 접붙이기에 의해서 전염된다.

② 방제법 : 옥시테트라사이클린(Oxytetracyclin)계 항생제를 줄기에 주입하면 방제할 수 있다.

(2) 비기생성 병

① 토양조건, 기상조건, 농사작업, 공업의 부산물, 식물의 대사산물 등의 비생물성 요인에 의해 나무가 자라지 못하고 이상증세를 일으키는 병으로 비전염성 병이며 해(害)라고도 한다.

② 병원이 직접 식물체에 해를 입히거나 식물체에 발병을 조장한다.

③ 유전적 원인에 의해 비정상적인 증세를 나타내기도 한다.

② 수병의 발생

(1) 전염원

① **전염원이 될 수 있는 것**
   ㉠ 병든 식물의 조직 및 잔해
   ㉡ 종자 및 살아있는 식물체
   ㉢ 토양
   ㉣ 잡초
   ㉤ 곤충

② **전염원의 능력을 좌우하는 요소**
   ㉠ 수적인 개념
   ㉡ 병원성
   ㉢ 생존력 및 불리한 환경에서의 생식능력

(2) 병원체의 전파

① 바람

    ㉠ 병원균의 포자가 바람에 날려 먼 곳으로 전파된다.

    ㉡ 잣나무털녹병, 흰가루병, 밤나무줄기마름병 등이 있다.

② 물

    ㉠ 빗물이나 관개수에 의해서 전파된다.

    ㉡ 밤나무줄기마름병, 향나무녹병 등이 있다.

③ 곤충이나 작은 동물

    ㉠ 몸 표면에 붙거나 체내에 들어간 상태로 널리 전파된다.

    ㉡ 오동나무빗자루병 등이 있다.

④ 씨앗

    ㉠ 씨앗의 표면에 붙거나 조직 속에 잠재하여 옮겨진다.

    ㉡ 모잘록병, 오리나무갈색무늬병 등이 있다.

⑤ 묘목

    ㉠ 병든 묘목에 의해서 전파된다.

    ㉡ 잣나무털녹병, 뿌리혹병, 포플러모자이크병 등이 있다.

(3) 병원체의 침입경로 및 잠복기간

① **침입경로** ⋯ 식물의 기공, 식물줄기에 있는 피목, 잎·줄기·뿌리의 표피, 여러 가지 원인에 의해서 생긴 식물체상의 상처 등을 통해 병원체가 침입한다.

② **잠복기간**

    ㉠ 병원균이 체내에 들어가 병해가 일어나기까지 필요한 기간을 말한다.

    ㉡ 병원체의 종류, 식물의 종류, 영양상태, 환경조건 등에 따라 잠복기간이 다르다.

    ㉢ 병해의 종류에 따른 잠복기간 : 수주에서 수년에 이르기까지 다양하다.

       • 낙엽송 가지끝마름병 : 1 ~ 2주

       • 잣나무털녹병 : 2 ~ 4년

(4) 병원균의 생활사

① 보통 병원균들은 한 식물에서 그 생활사를 끝낸다.

② **기주교대**

    ㉠ 하나의 병원균이 2종의 식물을 필요로 하며, 계절에 따라서 기주식물을 옮기는 것을 말한다.

ⓛ 이때 한쪽을 기주식물, 다른 한쪽을 중간기주식물이라 한다.

③ **병환**

 ㉠ 기생성 식물병이 한번 발생하여 다시 되풀이 하여 발생하는 과정을 말한다.

 ⓛ 병원의 생활사와 기주 사이에 밀접한 관계가 있으나 기주 밖에서 지내는 때도 많다.

③   수병의 방제

(1) 방제의 종류

① **예방법** … 기주를 병원체의 감염 또는 발병에 알맞은 환경요인으로부터 보호하여 발병을 미리 막거나 더 이상 번지는 것을 막는 방법이다.

② **치유법**

 ㉠ 이미 기주식물의 내부 조직에 침입한 병원체를 물리적 또는 화학적 방법으로 죽이는 방법이다.

 ⓛ 병환부를 제거하여 기주식물의 건강을 회복시켜 준다.

③ **면역법** … 기주식물의 감염과 발병에 대한 저항성을 개량하여 발병을 막는다.

④ **종합적 방제** … 환경적, 생물적, 화학적 요인을 적당히 합쳐 방제하는 방법이다.

(2) 예방법

① **위생법**

 ㉠ 식물검역제도 : 외국에서 위험한 병원체나 해충이 국내에 침입하는 것을 막는다.

 ⓛ 전염원의 제거 : 병든 식물을 조기 발견하여 제거하거나 병든 부위를 적절히 제거해준다.

 ㉢ 중간기주 제거 : 중간기주식물을 제거하여 전염과 발병을 예방한다.

 ㉣ 저항력 높여 주기 : 비료를 주거나 비료량을 조절하여 나무를 튼튼하게 키운다.

 ㉤ 방부제 처리 : 수목의 상처 부위에 방부제를 처리한다.

 ㉥ 작업기구소독 : 작업할 때 작업기구에 붙은 균이 다른 곳으로 옮겨지지 않도록 작업기구를 소독해준다.

 ㉦ 종묘소독 : 종자나 묘목을 미리 소독한다.

② **임업적 방제법**

 ㉠ 여러 가지 임업조치를 취해 전염 및 발병을 막는 방법이다.

 ⓛ 수종의 선택 : 그 지역에 적합하며 저항력이 강한 수종을 선택한다.

ⓒ 종묘의 선택 : 보통 병해의 근원은 종자, 묘목, 뿌리 등에 잠복하고 있으므로 종묘를 운반할 때 품종의 순도와 병충해에 주의한다.

ⓔ 육림작업 : 풀깎기, 가지치기, 잡목 솎아베기, 간벌 등을 적당한 시기에 실시한다.

ⓜ 입지조건 : 기후, 지형, 성상, 관련 생물 등을 인지하여 임목을 튼튼하게 생육시킨다.

ⓗ 혼효림 조성 : 단순림보다 침엽수와 활엽수의 혼효림이 저항력이 강하다.

(3) 치료법

① 내과적 요법

ⓖ 침투성 약제를 주입, 살포 또는 발라주거나 뿌리로부터 흡수시켜 치료하는 방법이다.

ⓛ 줄기나 뿌리에 영양액을 주입해주어 큰 나무를 옮겨 심은 경우나 병충해의 피해를 받아 쇠약해진 나무 등을 회복시킨다.

ⓒ 시기 : 수액이 왕성하게 이동하는 4 ~ 9월에 실시한다.

ⓔ 대추나무빗자루병 : 전신병을 일으키는 미코플라스마, 바이러스와 같은 병원에 의해서 발병하는 경우로 줄기나 뿌리에 옥시테트라사이클린제 항생제를 주입하여 치료한다.

② 외과적 요법

ⓖ 병든 부위를 도려내고 그 자리를 채워 치료하는 방법이다.

ⓛ 방법

• 병환부와 그 인접 부위를 깨끗이 제거하고, 상처를 70% 알코올이나 황산구리 등과 같은 살균제로 완전히 소독한다.

• 발코트나 페인트, 콜타르 등을 발라 충분히 방수, 방부처리를 하여 피해의 진전을 막고 유합 조직의 형성을 촉진시킨다.

ⓒ 시기 : 이른 봄에 실시하는 것이 좋다.

ⓔ 가지마름병, 줄기마름병, 썩음병 등 : 외과수술을 해서 병이 더 진전되는 것을 막는다.

④ 주요 수목의 병해

(1) 포플러모자이크병

① 병원체 … 바이러스

② 특징

ⓖ 병징 : 8월 중순 ~ 9월 말쯤에 엷은 녹색의 얼룩 반점이 잎에 가득히 나타나거나 잎이 모자이크 상태로 된다.

ⓛ 전염경로 : 병이 든 어미나무에서 삽수를 채취할 때 전염된다.

③ **방제법**

    ㉠ 병든 나무를 뽑아서 태워 버린다.

    ㉡ 병이 들지 않은 건전한 어미나무에서 삽수를 채취한다.

(2) 오동나무빗자루병

① **병원체** … 미코플라스마

② **특징**

    ㉠ **병징** : 연약한 잔가지가 많이 밀생하여 빗자루나 새집 둥우리 같은 모양을 이루다가 몇 년 후에 죽는다.

    ㉡ **전염경로** : 담배장님노린재에 의해 매개되거나 병든 나무의 포기나누기를 통해서 전염된다.

③ **방제법**

    ㉠ 매개충을 구제한다.

    ㉡ 실생묘를 심는다.

    ㉢ 발병 초기에 옥시테트라사리클린계 항생제를 줄기에 주입한다.

◎ 오동나무빗자루병의 형성모식도와 매개충 ◎

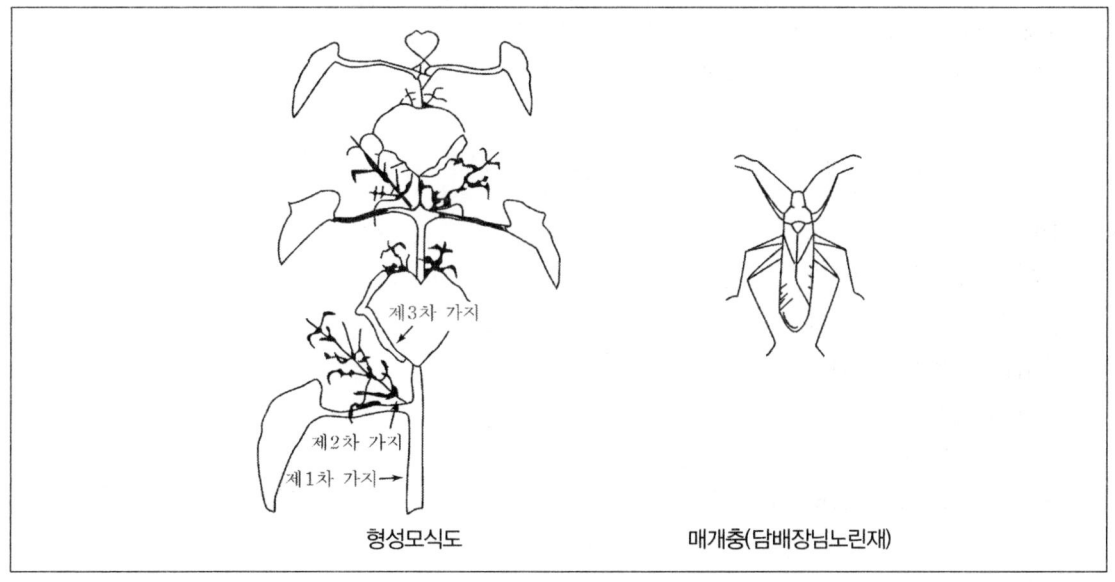

형성모식도　　　　　　매개충(담배장님노린재)

(3) 대추나무빗자루병

① **병원체** … 미코플라스마

② **특징**

    ㉠ 나무 전체가 병이 들게 된다.

    ㉡ 전염경로 : 병든 나무로부터 포기나누기 · 접수채취 등을 하는 경우 전염된다.

③ **방제법**

    ㉠ 병든 나무를 뿌리채 캐내어 태워버린다.

    ㉡ 매개곤충인 마름무늬매미충을 구제한다.

    ㉢ 건전한 어미나무에서 포기나누기를 한다.

(4) 뿌리혹병

① **병원체** … 세균

② **특징**

    ㉠ 병징

- 접목묘의 접목 부위, 묘목의 뿌리목 부근, 줄기나 가지 등에 혹이 생기는 병이다.
- 혹이 생기면 발육이 느려지고, 보통 수년 뒤에 죽는다.

    ㉡ 묘목, 어린나무 등에 흔히 발생한다.

    ㉢ 유대접목묘에 많이 발생한다.

    ㉣ 피해수종 : 밤나무, 호두나무, 벚나무, 포플러, 버드나무 등에 많이 발생한다.

③ **방제법**

    ㉠ 병든 나무를 제거한다.

    ㉡ 건전한 묘목을 심는다.

    ㉢ 접붙일 때에는 칼과 손을 70% 알코올에 소독한다.

    ㉣ 발병이 심한 땅

- 토양을 객토해준다.
- 클로로피크린(Chloropicrin), 메틸브로마이드(Methylbromide) 등으로 토양을 철저히 소독한다.

뿌리혹병의 생활사

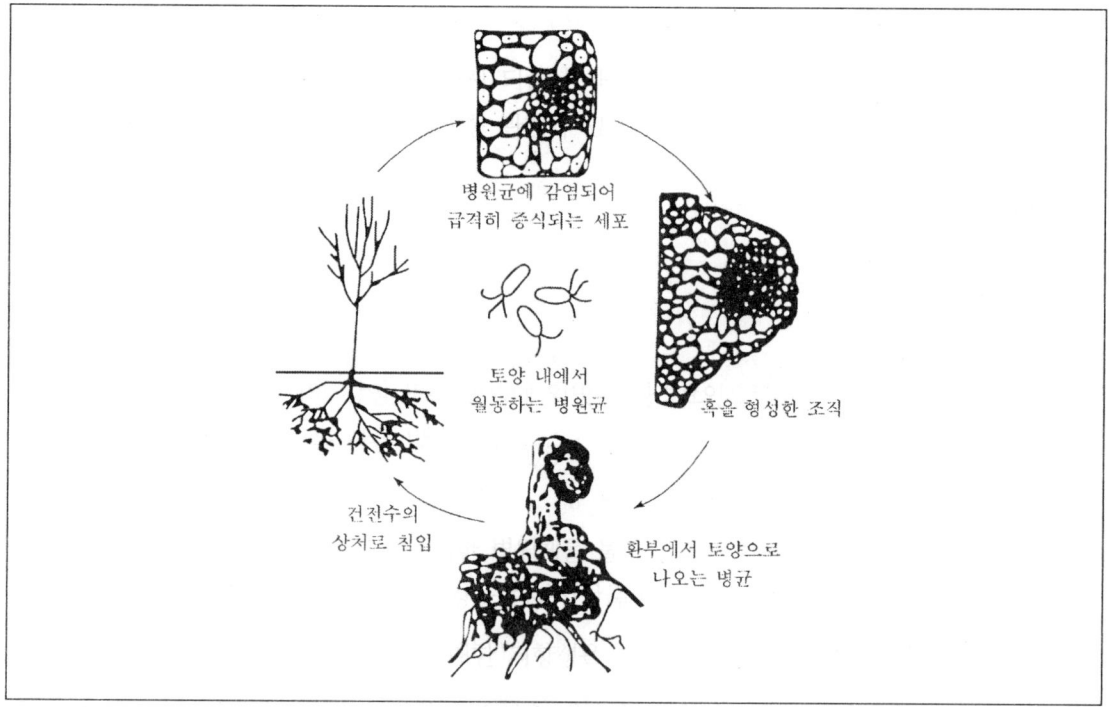

병원균에 감염되어
급격히 증식되는 세포

토양 내에서
월동하는 병원균

혹을 형성한 조직

건전수의
상처로 침입

환부에서 토양으로
나오는 병균

(5) 모잘록병

① **병원체** … 진균류에 속하는 여러 가지 병원균

② **특징**

    ㉠ 씨뿌림한 씨앗이나 어린 묘의 땅 표면 부근 줄기에 침해하여 묘목을 죽게 한다.

    ㉡ 습하고 온도가 높고, 바람이 잘 통하지 않을 때 많이 발생한다.

    ㉢ 피해수종

      • 거의 모든 수종에서 발병한다.

      • 침엽수종 : 소나무류, 낙엽송, 전나무, 가문비나무 등에 많이 발생한다.

      • 활엽수종 : 참나무류, 자작나무, 오동나무, 아카시아 등에 많이 발생한다.

    ㉣ 모잘록병의 유형 : 도복형, 지중 부패형, 수부형, 근부형 등이 있다.

③ **방제법**

    ㉠ 배수와 통풍이 잘 되도록 하여 모판이 습하지 않도록 한다.

    ㉡ 밀식을 피한다.

    ㉢ 토양과 씨앗을 소독한다.

    ㉣ 인산질 비료를 충분히 주어 묘목을 튼튼하게 기르며, 질소질 비료를 과용하지 않는다.

ⓜ 발병한 묘목은 제거하여 태우고, 그 자리에는 토양 살균제를 뿌린다.

ⓗ 매년 발병하는 묘포에서는 밭벼, 보리, 옥수수 등과 돌려짓기를 하고 이어짓기를 피하여 예방한다.

(6) 소나무잎녹병

① **병원체** ⋯ 담자균류에 속하는 여러 병균

② **특징**

　㉠ 병징 : 봄철 소나무 잎에 노란색의 작은 막상 물질이 나란히 줄지어 생기면 그 잎은 퇴색되어 말라 떨어지며, 심한 경우에는 나무 전체가 말라 죽는다.

　㉡ 전염경로

　　• 소나무와 중간기주에 기주교대를 하는 이중기생균이다.

　　• 중간기주 : 황벽나무, 참취, 쑥부쟁이, 잔대 등

③ **방제법**

　㉠ 소나무 조림지 부근의 중간기주를 없앤다.

　㉡ 병원체의 겨울 포자가 형성되기 전에 약제를 살포한다.

(7) 잣나무털녹병

① **병원체** ⋯ 담자균류

② **특징**

　㉠ 병징 : 4월 중순~5월 하순에 병든 가지나 줄기의 나무껍질이 터지면서 오렌지색의 가루주머니(녹포자)가 형성된다.

　㉡ 줄기에 병징이 나타나면 어린 나무는 대부분 그 해에 말라 죽고, 큰 나무는 병이 수년 동안 지속되다가 말라 죽는다.

　㉢ 주로 5~20년생 잣나무에 많이 발생한다.

　㉣ 전염경로

　　• 잣나무와 중간기주에 기주교대를 한다.

　　• 중간기주 : 송이풀, 까치밥나무류 등

③ **방제법**

　㉠ 중간기주를 없앤다.

　㉡ 묘포에는 유기황제, 석회보르도액 등의 약제를 뿌린다.

　㉢ 가지나 줄기의 병환부에 약제를 살포한다.

ⓡ 병든 나무는 속히 제거한다.

ⓜ 저항성 품종을 심는다.

(8) 낙엽송잎떨림병

① **병원체** ··· 자낭균

② **특징**

   ㉠ 병징

- 7월 하순쯤부터 잎 표면에 작은 갈색 반점이 생기고, 이것이 점차 커지면서 노란색으로 변한다.
- 8월 하순쯤 병반 위에 검고 작은 점이 형성되면서 낙엽으로 변한다.

   ㉡ 병이 발생하면 잎이 일찍 떨어져 생장이 떨어지고 수세가 약해져 2차적으로 충해를 입는다.

③ **방제법**

   ㉠ 병이 잘 발생되는 지역에는 낙엽송 단순림을 피하고, 활엽수와 혼효림을 조성하도록 한다.

   ㉡ 숲땅에 칼륨을 시비하여 나무를 튼튼하게 키운다.

   ㉢ 병든 낙엽은 태우고, 발병된 곳에는 석회보르도액을 뿌린다.

(9) 밤나무줄기마름병

① **병원체** ··· 자낭균

② **특징**

   ㉠ 병징

- 병에 걸린 나뭇가지나 줄기는 처음에 적갈색으로 변하고 약간 움푹해진다.
- 6 ~ 7월쯤에 나무껍질을 뚫고 오렌지색의 아주 작은 알갱이가 무수히 돋아난다.
- 비가 오고 습한 경우 : 이 알갱이에서 실 모양의 포자덩어리가 솟아나온다.
- 건조한 경우 : 병환부가 갈라지고 거칠어진다.

   ㉡ 전염경로

- 나무의 상처 부위에 비, 바람, 곤충, 새 무리 등에 의해 옮겨진 병원체가 침입하여 발생한다.
- 동해를 입은 부위에 2차적으로 병균이 침입하여 발생하는 경우도 많다.

   ㉢ 미국과 유럽의 밤나무림을 황폐하게 만든 것으로 유명하다.

③ **방제법**

   ㉠ 묘목 검사를 철저히 하여 병든 묘목은 가려내고, 건전한 묘목만 심을 수 있도록 한다.

   ㉡ 동해를 입지 않도록 하고 나무에 상처를 내지 않도록 주의한다.

   ㉢ 저항성 품종을 심는다.

② 발병 초기 : 병환부를 예리한 칼로 도려내고, 알코올로 소독한 후 발코트, 페인트, 석회유 등을 발라 준다.

⑩ 병든 가지는 잘라서 태우고, 자른 자리는 발병초기와 같이 처리를 한다.

5 주요 충해

① 방제법

(1) 기계·물리적 방제법

① 기계적 방제법

㉠ 간단한 기계나 손 등을 이용하여 해충을 잡아 죽이는 방제법이다.

㉡ 포살법, 경운법, 유살법, 차단법 등이 있다.

② 물리적 살충법

㉠ 온도, 광선, 전지, 음파 등의 물리적 에너지를 이용한 방제법이다.

㉡ 온도 처리, 습도 처리, 방사선 이용방법 등이 있다.

(2) 약제 방제법

① 약제를 사용하여 해충을 방제하는 화학적 방제법이다.

② 효과가 빠르고 정확하며 간편하여 가장 널리 쓰인다.

(3) 생물학적 방제법

① 해충의 천적을 적극 보호하고 이용하는 방법으로 가장 이상적인 방제법이다.

② **천적** … 해충을 잡아먹는 포식동물이나 해충에 기생하여 병에 걸려 죽게 하는 기생동물, 병원미생물 등을 말한다.

③ 천적의 종류

㉠ 포식동물

• 척추동물 : 새, 물고기, 쥐, 두더지, 족제비 등이 있다.

– 새 : 임업 해충을 많이 잡아먹는다.

– 물고기 : 모기류의 유충을 잡아먹는다.

−두더지 : 땅 속에 있는 해충의 번데기나 유충을 잡아먹는다.

• 무척추동물

−곤충류와 거미 등이 있다.

−무당벌레, 풀잠자리 : 진딧물류와 응애류를 잡아먹는다.

ⓛ 기생곤충

• 다른 곤충의 몸 속에 기생하여 병에 걸리거나 죽게 만드는 곤충이다.

• 종류 : 맵시벌류, 수중다리좀벌레류와 같은 벌류와 침파리와 같은 파리류가 있다.

• 해충의 체내에서 자라서 엄지벌레가 될 때에 탈출하게 되며, 해충은 번데기가 될 무렵에 죽어버린다.

• 종류가 대단히 많고, 해충의 종류를 선택적으로 공격한다.

• 알, 애벌레, 번데기, 엄지벌레 등 벌레의 생육단계에 따라 기생곤충의 종류가 달라진다.

• 곤충 이외의 기생동물 : 여러 가지 곤충의 체내에 기생하여 죽게 하거나 생식력을 잃게 만드는 선충류가 있다.

• 솔잎혹파리의 기생봉 : 솔잎혹파리먹좀벌, 혹파리살이먹좀벌, 등뿔먹좀벌 등이 있다.

ⓒ 병원미생물 : 원생동물, 세균류, 균류, 바이러스 등이 곤충의 병원미생물에 속한다.

(4) 임업적 방제법

① 산림에 해충이 발생하기에 불리한 환경을 조성하여 해충을 방제하는 방법이다.

② **고려사항** … 해충 발생은 수종, 임상, 기상, 토양 등의 조건과 관계가 있으므로 조림, 벌채, 임지의 조건 등을 고려한다.

③ **수종과 연령**

ㄱ 산림을 구성하는 수종과 연령은 밀접한 관계에 있으며, 혼효림이 단순림에 비하여 해충발생이 적다.

⚜ 혼효림과 단순림의 해충피해 ⚜

구분	특징
단순림	• 해충 생육에 필요한 조건이 손쉽게 충족된다. • 해충이 한번 발생하면 짧은 기간에 넓은 면적으로 확산될 수 있다.
혼효림	• 해충이 요구하는 조건을 갖춘 곳이 적다. • 천적의 활동이 활발하다. • 해충이 발생하더라도 사라지거나 쉽게 퍼지지 못한다.

ㄴ 나무는 같은 종이라도 수령에 따라 해충에 대한 감수성의 차이가 있다.

ㄷ 같은 수종이라도 품종에 따라 해충의 저항성이 다르므로, 내충성이 강한 품종을 육성하여 식재하도록 한다.

④ **임목밀도** … 밀도는 생장에 영향을 주므로 임목을 건실하게 육성하기 위해서 적절한 밀도로 조성하도록 한다.

⑤ 토양, 기후조건에 맞는 수종을 택하여 건전한 나무를 길러야 한다. 이런 곳에는 해충 발생이 적고, 해충이 발생하여도 왕성한 생육으로 그 피해 정도가 적어진다.

② 해충의 종류

(1) 솔나방

① **피해**

　㉠ 주로 소나무, 리기다소나무, 해송 등의 잎을 가해한다.

　㉡ 심하면 잣나무, 낙엽송에도 가해한다.

　㉢ 심한 가해를 받은 나무는 말라죽는다.

② **특징**

　㉠ 송충이 한 마리가 1세대 동안에 먹는 솔잎의 길이는 50 ~ 70m 정도이다.

　㉡ 형태

　　• 엄지벌레는 회백색, 회갈색, 흑갈색 등 빛깔이 다양하다.

　　• 암컷은 날개를 펴면 길이가 64 ~ 88mm이며, 추광성이 강하다.

③ **생활사**

　㉠ 1년에 1회 발생하며, 알에서 부화하여 7번 탈피한 8령충이 고치를 만든다.

　㉡ 5령충은 지피물이나 나무껍질 사이에서 11월경부터 월동하고, 4월부터 활동하여 솔잎을 먹는다.

　　★TIP 애벌레기에 비, 바람에 70%가 죽고, 월동 중에 15 ~ 30%가 죽는다.

　㉢ 8령충이 된 노숙한 애벌레는 6월 하순부터 솔잎 사이, 가지 사이, 나무줄기 등에 고치를 만들어 번데기가 된다.

　㉣ 엄지벌레

　　• 약 20일 후 엄지벌레(나방)로 우화한다.

　　• 새 솔잎 또는 그 부근 가지에 500개 내외의 알을 낳고 7 ~ 8일 살다가 죽는다.

④ **방제법**

　㉠ 애벌레 가해기에 접촉성 살충제를 살포한다.

　㉡ 5, 6월 습할 때 솔나방 경화병균이나 바이러스를 숲 땅 안에 뿌린다.

　㉢ 7, 8월에 엄지벌레를 등화로 유인하여 죽인다.

ⓡ 10월에 피해목의 줄기에 짚, 거적을 감아 월동 애벌레를 유인하여 이른 봄에 태워 버린다.

ⓜ 꾀꼬리, 두견새, 뻐꾸기 등의 천적을 보호하여 이용한다.

◎ 솔나방의 생활사 ◎

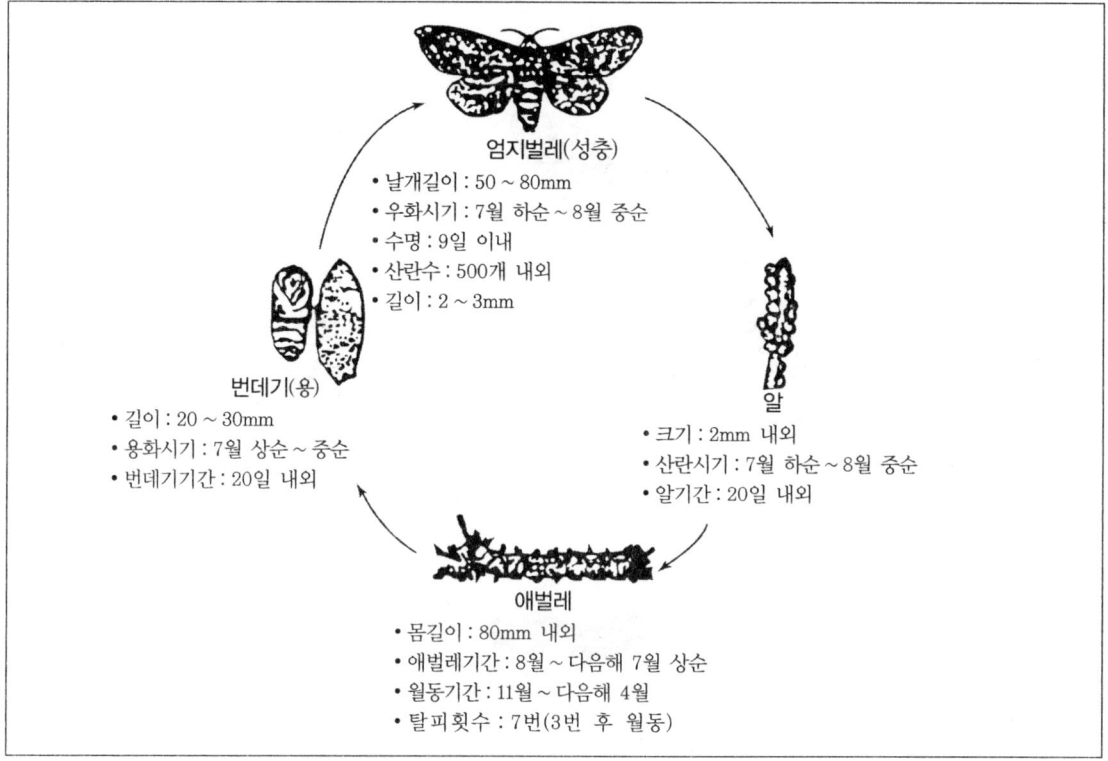

엄지벌레(성충)
- 날개길이 : 50 ~ 80mm
- 우화시기 : 7월 하순 ~ 8월 중순
- 수명 : 9일 이내
- 산란수 : 500개 내외
- 길이 : 2 ~ 3mm

알
- 크기 : 2mm 내외
- 산란시기 : 7월 하순 ~ 8월 중순
- 알기간 : 20일 내외

번데기(용)
- 길이 : 20 ~ 30mm
- 용화시기 : 7월 상순 ~ 중순
- 번데기기간 : 20일 내외

애벌레
- 몸길이 : 80mm 내외
- 애벌레기간 : 8월 ~ 다음해 7월 상순
- 월동기간 : 11월 ~ 다음해 4월
- 탈피횟수 : 7번(3번 후 월동)

(2) 집시나방

① **피해** … 참나무류, 포플러류, 소나무류, 느릅나무, 밤나무, 오리나무 및 그 밖에 많은 수종을 가해하는 잡식성 해충이다.

② **특징** … 암컷 애벌레 1마리가 1세대 동안 약 1,100 ~ 1,800cm2의 참나무류의 잎을 먹는다.

③ **생활사**

ⓖ 1년에 1회 발생한다.

ⓛ 알 : 땅 위 1 ~ 6m 높이의 줄기에 500개 가량의 알덩이가 털로 덮여서 월동한다.

ⓒ 애벌레 : 4월쯤에 부화하여 거미줄에 매달려 바람에 날려서 분산한다.

ⓡ 번데기 : 애벌레는 45 ~ 66일 가량 나뭇잎을 먹고 자라다가 6월 중순 ~ 7월 상순에 번데기로 된다.

ⓜ 엄지벌레 : 약 15일 뒤에 엄지벌레로 우화하고, 그 엄지벌레는 나무의 줄기나 가지에 500 ~ 600개 정도를 산란한다.

④ **방제법**

　㉠ 4 ~ 6월 애벌레 가해기에 약제를 수관에 뿌려준다.

　㉡ 4월 이전 줄기에 산란된 알덩이를 채취하여 태운다.

　㉢ 천적을 이용한다.

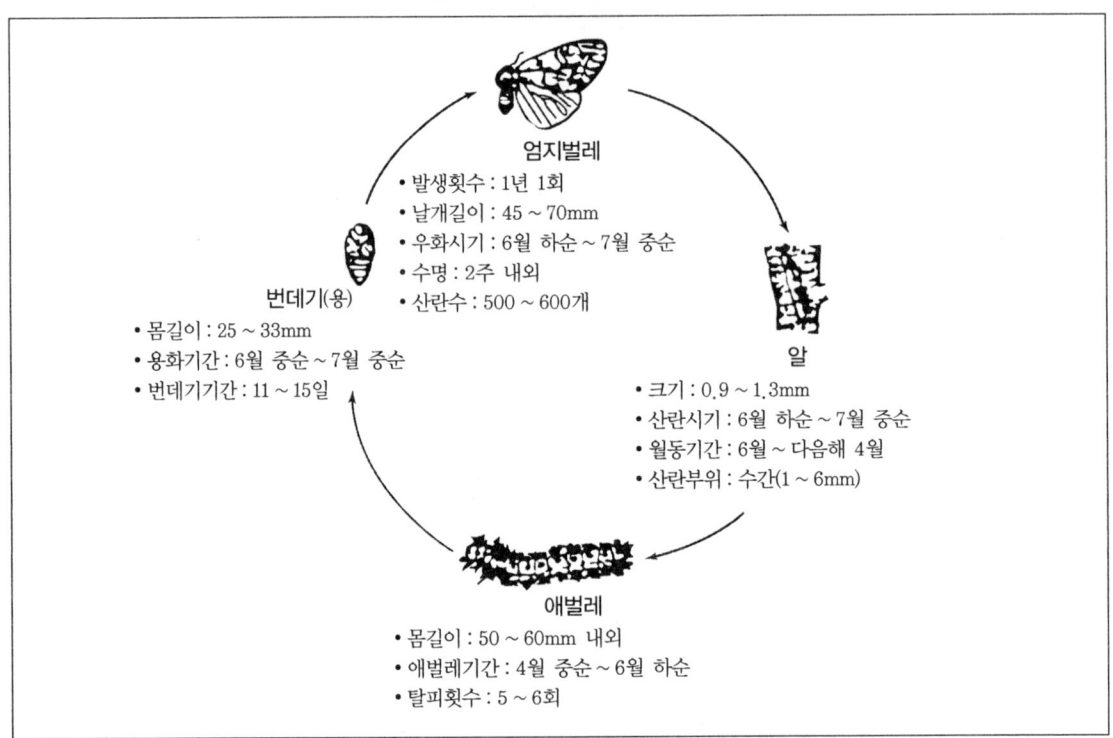

🌸 집시나방의 생활사 🌸

엄지벌레
- 발생횟수 : 1년 1회
- 날개길이 : 45 ~ 70mm
- 우화시기 : 6월 하순 ~ 7월 중순
- 수명 : 2주 내외
- 산란수 : 500 ~ 600개

번데기(용)
- 몸길이 : 25 ~ 33mm
- 용화기간 : 6월 중순 ~ 7월 중순
- 번데기기간 : 11 ~ 15일

알
- 크기 : 0.9 ~ 1.3mm
- 산란시기 : 6월 하순 ~ 7월 중순
- 월동기간 : 6월 ~ 다음해 4월
- 산란부위 : 수간(1 ~ 6mm)

애벌레
- 몸길이 : 50 ~ 60mm 내외
- 애벌레기간 : 4월 중순 ~ 6월 하순
- 탈피횟수 : 5 ~ 6회

(3) 미국흰불나방

① **피해**

　㉠ 포플러류, 버즘나무 등 160여 종의 활엽수를 가해한다.

　㉡ 북아메리카에서 들어온 것으로 우리나라에서는 1958년 서울에서 처음 발생하여 그 후에 전국에 퍼졌다.

② **생활사**

　㉠ 1년에 2회 발생한다.

　㉡ 애벌레

　　• 5월 중순에 알에서 부화한다.

- 4령기까지 거미줄로 잎을 싸서 그 속에 있으면서 잎맥은 남기고, 잎살을 먹다가 5령층부터 분산한다.
- 애벌레는 검은색, 갈색, 흰색이 섞여 있고, 변이가 심하다.

ⓒ 번데기 상태로 월동한다.

ⓓ **엄지벌레**

- 5월 중순~6월 중순에 우화하여 15일 정도 살며, 주로 야간에 활동한다.
- 잎 뒤에 600~700개 정도 산란한다.

③ **방제법**

ⓐ 애벌레 가해기에 수관에 약제를 뿌려준다.

ⓑ 잎과 함께 무리를 지어 사는 애벌레를 태운다.

ⓒ 8월 중순쯤 피해목의 줄기에 짚, 거적 등을 감아서 애벌레를 유인하여 죽인다.

◈ 미국흰불나방의 생활사 ◈

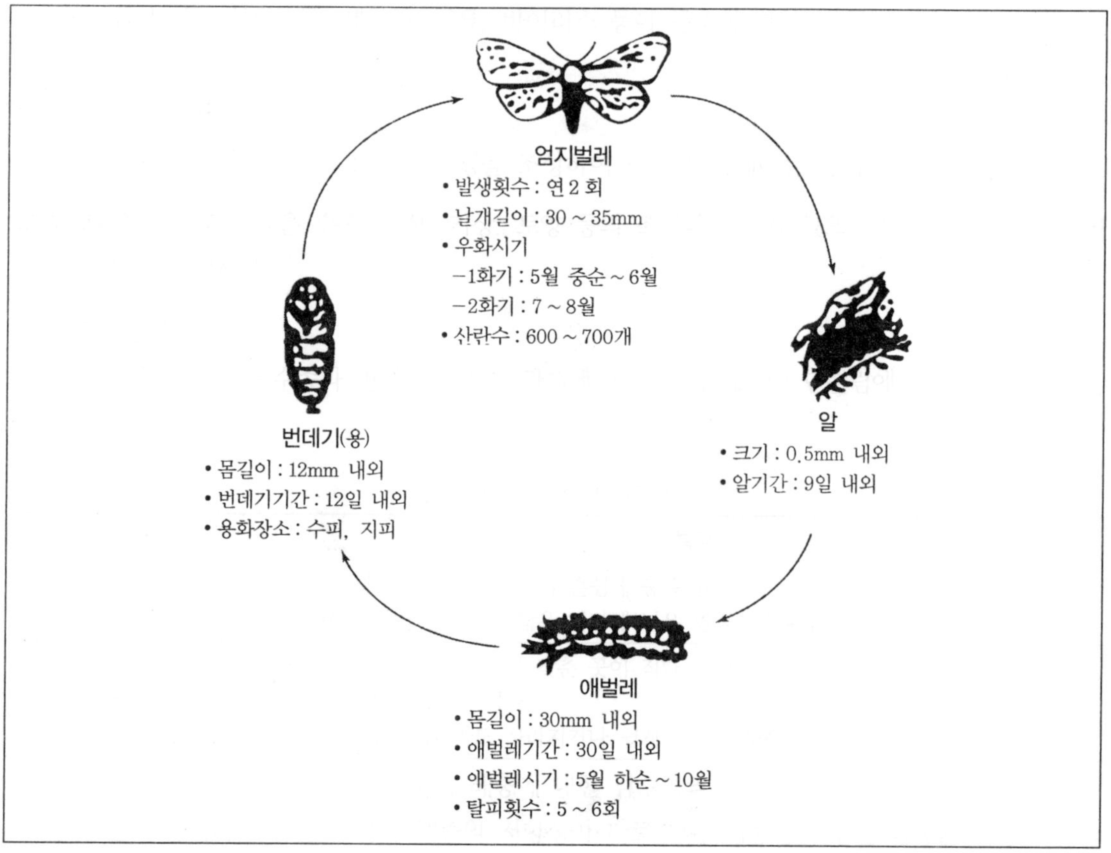

엄지벌레
- 발생횟수 : 연 2 회
- 날개길이 : 30~35mm
- 우화시기
 -1화기 : 5월 중순~6월
 -2화기 : 7~8월
- 산란수 : 600~700개

알
- 크기 : 0.5mm 내외
- 알기간 : 9일 내외

애벌레
- 몸길이 : 30mm 내외
- 애벌레기간 : 30일 내외
- 애벌레시기 : 5월 하순~10월
- 탈피횟수 : 5~6회

번데기(용)
- 몸길이 : 12mm 내외
- 번데기기간 : 12일 내외
- 용화장소 : 수피, 지피

(4) 텐트나방

① **피해** ··· 포플러류, 참나무류, 버드나무류, 벚나무 등의 여러 가지 활엽수를 가해한다.

② **생활사**

   ㉠ 1년에 1회 발생한다.

   ㉡ 애벌레

     • 4월에 부화하여 나뭇가지의 잘라지는 부분에 거미줄로 천막을 치고 무리지어 살면서 낮에는 쉬고 밤에는 나와서 잎을 먹는다.

     • 4령기까지 무리지어 살고 5령기부터 분산한다.

   ㉢ 번데기 : 애벌레는 5월 중순쯤 나뭇가지나 잎에 황색 고치를 만들고 번데기가 된다.

   ㉣ 엄지벌레

     • 약 20일 뒤 우화한 엄지벌레는 1년생 나뭇가지에 200 ~ 300개의 알을 가락지 모양으로 낳는다.

     • 형태 : 암컷은 오렌지색이고 수컷은 황갈색이다.

③ **방제법**

   ㉠ 4월 중순 ~ 5월 중순경의 애벌레 가해기에 약제를 살포한다.

   ㉡ 무리를 지어 사는 애벌레를 솜방망이에 불을 붙여 태운다.

   ㉢ 월동하는 알을 채취하여 태운다.

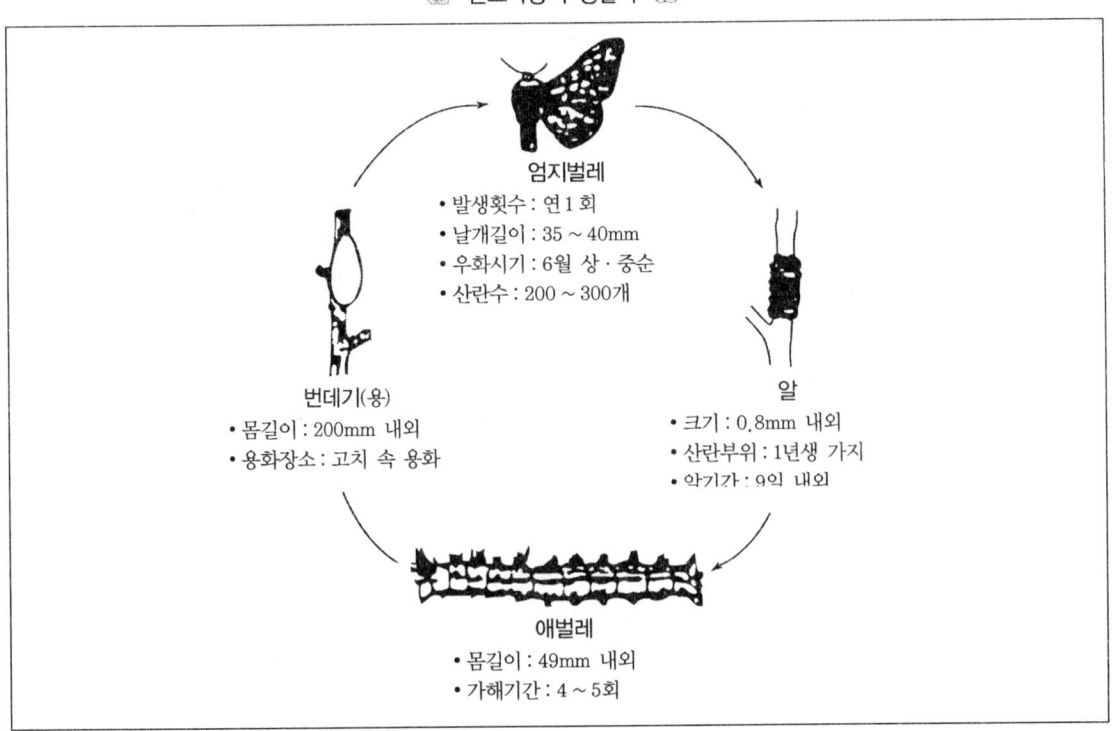

◈ 텐트나방의 생활사 ◈

(5) 오리나무잎벌레

① **피해** ··· 오리나무류, 박달나무, 개암나무 등 활엽수의 잎을 가해한다.

② **특징** ··· 애벌레가 잎의 잎살만 먹으므로 잎이 붉게 변색되어 멀리서도 발견할 수 있다.

③ **생활사**

　㉠ 1년에 1회 발생한다.

　㉡ 애벌레

　　•5월 중순쯤에 부화한 애벌레는 잎을 갉아 먹다가 자라면서 분산한다.

　　•2회 탈피한다.

　㉢ 번데기 : 6, 7월에 땅에 떨어져 번데기로 된다.

　㉣ 엄지벌레

　　•약 2주일 후 엄지벌레로 우화한다.

　　•엄지벌레 상태로 지피물이나 땅 속에서 월동하고, 봄부터 새잎을 가해한다.

④ **방제법**

　㉠ 5 ~ 7월 애벌레 가해기에 수관에 약제를 뿌려준다.

　㉡ 4 ~ 5월, 7 ~ 8월에 엄지벌레를 잡아서 죽인다.

　㉢ 5 ~ 6월에 잎 뒷면의 알덩이나 무리를 지어 사는 애벌레를 태운다.

오리나무잎벌레의 생활사

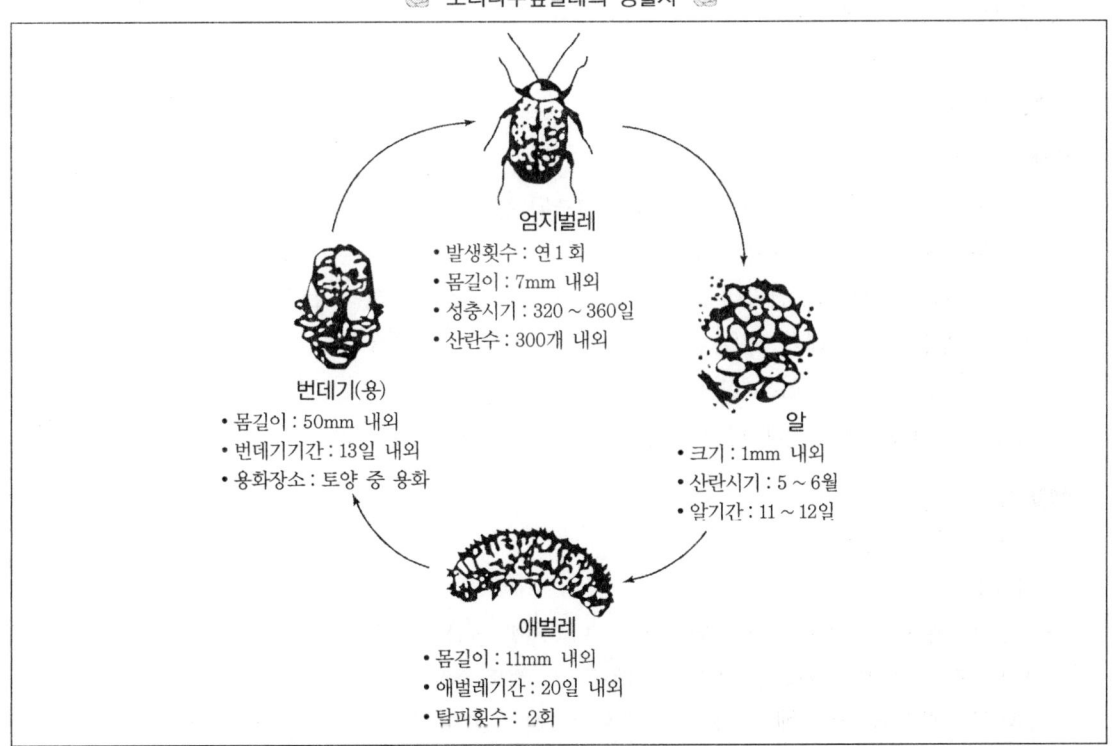

(6) 밤나무순혹벌

① 피해

㉠ 1958년에 충북 제천에서 처음 발생하여 전국에 퍼졌다.

㉡ 밤나무의 눈에 기생해서 혹을 만들므로 새순이 자라지 못하며, 개화결실이 되지 않는다.

㉢ 7월 하순부터 말라죽으며, 피해목은 수세가 약해져서 결국 죽는다.

② 생활사

㉠ 1년에 1회 발생한다.

㉡ 애벌레 : 애벌레 상태로 밤나무 겨울눈 속에서 월동한다.

㉢ 번데기 : 혹 속에서 5, 6월에 번데기로 된다.

㉣ 엄지벌레

• 7~9일 후에 우화한 엄지벌레는 약 1주간 혹 속에 있다가 구멍을 뚫고 밖으로 나온다.

• 약 4일 정도를 살며 밤나무 새순의 눈에 3~5개씩 약 200개 정도의 알을 낳는다.

• 형태 : 길이가 3mm쯤 되는 광택이 강한 검은색의 벌이다.

③ 방제법

㉠ 엄지벌레가 되어 밖으로 나오기 전에 벌레혹을 채취하여 태운다.

㉡ 내충성 품종을 심는다.

㉢ 좀벌류의 천적을 이용한다.

(7) 솔잎혹파리

① 피해

㉠ 1929년 목포와 서울의 창경원에서 처음 발견되었다.

㉡ 소나무, 해송 등에 큰 피해를 준다.

㉢ 강원도 일부를 제외한 전국의 소나무에 가해하여 막대한 피해를 주고 있다.

㉣ 솔잎 밑부분에 애벌레가 혹을 만들어, 그 속에서 수액을 빨아먹고 자라 잎에 피해를 준다.

㉤ 6월 하순부터 피해를 입은 잎은 생장이 중지되어 건전한 잎의 1/2 정도로 된다.

㉥ 피해목의 지름생장은 피해 당년에 감소되고, 높이생장은 다음 해에 감소되어 결국 말라죽는다.

② 생활사

㉠ 1년에 1회 발생한다.

㉡ 애벌레

• 중부지방에서는 땅 속이나 지피물 밑에서, 남부지방에서는 혹 속에서 월동한다.

• 형태 : 구더기와 비슷하게 생겼으며 크기는 2mm 정도이다.

㉢ 번데기 : 애벌레는 이듬해 봄 땅에 떨어져서 4월 하순~5월 중순에 번데기가 된다.

② 엄지벌레

- 약 20일 후인 6월 상순쯤에 엄지벌레로 우화한다.
- 수명은 1 ~ 2일이며 어린 솔잎 사이에 30 ~ 120개 가량의 알을 낳고 죽는다.
- 형태 : 2mm 정도의 크기로 모기 모양의 작은 오렌지색 곤충이다.

⑪ 알은 2 ~ 3일 후에 부화하여 애벌레가 되고, 이 애벌레는 솔잎 밑부분으로 내려가 기생하여 혹을 만든다.

③ **방제법**

㉠ 5월 하순 ~ 6월 중순 엄지벌레 우화기에 지면에 약제를 살포한다.

㉡ 7월에 살충제를 줄기에 주사한다.

㉢ 5월 상순쯤 1ha당 80 ~ 120kg 정도의 침투성 살충제인 테믹 15% 입제를 뿌리 부근에 처리한다.

㉣ 피해목을 9월 이전에 벌채한다.

㉤ 내충성 품종을 심는다.

㉥ 솔잎혹파리먹좀벌 등 천적을 숲에 방사한다.

솔잎혹파리의 생활사

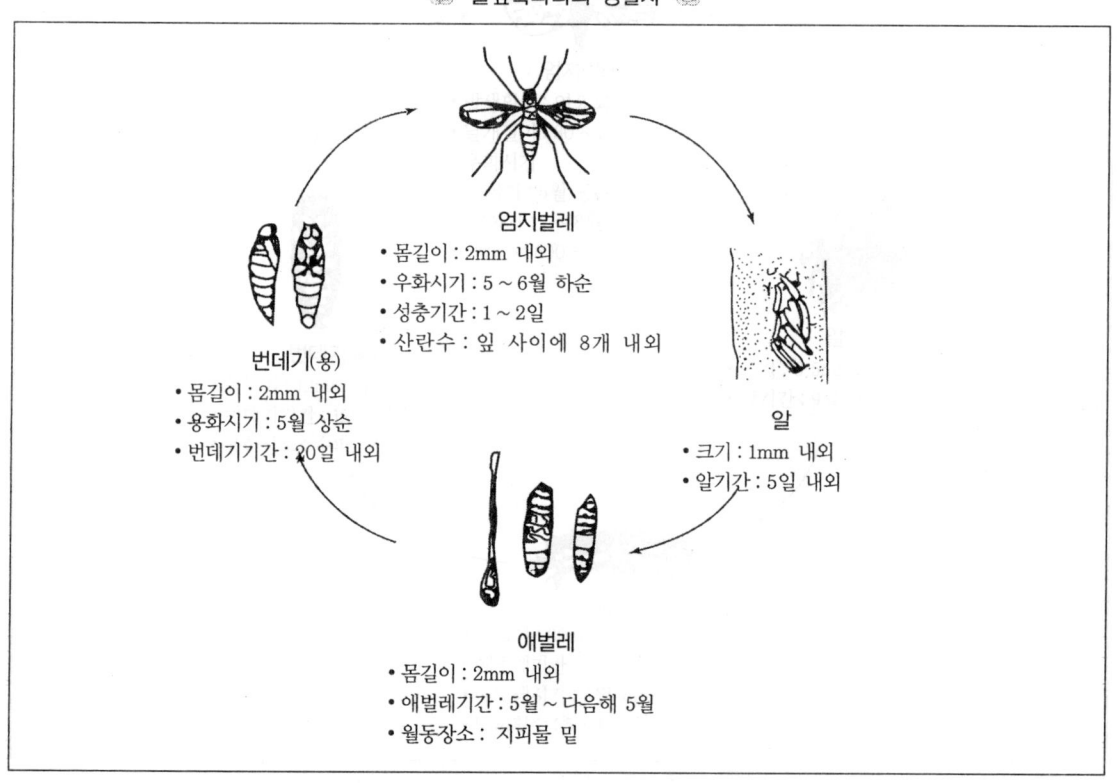

엄지벌레
- 몸길이 : 2mm 내외
- 우화시기 : 5 ~ 6월 하순
- 성충기간 : 1 ~ 2일
- 산란수 : 잎 사이에 8개 내외

번데기(용)
- 몸길이 : 2mm 내외
- 용화시기 : 5월 상순
- 번데기기간 : 20일 내외

알
- 크기 : 1mm 내외
- 알기간 : 5일 내외

애벌레
- 몸길이 : 2mm 내외
- 애벌레기간 : 5월 ~ 다음해 5월
- 월동장소 : 지피물 밑

(8) 소나무좀

① **피해**… 소나무, 해송, 잣나무, 리기다소나무 등 침엽수를 가해한다.

② **생활사**

　　㉠ 1년에 1회 발생한다.

　　㉡ 애벌레
　　　• 알은 12 ~ 20일 지나면 부화한다.
　　　• 세로 구멍과 직각으로 구멍을 만들고 6 ~ 7월에 그 구멍 속에서 목질섬유를 둘러싸고 번데기가 된다.

　　㉢ 엄지벌레
　　　• 우화한 엄지벌레는 구멍을 뚫고 나와 6월 중순쯤부터 새순 끝 1 ~ 2cm 되는 곳에서 먹어들어가 나무 끝을 죽게 한다.
　　　• 엄지벌레의 형태로 월동을 하며, 겨울을 난 엄지벌레는 쇠약한 나무, 벌채목의 껍질이 두꺼운 부위에 10 ~ 20cm의 세로 구멍을 뚫고 양쪽에 40 ~ 60개의 알을 낳는다.

③ **방제법**

　　㉠ 수세가 약한 나무는 제거한다.
　　㉡ 5월 이전에 통나무와 벌근의 껍질을 벗겨 번식처를 없앤다.
　　㉢ 엄지벌레가 산란하도록 먹이 나무를 배치하여 유도한 뒤 껍질을 벗겨 태운다.

◈ 소나무좀의 생활사 ◈

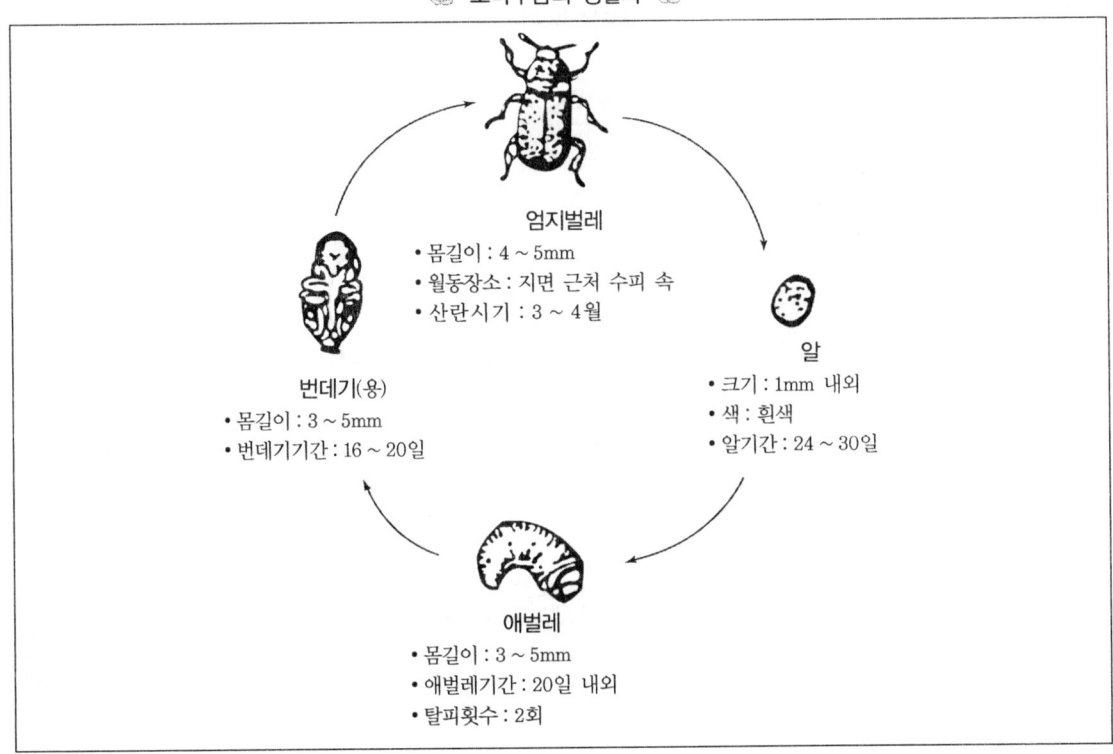

(9) 밤바구미

① 피해

ㄱ 밤나무, 갈참나무 등의 열매를 가해하는데, 주로 밤에 피해가 심하다.

ㄴ 엄지벌레가 밤송이에 구멍을 뚫고 낳은 알이 부화하여 밤알 속으로 들어가 밤의 과육을 먹고 자란다.

ㄷ 조생종보다 만생종에 피해가 심하다.

② 생활사

ㄱ 애벌레 : 열매를 먹고 자란 후 가을에 땅에 떨어져 고치를 만들고 그 속에서 월동한다.

ㄴ 번데기 : 7월쯤에 번데기가 된다.

ㄷ 엄지벌레

- 8월에 엄지벌레가 된다.
- 8월 중순~9월 중순에 밤송이에 구멍을 뚫고 알을 낳는다.
- 형태 : 9mm 정도의 크기로 적갈색이다.

③ 방제법

ㄱ 수확한 밤을 물에 넣어 물 위에 뜨는 것들을 가려내어 불에 태운다.

ㄴ 엄지벌레 발생시기인 8월에 약제를 뿌려준다.

ㄷ 밤을 건조시킨 후 이황화탄소로 훈증한 후 그늘에서 습기를 제거하여 저장한다.

> ★TIP 훈증제 … 맹독성으로 중독위험이 있으므로 취급시 안전사고에 유의하도록 한다.

ㄹ 가을에 밤밭을 깊게 갈아준다.

> ★TIP 해충의 월동형태
> ㄱ 알 : 짚시나방, 독나방, 텐트나방, 어스렝이나방
> ㄴ 유충 : 솔나방, 독나방, 삼나무 독나방, 솔잎혹파리, 밤바구미
> ㄷ 번데기 : 미국흰불나방, 참나무재주나방
> ㄹ 성충 : 오리나무잎벌레, 소나무좀

(10) 선충

① 특징

ㄱ 실같이 가늘고 긴 모양을 하고 있다.

ㄴ 몸길이가 0.2~0.3mm, 지름이 $15 \sim 35 \mu m$로 작아서 눈으로 식별하기 어렵다.

ㄷ 대부분 땅 속에 살면서 식물의 뿌리에 기생한다.

ㄹ 머리에 있는 구침(끝이 갈고리처럼 생긴 바늘)으로 식물의 조직을 뚫고 즙액을 빨아먹는다.

ㅁ 뿌리에 혹을 만드는 종류도 있다.

② 피해

　㉠ 침엽수 묘목의 뿌리썩이선충병

　㉡ 소나무재선충병

③ 방제법

　㉠ 발생 지역과 주변 지역의 고사목, 쇠약목, 피압목을 4월 하순까지 제거한다.

　㉡ 벌채된 원목은 부셔서 처리한다.

🌹 식물기생 선충의 형태 🌹

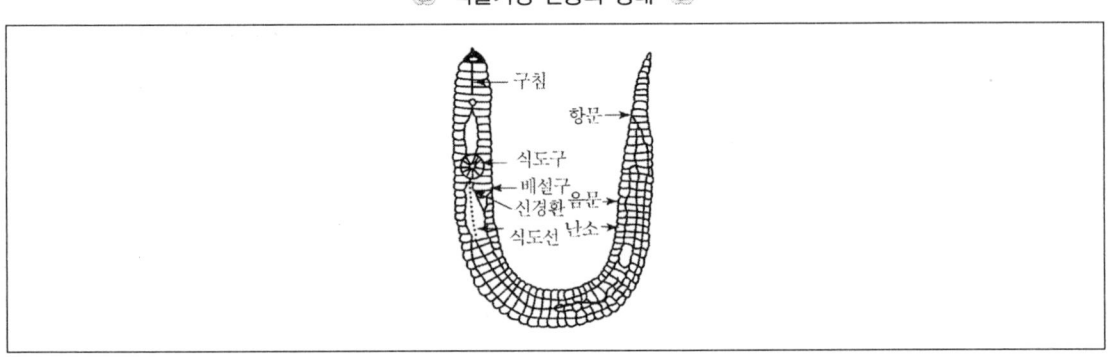

---

6 산림의 쇠퇴

① 원인

(1) 오염물질

① 공장, 주택, 차량 등으로부터 배출된 오염물질이 공기 중에 떠돌아 다니다가 나무에 직접 피해를 준다.

② 오염물질이 대기 중에 수증기와 혼합되어 있다가 비나 눈이 내릴 때 같이 내려, 산성비·산성눈으로 피해를 준다.

(2) 수분부족

① 온도상승 등의 변화로 인해 수분이 부족해져 나무를 쇠퇴시킨다.

② 도시에서는 도로포장 및 주택의 건축으로 인해 수분공급이 차단되어 나무를 쇠퇴시킨다.

(3) 기타

농약이나 과다한 양분공급, 병·해충의 피해 등으로 인해 나무가 정상적으로 살아가지 못하고 쇠퇴하기도 한다.

② 쇠퇴 정도의 조사 및 대책

(1) 나무의 쇠퇴 정도

① 잎 빛깔의 변화, 잎의 조기 낙엽 등으로 나무의 쇠퇴 정도를 알 수 있다.

② 나무의 쇠퇴가 심하면 가지는 물론 줄기까지 쇠약하여 마르게 된다.

③ 나무의 쇠퇴 정도에 따른 등급

  ㉠ 1등급(건전한 나무) : 죽은 가지가 10% 미만으로 잎의 크기나 모양이 정상이고 크며 녹색을 띤다.

  ㉡ 2등급(약간 쇠퇴한 나무) : 높은 부분에 10~30%의 죽은 가지가 보이며, 잎은 약간 작은 크기로 나타난다.

  ㉢ 3등급(절반 정도 쇠퇴한 나무) : 죽은 가지가 31~60% 정도 나타나는 단계로 수관이 좁게 보이며 잎은 작고 누런 색을 띠고, 나무껍질이 벗겨지기도 한다.

  ㉣ 4등급(쇠퇴 정도가 심한 나무) : 죽은 가지가 61~90% 정도 나타나며 모든 부분에서 쇠퇴의 증상이 나타나고 가지에 잎이 적게 붙어있다.

  ㉤ 5등급(죽은 나무) : 잎은 없고, 가는 가지도 거의 없으며, 나무껍질은 갈라지고 벗겨져 있는 단계이다.

(2) 조사시기 및 방법

① **조사시기** … 나무가 활발하게 생장하는 6~8월 중에 조사하는 것이 적당하다.

② **조사항목** … 잎(침엽, 활엽), 가지(상위의 가지, 작은 가지), 줄기(중심되는 줄기, 줄기의 중간 부위 등)의 활력 정도, 뿌리의 노출 여부를 근거로 쇠퇴정도를 점수로 표시한다.

> **★TIP** 나무의 쇠퇴정도를 진단하는 항목
> ㉠ 노랗게 변색하는 잎이 얼마나 있는가?
> ㉡ 작은 잎이 얼마나 있는가?
> ㉢ 껍질에서 수액이 흘러나오는가?
> ㉣ 곤충으로 인한 구멍이 있는가?
> ㉤ 나무껍질의 벗겨지는 것이 어느 정도인가?
> ㉥ 벌레혹 형성 여부나 병균감염 정도는 어느 정도인가?
> ㉦ 잎이 갈라지는가?

ⓞ 잎에 반점이 있는가?
ⓩ 잎에 백분이 있는가?
ⓩ 부러진 가지가 얼마나 있는가?
ⓚ 줄기의 피해는 어느 정도인가?
ⓣ 줄기, 가지의 갈라짐은 어느 정도인가?
ⓟ 가시적 썩음 정도는 어느 정도인가?

③ 쇠퇴는 나무의 정단 부위부터 나타나므로 큰 나무의 경우, 육안으로는 구분하기 어렵기 때문에 쌍안경으로 관찰하여 쇠퇴 정도를 알 수 있다.

(3) 대책

① 예방법

㉠ 가장 중요한 것은 쇠퇴를 미리 예방하는 것이다.
㉡ 매년 매시기에 수분공급, 비배관리 등을 잘하여 생리적 활동을 원활히 해준다.

② 쇠퇴현상 조기발견

㉠ 산림 쇠퇴의 원인 : 가뭄, 고온, 저온 등의 기후변동이나 대기오염, 토양 중금속 중독 등의 공해가 주원인이지만, 병이나 해충의 피해로 인한 쇠퇴도 늘어나고 있다.
㉡ 쇠퇴현상을 조기에 발견하여 더 이상 쇠퇴되지 않도록 힘쓴다.

③ 대책

㉠ 비료를 잎에 직접 살포하거나 줄기에 영양제나 비료 성분을 주사로 주입하여 나무의 세력을 높여준다.
㉡ 병해충에 의한 쇠퇴인 경우 : 생물학적 방제법을 시도해 보고, 나중에는 화학적 방법도 사용할 수 있다.

01 | 출제예상문제

1 다음 중 진균류에 의한 병해는?

① 소나무혹병
② 모자이크병
③ 오동나무빗자루병
④ 뿌리혹병

> **note** ② 바이러스 ③ 미코플라스마 ④ 세균

2 병해와 그에 의해 발생하는 수병의 종류의 연결이 옳지 않은 것은?

① 자낭균류 – 벚나무빗자루병
② 조균류 – 오동나무빗자루병
③ 불완전균류 – 오동나무탄저병
④ 담자균류 – 잣나무털녹병

> **note** ② 조균류는 활엽수의 묘목에서 모잘록병을 일으킨다. 오동나무빗자루병은 미코플라스마에 의해 생기는 병으로 항생제를 수간 주입하여 방제한다.

3 송이풀, 까치밥나무에 기주교대를 하는 병해는?

① 잣나무털녹병
② 모잘록병
③ 밤나무줄기마름병
④ 포플러모자이크

> **note** 잣나무털녹병의 병원균은 잣나무와 중간기주인 송이풀이나 까치밥나무류에 기주교대를 하며 주로 5 ~ 20년생 잣나무에 많이 발생한다.
> ② 진균류에 속하는 병원균에 의해 발병되며 씨뿌림한 씨앗이나 어린 묘의 줄기에 침입하여 묘목을 죽게 한다.
> ③ 자낭균에 의한 병으로 상처부위를 통해 침입하여 나뭇가지나 줄기를 황폐하게 만든다.
> ④ 바이러스에 의해 발병되며 삽수를 채취할 때 전염되어 잎을 모자이크 상태로 만든다.

Answer 1.① 2.② 3.①

4 다음 중 솔잎혹파리의 기생봉이 아닌 것은?

① 등뿔먹좀벌　　　　　　　　　② 수중다리좀벌
③ 혹파리살이먹좀벌　　　　　　　④ 솔잎혹파리먹좀벌

⭐**note** ④ 솔잎혹파리의 천적이다.

5 다음 대기오염의 피해 중 만성피해의 증상은?

① 증상이 심하면 잎이 떨어진다.
② 침엽수는 잎의 끝이 황색으로 변한다.
③ 점차적으로 엽록소가 파괴되어 잎이 황색으로 변한다.
④ 활엽수는 잎 가장자리와 잎맥 사이가 황색으로 변한다.

⭐**note** 대기오염 피해증상
　　　㉠ 급성피해
　　　　• 유해가스의 농도가 높을 때 일어난다.
　　　　• 침엽수는 잎의 끝이 적갈색이나 황색으로 변하고, 심하면 잎이 떨어진다.
　　　　• 활엽수는 잎 가장자리와 잎맥 사이가 회색, 황백색 또는 갈색 반점이 생기고, 심하면 잎이 떨어진다.
　　　㉡ 만성피해
　　　　• 유해가스의 농도가 낮을 때 일어난다.
　　　　• 오랜 기간에 걸쳐 엽록소가 파괴되어 잎이 황색으로 변하고 나무가 쇠약해진다.

6 논둑, 밭둑을 태울 때나 등산객 등의 부주의로 인해서 일어나는 초기 단계의 불이며, 낙엽과 지피물, 관목층, 갱신된 어린 나무 등을 태우는 가장 흔한 화재는?

① 지표화　　　　　　　　　　　② 지중화
③ 수간화　　　　　　　　　　　④ 수관화

⭐**note** ② 지표화에 의해 한번 붙으면 오랫동안 불로 한랭한 고산지대나 고위도 지방의 낙엽이 쌓인 곳 등에서 발생한다.
　　　③ 나무줄기의 껍질이 타거나 늙은 나무의 속이 썩어서 구멍이 뚫렸을 때 지표화에 의해 불이 옮겨 붙어 일어난다.
　　　④ 우리나라에서 발생되는 대부분의 산불로 나무의 윗부분에 불이 붙어 수관을 태워나가는 불이다. 산불 중 가장 피해가 크다.

🌱**Answer**　　4.④　5.③　6.①

7 다음 미생물 중 진균류에 속하지 않는 것은?

① 조균

② 담자균

③ 불완전균

④ 미코플라스마

8 다음 중 해풍에 약한 수종은?

① 사철나무

② 동백나무

③ 느티나무

④ 은백양

9 해풍을 막기 위해 방풍림으로 식재하는 수종은?

① 밤나무

② 해송

③ 벚나무

④ 느티나무

10 소나무잎녹병의 중간기주 식물이 아닌 것은?

① 참취

② 낙엽송

③ 잔대

④ 쑥부쟁이

11 다음 중 솔잎혹파리의 생활사에 대한 설명으로 옳지 않은 것은?

① 성충의 수명은 1개월이다.

② 6월 상순이 우화 최성기이다.

③ 유충이 엽초에 쌓인 두 침엽의 접합 부위에 기생하여 혹을 만든다.

④ 솔잎 사이에 평균 6개 내외의 알을 낳는다.

> **note** ① 성충의 수명은 1~2일이다.
>
> ※ 솔잎혹파리 생활사
>
> ㉠ 애벌레 : 2mm 정도 크기의 구더기 비슷하게 생긴 애벌레가 중부지방에서는 땅속이나 지피물 밑에서, 남부지방에서는 혹 속에서 월동한다.
>
> ㉡ 번데기 : 이듬해 봄에 애벌레가 땅에 떨어져서 4월 하순~5월 중순에 번데기가 된다.
>
> ㉢ 엄지벌레
>
> • 약 20일 후인 6월 상순쯤에 엄지벌레로 우화한다.
>
> • 엄지벌레는 2mm 가량되는 모기모양의 작은 오렌지색 곤충이고, 수명은 1~2일이다.
>
> • 어린 솔잎 사이에 30~120개 가량의 알을 낳고 죽는다.
>
> ㉣ 알 : 0.1mm 정도의 크기로 2~3일 후에 부화하여 애벌레가 되서 솔잎 밑부분으로 내려가 기생하여 혹을 만든다.

12 이른 봄에 식물이 자라기 시작한 후 급격한 온도 저하로 지엽이 손상되어 말라죽는 것은?

① 조상   ② 만상

③ 상주   ④ 동상

⑤ 상렬

> **note** 늦서리(만상) 피해
>
> ㉠ 개념 : 이른 봄 나무가 자라기 시작한 후 기후의 이변으로 서리가 내려 새순이 피해를 입는 것을 말한다.
>
> ㉡ 특징
>
> • 상륜 : 늦서리의 피해를 받아 생장이 일시 중지되었다가 다시 자라 1년에 2개의 나이테가 생기는 경우를 말한다.
>
> • 어린 나무는 죽기도 한다.
>
> • 추운 지방의 나무를 더운 지방에 옮겨 심었을 경우 해를 받기 쉽다.
>
> • 늦서리의 해를 받기 쉬운 수종 : 낙엽송, 오리나무, 자작나무류 등

13 오동나무빗자루병의 원인으로 옳은 것은?

① 진균류
② 세균류
③ 담자균류
④ 미코플라스마
⑤ 바이러스

✿ note 오동나무빗자루병
    ㉠ 병원체 : 미코플라스마
    ㉡ 연약한 잔가지가 많이 밀생하여 빗자루나 새집 둥우리 같은 모양을 이루다가 몇 년 후에 죽는다.

14 다음 중 애벌레로 월동하는 것은?

① 흰불나방
② 소나무좀
③ 솔나방
④ 집시나방
⑤ 어스렝이나방

✿ note ① 번데기 ② 성충 ④⑤ 알

15 다음 중 천적을 가지고 수병을 방제하는 방법은?

① 기계적 방제법
② 물리적 방제법
③ 생물학적 방제법
④ 약제방제법

✿ note 생물학적 방제법은 천적을 적극 보호하고 이용하는 방법으로서, 가장 이상적인 방제법이다. 천적의 종류로는 기생동물, 포식동물, 병원미생물 등이 있다.
    ① 손이나 간단한 기구를 써서 해충을 잡아 죽이는 방법으로, 경운법, 포살법, 차단법, 유살법 등이 있다.
    ② 온도, 전지, 광선, 음파 등의 물리적 에너지를 이용해서 해충을 방제하는 방법으로, 습도·온도 처리, 방사선의 이용방법 등이 있다.
    ④ 약제를 사용하여 해충을 방제하는 방법으로, 효과가 정확하고 빠를 뿐만 아니라, 간편하여 가장 널리 쓰이는 방법이다.

16 우리나라에서 많이 발생하는 산불 종류는?

① 지중화

② 수간화

③ 지표화

④ 수관화

> **note** 수관화 … 우리나라에서 발생되는 대부분의 산불로 지표화에서 수관을 따라 연속해서 수관으로 옮겨 수엽, 수초 등이 연소하는 화재로서 산불 중 가장 피해가 크다. 일반적으로 활엽수림보다 침엽수림에서 잘 생기고 수관화로 인해 임목이 완전히 고사하게 된다.

17 다음 중 솔나방의 월동태는?

① 알

② 번데기

③ 성충

④ 유충

> **note** 솔나방은 유충의 형태로 지피물이나 나무껍질 사이에서 월동한다.
>
> ※ 솔나방
> ㉠ 소나무, 해송, 리기다소나무 등의 잎을 가해하며, 심하면 낙엽송, 잣나무에도 가해한다.
> ㉡ 심한 가해를 받은 나무는 말라죽는다.
> ㉢ 송충이 한 마리가 1세대 동안 먹는 솔잎의 길이는 50 ~ 70m나 된다.
> ㉣ 생활환
> • 1년에 1회 발생하고, 알에서 부화하여 7번 탈피한 8령충이 고치를 만든다.
> • 5령충은 나무껍질 사이나 지피물에서 월동하고, 4월부터 활동하여 솔잎을 먹는다.
> • 8령충이 된 노숙한 애벌레는 6월 하순부터 가지 사이, 솔잎 사이, 나무줄기 등에 고치를 만들어 번데기가 된다.
> • 약 20일 후 엄지벌레(나방)로 우화하고, 새 솔잎 또는 그 부근 가지에 무더기로 알을 낳고 7 ~ 8일 살다가 죽는다.

18 다음 진균류 중 버섯류를 만들며 잎녹병을 일으키는 균은?

① 자낭균류

② 조균류

③ 담자균류

④ 불완전균류

> **note** 담자균류
> ㉠ 모든 버섯류를 만드는 균이다.
> ㉡ 잣나무, 소나무, 포플러 등의 잎녹병, 잣나무털녹병, 소나무혹병, 향나무녹병, 목재썩음병 등을 일으킨다.

19 유해가스 유무를 검지하는 식물로 이용되지 않는 수종은?

① 소나무 ② 전나무
③ 사철나무 ④ 느티나무

> **note** 검지식물법(지표식물법)
> ㉠ 검지식물의 개념 : 유해가스에 예민한 낙엽송, 전나무, 소나무, 느티나무, 밤나무, 사과나무, 배나무, 메밀, 들깨, 참깨, 담배 등은 유해가스의 피해를 받으면 선명한 증상을 나타내는데, 이러한 식물을 검지식물이라 한다.
> ㉡ 유해가스 검사법 : 검지식물을 대기오염의 해가 있는 곳에 가져다 놓고 그 반응을 관찰하여 대기오염의 해를 감지한다.

20 다음 중 환경오염의 측정방법으로 활용되는 식물은?

① 지표식물 ② 측정식물
③ 응용식물 ④ 정화식물

> **note** 지표식물
> ㉠ 오염물질에 대해 민감하게 반응하고 피해증상에 대한 판별이 쉬워야 한다.
> ㉡ 생육기간이 길고 기간 중의 감수성이 크게 변하지 않아야 한다.
> ㉢ 광범위한 범위에서 생육이 가능해야 한다.
> ㉣ 조사방법이 간단하고 피해량을 판별할 수 있어야 한다.

21 다음 중 대기오염을 일으키는 주요 오염원이 아닌 것은?

① 염소 ② 질소화합물
③ 아황산가스 ④ 수산화나트륨

> **note** 대기오염의 원인물질
> ㉠ 삼산화황(SO_3), 이산화황(SO_2), 염소(Cl_2), 플루오르(F_2), 암모니아(NH_3), 오존(O_3), 황화수소(H_2S), 질소산화물(NO_X) 등이 주로 오염원이다.
> ㉡ 이밖에 연료의 불완전연소에 의한 매연, 공장 등의 분진이나 그을음, 화학공장에서 배출되는 미세한 액체입자 등이 있다.

Answer 19.③ 20.① 21.④

22 다음 중 먹이나무를 배치하여 성충이 산란하도록 유도하여 방제하는 해충은?

① 솔잎혹파리

② 소나무좀

③ 밤바구미

④ 텐트나방

> ✿**note** 소나무좀 방제법
> ㉠ 먹이나무를 배치해서 엄지벌레가 산란하도록 유도한 뒤 껍질을 벗겨 태운다.
> ㉡ 수세가 약한 나무는 제거하고, 통나무와 벌근은 5월 이전에 껍질을 벗겨 번식처를 없앤다.

23 다음 중 산림의 방화선 설정에 대한 설명으로 옳지 않은 것은?

① 보통 10 ~ 20m 너비로 만든다.

② 산림의 효율적 관리를 위해 100ha 정도로 구획하고 방화선을 설치한다.

③ 방화선으로 임도를 이용하기도 한다.

④ 산림 구획선이나 산의 능선에 설치한다.

> ✿**note** 방화선
> ㉠ 산불의 피해를 줄이고 산불진화를 쉽게 하기 위해서 설치한다.
> ㉡ 산림면적을 대개 50ha 정도로 구획하여 설치한다.
> ㉢ 보통 10 ~ 20m 너비로 잡초와 임목, 관목을 제거하여 만든다.
> ㉣ 산림 구획선이나 산의 능선에 설치하거나, 임도 등을 이용하기도 한다.

24 내화력이 약한 수종으로 묶인 것은?

① 고로쇠나무, 동백나무

② 음나무, 화백

③ 소나무, 벚나무

④ 가문비나무, 전나무

> ✿**note** 수종과 내화력의 관계
> ㉠ 내화력이 강한 수종 : 낙엽송, 가문비나무, 분비나무, 전나무, 화백, 아왜나무, 사철나무, 굴거리나무, 동백나무, 피나무, 마가목, 고로쇠나무, 음나무, 굴참나무, 황백나무 등이 강하다.
> ㉡ 내화력이 약한 수종 : 소나무, 삼나무, 해송, 편백, 녹나무, 조릿대, 구실잣밤나무, 아카시아, 벚나무 등이 약하다.

✿✿**Answer** 22.② 23.② 24.③

25 다음 중 자동차 배기가스에 가장 강한 나무는?

① 목련 ② 은행나무
③ 소나무 ④ 독일가문비나무

> **note** 은행나무는 아황산가스에 대한 감수성이 가장 작은 나무로, 도심 속 가로수에 많이 이용된다.

26 나무의 윗부분에 불이 붙어 연속해서 수관을 태워나가는 불이며, 우리나라에서 발생되는 대부분의 산불형태는?

① 지표화 ② 수간화
③ 지중화 ④ 수관화

> **note** 수관화
> ㉠ 나무의 윗부분에 불이 붙어 연속으로 수관을 태우는 불이다.
> ㉡ 지표화에서 바람에 의하여 불길이 나뭇가지로 옮겨 붙어 일어난다.
> ㉢ 우리나라에서 발생되는 대부분의 산불이 여기에 속한다.
> ㉣ 산불 중 가장 큰 피해를 주고, 한번 발생하면 끄기 어렵다.
> ㉤ 특수한 경우 지표화가 나무의 줄기를 타고 올라가 수관화를 일으키기도 한다.
> ㉥ 대개 산꼭대기를 향해서 바람이 불어 가는 방향으로 V자 모양으로 번져 나간다.

27 다음 중 수목의 대기오염으로 인한 급성피해 증상으로 옳지 않은 것은?

① 유해 가스의 공기 중 농도가 높을 때 일어난다.
② 잎이 황색으로 변하고 나무가 쇠약해진다.
③ 침엽수는 잎의 끝이 적갈색이나 황색으로 변한다.
④ 활엽수는 잎 가장자리와 잎맥 사이가 회색, 황백색 또는 갈색 반점이 생긴다.

> **note** ② 만성피해 증상이다.
> ※ 대기오염의 급성피해
> ㉠ 개념 : 유해가스의 공기 중 농도가 높을 때 일어난다.
> ㉡ 침엽수 : 잎의 끝이 적갈색이나 황색으로 변하고, 심하면 잎이 떨어진다.
> ㉢ 활엽수 : 잎 가장자리와 잎맥 사이가 회색, 황백색 또는 갈색 반점이 생기고, 심하면 잎이 떨어진다.

28 다음 중 산불진화의 방법으로 옳지 않은 것은?

① 불길이 약할 때에는 화두에서부터 꺼 나간다.

② 불을 끌 때에는 약재를 사용하는 것이 가장 효과적이다.

③ 불길이 강렬할 때는 30~50cm 너비로 땅을 뒤집어 엎어서 소화선을 만들어 끈다.

④ 직·간접법으로도 끄기 어려운 때는 방화선에서 맞불을 놓아 꺼지게 하는 방법도 있다.

> **note** 산불의 진화
> ㉠ 산불이 나서 어느 한쪽으로 진행할 때, 진행해 나가는 쪽을 화두라 하고, 그 뒤쪽을 화미라 한다.
> ㉡ 불길이 약하거나 산불 초기 때에는 화두에서부터 꺼 나가고, 불길이 심할 때에는 측면에서 부터 꺼 들어가서 화두면을 좁혀 들어가도록 한다.
> ㉢ 직접소화법 : 불을 끌 때 가장 효과적인 물을 쓰고, 흙을 퍼붓거나 생나무 가지로 두들겨 끄는 방법을 말한다.
> ㉣ 간접소화법 : 불길이 강렬해서 직접소화법으로 끄기 어려울 때에는 화두에서부터 약간 거리를 둔 전방에 30~50cm 너비로 땅을 뒤집어 엎어서 소화선을 만들어, 화두가 이 소화선에 닿아서 불길이 약해졌을 때 끄는 방법이다.
> ㉤ 기타 소화법
> • 직·간접법으로도 끄기 어려운 때에는 불이 번져 가는 화두방향의 상당한 전방에 임시 방화 선을 만들거나, 이미 설치된 방화선에서 맞불을 놓아 불과 불이 마주쳐서 꺼지게 하는 방법을 쓴다.
> • 불을 끄는 데 약재를 사용하기도 한다.

29 다음 중 수목의 내연성에 대한 설명으로 옳지 않은 것은?

① 교림이 가장 피해가 심하며 다음이 중림, 왜림의 순서이다.

② 일반적으로 활엽수가 침엽수보다 연해에 강하다.

③ 토양이 나쁜 곳에서 자란 임목들이 피해가 크다.

④ 연원으로부터 먼 곳은 능선부의 피해가 심하다.

> **note** ② 활엽수가 침엽수보다 매연해에 약하다.

30 대기오염에 대한 내성이 강한 수종으로 바르게 짝지어진 것은?

① 히말라야시다, 삼나무

② 사철나무, 은행나무

③ 느릅나무, 층층나무

④ 소나무, 전나무

> **note** 주요 수종의 대기오염에 대한 내성
> ㉠ 내성이 약한 수종 : 소나무, 전나무, 삼나무, 히말라야시다, 느티나무, 겹벚나무, 푸조나무, 팽나무, 층층나무, 느릅나무 등
> ㉡ 내성이 중간인 수종 : 해송, 비자나무, 편백, 붉가시나무, 개나리, 아왜나무, 후박나무, 버즘나무, 광나무, 왕벚나무, 능수버들 등
> ㉢ 내성이 약간 강한 수종 : 녹나무, 동백나무, 감탕나무, 호랑가시나무, 식나무, 꽝꽝나무, 서향, 나무딸기, 남천, 검양옻나무, 당단풍나무 등
> ㉣ 내성이 강한 수종 : 사철나무, 은행나무, 메밀잣밤나무, 가이즈까향나무, 돈나무, 소철, 종려, 협죽도, 팔손이, 유카, 졸참나무, 벽오동 등

31 다음 중 이산화황, 삼산화황 가스로 황산을 만들거나 석회를 사용해서 유해가스를 흡수·중화시켜 대기오염을 방제하는 방법은?

① 법규적 방제

② 물리적 방제

③ 이화학적 방제

④ 임업적 방제

> **note** 이화학적 방제법
> ㉠ 석회를 사용해서 유해가스를 흡수·중화시킨다.
> ㉡ 이산화황, 삼산화황 가스로 황산을 만든다.
> ㉢ 고압 전류로 흡착장치를 한다.
> ㉣ 굴뚝에 공기 또는 무해가스를 보내서 굴뚝에서 나오는 가스의 농도를 희석시킨다.
> ㉤ 유해가스가 생기지 않는 화학적 제조방법으로 바꾼다.

32 다음 중 연해를 받은 수목의 육안적 특징으로 옳지 않은 것은?

① 묵은 잎부터 순차적으로 떨어진다.

② 병충해와 식별이 어려울 때가 많으므로 주의깊게 관찰해야 한다.

③ 대개 회녹색의 반점이 생긴다.

④ 수관의 하부부터 피해를 받아 나무의 끝으로 올라간다.

> **note** ④ 연해를 받으면 나무의 끝부분부터 피해증상이 나타나고 피해가 수관의 하부로 내려온다.

33 나무줄기에 뜨거운 직사광선을 쬐면 나무껍질의 일부에 급속한 수분증발이 일어나 형성층 조직이 파괴되고, 그 부분의 껍질이 말라죽는 현상은?

① 염해   ② 풍해

③ 열해   ④ 피소

> **note** 껍질데기(피소)
> ㉠ 개념 : 나무줄기에 뜨거운 직사광선을 쬐면 나무껍질의 일부에 급속한 수분증발이 일어나 형성층 조직이 파괴되고, 그 부분의 껍질이 말라죽는 현상이다.
> ㉡ 피해수종
> • 오동나무, 버즘나무, 후박나무, 가문비나무, 소태나무, 전나무 등의 코르크층이 발달되지 않는 수종에서 피해가 크다.
> • 가슴높이 지름이 15~20cm 되는 굵은 나무줄기의 서쪽이나 남서쪽으로 향한 부분에서 잘 일어난다.
> ㉢ 대책 : 중요한 정원수나 가로수 등은 줄기에 면직포 또는 새끼를 감아 주고, 점토, 석회유 등을 칠해서 피해를 막는다.

34 방풍효과는 풍하측에서는 수고의 몇 배까지 미치는가?

① 2배   ② 5배

③ 10배   ④ 15배

> **note** 방풍림
> ㉠ 효과 : 방풍림의 효과가 미치는 거리는 풍상에서 수고의 5배, 풍하에서 15~20배이다.
> ㉡ 방법 : 폭풍방향에 직각인 대상방향으로 만드는 것이 가장 효과적이다.
> ㉢ 수종 : 심근성이고, 지조가 밀생하여, 성림이 빠른 것을 택한다.

35 다음 중 가뭄의 해를 방지하기 위한 대책으로 옳지 않은 것은?

① 해가림   ② 비료주기

③ 풀뽑기   ④ 잦은 관수

> **note** 가뭄의 피해와 대책
> ㉠ 피해 : 어린 나무와 묘목에 피해가 심하고, 큰 나무의 생장도 나빠진다.
> ㉡ 대책 : 관수를 자주하고, 풀뽑기, 해가림, 짚덮기, 겉흙 긁어주기 등을 해준다.

36 다음 중 상렬에 의한 피해를 잘 받는 수종은?

① 소나무 ② 포플러
③ 낙엽송 ④ 은행나무

✎ note 상렬 … 추위에 의해 나무줄기 또는 나무껍질이 수선방향으로 갈라지는 현상으로 껍질이 연한 포플러나 참나무류에 생기기 쉽다.

37 유해가스에 대하여 예민하기 때문에, 유해가스의 피해를 받으면 선명한 증상을 나타내는 식물은?

① 응용식물 ② 측정식물
③ 정화식물 ④ 검지식물

✎ note 검지식물(지표식물)
㉠ 유해가스에 대하여 예민하기 때문에, 유해가스의 피해를 받으면 선명한 증상을 나타내므로 환경오염의 지표로 이용하는 식물을 말한다.
㉡ 검지식물을 대기오염의 해가 있는 곳에 가져다 놓고 그 반응을 관찰함으로써 대기오염의 해를 감지한다.
㉢ 소나무, 낙엽송, 밤나무, 전나무, 느티나무, 배나무, 사과나무, 메밀, 들깨, 참깨, 담배 등이 있다.

38 다음 중 대기오염의 증상을 눈으로 확인할 수 있는 방법은?

① 기공의 세포가 적갈색으로 변한다.
② 원형질이 녹색으로 변한다.
③ 나무의 끝부터 피해의 증상이 나타난다.
④ 껍질의 피목이 갈색으로 변한다.

✎ note ①②④ 현미경적 감정법이다.
※ 육안적 대기오염 감정법
㉠ 대기오염의 해를 받으면 나무의 끝부터 피해의 증상이 나타난다.
㉡ 묵은 잎부터 떨어진다.
㉢ 회녹색의 연한 반점이 생긴다.

39 다음 중 만상의 피해로 옳지 않은 것은?

① 따뜻한 지방의 나무를 추운 지방에 옮겨 심었을 때 나타난다.

② 나이테가 1년에 2개 생길 수도 있다.

③ 추운 지방의 나무를 더운 지방으로 옮겨 심었을 때 피해를 받기 쉽다.

④ 이른 봄 나무가 자라기 시작한 후 기후의 이변으로 새순이 피해를 입는 것이다.

> **note** ① 따뜻한 지방의 나무를 추운 지방에 옮겨 심으면 조상(이른 서리)의 해를 입기 쉽다.
>
> ※ 만상(늦서리)의 해
> ㉠ 이른 봄 나무가 자라기 시작한 후 기후의 이변으로 서리가 내리면 새순이 피해를 입는 것을 말한다.
> ㉡ 추운 지방의 나무를 더운 지방에 옮겨 심었을 때 피해를 받기 쉽다.
> ㉢ 어린 나무는 죽는 경우도 있고, 큰 나무는 생장이 일시 중지되었다가 다시 자라서 1년에 2개의 나이테가 생기는 경우가 있는데, 이것을 상륜이라 한다.
> ㉣ 늦서리의 해를 받기 쉬운 수종은 낙엽송, 자작나무류, 오리나무 등이다.

40 기온이 영하로 내려가면 땅 속 토양입자 사이의 모세관을 통해서 올라온 물이 땅 표면에서 얼게 되는 현상이 반복되어 얼음기둥이 위로 점차 올라가게 되어 받는 피해는?

① 열해   ② 상종

③ 서릿발   ④ 만상의 해

> **note** 서릿발(상주)
> ㉠ 기온이 영하로 내려가서 땅 속 토양입자 사이의 모세관을 통해 올라온 물이 땅 표면에서 얼게 되는 현상이 반복되어 생기는 얼음기둥이 점차 위로 올라가는 현상이다.
> ㉡ 서릿발이 식재한 묘목의 뿌리가 깊게 뻗지 못한 상태에서 묘포나 조림한 곳에서 생기면, 어린 나무의 뿌리가 겉흙과 함께 솟아 올랐다가 서릿발이 녹으면서, 나무뿌리는 솟은 채로 흙 밖으로 나오게 되어 말라 죽는다.
> ㉢ 진흙이 섞인 습한 땅에서 많이 생긴다.
> ㉣ 편백, 가문비나무, 전나무 등과 같이 뿌리가 얕은 수종의 어린 묘목의 피해가 크다.
> ㉤ 서릿발이 생기는 땅은 배수가 잘 되게 하고, 진흙땅이면 모래를 객토하여 토질을 개량한다.

41 다음 중 상주에 의한 해를 줄이기 위한 방법으로 옳지 않은 것은?

① 상주가 잘 생기는 땅의 배수에 신경쓴다.

② 심근성 수종을 선택한다.

③ 천근성 수종을 선택한다.

④ 묘포가 진흙땅이면 모래를 객토하여 토질을 개량한다.

> ✦note 서릿발이 생기는 땅은 배수가 잘 되게 하고, 진흙땅이면 모래를 객토하여 토질을 개량해 주며
> 심근성 수종을 택하여 조림한다.

42 폭풍은 초당 풍속이 얼마 이상인가?

① 10m 이상   ② 19m 이상

③ 29m 이상   ④ 39m 이상

> ✦note 폭풍 … 바람의 속도가 초당 29m 이상인 바람으로, 비를 동반할 때가 많고 7~8월 계절풍이
> 불어올 때 자주 발생하며, 나뭇잎을 찢거나 떨어뜨리고 나무를 넘어뜨린다.

43 다음 중 바람이 식물에 미치는 영향에 대한 설명으로 옳지 않은 것은?

① 꽃가루가 바람에 잘 날려서 꽃가루받이가 잘 되게 한다.

② 적당한 나무의 증산작용을 촉진해서 양분의 흡수를 좋게 한다.

③ 가지가 한쪽으로만 뻗게 하여 개질이 나쁜 기형의 나무를 만든다.

④ 바람의 속도와 관계없이 식물에겐 반드시 필요하다.

> ✦note ④ 바람은 부는 속도에 따라서 해롭기도 하고 이롭기도 하다.
> ※ 바람
>   ㉠ **좋은 점**(적당한 속도로 고루 불 때)
>   • 나무의 증산작용을 촉진해서 양분의 흡수를 잘 되게 한다.
>   • 겨울에 찬 공기를 밀어내 냉해를 막아 주기도 한다.
>   • 꽃가루가 바람에 날려서 꽃가루받이가 잘 되게 하고 씨앗이 잘 흩어지게 한다.
>   ㉡ **해로운 점**(너무 빠르거나 한쪽으로만 불 때)
>   • 증산작용이 과다하게 이루어져 나무의 수분부족현상을 일으킨다.
>   • 가지가 한쪽으로만 뻗게 하여 개질이 나쁜 기형의 나무가 되게 한다.
>   • 가지를 손상시키고, 동화작용을 해치며, 줄기를 비스듬하게 하거나 눕게 한다.

44 다음 중 설해의 피해를 잘 받는 수종은?

① 동백나무 　　　　　　　　　　② 히말라야시다
③ 은행나무 　　　　　　　　　　④ 느티나무

> ☆note 설해
> ㉠ 늦겨울이나 이른 봄에 내리는 습한 눈은 부착력이 크다.
> ㉡ 설해는 엄동기보다 이른 봄, 매우 추운 지방보다 조금 따뜻한 지방에서 많이 생긴다.
> ㉢ 눈이 나무의 가지와 잎에 쌓이면 눈의 무게 때문에 나뭇가지가 부러지거나 굽고, 심한 경우 뿌리째 넘어질 수 있다.
> ㉣ 침엽수는 수관에 쌓이는 눈의 양이 많고, 뿌리가 얕은 것이 많아 피해가 크다.
> ㉤ 나이 어린 숲은 나무들이 구부러지거나 기울어지는 피해가 크다.
> ㉥ 낙엽활엽수는 겨울에 잎이 떨어지므로 피해가 적다.

45 다음 중 조풍에 강한 수종은?

① 편백 　　　　　　　　　　　　② 벚나무
③ 전나무 　　　　　　　　　　　④ 자귀나무

> ☆note 조풍에 강한 나무는 향나무, 자귀나무, 사철나무, 해송, 후박나무 등이 있으며 해안 방조림으로 조성한다.

46 다음 중 오동나무빗자루병의 매개충은?

① 담배장님노린재 　　　　　　　② 진딧물
③ 매미충 　　　　　　　　　　　④ 마름무늬매미충
⑤ 오리나무잎벌레

> ☆note 오동나무빗자루병
> ㉠ 병에 걸리면 연약한 잔가지가 많이 밀생하여 빗자루나 새집 둥우리 같은 모양을 이루다가 몇 년 후에 죽는다.
> ㉡ 병원체는 미코플라스마이며, 병든 나무의 포기나누기를 통해 전염되기도 하고, 담배장님 노린재에 의해서 매개되기도 한다.
> ㉢ 방제법 : 실생묘를 심고, 매개충을 구제한다. 발병 초기에는 옥시테트라사이클린을 줄기에 주입한다.

❤❤Answer　44.② 45.④ 46.①

47 활엽수나 침엽수의 묘목에서 모잘록병을 일으키는 병원균은?

① 세균

② 조균

③ 자낭균

④ 담자균

✿note 조균류

  ㉠ 병원균은 일반적으로 활엽수나 침엽수의 묘목에서 모잘록병을 일으킨다.

  ㉡ 균사에 격막이 없고 여러 개의 핵을 가지고 있다.

48 다음 중 수목의 그을음병과 흰가루병, 벚나무빗자루병을 일으키는 병원균은?

① 바이러스

② 조균

③ 미코플라스마

④ 자낭균류

✿note 자낭균류 … 밤나무줄기마름병, 소나무류 및 낙엽송의 잎떨림병, 낙엽송끝마름병, 모든 수목의 그을음병과 흰가루병, 벚나무빗자루병 등을 일으키는 균으로 균사가 뚜렷한 격막을 형성한다.

49 다음 중 병든 나무에 옥시테트라사이클린계 항생제를 줄기에 주입하면 방제할 수 있는 병원체는?

① 세균

② 미코플라스마

③ 자낭균

④ 바이러스

✿note 미코플라스마

  ㉠ 특징

  • 바이러스와 세균의 중간에 위치한 미생물로서, 지름이 70~900nm 가량 되는 둥근모양 또는 불규칙한 타원형이다.

  • 세균과는 달리 세포벽은 없고, 일종의 원형질막에 둘러싸여 있다.

  ㉡ 전염

  • 주로 식물즙액을 빨아 먹는 매미충류에 의해 매개된다.

  • 전신감염을 한다.

  ㉢ 수병

  • 오동나무빗자루병은 담배장님노린재가 매개한다.

  • 대추나무빗자루병은 포기나누기, 나무 접붙이기를 할 때 전염된다.

  • 뽕나무오갈병은 마름무늬매미충이나 접붙이기에 의해서 전염된다.

  ㉣ 방제법 : 병든 나무는 항생제(옥시테트라사이클린계 항생제)를 줄기에 주입한다.

50 다음 중 물관병, 유조직병과 증생병의 원인이 되는 병원은?

① 세균   ② 진균

③ 바이러스   ④ 미코플라스마

> **note** 세균 … 길이가 1 ~ 3μm 가량 되는 구균(공모양), 나선균(나선모양), 간균(막대모양), 사상균(실모양) 등이 있으며, 편모가 있어 운동하는 것도 있다. 세균은 식물의 조직에 침입해서 조직의 반점, 부패, 잎마름 등의 병징을 나타내는 유조직병, 물관에 침입해서 물이 올라가는 것을 막아 말라 죽게 하는 물관병, 분열조직의 증식이 자극되어 혹을 만드는 증생병 등을 일으킨다.

51 병든 묘목에 의해서 전파되는 병은?

① 흰가루병   ② 향나무녹병

③ 잣나무털녹병   ④ 오리나무갈색무늬병

⑤ 모잘록병

> **note** 병원체가 다른 기주식물로 옮겨 가는 경로
> ⑤ 바람에 의한 전파 : 병원균의 포자가 바람에 날려 먼 곳으로 옮겨지는 경우로 흰가루병, 잣나무털녹병, 밤나무줄기마름병 등이 있다.
> ⑥ 빗물이나 관개수에 의한 전파 : 빗물이나 관개수에 의해서 옮겨지는 경우로 밤나무줄기마름병, 향나무녹병 등이 있다.
> ⑦ 곤충이나 작은 동물에 의한 전파 : 곤충이나 작은 동물의 몸 표면에 붙거나 체내에 들어간 상태로 널리 분산되는 경우로 오동나무빗자루병 등이 있다.
> ⑧ 씨앗에 의한 전파 : 씨앗의 표면에 붙거나 조직 속에 잠재하여 전파되는 경우로 오리나무갈색무늬병, 모잘록병 등이 있다.
> ⑨ 병든 묘목에 의한 전파 : 병든 묘목에 의해서 전파되는 경우로 뿌리혹병, 잣나무털녹병, 포플러모자이크병 등이 있다.

52 다음 병원균들 중 그 생활사를 끝내는 데 전혀 다른 두 종의 식물을 필요로 하는 것은?

① 변태   ② 월동

③ 잠복기   ④ 기주교대

> **note** 기주교대 … 한 식물에서 그 생활사를 끝내는 것이 아니라 전혀 다른 두 종의 식물을 필요로 하는 병원균들이 기주식물을 바꾸는 것을 말하며, 두 기주 중에서 경제성이 적은 것을 중간기주라 한다.

53 다음 중 바이러스에 의해 발병하는 수병의 종류는?

① 뿌리썩음병

② 벚나무빗자루병

③ 아카시아모자이크병

④ 밤나무 잎마름병

⑤ 소나무혹병

    📝**note** 바이러스에 의한 수병 … 바이러스병에 걸리면 잎, 꽃, 열매 등이 모자이크병징을 나타내는데 수병의 종류는 아직 많이 알려지지 않았으며, 포플러모자이크병, 아카시아모자이크병, 뽕나무 모자이크병 등이 있다.

54 다음 중 뿌리혹병이 많이 발생하는 수종은?

① 잣나무

② 소나무

③ 밤나무

④ 사철나무

⑤ 느티나무

    📝**note** 뿌리혹병

       ㉠ 병원체 : 세균에 의해 발병된다.

       ㉡ 증상

        • 뿌리에 혹이 생기는 병으로 묘목이나 어린 나무에 흔히 발생한다.

        • 접목묘의 접목 부위, 묘목의 뿌리목 부근, 때때로 가지나 줄기에 혹이 생긴다.

        • 혹이 생기면 발육이 느려지고, 보통 수년 뒤에 죽는다.

       ㉢ 피해수종 : 밤나무, 벚나무, 호두나무, 버드나무, 포플러 등에 많이 발생하지만, 특히 유대접 목묘에 많이 발생한다.

       ㉣ 방제법

        • 건전한 묘목을 심고, 병든 나무를 제거하며, 접붙일 때에는 칼과 손을 70% 알콜에 소독한다.

        • 발병이 심한 땅은 객토하거나 메틸브로마이드, 클로로피크린 등으로 토양을 소독한다.

55 다음 중 외과적인 방법으로 병의 진전을 막을 수 있는 수병으로 옳지 않은 것은?

① 대추나무빗자루병

② 썩음병

③ 줄기마름병

④ 가지마름병

⑤ 뿌리썩음병

    📝**note** ① 미코플라스마, 바이러스와 같은 전신병을 일으키는 병원에 의해 발생되는 대추나무빗자루 병은 줄기나 뿌리에 옥시테트라사이클린제 항생제를 주입하여 치료한다.

🌱**Answer**   53.③ 54.③ 55.①

56 다음 중 수병을 예방하는 방법으로 옳지 않은 것은?

① 중간기주를 없앤다.
② 씨앗이나 묘목을 미리 소독한다.
③ 수목의 상처부위에 방부제를 처리한다.
④ 비료량 조절로 병에 대한 저항력을 증가시킨다.
⑤ 외국에서 건강한 식물을 들어온다.

> ☆ **note** 수병의 예방법
> ㉠ 식물검역제도 : 외국에서 위험한 병원체나 해충이 국내에 침입하는 것을 막아준다.
> ㉡ 전염원의 제거 : 병든 식물을 일찍 발견하여 제거하거나 병든 부위를 적절히 제거해 준다.
> ㉢ 중간기주의 제거 : 중간기주를 없앤다.
> ㉣ 시비 : 비료를 주거나 비료량을 조절하여 나무를 튼튼하게 키움으로써 병에 대한 저항력을 높여 준다.
> ㉤ 방부제처리 : 수목의 상처 부위에 방부제를 처리한다.
> ㉥ 작업기구 소독 : 작업할 때 작업기구에 붙은 균이 다른 곳으로 옮겨지지 않도록 작업기구를 소독하여 이용한다.
> ㉦ 종묘소독 : 씨앗이나 묘목을 미리 소독한다.

57 병원균은 진균이며 씨뿌림한 씨앗이나 어린 묘의 땅 표면 부근 줄기에 침해하여 묘목을 죽게 하는 수병은?

① 모잘록병
② 낙엽송잎떨림병
③ 뿌리혹병
④ 밤나무줄기마름병
⑤ 잣나무털녹병

> ☆ **note** 모잘록병
> ㉠ 병원체 : 진균류에 속하는 여러 가지 병원균에 의해서 발병된다.
> ㉡ 증상 : 씨뿌림한 씨앗이나 어린 묘의 땅 표면 부근 줄기에 침해하여 묘목을 죽게 한다.
> ㉢ 발생환경 : 습하고 온도가 높고, 바람이 잘 통하지 않을 때 쉽게 발생한다.
> ㉣ 발생수종 : 정도의 차이는 있으나 거의 모든 수종에 발생한다.
> • 침엽수종 : 소나무류, 전나무, 낙엽송, 가문비나무 등에 발생한다.
> • 활엽수종 : 참나무류, 오동나무, 자작나무, 아카시아 등에 발생한다.

58 수병의 임업적 방제법으로 옳지 않은 것은?

① 묘목을 잘 취급하고 식재하기
② 활엽수와 침엽수로 혼효림을 조성하기
③ 벌채를 벌기령에 맞춰 실시하기
④ 조림지와 원거리에서 종자 선택하기
⑤ 저항성 품종을 육성하여 식재하기

> **note** 임업적 방제법
> ㉠ 수종을 그 지역에 맞게 잘 선택한다.
> ㉡ 종자를 조림지 가까이에 있는 산지에서 구한다.
> ㉢ 묘목을 잘 취급하고 식재한다.
> ㉣ 단순림보다 활엽수와 침엽수로 혼효림을 조성한다.
> ㉤ 벌채를 벌기령에 맞춰 실시한다.
> ㉥ 저항성 품종을 육성하여 식재한다.
> ㉦ 가지치기, 풀깎기, 잡목 솎아베기 및 간벌 등 육림작업을 적당한 시기에 실시한다.

59 다음 중 미코플라스마에 의해서 발병되는 병해로 마름무늬매미충에 의해 매개하는 것은?

① 흰가루병
② 모잘록병
③ 포플러모자이크병
④ 대추나무빗자루병
⑤ 뿌리혹병

> **note** 대추나무빗자루병
> ㉠ 병원균 : 미코플라스마에 의해서 발병된다.
> ㉡ 증상 및 전염경로 : 나무 전체가 병이 들게 되므로, 병든 나무로부터 포기나누기를 하거나 접수를 채취하면 전염된다.
> ㉢ 방제법
> • 병든 나무를 뿌리채 캐내어 태워버린다.
> • 매개곤충인 마름무늬매미충을 구제한다.
> • 건전한 어미나무에서 포기나누기를 한다.

60 다음 중 낙엽송잎떨림병의 방제용 약제로 쓰는 것은?

① 알콜
② 유기황제
③ 석회보르도액
④ 메틸브로마이드
⑤ 클로로피크린

> **note** 각종 병증의 방제용 약제
> ㉠ **낙엽송잎떨림병** : 석회보르도액을 뿌린다.
> ㉡ **뿌리혹병** : 클로로피크린, 메틸브로마이드 등으로 토양을 소독한다.
> ㉢ **밤나무줄기마름병** : 병환부를 예리한 칼로 도려내고, 알콜로 소독한 다음 발코트, 페인트, 석회유 등을 바른다.
> ㉣ **잣나무털녹병** : 유기황제, 석회보르도액 등의 약제를 묘포에 살포한다.

61 산림의 조림, 벌목작업 그리고 숲땅의 입지조건 등을 해충이 살기에 불리하도록 환경을 만들어 구제하는 방법은?

① 화학적 방제법
② 임업적 방제법
③ 물리적 살충법
④ 기계적 방제법
⑤ 생물학적 방제법

> **note** 임업적 방제법
> ㉠ 해충발생은 기상, 수종, 토양, 임상 그 밖의 환경조건과 밀접한 관계가 있으므로, 산림을 해충이 발생하기에 불리하도록 만들어 해충을 구제하는 방법이다.
> ㉡ 숲을 구성하는 수종과 연령은 해충발생과 밀접한 관계가 있고, 혼효림은 단순림에 비해 해충발생이 적다.
> ㉢ 임목밀도는 나무의 생장에 큰 영향을 준다. 밀도가 지나치게 높으면 나무의 생육이 나빠져서 나무가 쇠약해지거나 죽은 나무가 생기고, 이런 곳에 소나무좀 같은 해충이 생긴다.
> ㉣ 건전한 나무를 기르려면 기후, 토양조건에 맞는 수종을 택해야 하며, 이런 곳에는 해충발생이 적을 뿐만 아니라, 해충이 발생하여도 나무가 받는 피해는 왕성한 생육으로 인해 그 피해 정도가 적어진다.
> ㉤ 같은 수종이라도 품종에 따라 해충의 저항성이 다르므로, 내충성이 강한 품종을 육성하여 식재한다.

62 다음 선충에 의해 발생하는 병으로 옳은 것은?

① 줄기마름병
② 오갈병
③ 뿌리썩이선충병
④ 잎녹병
⑤ 뿌리혹병

> **note** 선충에 의해 나타나는 병
> ㉠ 침엽수 묘목의 뿌리썩이선충병
> ㉡ 소나무재선충병

63 다음 중 산림쇠퇴의 원인으로 옳지 않은 것은?

① 자연적 산불
② 기후변동
③ 산성비
④ 병·해충
⑤ 과다 양분공급

> **note** 산림의 쇠퇴원인
> ㉠ 대기오염의 직접 피해
> ㉡ 산성비나 눈에 의한 피해
> ㉢ 온도의 변화로 인한 수분부족이나 도시에서의 도로포장 및 주택건축으로 인한 수분공급 차단
> ㉣ 병·해충의 피해
> ㉤ 농약이나 양분의 과용

64 탈피를 촉진하는 호르몬을 분비하며 휴면타파 기능도 갖는 것으로서 성충기에는 모양이 희미해지는 조직은?

① 지방체
② 신경절
③ 전흉선
④ 알라타체

> **note** 전흉선
> ㉠ 완전변태 곤충의 유충이나 번데기에서 보이는 내분비샘으로 성충에서는 퇴화한다.
> ㉡ 전흉부의 양측에 1개씩 있으며 탈피를 촉진하는 호르몬을 분비한다.

65 저온에 의한 피해의 설명으로 옳지 않은 것은?

① 늦서리는 늦가을에 식물의 발육이 정지되기 전에 급격한 온도저하가 발생하여 성목의 지엽이 손상되는 것이다.

② 이른 서리는 늦가을에 나무가 완전히 휴면에 들어가기 전에 생기며 연약한 새 가지에 피해를 준다.

③ 동해는 식물체 조직 내에 결빙이 일어나서 그 조직 또는 그 식물체 전부가 죽는 것이다.

④ 오리나무, 낙엽송, 자작나무류 등은 늦서리의 해를 받기 쉽다.

☆ **note** ① 이른 봄 나무가 자라기 시작한 후에 갑작스런 기후의 이변으로 서리가 내리면서 새순이 피해를 입는 현상으로 어린 나무는 죽기도 한다.

66 다른 곤충의 몸 속에 기생하면서 해충의 체내에서 자라 엄지벌레가 될 때에 탈출하게 되는 곤충의 종류가 아닌 것은?

① 침파리　　　　　　　　　　② 무당벌레

③ 맵시벌류　　　　　　　　　　④ 수중다리좀벌류

☆ **note** ② 해충의 천적으로 포식동물에 속한다.

※ 기생곤충 … 다른 곤충의 몸 속에 기생하는 곤충으로, 해충의 체내에서 자라 엄지벌레가 될 때 탈출하고 해충은 번데기가 될 무렵에 죽어버린다. 맵시벌류, 수중다리좀벌류와 같은 벌류와 침파리와 같은 파리류가 있다. 해충의 천적으로 해충을 선택적으로 공격한다.

67 다음 중 미국흰불나방에 대한 설명으로 옳지 않은 것은?

① 1년에 1회 침엽수에서 많이 발생한다.

② 흰색 엄지벌레의 수명은 15일 정도이다.

③ 우리나라에서는 1958년 서울에서 처음 발생하였다.

④ 번데기 상태로 월동한다.

⑤ 잎 뒤에 600 ~ 700개의 알을 낳는다.

☆ **note** ① 1년에 2회 발생하며 포플러류, 버즘나무 등 160여 종의 활엽수를 가해한다.

❦ **Answer**　65.①　66.②　67.①

68 다음 중 소나무, 리기다소나무, 해송 등의 잎을 주로 가해하고, 심한 가해를 받은 나무는 말라 죽게 만드는 해충은?

① 솔나방   ② 선충
③ 흰불나방   ④ 솔잎혹파리
⑤ 텐트나방

> ☆note ② 실같이 가늘고 긴 모양을 가진 것으로 침엽수의 뿌리썩이선충병, 소나무재선충병 등을 일으킨다.
> ③ 포플러류, 버즘나무 등의 활엽수를 가해한다.
> ④ 소나무와 해송에 큰 피해를 주는 해충으로 솔잎기부에 큰 혹을 만들고 수액을 빨아 먹고 자란다.
> ⑤ 포플러류, 참나무류, 버드나무류, 벚나무 등 여러 가지 활엽수를 가해한다.

69 다음 중 지표식물법에 의한 연해의 감정식물로 이용할 수 없는 것은?

① 참깨   ② 해송
③ 낙엽송   ④ 이끼류
⑤ 배나무

> ☆note ② 은행나무, 사철나무, 해송(곰솔) 등은 아황산가스 같은 대기오염물질에 강한 수종으로 지표식물로 이용할 수 없다.

70 다음 중 중간기주의 연결로 옳은 것은?

① 잣나무털녹병 – 소나무   ② 소나무잎녹병 – 황벽나무
③ 소나무혹병 – 까치밥나무   ④ 배나무붉은무늬병 – 낙엽송
⑤ 포플러잎녹병 – 참나무

> ☆note ① 잣나무털녹병의 중간기주는 까치밥나무이다.
> ③ 소나무혹병의 중간기주는 소나무와 참나무류이다.
> ④ 배나무붉은무늬병의 중간기주는 향나무이다.
> ⑤ 포플러잎녹병의 중간기주는 낙엽송이다.

71 병원체의 전파경로와 수병의 연결이 옳은 것은?

① 영양번식기관 – 미코플라스마
② 바람 – 오리나무갈색무늬병
③ 토양 – 잣나무털녹병
④ 물 – 밤나무줄기마름병

> note ② 바람에 의해 전파되는 것에는 잣나무털녹병균, 밤나무줄기마름병균, 밤나무흰가로병균 등이
> 있다.
> ③ 토양에 의해 전파되는 것에는 묘목의 잘록병, 근두암종병균 등이 있다.
> ④ 물에 의해 전파되는 것에는 근두암종병균, 묘목의 잘록병균, 향나무적성병균 등이 있다.

72 다음 중 바람의 피해에 강한 나무는?

① 포플러
② 수양버들
③ 자작나무
④ 가문비나무
⑤ 느티나무

> note 수종과 바람의 피해
> ㉠ 저항력이 약한 나무 : 삼나무, 가문비나무, 편백, 사시나무, 포플러, 자작나무, 수양버들 등
> ㉡ 저항력이 중간인 나무 : 낙엽송, 오리나무, 전나무, 호두나무, 느릅나무 등
> ㉢ 저항력이 강한 나무 : 소나무, 참나무류, 해송, 느티나무 등

73 다음 중 고온에 약한 나무로 옳지 않은 것은?

① 소태나무
② 소태나무
③ 참나무
④ 버즘나무
⑤ 오동나무

> note 오동나무, 호두나무, 후박나무, 소태나무, 버즘나무, 가문비나무 등이 고온에 약하여 피해를
> 많이 받는다.

Answer 71.① 72.⑤ 73.③

74 다음 중 조풍의 피해로 옳지 않은 것은?

① 폭풍이나 강풍 같은 센 바람이 불 때 피해를 준다.

② 소금기가 나뭇잎 뒷면의 기공으로 침입해서 생리적 작용을 해친다.

③ 보통 토양 속 소금농도가 0.8% 이상일 경우에 나무의 생육을 방해한다.

④ 조풍의 해가 심할 경우 나뭇잎은 검은색 또는 갈색으로 변해 죽는다.

　✿**note**　③ 토양 속의 소금농도가 0.5% 이상일 때 생육을 방해한다.

75 수병의 예방을 위한 방법으로 옳지 않은 것은?

① 묘목의 뿌리를 45℃에 20 ~ 30분간 온탕소독한다.

② 질소질 비료를 많이 사용하여 조림한다.

③ 봄과 초여름 사이에 벌채를 하는 것은 피해가 크다.

④ 상처에 방부제를 칠한다.

⑤ 내병성 품종을 이용한다.

　✿**note**　② 질소질 비료를 과용하면 동해나 상해를 입기 쉽다.

Chapter

02

주요 수종의 조림

1 장기수의 조림

① 장기수 조림의 개요

(1) 개념

목재를 생산하는 기간이 오래 걸리는 수종으로 건축재, 가구재 등 주로 대형목재를 생산할 목적으로 조림한다.

(2) 장기수의 기본조건

① 수형이 곧고 길며 밋밋하게 자라야 한다.

② 목재의 질이 좋아야 한다.

③ 용도가 다양해야 한다.

④ 수요가 많아야 한다.

(3) 산림청 장기수 장려수종

① **침엽수**(10종) ⋯ 강송, 해송, 리기테다소나무, 버지니아소나무, 낙엽송, 잣나무, 스트로브잣나무, 전나무, 삼나무, 편백

② **활엽수**(4종) ⋯ 참나무류, 느티나무, 자작나무류, 물푸레나무

② 소나무와 리기테다소나무

(1) 소나무

① **특징**

　㉠ 우리나라의 자생종으로 강송, 적송, 육송이라고도 한다.

　㉡ 오랫동안 널리 심어 왔으며 전 지역에 식재를 권장하는 수종이다.

ⓒ 줄기가 곧고 생장이 빠르다.

ⓔ 곁가지가 가늘고 재질이 우수하다.

② **생육환경**

ⓐ 햇빛을 좋아하는 양수 수종이다.

ⓑ 물과 양분에 대한 요구도가 낮다.

ⓒ 배수가 잘 되는 약간 건조한 곳이나 어느 정도의 습기가 있는 곳에서 생장이 좋다.

ⓔ 종자가 발아하는 데에도 햇볕을 쬐는 것이 좋다.

ⓜ 외생균근이 공생한다.

ⓗ 건조하고 척박한 땅일수록 외생균근의 발달이 왕성해져 다른 수종이 생육할 수 없는 곳에서도 잘 견딘다.

ⓢ 화강암이 풍화한 사질양토에서 잘 자란다.

③ **해충의 피해** … 솔나방, 솔잎혹파리, 소나무좀벌레, 솔껍질깍지벌레 등의 해충 때문에 많은 면적이 피해를 입고 있다.

④ **우리나라의 소나무 서식지**

ⓐ 강원도 명주군과 정선군, 경상북도 울진군 서면 및 봉화군 춘양면과 청송군 주왕산, 충청남도 안면도 등지에 우량한 소나무 집단이 있다.

ⓑ 좋은 개체만을 벌채 이용하여 지금 남아 있는 나무들은 재질이 나쁜 것이 많으므로 아직 남아 있는 우량한 소나무 집단을 보호하고 확산시키는 노력이 필요하다.

(2) 리기테다소나무

① **특징**

ⓐ 리기다소나무와 테다소나무의 장점을 살린 교잡종이다.

ⓑ 추위에 견디는 힘이 크고, 척박한 환경에 잘 견디는 리기다소나무의 형질과 생장이 빠르며, 목재의 질이 좋은 테다소나무의 형질을 모두 가지고 있다.

② 우리나라의 온대 북부지방을 제외한 전 산림지대에 권하는 수종이다.

(3) 조림법

① **조림법의 개요**

ⓐ 소나무는 천연하종에 의한 갱신이 비교적 쉽게 이루어지며, 식재조림도 가능하다.

ⓑ 리기테다소나무는 1대 잡종이므로 임업시험장이나 공신력 있는 묘포장에서 씨를 뿌려 기른 묘목을 구입하여 산지에 식재조림하는 것이 좋다.

ⓒ 단순림은 해충의 피해를 크게 입을 수 있고 지력을 유지하는 데 적합하지 않으므로 되도록이면 활엽수와 혼효림으로 만들도록 한다.

ⓔ 죽은 가지만 가지치기를 하며, 낙엽 등의 유기물질은 남겨 두도록 한다.

② **천연하종갱신시 조림법**

ⓐ 형질이 좋은 소나무 숲을 선택한다.

ⓑ 넓은 면적의 개벌보다는 대상개벌작업, 군상개벌작업, 어미나무작업 등이 유리하다.

③ **인공조림법**

ⓐ 주로 식재조림을 하며, 물이 적은 곳에는 파종조림도 한다.

ⓑ 묘목은 1ha당 3,000그루 정도의 1-1묘를 심는다.

ⓒ 너무 깊이 식재되지 않도록 한다.

ⓓ 어릴 때에는 밀생시켜 수고의 생장을 촉진시키도록 한다.

ⓔ 식재 후에는 2 ~ 4년 동안 밑깎기를 해준다.

ⓕ 10 ~ 15년 정도가 되면 간벌을 시작하며, 약한 간벌을 자주 실시하여 지름생장을 촉진시키도록 한다.

　　　　★TIP 외국의 경우에는 소나무류의 묘목을 용기에 양성하여 밀식하여 산에 심는다.

④ **용도별 벌기**

ⓐ 작은 용재 : 30 ~ 40년생의 것을 벌채하여 이용한다.

ⓑ 큰 용재 : 60년생 이상의 것을 벌채하여 이용한다.

③　잣나무와 스트로브잣나무

(1) 잣나무

① **특징**

ⓐ 어릴 때에는 약간의 음성을 띠며 생장이 비교적 느리지만 커가면서 양성으로 바뀌고 생장이 빨라진다.

ⓑ 줄기가 곧게 자라고, 뿌리가 땅 속 깊게 뻗는다.

ⓒ 분포지역

• 자연적으로는 온대의 북부부터 한대에 걸쳐 분포한다.

• 북쪽으로는 시베리아, 둥베이(만주)까지 분포한다.

② **생육환경**

ⓐ 고산지대의 한랭한 기후를 좋아한다.

ⓑ 부식이 많고 습기가 어느 정도 있는 비옥한 땅에서 잘 자란다.

ⓒ 산기슭쪽에 산등성이 보다 더 많이 분포한다.

③ **용도**

ⓐ 식재 후 20년 정도에는 열매를 채취하여 고급 식품으로 이용할 수 있다.

ⓑ 우리나라에서 생산되는 목재 중에서 재질이 가장 좋은 것에 속하며 가구재, 건축재로 이용된다.

ⓒ 벌기 : 목재를 생산할 경우에는 커질수록 지름생장이 잘 되므로 벌기를 길게 잡도록 한다.

④ **병해충의 피해** … 잣나무의 천연림에는 병충해가 적은 것으로 알려졌는데, 최근에 잣나무털녹병의 피해가 늘고 있다.

⑤ **조림법**

ⓐ 종자준비

• 잣나무는 20년생 정도가 되면 결실을 시작하고, 꽃은 5월 하순에 피고 다음해 가을에 씨앗이 성숙한다.

• 가을에 건실한 임목에서 잣송이를 따서 한 곳에 쌓아 건조시킨다.

• 어느 정도 건조가 되면 씨앗을 추출하여 가을에 노천매장 하였다가 다음해 봄에 뿌려 묘목을 양성한다.

ⓑ 식재 : 묘포에서 해가림을 하고 2-1묘목이나 2-2묘목을 산에 심는다.

ⓒ 고려사항

• 적지선택 : 적지선택이 잘못되면, 생장이 중단되고 크게 자라지 못하게 되므로 적지선택이 가장 중요하다.

• 자연상태에서는 갱신이 잘 이루어지지 않는다.

• 천연하종갱신을 할 때에는 사전작업을 하도록 한다.

• 우리나라는 주로 인공조림을 하고 있다.

• 산골짜기 부근의 땅힘이 좋은 곳을 골라 심는다.

ⓓ 자연상태에서의 잣나무는 전나무, 가문비나무 등의 침엽수종 또는 단풍나무류, 피나무류, 자작나무류 등의 활엽수종과 혼합되어 숲을 만들며, 상목의 위치에 있게 된다.

ⓔ 갱신

• 산벌작업으로 갱신한다.

• 먼저 예비벌을 하여 어미나무의 결실력을 왕성하게 하고, 쓸모없는 가지는 잘라 없앤다.

• 열매가 떨어진 뒤 낙엽을 긁어 부식토 속에 묻히도록 도와 준다.

• 이러한 방법을 수년 동안 계속하면 어린 나무가 발생하는데, 그래도 묘목이 부족할 때에는 덧심기를 한다.

ⓑ 사후관리
- 잡목 솎아베기 : 12 ~ 13년생이 되면 해준다.
- 간벌 : 20년생이 되면 간벌을 시작한다.
- 벌기 : 50 ~ 80년생이 적당하다.

(2) 스트로브잣나무

① 특징
　ⓐ 미국의 동북부지방과 캐나다의 남동부지방에서 자라는 잣나무로 우리나라는 1920년대에 들여와 심기 시작했다.
　ⓑ 어릴 때에는 음수이므로 해가림을 해주도록 한다.
　ⓒ 15년생의 재적 생장률이 우리나라의 잣나무보다 약 2.7배로 어릴 때의 생장이 우리나라의 잣나무보다 훨씬 빠르다.
　ⓓ 낙엽송, 자작나무 등과 혼식하여 혼효림을 만들면 단순림보다 안전성이 높고 유리하다.
　ⓔ 추위에 강한 수종이다.
　ⓕ 잣나무털녹병에 매우 약하다.

② 생육환경
　ⓐ 습기가 많고 한행한 기후를 좋아한다.
　ⓑ 토심이 깊고 배수가 잘 되는 사질양토에서 잘 자란다.

③ 조림법
　ⓐ 종자준비
- 스트로브잣나무는 10년생 정도가 되면 결실을 시작하는데 결실량은 해마다 기복이 심하다.
- 꽃은 5월 상순에 피고, 다음해 8월에 씨앗이 익는다.
- 종자는 씨뿌리기 1개월 전에 노천매장하였다가 뿌린다.
- 노천매장이 불가능할 때에는 씨앗을 물에 담가 물을 충분히 흡수시킨 다음 젖은 모래와 섞어서 2 ~ 5℃에서 15 ~ 30일 동안 저장하였다가 뿌린다.
　ⓑ 파종
- 파종은 될 수 있는 대로 일찍하는 것이 좋다.
- 경기도 지방을 중심으로 할 때 3월 말 ~ 4월 상순, m3당 약 30g을 뿌린다.
　ⓒ 식재
- 보통 2-1묘나 2-2묘를 산에 심는다.
- 활착률이 높고, 조림 당년부터 생장이 빠르다.
- 한랭한 비옥지에 심도록 하고, 바람막이는 피한다.

    ㉣ 사후관리
- 심은 후 3 ~ 5년 동안은 밑깎기작업을 실시한다.
- 죽은 가지는 오랫동안 붙어 있게 되므로 가지치기를 해준다.
- 가지치기 : 식재 후 7 ~ 8년 정도부터 실시한다.
- 간벌 : 10년 정도되면 간벌을 시작한다.

    ㉤ 원산지에서는 참나무류, 자작나무류, 단풍나무류, 소나무류 등과 혼효림을 이루고 있다.

④ 낙엽송

(1) 특징

① 우리나라 여러 곳에서 식재되고 있는 수종으로 일본에서 들어왔다.

> **★ TIP** 이깔나무
> ㉠ 우리나라 재래종으로 둥베이 북부지방의 대륙북방계통인 다후리카 이깔나무에 가깝다.
> ㉡ 구과의 종린 끝이 현저하게 밖으로 구부러진 낙엽송과는 다르다.

② 일본 혼슈 중부지방의 고산지대에 분포하며, 성숙하지 못한 토양에 들어오는 선구 수종으로 알려졌다.

③ 낙엽송은 양성 수종으로, 햇빛을 받는 시간이 길수록 생장이 좋다.

④ 낙엽송은 씨앗 결실의 주기성이 있는 대표적인 수종으로, 5 ~ 7년만에 한 번씩 결실의 풍작이 온다.

⑤ 풍작인 해에 씨앗을 따서 밀봉하여 찬 곳에 저장해 두었다가 이용한다.

(2) 생육환경

① 배수가 잘 되는 완만한 경사지에서 좋은 생장을 보인다.

② 토심이 깊어야 뿌리가 잘 발달하여 60cm 이상의 토심에서 매우 좋은 성장을 보인다.

③ 인산질 비료를 많이 요구한다.

(3) 병해충

① 어린 묘목의 뿌리는 토양 속의 줄기마름병균에 대하여 저항성이 매우 약하다.

② 낙엽송이 천연갱신이 잘 되지 못하는 원인의 하나가 숲땅에 줄기마름병균이 있기 때문이다.

(4) 재질

① 입지조건에 따라 재질에 큰 차이가 나타난다.

② 완만한 경사지에 식재된 것이 급한 경사지에 식재된 것보다 목재의 갈라짐, 비틀림 등의 결함이 적다.

③ 밀도를 높게 심은 것이 각재로 마련했을 때 옹이가 적고, 마디 주위의 섬유의 꼬임도 심하지 않아 목재의 품질을 높인다.

(5) 조림법

① **종자준비** … 종자의 산지에 따라 특성의 차이가 크므로 어느 곳에서 자란 것인지를 밝힐 필요가 있다.

② **파종**

　㉠ 봄에 일찍 뿌리도록 한다.

　㉡ 종자는 뿌리기 전에 0 ~ 5℃ 되는 곳에 냉습처리를 하도록 한다.

　㉢ 묘포에 흩어뿌림한 뒤 발아하면 해가림을 해준다.

③ **식재**

　㉠ 땅이 깊은 산허리 이하의 습기가 알맞은 곳에 1-1묘목을 심는다.

　㉡ 봄에 일찍 눈이 트므로 다른 나무보다 먼저 심어야 한다.

　㉢ 1ha당 3,000그루 정도를 심는다.

　㉣ 넓은 간격을 두고 심었을 때에는 지름생장과 나무높이생장이 촉진되고, 지하고도 더 길어진다.

④ **사후관리**

　㉠ 밑깎기 : 1년에 한 번씩 식재 후 3 ~ 4년 동안 계속해준다.

　㉡ 나무가 커감에 따라 간벌을 하여 알맞은 밀도를 유지시키도록 한다.

⑤ 삼나무와 편백

(1) 삼나무

① **특징**

　㉠ 일본 원산의 수종이다.

　㉡ 줄기가 곧고 재질이 우수하다.

　㉢ 우리나라 남부지방에 식재하여 좋은 성과를 나타낸다.

② **생육환경**

　　㉠ 양성 수종으로 습도가 높고 따뜻하며 배수가 잘 되는 곳을 좋아한다.

　　㉡ 산골짜기나 산기슭 등과 같이 토양이 깊은 곳에서 생장이 좋다.

　　㉢ 토양습도도 중요한 인자로 소나무와 편백에 비해 다량의 토양함수량을 요구한다.

③ **조림법**

　　㉠ 실생묘 또는 삽목묘로 조림한다.

　　㉡ 식재

　　• 실생묘는 1-1묘가 식재되고 있다.

　　• 삽목묘는 꺾꽂이한 다음해에 산에 심는다.

　　• 1ha당 3,000 ~ 4,000그루 정도를 심고, 경우에 따라 더 밀식한다.

　　• 산지에 심은 삼나무는 햇빛이 어느 정도 가려지는 것이 생장에 더 좋으므로 큰 나무 밑에 식재하
　　　도록 한다.

　　㉢ 사후관리

　　• 밑깎기 : 어릴 때 철저히 해주어야 한다.

　　• 실생묘인 경우 붉은마름병이 잘 발생하여 산에 식재해도 이 병 때문에 죽거나 생장이 중단되는
　　　일이 적지 않으므로, 묘포에서 잘 소독하는 것이 중요하다.

　　• 식재 후에는 잡목 솎아베기, 간벌, 가지치기 등에 유의한다.

　　㉣ 삼나무에는 품종이 많고, 또 품종에 따라 생장의 차이가 크기 때문에, 조림할 때에는 이러한
　　　점들을 고려하여 알맞은 나무를 택하도록 한다.

　　㉤ 삼나무는 편백과 섞어 심는 것도 좋다.

(2) 편백

① **특징**

　　㉠ 일본에서 들여 온 수종이며, 우리나라에 처음 심은 것은 1921년이다.

　　㉡ 삼나무보다 환경에 대한 적응력은 더 강하고, 겨울철의 찬바람에는 약하다.

　　㉢ 약간의 음성을 띠는 수종으로 생장할수록 햇빛을 더 요구한다.

　　㉣ 삼나무보다 재질이 월등하고, 아름다우며 나무의 향기도 좋다.

② **생육환경**

　　㉠ 삼나무에 비해 연 강수량은 적어도 되며, 습도는 높은 것이 좋다.

　　㉡ 기온

　　• 기온이 높으면 강수량이 많아도 문제가 된다.

　　• 기온이 낮으면 다른 환경조건이 좋아도 완전한 생장이 이루어지지 않는다.

　　㉢ 화강암이 풍화한 갈색 산림토양에 심을 수 있다.

③ 조림법

　㉠ 식재

- 실생묘로 조림하며, 1-1묘목을 산에 식재한다.
- 1ha당 3,000 ~ 4,500그루 정도를 심는다.
- 삼나무에 비해 천연갱신은 어려운 편이나 활착률이 높다.

　㉡ 사후관리

- 음수 수종으로 아랫가지가 잘 떨어지지 않으므로 간벌을 약하게 자주 실시하여 밀도를 높임으로써 가지의 발달을 억제시키도록 한다.
- 식재 후 10년이 되면 죽은 마디가 형성되지 않도록 알맞은 시기에 가지치기를 실시한다.

⑥　전나무

(1) 특징

① 심근성 음수로 추운지방에서 잘 자란다.

② 건조에도 잘 견디고 바람에 강하다.

③ **분포지역**

　㉠ 우리나라 태백산맥의 높은 곳이나 고산지대에서 생장이 좋다.
　㉡ 우리나라의 낮은 지대에는 일본전나무를 조림하고 있다.

(2) 조림법

① 전나무, 일본전나무는 보통 실생묘를 양성해서 2-1묘목을 식재하고, 때로는 2-1-1묘목을 심기도 한다.

② 모두베기한 면적이 좁은 땅에 심어 옆에 위치한 나무들의 보호를 받도록 하는 것이 좋고, 1ha당 3,000 ~ 4,000그루를 심는다.

③ 음수이므로 큰 나무 아래서 식재하기도 한다.

⑦　느티나무

(1) 특징

① 심근성 양수 수종이다.

② 어릴 때에는 생장이 빠르고 움돋이 힘이 있다.

③ 병충해는 적으나, 어릴 때에는 가끔 껍질이 햇빛에 타는 일이 있다.

④ 수명이 긴 수종이다.

⑤ **분포** ··· 우리나라, 중국, 일본 등에 분포하고 우리나라에서는 전국 어디서나 잘 자란다.

⑥ **용도**

 ㉠ 재질이 좋으므로 가구재로 좋다.

 ㉡ 정자나무 등 풍치수로 가치가 높다.

(2) 생육환경

① 비옥하고 부식이 많은 곳이 좋다.

② 습기가 알맞은 곳에서 잘 자란다.

③ 산에서는 계곡에서 생장이 좋다.

④ 건조한 모래땅, 질땅, 습지 등은 좋지 않다.

(3) 조림법

① **종자준비**

 ㉠ 씨앗은 가지 끝에 달리므로 10월에 씨앗이 완전히 익기 전에 가지를 잘라 채집하여 봄에 뿌린다.

 ㉡ 채종목의 밑부분을 깨끗이 청소한 후 떨어진 씨앗을 수집하여 노천매장하였다가 이용하기도 한다.

② **식재**

 ㉠ 묘목양성은 어려운 편이다.

 ㉡ 식재를 할 경우에는 줄기가 곧게 올라가고, 곁가지가 가늘게 되어 재질이 좋아질 수 있도록 식재간격을 1.2 ~ 1.5m로 밀식한다.

③ **천연갱신**

 ㉠ 열매가 땅에 떨어진 뒤 땅 표면을 긁어주면 어린 나무가 많이 발생한다.

 ㉡ 어린 나무에 햇볕을 쬐게 하고 복토해주면 천연갱신이 가능하다.

④ 자연상태에서 느티나무는 참나무류, 서어나무류 등과 혼효림을 만들므로 다른 나무들을 벌채하여 공간을 주어 생장을 돕고, 결실이 잘 되도록 해준다.

⑤ **벌기** ··· 용재를 생산하기 위한 벌기는 약 50년으로 한다.

⑧ 참나무류

(1) 특징

① 참나무류의 분류

구분		특징
낙엽성	백색계통	• 수종 : 떡갈나무, 신갈나무, 갈참나무, 졸참나무가 속한다. • 줄기의 껍질이 흑색계와 비교하면 더 흰색을 띤다 • 열매는 당년에 익어서 떨어진다.
	흑색계통	• 수종 : 상수리나무, 굴참나무가 속한다. • 줄기의 껍질 빛깔이 매우 검다. • 열매는 이듬해에 성숙하게 된다.
상록성		우리나라 제주도와 남쪽의 섬 지방에서 자라는 가시나무류를 말한다.

② 심근성 양수 수종으로 햇빛을 좋아한다.

③ 어릴 때의 생장이 빠르며, 줄기를 끊었을 때 움돋이 힘이 강하다.

④ 우리나라의 기후 풍토에 알맞아 조림수종으로 적합하다.

⑤ 용도

    ㉠ 열매는 식용으로 쓰이며 야생동물의 먹이로서 가치가 높다.

    ㉡ 목재는 단단하여 가구재, 장식재, 버섯생산용 나무로 이용된다.

    ㉢ 숯의 질이 우수하다.

(2) 수종별 특징 및 생육환경

① 상수리나무

    ㉠ 낙엽성의 참나무류 중에서 가장 따뜻한 곳을 좋아한다.

    ㉡ 온대 남부나 중부가 적합하다.

    ㉢ 산 아래쪽과 산기슭, 산골짜기에서 잘 자란다.

    ㉣ 부식이 많고 습기가 있는 곳을 좋아한다.

② 굴참나무

    ㉠ 전라남도로부터 평안북도까지 넓게 분포하고 남부와 중부지방에 많다.

    ㉡ 상수리나무보다는 훨씬 높은 곳에 자란다.

③ 신갈나무

    ㉠ 주로 높은 산에 많이 분포한다.

ⓒ 둥베이, 몽고 동부 등 추운 지방에 많이 분포한다.

ⓒ 산등성이나 산허리 쪽의 양지바른 곳에서 잘 자란다.

ⓔ 땅이 깊고 부식질이 많은 곳을 좋아한다.

④ **졸참나무**

ⓐ 잎과 열매가 다른 참나무보다 작다.

ⓑ 산허리나 산기슭의 양지쪽에서 잘 자란다.

ⓒ 자연상태에서는 소나무, 갈참나무, 떡갈나무 등과 섞여서 잘 자란다.

⑤ **갈참나무**

ⓐ 줄기가 갈라지는 특징이 있다.

ⓑ 적지는 겉흙이 깊은 평지나 산기슭이다.

(3) 조림법

① **식재**

ⓐ 1-0묘목 또는 1-1묘목을 식재한다.

ⓑ 1ha당 2,500 ~ 3,000그루 정도를 심는다.

ⓒ 보통 심은 뒤에 개벌왜림작업을 한다.

> **★TIP 직파조림**
> ⓐ 참나무류는 숲 땅에 직접 씨앗을 뿌려 숲을 만들 수 있다.
> ⓑ 토끼, 다람쥐 등의 야생동물의 피해를 주의한다.

② **갱신** … 15 ~ 20년이 지나면 개벌하여 움돋이로 갱신한다.

> **★TIP 참나무류의 1차림과 2차림**
> ⓐ 1차림 : 식재한 숲을 말한다.
> ⓑ 2차림 : 줄기를 잘라 움돋이가 자랐을 때를 말하여 생장이 매우 빠르다.

③ **꺾꽂이**

ⓐ 봄철에 1 ~ 2년생 묘목의 줄기를 이용하면 발근이 잘 된다.

ⓑ 7 ~ 8월에 녹지 꺾꽂이도 가능하다.

ⓒ 오래된 나무에서는 발근이 거의 되지 않는다.

④ **참나무류 연료림**

ⓐ 약 15년 정도가 되었을 때 첫 벌채를 한다.

ⓑ 움이 돋으면, 충실한 움을 2 ~ 3개 남기고 나머지는 잘라 버린다.

ⓒ 그 후부터는 10 ~ 12년생일 때마다 벌채한다.

2 속성수 및 특용수 조림

①　속성수와 특용수 조림의 개요

(1) 속성수

① 개념

ㄱ 생장이 빨라 비교적 단시일 내에 목재를 생산할 수 있는 수종이다.

ㄴ 20 ~ 30년만에 벌채하여 목재를 이용할 수 있다.

② 조림용 속성수의 일반적인 조건

ㄱ 생장이 빨라야 한다.

ㄴ 지하고가 길어야 한다.

ㄷ 재질이 좋으며 이용가치가 높아야 한다.

ㄹ 특별한 기술과 관리가 없이도 잘 자라야 한다.

③ 산림청 속성수 장려수종(5종) ··· 이태리포플러(1호, 2호), 현사시나무(3호, 4호), 양황철나무, 수원 포플러, 오동나무 등이 있다.

(2) 특용수

① 개념 ··· 목재의 생산이 주목적이 아니고 특별한 물질을 생산하기 위해 조림하는 수종이다.

② 특용수의 종류

ㄱ 우리나라에 많이 심어 온 특용수와 용도

종류	용도
옻나무, 황철나무	칠감의 원료생산
닥나무, 뽕나무	한지의 원료생산
유동나무	인쇄용 기름생산

ㄴ 점차 조림면적이 줄어들고 있다.

② 오동나무

(1) 특징

① 양수 천근성 수종으로 어릴 때 생장이 빠르다.

② 경기도 이남 지방에 많이 분포한다.

③ 움돋는 힘이 강한 수종으로 1년에 1 ~ 3m 높이까지 자랄 수 있어 움돋이 갱신이 용이하다.

④ 우리나라에서 생산되는 목재 중에서 가장 가볍다.

⑤ 나뭇결이 고우며, 갈라지거나 비틀리지 않는다.

⑥ 내습 · 내충 · 내부성이 강하다.

⑦ **용도**

  ㉠ 고급 포장재, 가구재, 건축재, 기구재, 운동구, 악기, 단판재 등으로 쓰인다.
  ㉡ 잎 : 제충제로 쓰인다.
  ㉢ 껍질 : 염료로 쓰인다.

(2) 생육환경

① 토심이 깊고 지하수위가 낮으며 배수가 양호한 산중턱 이하의 경사지의 비옥한 곳에서 잘 자란다.

② 토질이 나쁜 메마른 땅은 아주 싫어한다.

③ 겨울에 −20℃ 이하로 내려가거나 서북풍이 마주치는 곳에서는 한해를 입기 쉽다.

④ 어린 나무의 껍질은 서향의 직사광선에 열해를 입기 쉽다.

(3) 조림법

① 과거에는 보통 분근법으로 하였으나, 근래에는 씨앗을 뿌려서 실생묘를 키운다.

② 분근법

  ㉠ 분근묘의 양묘는 어미나무에서 가을에 굵기 1 ~ 2cm 정도, 길이 15 ~ 20cm 정도의 뿌리를 채취한다.
  ㉡ 살균제로 소독하고 그늘에서 며칠 동안 말린 뿌리는 다발로 묶어 겨울 동안 땅 속에 저장한다.
  ㉢ 봄에 꺼내어 배수가 양호한 양토나 사질양토에 식재한다.
  ㉣ 3 ~ 4주 정도 후에 새싹이 나오기 시작하면 가장 왕성한 새싹만을 남기고 나머지는 따버린다.

ⓜ 여름 동안 자란 묘목은 굴취하여 양지바른 곳에 가식하고 위에 짚을 덮어주어 겨울에 동해를 방지하도록 한다.

③ **실생묘**

㉠ 실생묘의 양묘는 씨앗이 극히 작고, 모잘록병과 탄저병에 대한 피해가 크므로 약간 까다롭다.

㉡ 파종상의 상토를 완전하게 살균한다.

㉢ 파종상면에 2mm 두께로 깨끗한 모래를 깔고, 다시 재를 약간 덮은 뒤 흙을 체로 쳐서 덮어준다.

㉣ 소독된 짚을 약간 덮고 비닐막으로 보호해준다.

㉤ 10 ~ 15일 정도가 되면 발아를 시작한다.

ⓗ 모잘록병과 탄저병을 예방하기 위해 싹튼 뒤 5일 간격으로 소독해준다.

④ **식재**

㉠ 식재거리 4m×4m로 ha당 600그루 정도를 심는다.

㉡ 구덩이는 너비와 깊이가 90cm×50cm 정도로 판다.

㉢ 구덩이에 썩은 두엄 등을 10kg 정도 넣고, 그 위에 10cm 정도 고운 흙을 덮어준 뒤 심는다.

㉣ 식재 후 20년이 되면 대략 가슴높이 지름 24cm, 평균높이 12m, ha당 임목재적은 148m^3 정도가 된다.

---

③ **포플러류**

(1) 특징

① 우리나라에서 자라는 포플러류는 약 10여 종이 있다.

② **우리나라에서 조림하고 있는 포플러류**

㉠ 이탈리아에서 도입된 이태리포플러 1호, 2호

㉡ 우리나라에서 육종한 현사시나무 3호, 4호, 양황철나무, 수원포플러

③ 생장이 빠르고, 수분을 많이 요구한다.

④ 다른 나무에 비하여 수명이 짧다.

⑤ **재질** … 현사시나무는 단단하지만 나머지 3종류는 가볍고 연하다.

⑥ **용도** … 목재는 대개 합판, 펄프, 포장, 단판, 버섯재배 원목으로 쓰인다.

(2) 수종별 특징 및 생육환경

① 이태리포플러(1호, 2호)

    ㉠ 우리나라에는 1976년에 도입되었다.

    ㉡ 이태리계 개량포플러인 이태리포플러 I-214, I-476에 비해 내한성이 강하다.

    ㉢ 조림적지

      • 토심이 깊고 배수가 잘 되는 중성 사질양토

      • 하천변의 충적지나 평지

② 현사시나무(3호, 4호)

    ㉠ 은백양과 수원사시나무의 교잡종이다.

    ㉡ 종전에 보급해 온 현사시나무 중에서 선발된 우량종이다.

    ㉡ 조림적지

      • 적갈색이나 적색양토에 점질토가 많이 섞인 미사토

      • 비옥하고 토심이 20cm 이상인 곳

      • 산기슭과 계곡의 수분이 적당히 있는 곳

③ 양황철나무

    ㉠ 양버들과 황철나무의 교잡종이다.

    ㉡ 나무줄기가 곧고 내한·내병성은 강하며 산성 토양에 잘 견딘다.

    ㉢ 내충성이 약하다.

    ㉣ 조림적지

      • 점질토가 쌓인 비옥지로 토심이 30cm 이상인 곳

      • 경사 5° 이하의 평지, 가로면, 마을 주변의 공한지

④ 수원포플러

    ㉠ 물황철나무와 양버들의 교잡종이다.

    ㉡ 나무줄기가 곧고 내병성, 내충성이 강하다.

    ㉢ 조림적지

      • 비옥한 미사질양토나 식양토로 토심이 30cm 이상인 곳

      • 경사 7° 이하의 토양수분이 많은 계곡 주변, 하천변 등

(3) 조림법

① 주로 꺾꽂이에 의해 증식한다.

② 꺾꽂이

    ㉠ 겨울눈이 트기 전인 2월 하순~3월 상순쯤에 어미나무로부터 눈이 충실한 1년생 가지 중에서 채취하여 젖은 모래에 묻어 둔다.

   ⓛ 삽수조제
    • 꺾꽂이 직전에 꺼내어 굵기 0.5 ~ 2cm, 길이 20cm 정도로 조제한다.
    • 20 ~ 30개를 한 다발로 묶어 맑은 물에 1 ~ 2일 담갔다가 꺾꽂이하면 좋다.
   ⓒ 삽수꽂기
    • 삽수 간격 25cm, 줄사이의 간격 90cm 정도로 하여 꽂아준다.
    • 땅 속에 수직으로 삽수의 윗부분이 지표면과 같거나 약간 위로 나오게 꽂는다.

> **TIP** 삽수를 약간 깊게 꽂는 이유
>   ㉠ 삽수의 맨 위에 있는 눈에서 가지가 돋아나도록 할 수 있다.
>   ㉡ 병해의 발생을 줄일 수 있다.

    • 껍질과 상하 끊은 면에 상처가 나지 않도록 주의한다.
    • 상처방지법
     －안내막대를 사용하는 것이 좋다.
     －삽수와 흙이 잘 밀착되도록 삽수를 꽂은 후 흙을 눌러준다.
   ⓔ 새순이 돋아나면 해충발생을 살펴 적기에 살충제를 살포할 수 있도록 한다.
   ⓜ 덧거름은 새순이 10cm 정도 자랐을 때부터 주기 시작하며 8월쯤 뿌리끊기를 해준다.
   ⓗ 당년에 0.5 ~ 1.0m까지 자란다.

  ③ **이태리포플러**
   ㉠ 사방 5m로 식재하여 ha당 400그루 정도로 심는다.
   ㉡ 구덩이 너비와 깊이는 40cm×70cm 정도로 한다.
   ㉢ 15년생의 평균 가슴높이지름은 25cm, 평균 높이는 24m 정도이며 ha당 재적은 190m^{3}가 된다.

  ④ **현사시나무**
   ㉠ 사방 3.5m로 식재하여 ha당 800그루 정도로 심는다.
   ㉡ 15년생의 평균 가슴높이지름은 20cm, 평균높이는 19m 정도이며 ha당 재적은 115m^{3}가 된다.

④   옻나무

(1) 특징
① 우리나라, 중국, 일본 등에 분포하고, 약 4,000년 전부터 재배해 온 것으로 알려지고 있다.

② 주산지는 평안북도 태천, 함경남도 신흥, 강원도 원주, 경상남도 함양이지만 우리나라 전국에 분포한다.

③ 우리나라에서 생산되는 옻은 건조가 빠르고 경도가 강해서 세계 최고의 품질을 가지고 있다.

④ **용도**

　　㉠ 공예품 및 가구의 도료, 방수 및 군용 도료, 전기절연, 한약재 등 용도가 다양하다.

　　㉡ 최근에는 항암제로도 주목을 끌고 있다.

⑤ **황철나무** … 옻나무와 같은 도료를 생산하는 수종으로 남부지방에서 자라는 상록활엽교목이다.

(2) 생육환경

① 양지 쪽 배수가 잘 되는 자갈이 섞인 사질양토를 좋아한다.

② 바람이 없는 비옥한 땅에서 옻 생산량이 많다.

③ 병충해는 거의 없다.

(3) 조림법

① 옻나무의 육묘에는 분근법과 실생법이 있다.

② 묘목의 양이 많이 필요할 때는 씨앗을 뿌려 양묘한다.

③ **실생법**

　　㉠ 씨앗의 겉껍질에 있는 밀랍이 수분의 흡수를 방해하여 발아가 잘 이루어지지 않으므로 밀랍을
　　　제거하여 뿌려준다.

　　㉡ **씨앗껍질의 밀랍제거법**

　　　• 60%의 붉은 황산에 1시간 동안 담가둔 후 뿌린다.

　　　• 10 ~ 20%의 나무 잿물에 담근 후 뿌린다.

　　　• 절구에 넣고 가볍게 찧어서 뿌린다.

④ **분근법**

　　㉠ 가을에 어미나무에서 굵기 1.0 ~ 1.2cm의 뿌리를 채취하여 땅에 묻어둔다.

　　㉡ 봄에 땅에 묻어둔 뿌리를 꺼내어 10 ~ 20cm 길이로 삽수를 조제하여 꺾꽂이한다.

⑤ **식재**

　　㉠ 밀식하면 좋지 않으므로 1ha당 1,000 ~ 1,500그루 정도를 4월 초순에 심어준다.

　　㉡ 구덩이를 너비와 깊이가 60cm×30cm로 되게 파고, 두엄을 넣고 심는다.

　　㉢ 식재 후 2 ~ 3년 동안에 생장이 왕성하도록 해 주는 것이 중요하다.

⑥ **옻의 수확**

　　㉠ 옻의 수확은 7 ~ 8년부터 가능하다.

　　㉡ 움돋이 힘이 강하므로 벌채 후 움돋이 갱신된 나무는 5 ~ 6년이 지나면 옻의 수확이 가능해
　　　진다.

ⓒ 옻의 채취
- 채취방법 : 삽목채취법과 2 ~ 3년마다 채취하는 생육법이 있다.
- 채취시기 : 7 ~ 9월에 채취한 옻의 품질이 가장 우수하며 6 ~ 10월에 채취할 수 있다.

ⓔ 옻의 수확량
- 가슴높이 지름이 10cm된 나무 : 나무당 250g
- 가슴높이 지름이 14cm된 나무 : 나무당 550g

⑤ 닥나무류

(1) 특징
① 전국에 분포하며, 주로 남부지방에서 많이 재배한다.

② 종류
  ㉠ 닥나무와 꾸지나무 두 종류가 있으며 일반 재배가들은 두 종류를 구별없이 식재하고 있다.
  ㉡ 잎자루의 길이, 수꽃 송이의 모양으로 구별된다.

③ **용도** … 껍질에 있는 섬유를 이용하여 한지의 원료를 얻는다.

④ 바람이 적은 산기슭의 양지나 밭둑에 심는다.

(2) 조림법
① 보통 분근법으로 조림하며 실생, 꺾꽂이, 접붙이기 등으로도 번식이 가능하다.

② **분근법**
  ㉠ 11월 정도에 생장이 왕성한 나무에서 굵기가 1cm 정도되는 뿌리를 굴취한다.
  ㉡ 굴취한 뿌리를 1 ~ 2일 정도 그늘에서 약간 말리고 젖은 모래와 혼합하여 묻어둔다.
  ㉢ 3월 하순 ~ 4월 초순경 꺼내어 10 ~ 15cm 길이로 절단한다.
  ㉣ 잘 정지된 포지에 뿌리의 상부 절단면이 지상에 약간 보이도록 하여 12 ~ 15cm 간격으로 꽂아준다.
  ㉤ 3 ~ 4주가 되면 싹이 트게 되는데, 가장 충실한 것 하나만 남기고 잘라준다.
  ㉥ 제초를 하고 비료를 주어서 잘 가꾸면 가을에 좋은 묘목을 얻을 수 있다.

③ 옮겨 심을 곳은 따뜻하고 비가 많이 오는 지방, 남향의 경사진 곳, 배수가 잘 되고 부식이 많은 양토가 좋다.

④ **식재**

　　㉠ 4월 초에 ha당 1,500 ～ 2,000그루 정도를 심는다.

　　㉡ 밭둑에는 80 ～ 90cm 간격으로 묘목의 뿌리와 줄기를 15cm 가량의 길이로 자른 후에 식재한다.

　　㉢ 구덩이의 너비와 깊이는 30cm×30cm 정도로 한다.

　　㉣ 한 포기에서 여러 개의 가지가 나오므로, 식재 당년에는 1 ～ 2개, 2년째에는 2 ～ 3개, 5년 후
　　　에는 4 ～ 10개의 가지가 남도록 관리한다.

⑤ **수확**

　　㉠ 식재 후 2년째부터 수확을 시작한다.

　　㉡ 20년 후면 수확량이 감소한다.

　　㉢ 수확은 2 ～ 3월에 한다.

　　㉣ **수확량(4 ～ 5년생)** : 한 그루에서 평균 1.5kg 가량, ha당 5,000kg 정도의 껍질이 생산된다.

3 　유실수 조림

① 밤나무

(1) 특성

① 우리나라의 대표적인 유실수로 종실(밤)과 목재를 생산한다.

② 뿌리가 깊게 뻗는 심근성 양수 수종으로 어릴 때 생장이 매우 빠르고 건조에도 강하다.

③ 경상남도, 전라남도 지역에 특히 많이 분포하며, 해안지방을 제외한 전국에서 잘 자란다.

④ 근래에도 우량 접목묘를 식재하여 결실을 촉진시키고, 생산량을 높이고 있다.

⑤ **종류**

　　㉠ 재래종과 도입종이 있다.

　　㉡ 재래종

　　　• 중국 계통인 약밤나무와 밤나무가 있다.

　　　• 약밤나무 : 주로 평안도와 황해도에 분포하며, 열매가 작고 단맛이 강하다.

　　　• 재래종은 1958년부터 밤나무순혹벌이 발생되어 큰 피해를 받았지만 지금은 주로 밤나무순혹벌에
　　　　강하고 수확량이 많은 품종이 재배되고 있다.

  ⓒ 품종
- 국내 선발종 : 산대, 옥광, 상림
- 도입종 : 은기, 유마, 축파, 단택, 삼조생, 이취, 이평 등
- 신품종 : 최근에는 주옥, 광은, 이대, 은산, 평기 등 우량품종간의 인공교배로 육성한 품종이 보급되고 있다.

⑥ **수확량** ··· 1ha당 평균 10년생이 3,840kg 가량으로, 농가 수입에 전망이 밝은 유실수이다.

⑦ **용도**

  ㉠ 밤은 약용, 식용으로 널리 쓰인다.

  ㉡ 목재는 나뭇결이 곧고 단단하여 가구, 토목, 건축, 조각재, 펄프재, 버섯재배 원목 등 쓰임이 다양하다.

  ㉢ 나무껍질에서 염색제와 타닌을 추출하여 사용한다.

(2) 생육환경

① 토심이 깊은 25° 미만의 완경사지의 배수가 잘 되는 사질양토에서 잘 자란다.

② 여름철에 서향볕에 의한 나무껍질의 열해를 방지하기 위해 남서향 식재는 피하는 것이 좋다.

(3) 조림법

① 접붙이기로 증식된다.

② 1년생 실생묘 대목에 절접이나 할접으로 접을 붙여 1년 키운 접목묘를 식재한다.

③ **식재**

  ㉠ ha당 400그루 정도를 가로, 세로 각각 5m로 식재한다.

  ㉡ 구덩이 너비와 깊이는 90cm×90cm로 한다.

  ㉢ 밤나무는 자가수정이 잘 되지 않으므로, 주요 품종과 개화기가 같은 수분수를 심는다.

> **TIP** 수분수로 같이 심는 품종
> ㉠ 산대와 축파
> ㉡ 유마와 은기
> ㉢ 축파와 은기

④ **사후관리**

  ㉠ 식재 후 2~3년이면 꽃이 피며, 나무의 생장을 위해 꽃을 따주어야 한다.

  ㉡ 어릴 때에는 겨울 동안 줄기에 동해를 입기 쉬우며, 줄기가 동해를 입으면 2차적으로 밤나무 줄기마름병균이 침입하므로 주의해야 한다.

  ㉢ 비료는 식재한 이듬해부터 주기 시작하며 가지를 다듬어 수형을 바로잡아 주도록 한다.

　　ⓔ 수확시기

　　　• 보통 5~6년이면 밤수확을 한다.

　　　• 본격적인 수확은 10년이 넘어야 한다.

　　　• 13~15년생 때가 가장 많은 수확을 할 수 있다.

　⑤ **병해충의 방지**

　　㉠ 줄기마름병 : 밤나무에 가장 큰 피해를 주는 병으로 석회황합제를 살포하여 예방·치료한다.

　　㉡ 줄기를 가해하는 하늘소, 종실을 가해하는 밤바구미 등의 해충의 피해도 주의해야 한다.

② 호두나무

(1) 특징

① 호두나무는 고려 중엽에 원나라에서 도입하여 천안군 광덕사에 심었다고 한다.

② 양수 수종으로 내한성이 약하다.

③ 경기도 광주가 재배 북한계이며, 국지적으로는 가평, 춘성, 홍천에서도 자란다.

④ 목재와 열매를 모두 이용하는 좋은 유실수이다.

> ★🔍**TIP** 주로 열매인 호두를 생산하기 위해서 재배하지만, 최근에는 열매보다 목재를 생산하기 위해 흑호두를 수입하여 조림하는 곳도 있다.

⑤ **분포**

　　㉠ 충청남·북도 및 경상북도가 최적지이다.

　　㉡ 특히 충청북도 영동, 충청남도 광덕, 경상북도 금릉이 호두 주산지이다.

　　㉢ 해안지방은 해풍의 피해를 받아 좋지 않다.

⑥ 적지에 심으면 생장이 빠르고 수세가 왕성하며 열매도 많이 열리지만, 척박한 땅에 심으면 자라지도 않을 뿐만 아니라, 병충해의 피해를 받아 자연도태된다.

⑦ **품종**

　　㉠ 식재되는 호두나무는 재래종과 도입종이 섞여 있다.

　　㉡ 재래종 : 무풍, 상촌, 산성, 풍한 등 우량품종을 선발하여 보급하고 있다.

　　㉢ 도입종 : 레이크, 매킨스타 등을 선발하여 보급하고 있다.

⑧ 용도

　　㉠ 열매 : 식용, 약용, 기름용으로 쓰인다.

　　㉡ 목재 : 건축, 가구, 기구, 공예, 고급 무늬목으로 사용된다.

　　㉢ 껍질 : 약용, 염색체, 타닌 원료로 쓰인다.

(2) 생육환경

① 토심이 1.5 ~ 2m 정도인 곳이 좋다.

② 배수가 잘 되며, 통기성이 좋고 토질이 비옥한 사질양토나 양토를 좋아한다.

③ 바람을 피할 수 있는 경사 15° 미만인 곳이 좋다.

④ 배수가 좋지 않은 진흙땅에서는 뿌리가 썩는다.

⑤ 시냇가 언덕진 곳, 밭둑, 집 주위의 공지, 땅이 깊은 산기슭에 심는 것이 좋다.

(3) 조림법

① 우량한 씨앗을 뿌려서 재배한 실생묘를 많이 심는다.

　　★TIP 접붙이기 … 활착률이 나쁘고 생산비가 많이 들어 실용화되지 못하고 있다.

② 식재

　　㉠ ha당 280그루 정도를 식재거리 6m×6m 정도로 식재한다.

　　㉡ 구덩이의 너비와 깊이는 90cm×90cm로 하고, 심기 전에 구덩이 밑에 두엄 등의 유기질 비료를 충분히 주도록 한다.

　　㉢ 제꽃가루받이가 잘 안 되므로, 주품종의 암술의 성숙기와 알맞은 품종을 수분수로 25% 정도 혼식한다.

③ 사후관리

　　㉠ 덧거름은 식재 1년 후부터 주기 시작한다.

　　㉡ 식재 1년이 되면 가지치기를 하여 수형을 잡아준다.

　　㉢ 잘린 가지는 물이 들어가 썩기 쉬우므로 발코트 등을 발라준다.

　　㉣ 결실은 식재 후 5 ~ 6년생부터 시작하며 50년생이 될 때까지 수확량이 많아지고, 그 후 점차 줄어든다.

③ 은행나무

(1) 특징

① 약 1억 5천만년 전에 지구상에 널리 분포하였던 가장 오래된 수종의 하나로 1과 1속 1종인 나무이다.

② 건강하고 불, 병충해, 대기오염 등에 대해 저항력이 강하다.

③ 어느 토질에서나 잘 자라서 전국에 널리 분포한다.

④ 염분이 있는 토양이나 바닷바람에 약하다.

⑤ 수형이 미려하고 병충해에 견디는 힘이 강하다.

⑥ 암수딴그루로 암나무는 열매 생산용으로, 수나무는 가로수로 이용하면 좋다.

> **TIP** 용문사의 은행나무
> ㉠ 경기도 양평군 용문면에 소재하는 나무로 천연기념물 제30호로 지정되어있다.
> ㉡ 우리나라에서 가장 큰 은행나무이다.
> ㉢ 높이 61m, 가슴높이 둘레 14m이다.
> ㉣ 수령은 1,100년 정도로 추정된다.

⑦ 용도

㉠ 열매 : 식용, 해소 기침 등에 좋아 약재로 이용된다.

㉡ 파란 잎 : 징구수프라사이드프라본이라는 물질이 다량 함유되어 있어 정혈제로 쓰인다.

㉢ 잎의 모양과 단풍이 아름다워 정원수, 분재, 가로수 등으로 사용된다.

(2) 조림법

① 주로 실생법으로 양묘하지만 실생, 접붙이기, 꺾꽂이 등으로도 번식이 가능하다(접붙이기, 꺾꽂이는 실용성이 적다).

② 실생법

㉠ 9 ~ 10월에 씨앗을 채취하여 마른 모래와 섞어 저장하거나 젖은 모래와 섞어서 노천매장한다.

㉡ 이듬해 3 ~ 4월에 묘상을 준비하고 7 ~ 8cm 간격으로 점뿌림을 한다.

㉢ 당년에 약 15cm 가량 자라는데, 2년에 한 번씩 이식하여 기르는 것이 좋다.

③ **암나무 식재**

　　㉠ 은행의 수확을 위해서는 암나무를 식재해야 한다.

　　㉡ 암수의 구별

　　　• 가지의 뻗는 모양, 은행알의 각이 진 모양, 잎의 모양, 염색체 모양 등으로 구별한다.

　　　• 염소산칼륨 용액을 이용하여 구별할 수 있다.

　　　• 묘목의 외형만으로 암수를 가리기가 쉽지 않다.

　　㉢ 1 ～ 2년생 대목에 암나무 접수를 접붙이거나, 꺾꽂이를 하면 확실한 암나무 묘목을 생산할 수 있다.

④ **접붙이기**

　　㉠ 현재 은행이 열리고 있는 가지를 접수로 사용한다.

　　㉡ 새로 나온 가지가 옆으로 누워 나무의 수형이 좋지 않은 단점이 있다.

　　㉢ 세력이 강하게 웃자란 가지를 접수로 사용하면 활착률도 좋고 나무 모양도 좋다.

　　㉣ 접목묘는 어느 것이나 전정을 하여 수형을 잡아 주어야 한다.

⑤ 은행나무는 옮겨심기가 잘 되는 수종으로 3 ～ 4월에 옮겨심는 것이 가장 좋다.

02 출제예상문제

1 다음 중 벌기령이 다른 하나는?

① 잣나무　　　　　　　　　　② 참나무
③ 삼나무　　　　　　　　　　④ 소나무

> **note** ①②④ 70년생이 적당하다.
> ③ 60년생이 적당하다.

2 임목을 식재한 후 비료를 많이 주어야 하는 것은?

① 잣나무　　　　　　　　　　② 소나무
③ 오동나무　　　　　　　　　④ 오리나무

> **note** 오동나무의 식재법
> ㉠ 정식할 때에는 식재거리 4m×4m로 ha당 600그루 정도를 심는다.
> ㉡ 구덩이의 너비와 깊이는 90cm×50cm로 판다.
> ㉢ 구덩이에 썩은 두엄 등을 10kg 가량 넣고, 그 위에 고운 흙을 10cm 가량 덮은 뒤에 심는다.

3 다음 중 특용수종이 아닌 것은?

① 주목　　　　　　　　　　　② 닥나무
③ 뽕나무　　　　　　　　　　④ 옻나무

> **note** 특용수종
> ㉠ 개념 : 나무에서 목재 이외에 특별한 물질을 생산하기 위하여 심는 수종이다.
> ㉡ 종류
> • 칠감의 원료 : 옻나무, 황철나무 등
> • 한지의 원료 : 닥나무, 뽕나무 등
> • 인쇄용 기름의 원료 : 유동나무

Answer 1.③ 2.③ 3.①

4 다음 중 대형건물에 의한 음지에서 생육가능한 수목은?

① 주목   ② 마로니에

③ 소나무   ④ 버즘나무

> ✰∎note   주목은 음수로 내음성, 내한성이 강하여 높은 건물의 그늘에서도 잘 생육한다.

5 오동나무의 특성이 아닌 것은?

① 내습, 내충, 고급 가구, 건축재료로 많이 쓰인다.

② 어릴 때 양수이고 심근성이다.

③ 토심이 깊고 지하수위가 낮으며 배수가 양호한 곳에서 잘 자란다.

④ 움돋이 갱신이 용이하다.

⑤ 경기도 이남 지방에 주로 분포하며 어릴 때 한해를 입기 쉽다.

> ✰∎note   ② 오동나무는 양수 천근성 수종으로 어릴 때 생장이 빠르다.

6 어릴 때 약간 음성을 띠며, 생장이 비교적 느리나 나중에 양성으로 바뀌며 생장이 빨라지고, 고산지대의 한랭한 기후를 좋아하는 나무는?

① 삼나무   ② 잣나무

③ 편백   ④ 낙엽송

> ✰∎note   잣나무
> ㉠ 우리나라 특산의 고유수종으로 기후풍토에 적합하다.
> ㉡ 홍송으로 불리우며 용재가치가 우리나라의 어느 수종보다 그 재질이 우수하여 대표적인 용재조림수종이라고 할 수 있다.
> ㉢ 12년생 전후부터 식물성 단백질 및 지방질이 많은 잣을 생산하여 유실수종으로서 타 용재수종에 비하여 자금회수가 빠르므로 재배가치가 높다.
> ㉣ 한랭한 기후, 고산지대에서 잘 자라며 강원도에서는 순림이 많다.
> ㉤ 어릴 때의 생장은 소나무보다 더디지만 중년 이후가 되면 소나무를 능가하게 된다.
> ㉥ 백두산 일대, 압록강 상류에 있어서는 가문비나무, 전나무와 극상을 이룬다.

✿✿Answer   4.①   5.②   6.②

7 밤나무의 번식방법 중 가장 많이 이용되는 방법은?

① 분주법 ② 실생법

③ 접목법 ④ 삽목법

✿note 밤나무의 번식방법
㉠ 밤나무의 묘목은 접목에 의해 증식된다.
㉡ 1년생 실생묘 대목에 절접이나 할접으로 접을 붙여 1년 키운 접목묘를 식재한다.
㉢ 식재는 가로, 세로 각각 5m로 ha당 400그루 정도를 심는데, 구덩이 너비와 깊이는 90cm ×90cm를 기준으로 한다.

8 다음 중 생울타리용 수목으로 적합하지 않은 수목은?

① 주목 ② 회양목

③ 사철나무 ④ 자귀나무

✿note ④ 콩과의 낙엽 활엽수로 여름철에 피는 꽃이 특이하고 아름다워 관상용으로 식재한다. 독립 수로 이용하거나 주택정원의 테라스 부근에 식재한다.

9 다음 중 장기수로서 갖추어야할 조건으로 옳지 않은 것은?

① 속성수여야 한다.

② 소비자들의 수요가 많은 것이어야 한다.

③ 목재의 질이 좋고 용도가 다양하여야 한다.

④ 나무줄기가 곧고 길며 밋밋하게 자라야 한다.

✿note ① 장기수는 주로 대형목재를 생산할 목적으로 조림하는 수종으로 목재를 생산하는 기간이 오래 걸린다.
※ 장기수로서 갖추어야 할 조건
㉠ 나무줄기가 곧고 길며 밋밋하게 자라야 한다.
㉡ 소비자들의 수요가 많은 것이어야 한다.
㉢ 목재의 질이 좋고 용도가 다양하여야 한다.

❀❀Answer 7.③ 8.④ 9.①

10 리기테다소나무의 조림법으로 옳지 않은 것은?

① 작은 용재를 생산하고자 할 때는 60년생을 벌채한다.

② 천연하종으로 갱신한다.

③ 묘목을 산지에 식재조림한다.

④ 1-1묘를 1ha에 3,000그루 정도 심는다.

> **note** 리기테다소나무 조림법
> ㉠ 소나무는 묘목을 양성하여 식재조림을 할 수 있으나, 천연하종에 의한 갱신이 비교적 쉽게 이루어진다.
> ㉡ 천연하종갱신을 하려면 형질이 좋은 소나무 숲을 선택하여 넓은 면적을 개벌하지 말고 군상개벌작업, 대상개벌작업 또는 어미나무작업 등을 하는 것이 유리하다.
> ㉢ 리기테다소나무는 1대 잡종이기 때문에 공신력 있는 묘포장이나 임업시험장에서 씨를 뿌려 기른 묘목을 구입하여 산지에 식재조림하는 것이 좋다.
> ㉣ 인공조림을 할 때에는 주로 식재조림을 한다.
> ㉤ 단순림으로 가꾸면 지력의 유지나 해충의 예방에 좋지 못하므로, 활엽수와 혼효림을 만드는 것이 좋다.
> ㉥ 묘목은 1-1묘를 1ha에 3,000그루 정도로 심고, 깊게 식재되지 않도록 주의하며, 어릴 때 밀생시켜서 나무높이 생장을 촉진시킨다.
> ㉦ 낙엽이나 그 밖의 유기물질은 숲 내에 남겨 두고, 죽은 가지만 가지치기를 한다.
> ㉧ 식재한 뒤 2~4년 동안은 밑깎기를 하고, 약 10~15년이 되면 간벌을 시작하는데, 약한 간벌을 자주해서 지름생장을 촉진시킨다.
> ㉨ 외국에서는 소나무류의 묘목을 용기에 양성하여 산에 심을 때는 밀식을 한다.
> ㉩ 벌기는 작은 용재를 생산하고자 할 때에는 30~40년생의 것을, 큰 용재를 생산하고자 할 때에는 60년생 이상의 것을 벌채하여 이용한다.

11 우리나라 산림청에서 장기수로 장려하는 수종으로 옳지 않은 것은?

① 삼나무   ② 편백

③ 밤나무   ④ 잣나무

⑤ 낙엽송

> **note** 조림장려수종
> ㉠ 장기수 : 해송, 강송, 버지니아소나무, 리기테다소나무, 낙엽송, 스트로브잣나무, 잣나무, 전나무, 삼나무, 편백, 느티나무, 참나무류, 물푸레나무, 자작나무류 등
> ㉡ 속성수 : 이태리포플러, 오동나무, 현사시나무, 양황철나무, 수원포플러 등
> ㉢ 유실수 : 호두나무, 밤나무 등
> ㉣ 연료림 : 오리나무, 아카시아나무

Answer   10.① 11.③

12 다음 중 속성수의 특성에 대한 설명으로 옳지 않은 것은?

① 벌기가 30 ~ 40년 정도인 수종
② 재질이 좋고 생장이 빠른 수종
③ 재배에 특별한 기술이 없는 수종
④ 지하고가 높은 수종

> ✯note 속성수가 갖추어야 할 조건
> ㉠ 속성수는 생장의 속도가 빠른 수종으로 20 ~ 30년 만에 벌채·이용하는 나무이다.
> ㉡ 생장이 빠르고 지하고가 길어야 한다.
> ㉢ 가꾸는 특별한 기술과 관리가 필요하지 않아야 한다.
> ㉣ 목재의 질이 좋아 이용가치가 높아야 한다.

13 다음 중 특용수종에 속하지 않는 것은?

① 뽕나무
② 유동나무
③ 낙엽송
④ 옻나무

> ✯note ① 한지의 원료로 이용된다.
> ② 인쇄용 기름 등으로 이용된다.
> ④ 방수 등의 도료, 가구나 공예품, 한약재 등으로 사용된다.

14 다음 중 조림에 있어 다른 어떤 인자보다 기온의 영향을 많이 받는 수종은?

① 소나무
② 편백
③ 밤나무
④ 스트로브잣나무

> ✯note 편백
> ㉠ 일본에서 들여 온 수종으로, 삼나무에 비해 환경에 대한 적응력이 더 강하지만, 겨울철의 찬 바람에는 약하다.
> ㉡ 약간 음성을 띠며, 생장함에 따라 햇빛을 더 요구하게 된다.
> ㉢ 연 강수량은 삼나무보다는 적어도 되지만, 습도가 높은 것이 좋다.
> ㉣ 기온의 영향을 많이 받아 기온이 높으면 강수량이 많아 문제가 되고, 또 기온이 낮으면 다른 환경조건이 좋아도 완전한 생장을 할 수가 없게 된다.
> ㉤ 화강암이 풍화한 갈색 산림토양에 심을 수 있다.
> ㉥ 삼나무보다 재질이 월등하고 아름다우며, 나무의 향기도 좋다.

15 다음 중 종자를 밀봉하여 저장하여야 하는 수종은?

① 소나무   ② 낙엽송
③ 잣나무   ④ 삼나무

> ✫ **note** 낙엽송은 5 ~ 7년 만에 한 번씩 결실의 풍작이 오므로, 풍작인 해에 씨앗을 따서 밀봉하여 찬 곳에 저장해 두었다가 이용한다.

16 다음 중 삼나무 조림법으로 옳지 않은 것은?

① 삽목묘는 1ha에 3,000 ~ 4,000그루를 심는다.
② 어릴 때 밑깎기를 철저히 해준다.
③ 어릴 때는 양수 성향이므로 햇볕을 잘 받는 곳에 식재한다.
④ 실생묘 때 붉은마름병이 잘 발생하므로 묘포소독이 중요하다.

> ✫ **note** ③ 어느 정도 햇빛이 가려지는 것이 좋다.
> ※ 삼나무 조림법
> ㉠ 삽목묘나 실생묘로 조림한다.
> ㉡ 실생묘는 1-1묘가 식재되고 있다.
> ㉢ 삽목묘는 꺾꽂이한 다음 해에 산에 심는데, 1ha에 3,000 ~ 4,000그루를 심고, 경우에 따라 더 밀식한다.
> ㉣ 삼나무는 어릴 때 밑깎기를 철저히 해 주어야 하고, 실생묘 때 붉은마름병의 발생이 잘 일어나서 산에 식재해도 이 병 때문에 죽거나 생장이 중단되는 일이 있으므로, 묘포에 서 잘 소독해야 한다.
> ㉤ 식재 후 잡목 솎아내기, 가지치기, 간벌 등에 유의한다.
> ㉥ 삼나무에는 품종이 많고, 품종에 따라 생장의 차이가 크기 때문에 조림할 때 이러한 점 들을 고려해서 알맞은 나무를 택해야 한다.
> ㉦ 삼나무는 어느 정도 햇빛이 가려져야 좋기 때문에 산의 큰 나무 밑에 식재한다.

17 다음 중 스트로브잣나무 조림시 특히 주의해야 하는 수병은?

① 잎떨림병   ② 뿌리혹병
③ 잣나무털녹병   ④ 붉은반점병

> ✫ **note** 스트로브잣나무는 추위에 강하나, 잣나무털녹병에는 매우 약하다.

18 다음 중 흑색계의 참나무인 것은?

① 굴참나무　　　　　　　　　　② 떡갈나무

③ 졸참나무　　　　　　　　　　④ 신갈나무

> **note** 낙엽성 참나무류의 분류
> ㉠ 백색계
> • 줄기의 껍질이 흑색계와 비교할 때 더 흰색을 띤다.
> • 신갈나무, 떡갈나무, 졸참나무, 갈참나무 등이 있다.
> • 열매는 당년에 익어서 떨어진다.
> ㉡ 흑색계
> • 상수리나무, 굴참나무 등이 있다.
> • 줄기의 껍질 빛깔이 대단히 검다.
> • 열매는 이듬해에 성숙하게 된다.

19 다음 중 밤나무의 특성으로 옳은 것은?

① 열에 강하므로 남서향 식재시에도 잘 자란다.

② 토심이 깊은 25° 미만의 경사지의 사질양토에서 잘 자란다.

③ 어릴 때의 성장이 매우 늦으며 음수이다.

④ 천근성 수종으로 건조에 약하다.

> **note** ① 여름철 서향볕에 의한 나무껍질의 열해를 방지하기 위해 남서향식재는 피하는 것이 좋다.
> ③ 어릴 때 생장이 매우 빠른 양수 수종이다.
> ④ 뿌리에 깊게 뻗는 심근성 수종으로 건조에 강하다.

20 낙엽송의 생장을 돕기 위해 시비를 하려고 할 때 특히 필요로 하는 비료는?

① 질소　　　　　　　　　　　　② 규소

③ 인산　　　　　　　　　　　　④ 칼륨

> **note** 낙엽송의 생장
> ㉠ 배수가 잘 되는 완만한 경사지에서 좋은 생장을 보이고, 토심이 깊은 곳에서 뿌리가 잘 발달한다.
> ㉡ 60cm 이상의 토심에서 매우 좋은 성장을 보이며, 인산질 비료를 많이 요구한다.

Answer　18.①　19.②　20.③

21 다음 중 잣나무를 조림할 때 벌채방법으로 옳은 것은?

① 왜림작업　　　　　　　　　　② 택벌작업

③ 개벌작업　　　　　　　　　　④ 산벌작업

> ✨▌note　잣나무의 갱신
> ㉠ 잣나무는 자연상태에서는 갱신이 잘 이루어지지 못하므로, 천연하종갱신을 할 때 사전 작업을 잘해야 한다.
> ㉡ 산벌작업으로 갱신하는데, 먼저 예비벌을 하여 어미나무의 결실력을 왕성하게 하고, 쓸모없는 가지는 잘라 없앤다.
> ㉢ 열매가 떨어진 뒤 낙엽을 긁어 부식토 속에 묻히도록 한다.
> ㉣ 이 방법을 수년 동안 계속하면 어린 나무가 발생한다.
> ㉤ 묘목이 부족할 때에는 덧심기를 한다.

22 소나무나 편백보다 토양습도가 중요한 인자로 작용하는 수종은?

① 삼나무　　　　　　　　　　② 낙엽송

③ 해송　　　　　　　　　　　④ 잣나무

> ✨▌note　삼나무
> ㉠ 일본 원산의 수종으로 양성이고, 습도가 높고 따뜻한 곳을 좋아하며 배수가 잘 되어야 한다.
> ㉡ 산기슭이나 산골짜기 등과 같이 토양이 깊은 곳을 좋아한다.
> ㉢ 토양습도가 중요한 인자로, 소나무와 편백보다 다량의 토양 함수량을 요구한다.
> ㉣ 줄기가 곧고 재질이 우수하다.
> ㉤ 우리나라의 남부지방에서 식재하여 좋은 성과를 나타내고 있다.

23 편백의 경우 음수 수종으로 아랫가지가 잘 떨어지지 않는데, 해결방법으로 옳은 것은?

① 간벌을 강하게 자주 실시한다.

② 식재 후 20년이 되면 가지치기를 실시한다.

③ 1ha에 2,000 ~ 2,500그루를 심는다.

④ 식재밀도를 높인다.

> ✨▌note　식재의 밀도를 높여 가지의 발달을 억제시킬 수 있으므로 간벌을 약하게 실시한다.

24 다음 중 속성수로 장려하는 수종으로 옳지 않은 것은?

① 수원포플러   ② 리기테다소나무

③ 현사시나무   ④ 오동나무

✎❚**note** ② 장기수로 조림하고 있다.
※ 속성수 장려수종 … 현사시나무(3호, 4호), 이태리포플러(1호, 2호), 수원포플러, 양황철나무, 오동나무 등 5종이 있다.

25 다음 중 우리나라에서 상록성을 가지는 참나무류는?

① 떡갈나무   ② 상수리나무

③ 굴참나무   ④ 가시나무

✎❚**note** 참나무류
㉠ 상록성 : 우리나라 제주도와 남쪽의 섬 지방에서 자라는 가시나무류를 말한다.
㉡ 낙엽성 : 우리나라 온대림의 대부분 지역에 분포하고 있는 상수리나무, 신갈나무, 굴참나무, 떡갈나무, 졸참나무 및 갈참나무 등을 말한다.

26 다음 중 칠감의 원료를 생산하기 위한 특용수로 식재하는 것은?

① 뽕나무   ② 황철나무

③ 닥나무   ④ 유동나무

⑤ 단풍나무

✎❚**note** 특용수종의 용도
㉠ 칠감의 원료 : 옻나무, 황철나무 등
㉡ 한지의 원료 : 닥나무, 뽕나무 등
㉢ 인쇄용 기름의 원료 : 유동나무

27 다음 중 포플러류의 특성으로 옳지 않은 것은?

① 현사시나무는 재질이 단단하며 나머지 종류는 가볍고 연하다.

② 현사시(3호, 4호), 양황철나무, 수원포플러 등은 우리나라에서 육종한 나무이다.

③ 일반적으로 음성이고 수간이 곧으며, 다른 나무에 비해 수명이 길다.

④ 수원포플러는 양버들과 물황철나무의 교잡종으로, 나무줄기가 곧고, 내충성·내병성이 강하다.

　　🌟**note** ③ 포플러류는 생장이 빠른 속성수로 양성이고, 다른 나무에 비해 수명이 짧다. 수간이 곧으며 수분을 많이 요구한다.

28 한 다발에 잎이 5개 나는 수종이 아닌 것은?

① 잣나무 　　　　　　　　　　② 백송

③ 섬잣나무 　　　　　　　　　④ 스트로브잣나무

　　🌟**note** ② 3엽속생

　　　　※ 소나무류의 잎 수
　　　　　　㉠ 2엽속생 : 곰솔, 소나무, 풍겐스소나무, 방크스소나무 등
　　　　　　㉡ 3엽속생 : 테다소나무, 리기다소나무, 백송, 황솔나무 등
　　　　　　㉢ 5엽속생 : 섬잣나무, 잣나무, 스트로브잣나무 등

29 다음 중 닥나무의 주된 번식방법은?

① 분근법 　　　　　　　　　　② 실생법

③ 휘묻이 　　　　　　　　　　④ 접목법

　　🌟**note** 닥나무 조림법
　　　　㉠ 분근, 실생, 접붙이기, 꺾꽂이 등으로 번식이 가능하지만 주로 분근법으로 한다.
　　　　㉡ 11월쯤 생장이 왕성한 나무에서 굵기가 1cm 정도 되는 뿌리를 굴취하여 1 ~ 2일 동안 그늘에서 약간 말린 다음, 젖은 모래와 혼합하여 묻어둔다.
　　　　㉢ 3월 하순 ~ 4월 초순에 꺼내어 10 ~ 15cm 길이로 절단하여 잘 정지된 포지에 12 ~ 15cm 간격으로 꽂고, 뿌리의 상부 절단면이 약간 지상에 보이도록 묻는다.
　　　　㉣ 3 ~ 4주가 되면 싹이 트게 되는데, 여러 개 중에서 충실한 것 하나만 남기고 잘라준다.

🌸**Answer** 　27.③　28.②　29.①

30 느티나무를 용재로 쓰기 위해서는 몇 년 벌기가 적당한가?

① 30년 벌기

② 50년 벌기

③ 70년 벌기

④ 100년 벌기

　　note　느티나무는 장기수로 용재를 생산하기 위해서는 약 50년을 벌기로 한다.

31 우리나라에서 생산되는 목재 중 가장 가볍고, 고급 포장재, 건축재, 가구재, 운동구, 기구재, 악기, 단판재로 쓰이는 수종은?

① 옻나무

② 향나무

③ 편백

④ 오동나무

⑤ 낙엽송

　　note　오동나무
　　　　ⓐ 어릴 때 생장이 빠른 양수로 천근성이다.
　　　　ⓑ 움돋는 힘이 강해 1년에 1~3m 높이까지 자랄 수 있어 움돋이 갱신이 용이하다.
　　　　ⓒ 우리나라에서 생산되는 목재 중 가장 가볍고 나뭇결이 고우며, 비틀리거나 갈라지지 않고, 내충, 내습, 내부성이 강하다.
　　　　ⓓ 고급 포장재, 건축재, 가구재, 운동구, 기구재, 단판재, 악기 등으로 쓰이며, 잎은 제충제로, 껍질은 염료로 쓰인다.

32 다음 중 호두나무의 특성으로 옳은 것은?

① 해풍에도 강해 해안가에도 많이 심는다.

② 양성이고 내한성이 강하다.

③ 진흙땅 등과 같이 습기있는 곳에서도 잘 자란다.

④ 경사 15° 미만으로 바람맞이가 아닌 곳이 좋다.

⑤ 호두나무의 뿌리는 공기를 싫어하기 때문에 모래땅이 좋다.

　　note　① 해안지방은 해풍의 피해를 받아 좋지 않다.
　　　　② 양성의 나무로 내한성이 약하여 경기도 광주 이남에서 주로 재배한다.
　　　　③ 배수가 좋지 않은 진흙땅에서는 뿌리가 썩는다.
　　　　⑤ 통기성이 좋고 토질이 비옥한 사질양토나 양토에서 잘 자란다.

33 다음 중 유실수에 속하는 수종으로 옳지 않은 것은?

① 은행나무 　　　　　　　　　② 밤나무
③ 개암나무 　　　　　　　　　④ 오동나무

> ✦note 　유실수 … 주로 열매를 채취할 목적으로 조림하는 수종으로 호두나무, 밤나무, 개암나무, 은행나무 등이 있다.

34 다음 중 유동의 조림법으로 옳지 않은 것은?

① 어릴 때에는 동해에 강하므로 가식이 필요없다.
② 수확은 심은 뒤 4 ~ 7년이면 할 수 있고, 가을에 자연적으로 떨어진 것을 모은다.
③ 절접이 잘 되고 열매생산에 목적이 있다.
④ 종자의 발아율이 높고 묘목의 생장이 빠르다.
⑤ 우량한 모수로부터 접수를 얻어 저온에 저장하였다가 사용한다.

> ✦note 　① 유동은 어릴 때에 동해가 심하므로 가을에 묘목을 캐어 가식을 하고, 거적같은 것으로 덮어 찬바람으로부터 보호해 주여야 한다.

35 다음 중 포플러류의 조림법으로 옳지 않은 것은?

① 주로 꺾꽂이에 의해 증식한다.
② 삽수를 땅 속에 수직으로 세우며 깊이는 삽수의 윗부분이 지표면과 같거나 약간 위로 나오게 한다.
③ 식재밀도는 1ha당 1,500 ~ 2,000그루를 밀식하여 심는다.
④ 삽목묘를 양성하여 구덩이를 70 ~ 80cm로 깊게 파고 1/2 묘목을 심는다.
⑤ 병으로는 낙엽병, 잎녹병, 줄기와 가지를 침해하는 부란병, 가지마름병 등이 있다.

> ✦note 　③ 식재밀도는 1ha당 300 ~ 400그루가 좋으며 가지치기를 실시해야 한다.

36 다음 잣나무 조림법에 대한 설명 중 옳지 않은 것은?

① 벌기는 50 ~ 80년생이 적당하다.

② 잣나무는 다른 침엽수나 활엽수와 혼효한다.

③ 12 ~ 13년생이 되면 잡목 솎아내기를 해준다.

④ 꽃이 핀 해 가을에 씨앗이 성숙하는데 파종하기 1 ~ 2달 전에 노천매장하여 육묘를 양성한다.

⑤ 잣나무는 대개 20년생 정도가 되면 결실을 시작한다.

🌟**note** ④ 잣나무는 꽃이 핀 다음 해 가을에 씨앗이 성숙하는 수종으로 가을에 노천매장하여 이듬해 봄에 파종한다.

37 낙엽송의 결실주기로 가장 적당한 것은?

① 1 ~ 2년   ② 2 ~ 4년

③ 5 ~ 7년   ④ 8 ~ 10년

🌟**note** 낙엽송은 5 ~ 7년 만에 한 번씩 결실의 풍작이 오는 주기성을 가지고 있으므로 풍작인 해에 씨앗을 따서 밀봉저장한다.

38 다음 중 옻나무 조림법으로 옳지 않은 것은?

① 식재는 4월 초순에 실시한다.

② 옻나무는 맹아갱신을 할 수 있다.

③ 실생법이나 분근법으로 조림한다.

④ 종자를 따서 양건법으로 건조하여 다음 해에 파종한다.

⑤ 심을 구덩이에 퇴비를 충분히 넣어 준다.

🌟**note** ④ 옻나무 씨앗의 겉껍질에 있는 밀랍은 수분의 흡수를 방해하여 씨앗의 발아가 잘 이루어지지 않으므로, 10 ~ 20%의 나무 잿물에 담근 후 뿌리거나 60%의 붉은 황산에 1시간 동안 담그거나, 또는 절구에 넣고 가볍게 찧어서 밀랍을 제거한 다음에 파종해야 한다.

🌱🌱**Answer** 36.④ 37.③ 38.④

PART **부록**

최근기출문제분석

1 내음성이 강한 수종부터 순서대로 바르게 나열한 것은?

① 사철나무 > 물푸레나무 > 자작나무

② 주목 > 낙엽송 > 비자나무

③ 회양목 > 버드나무 > 단풍나무

④ 잣나무 > 느티나무 > 서어나무

> ✿note 사철나무는 내음성이 강한 음수이고, 물푸레나무와 자작나무는 양수에 속한다. 자작나무는 극
> 양수 수종이다.
> ※ 음수와 양수
> ㉠ 음수
> • 개념 : 일광이 부족한 곳에서 어릴 때 자라도 비교적 좋은 생육을 할 수 있는 수종을 말
> 한다.
> • 종류 : 주목, 비자나무, 편백, 녹나무, 회양목, 서어나무, 너도밤나무, 금송, 가문비나무
> 류, 전나무류, 잣나무류, 솔송나무 등이 있다.
> ㉡ 양수
> • 개념 : 어릴 때 충분한 광선을 필요로 하는 수종을 말한다.
> • 종류 : 자작나무, 소나무, 해송, 낙엽송, 오동나무, 물푸레나무, 포플러류, 사시나무류,
> 참나무류, 오리나무류 등이 있다.

2 동령림의 숲가꾸기 설명으로 옳은 것만을 모두 고른 것은?

구분	생육단계	숲 가꾸는 목적	숲가꾸기작업
㉠	치수림	숲만들기	풀베기
㉡	유령림	경쟁조정	어린나무 가꾸기
㉢	장령림	형질조정	보식, 가지치기
㉣	성숙림	미래목 선정	대경재 수확, 갱신

🌱Answer   1.① 2.①

① ㉠, ㉡   ② ㉠, ㉢

③ ㉡, ㉣   ④ ㉢, ㉣

> ⭐note 동령림의 숲가꾸기
> ㉠ 동령 치수림 : 숲을 가꾸는 것을 목적으로, 무육작업(보식, 시비)이 이루어진다.
> ㉡ 동령 유령림 : 미래목을 육성하기 위해 경쟁을 하는 것을 목적으로, 잡목 및 불량목을 솎아 낸다.
> ㉢ 동령 장령림 : 형질을 조정하는 것을 목적으로. 이 시기에 가지치기 작업을 집중적으로 실시하여 미래목을 선정한다.
> ㉣ 동령 성숙림 : 수확을 목적으로, 간벌작업이 지속하여 미래목이 비대생장하도록 돕는다.

3 수목의 줄기 구조에 대한 설명으로 옳지 않은 것은?

① 형성층은 줄기의 직경을 증가시키는 분열조직이다.

② 변재는 뿌리로부터 수분을 위쪽으로 이동시키는 역할을 담당하는 부위이다.

③ 춘재는 세포의 지름이 크고 세포벽이 두껍다.

④ 나자식물은 가도관이 있고 도관이 없다.

> ⭐note 춘재는 세포의 지름이 크지만 세포벽이 얇고, 반대로 추재는 세포의 지름이 작지만 세포벽이 두껍다.

4 지존작업(정지작업)에 대한 설명으로 옳지 않은 것은?

① 화입법은 산불의 위험성이 매우 높아서 현재 우리나라에서는 거의 사용하지 않는다.

② 쳐내기법(벌채법)은 모두베기법, 줄베기법, 둘레베기법이 있다.

③ 대면적 임지를 대상으로 화학적 방법을 적용할 때 인력과 비용이 많이 든다.

④ 지존작업은 식재할 묘목의 활착과 생육에 장애를 주는 요인을 제거한다.

> ⭐note 약제살포법은 잡관목이나 잡초를 제거할 때 약제를 사용하여 인력과 경비의 감소를 가져올 수 있다.

🌱🌱 Answer   3.③ 4.③

5 묘목을 심는 시기에 대한 설명으로 옳지 않은 것은?

① 묘목심기의 적기는 나무의 생장이 시작되기 전인 이른 봄이나 생장이 정지되고 난 뒤 가을의 낙엽기이다.

② 건조하고 찬바람이 부는 지방에서는 주로 가을에 묘목을 심는다.

③ 일본잎갈나무와 낙엽활엽수종같이 눈이 빨리 트는 수종은 다른 수종에 앞서 이른 봄에 땅이 녹으면 곧 심도록 한다.

④ 용기묘는 봄, 여름, 가을철 모두 심을 수 있다.

⭐ **note** 가을 묘목은 따뜻한 지역에서 사용된다.

6 수목분류학상 같은 속(屬 ; genus)에 속하는 수종만을 나열한 것은?

① 소나무, 솔송나무, 잣나무

② 측백나무, 편백, 향나무

③ 물박달나무, 거제수나무, 까치박달나무

④ 복자기나무, 신나무, 당단풍나무

⭐ **note** 단풍나무과는 대표적으로 당단풍나무, 복자기나무, 신나무 등이 있다.

7 온대 활엽수의 광합성 기작에 대한 설명으로 옳지 않은 것은?

① 광반응은 엽록체의 그라나(grana)에서 진행된다.

② 광반응 동안 이산화탄소가 탄수화물로 변환된다.

③ 암반응은 엽록소가 없는 스트로마(stroma)에서 일어난다.

④ 암반응은 광반응 다음에 일어난다.

⭐ **note** 광합성의 첫 번째 단계는 명반응으로 다음단계에 필요한 에너지를 생산하는 단계이고, 두 번째 단계는 암반응으로 이산화탄소를 탄수화물로 합성하는 반응이다.

🌷🌷 **Answer** 5.② 6.④ 7.②

8 열매의 종류와 해당 수종들이 옳게 짝지어진 것은?

① 건구과 : 소나무, 비자나무

② 시과 : 느릅나무, 물푸레나무

③ 협과 : 박태기나무, 오동나무

④ 견과 : 살구나무, 개암나무

> **note** ① 건구과 : 소나무, 전나무, 삼나무 등
> ③ 협과 : 아카시아, 박태기나무 등
> ④ 견과 : 밤나무, 참나무, 자작나무 등

9 묘포에서 1년생으로 상체(이식)하지 아니하고 더 거치하였다가 후에 상체하는 수종은?

① *Pinus densiflora*

② *Chamaecyparis obtusa*

③ *Larix kaempferi*

④ *Picea jezoensis*

> **note** ① *Pinus densiflora* 소나무
> ② *Chamaecyparis obtusa* 편백
> ③ *Larix kaempferi* 낙엽송
> ④ *Picea jezoensis* 가문비나무
> 소나무, 편백, 낙엽송은 1년생으로 상체하고, 가문비나무는 2년생으로 상체하는 수종이다.

10 접목에 대한 설명으로 옳은 것은?

① 접목부위의 조직이 유합되기 위해서는 대목과 접수의 수피가 서로 밀착되어야 한다.

② 호두나무와 참나무류는 접목이 어려운 편이고, 소나무류와 뽕나무는 비교적 접목이 쉬운 수종이다.

③ 캘러스 형성이 유리하도록 접목 후 온도는 30℃ 이상으로 하고 공중습도는 낮춘다.

④ 캘러스조직 형성에 필요한 세포분열을 위해 공기 유입을 차단해야 한다.

> **note** 캘릭스 형성을 위해 온도는 20~30℃을 유지해야 하고, 산소의 유입이 필수적이다.

11 천연갱신에 대한 설명으로 옳지 않은 것은?

① 임지의 기후와 토질에 적합한 수종이 생육하게 되므로, 인공 단순림에 비하여 각종 피해에 대한 저항력이 크다.

② 인공조림에 비하여 소요비용이 절감될 수 있다.

③ 인공갱신에서 발생할 수 있는 임지의 퇴화를 막을 수 있다.

④ 주로 대면적으로 실행되기 때문에 보완조림을 통한 임분조성이 필요 없다.

✿ **note** 천연갱신에서도 필요에 따라 인공 조림이 병행될 수 있다.

12 다음 글에서 설명하는 수형급 분류방법은?

> 상층임관을 구성하는 우세목과 하층임관을 구성하는 열세목으로 구분한 후, 수관의 모양과 줄기의 결점을 고려하여 세부적으로 분류하는 방법으로 침엽수 동령림에 적용하면 알맞다.

① Hawley의 수형급

② 데라사끼의 수형급

③ 가와다의 수형급

④ 덴마크의 수형급

✿ **note** 수형급은 수목의 등급 구분법의 하나로 수고의 고저, 수관량과 형상, 수간의 완만도 등 임목의 양적, 질적 판단기준을 말한다. 제시된 내용은 데라사끼의 수형급 분류방법에 대한 설명이다.

13 산림의 병충해 방제 및 관리방안에 대한 설명으로 옳지 않은 것은?

① 과숙 · 성숙된 임목과 임분은 수확 벌채한다.

② 산불의 피해를 입은 나무와 같이 병과 해충에 취약한 입목과 임분은 구제벌로 제거한다.

③ 혼효이령림을 피하고 단순동령림을 조성한다.

④ 해충의 개체군 조절을 위해 매개체(기생자 또는 포식자)를 이용할 수 있다.

✿ **note** 단순림보다 혼효림이 병충해에 더 강하다.

14 산불 후 숲을 복원할 때 인공복원에 대한 설명으로 옳은 것은?

① 기존의 산림과 다른 수종의 도입이 어렵고, 임분구성 및 유전형질 조절이 어렵다.

② 목재생산을 목표로 하는 경제림 조성을 할 수 없다.

③ 복원비용과 노동력이 많이 소요되지만, 복원기간은 비교적 짧다.

④ 강한 수관화로 전소된 소나무림과 낙엽송림에는 인공복원을 적용하지 않는다.

> ✿**note** 인공조림이 천연갱신에 비해 상대적으로 복원기간이 짧다.

15 수목의 저온피해에 대한 설명으로 옳은 것은?

① 따뜻한 지방의 나무를 추운 곳에 심으면 만상(晚霜)의 피해를 받기 쉽다.

② 자작나무와 사시나무는 내한성이 낮으며, 동일 수종이라도 산지에 따라 내한성 차이가 있다.

③ 동해를 예방하기 위해서는 식재하기 전에 음지에 보관하여 일찍 싹이 트는 것을 방지한다.

④ 일반적으로 활엽수는 침엽수보다 저온에 강하다.

> ✿**note** 추운 지방의 나무를 따뜻한 곳에 심으면 만상의 피해를 받기 쉽고, 대부분의 침엽수는 내한력
> 이 크다.

16 모수작업 갱신법에 대한 설명으로 옳지 않은 것은?

① 벌채가 집중되므로 경비가 절약된다.

② 임지를 정비해 줌으로써 노출된 임지에서 갱신이 이루어질 수 있다.

③ 모수는 결실량과 비산능력을 갖춘 수종이 적합하다.

④ 모수가 임지를 보호하여 토양침식과 유실을 방지한다.

> ✿**note** 모수작업을 통해 토양침식과 유실이 예상된다.
> ※ 모수작업의 효과
>   ㉠ 벌채가 한 곳에 집중되므로 작업이 비교적 간편하고 운반 등의 경비가 절약된다.
>   ㉡ 모수가 종자를 공급하므로 넓은 면적이 일시에 벌채된다.
>   ㉢ 양수 수종의 갱신에 적합하다.
>   ㉣ 모수의 종류를 적절히 조절하여 수종의 구성을 변화시킬 수 있다.
>   ㉤ 갱신이 완료될 때까지 모수를 남겨두어 실패를 줄일 수 있다.

17 솎아베기 방법에 대한 설명으로 옳은 것만을 모두 고른 것은?

> ㉠ 택벌식간벌 : 잘 자란 우세목을 남기고 나머지를 제거하는 방법이다.
> ㉡ 수관간벌 : 하층 임관을 제거하여 우량개체의 생육을 촉진하는 방법이다.
> ㉢ 도태간벌 : 우량 대경재를 생산하기 위해 미래목을 선정하고, 미래목과 경쟁하는 수목을 제거하는 방법이다.
> ㉣ 정량간벌 : 수종별로 일정한 임령, 수고, 흉고직경 등에 따라 임목본수를 미리 정해 놓고 기계적으로 솎아주는 방법이다.
> ㉤ 하층간벌 : 하층에 자라는 수종을 보호하기 위해 상층을 솎아주는 방법이다.

① ㉠, ㉡　　　　　　　　　　　　　② ㉡, ㉢
③ ㉢, ㉣　　　　　　　　　　　　　④ ㉣, ㉤

> **note** ㉠ 택벌식간벌 : 1급목 중 가장 큰 것 또는 1급목 전부와 5급목을 솎아 낸다.
> ㉡ 수관간벌 : 우량 개체의 생육 촉진하기 위해 주로 준 우세목을 솎아낸다.
> ㉤ 하층간벌 : 우세목과 준우세목을 남기고 처음에는 하층의 나무를 솎아낸다.

18 가지치기에 대한 설명으로 옳은 것은?

① 가지치기의 강도는 일반적으로 수관제거율과 엽면적지수로 나타낸다.
② 약도의 가지치기는 침엽수의 수고생장을 감소시키고, 활엽수에는 거의 영향을 주지 않는다.
③ 살아있는 가지를 제거할 때는 생장휴지기에 실시하는 것이 좋다.
④ 어린나무가꾸기작업 대상목에 가지치기를 할 때에는 낫을 이용하여 수고의 70 % 내외로 가지를 제거한다.

> **note** ① 가지치기의 강도는 주로 수고율로 나타낸다.
> ② 약도의 가지치기는 침엽수의 경우 별 영향이 없고, 활엽수의 경우는 성장이 좋아지는 것도 있다.
> ④ 어린나무의 경우 전정가위를 사용하여 수고의 50% 내외로 가지를 제거한다.

19 수목 종자에 대한 설명으로 옳지 않은 것은?

① 소나무의 열매는 개화한 후 2년째 가을에 성숙한다.
② 회양목과 황철나무의 종자성숙기는 10월이다.
③ 수정 전 소나무 배주 내의 주된 호르몬은 옥신이다.
④ 노천매장은 종자를 젖은 상태로 땅속의 낮은 온도에서 보관하는 것으로 종자휴면을 제거할 수 있다.

> **note** 회양목의 종자성숙기는 10월이고, 황철나무의 종자성숙기는 5월이다.

20 용기묘에 대한 설명 중에서 옳은 것은?

① 용기묘는 노지묘보다 척박한 임지나 암반지역, 석력지에 식재가 용이하다.
② 용기묘는 노지묘에 비해 제초작업과 병해충 방제 인건비가 높다.
③ 용기묘는 노지묘보다 조림지까지 수송 및 조림지 내에서 운반이 용이하다.
④ 온실에서 생산한 용기묘를 바로 조림지에 식재하여 활착률을 증진시킬 수 있다.

> **note** 용기묘(포트묘)
> ㉠ 개념 : 처음부터 용기 안에서 묘목을 키워 옮겨 심는 양성법이다.
> ㉡ 장점
> • 식재시기에 문제가 없어 왕성한 생장의 여름철에도 옮겨 심을 수 있고 옮겨 심은 후에 생장이 빠르다.
> • 온실에서 재배할 수 있고 제초작업 등이 생략되어 관리하기가 편하다.
> • 척박한 임지나 암반지역 등에 식재가 용이하다.
> ㉢ 단점
> • 양묘비용이 많이 들고 기술과 시설이 필요하다.
> • 산지운반에 부피가 증가되어 묘목의 운반이 어렵다.

2016. 6. 18 제1회 지방직 시행

1 모수의 내한력과 화분수의 우수한 재질을 고려한 교잡육종 수종은?

① 은백양나무

② 은수원사시나무

③ 리기테다소나무

④ 구주소나무

> ★▌note 리기테다소나무는 추위에는 강하지만 목재의 질이 떨어지는 리기다소나무와 추위에는 약하지만 목재의 질이 좋고, 생장속도가 빠른 테다소나무의 교잡으로 얻어진 품종이다.

2 무성번식에 대한 설명으로 옳은 것은?

① 무성번식은 유성번식에 비해 모수의 좋은 형질을 물려받을 가능성이 높다.

② 성숙목에서 채취한 삽수는 어린 나무에서 채취한 삽수보다 발근이 잘 된다.

③ 접목 친화성은 대목과 접수의 형성층 밀착이 중요하며 유전적 요인과는 무관하다.

④ 조직배양은 유전획득량은 높으나 유성번식에 비해 선발에서 보급까지의 기간이 길다.

> ★▌note 무성번식은 식물체의 일부분(뿌리, 줄기, 잎 등)을 이용해서 번식하는 방법이다. 어미나무가 우수한 형질을 가질 경우, 후손도 어미나무와 똑같은 형질을 이어받는 장점을 가진다.

3 임목의 생장을 저해하는 나무를 제거하고 남겨진 우수한 나무의 생장을 촉진시키기 위해 실시하는 쉐델린의 간벌 방식은?

① 정량간벌

② 도태간벌

③ 열식간벌

④ 수익간벌

Answer   1.③ 2.① 3.②

①③ 기계적 간벌은 임수관급에 관계없이 임의의 간격을 정해 남겨 둘 임목을 제외하고 모두 베어내는 방법이다. 정량간벌은 간벌시 간벌량을 사전에 결정하고 그에 맞게 간벌재적 또는 본수를 기준하여 선목하는 간벌법이고, 열식간벌은 임분에서 띠 모양으로 벌채목을 선정하는 하는 간벌법이다.
② 도태간벌은 장벌기로 가꿀 미래목을 미리 선정하고, 이 나무에 방해가 되는 나무를 벌채하는 방법이다.
④ 도태간벌 또는 열식간벌에서 간벌재수익이 있다면 수익간벌이 된다.

4 생가지치기를 실시할 경우 절단면이 썩을 위험성이 높은 수종으로 짝지어진 것은?

① 물푸레나무, 소나무
② 버드나무, 낙엽송
③ 자작나무, 삼나무
④ 단풍나무, 벚나무

note 생가지치기의 가능성
㉠ 활엽수는 보통 생가지치기를 하지 않고 자연 낙지가 되도록 한다.
㉡ 낙엽송, 소나무류, 편백, 삼나무, 포플러류 등은 생장이 좋으므로 큰 생가지를 쳐도 썩을 위험성이 적다.
㉢ 너도밤나무, 자작나무, 가문비나무 등은 부패할 위험성이 있으므로, 죽은 가지와 쇠약한 가지만을 잘라낸다.
㉣ 단풍나무, 느릅나무, 물푸레나무, 벚나무 등은 썩을 위험성이 크고, 자른 면의 유합이 잘 안되므로 밀식하여 자연 낙지가 되도록 한다.

5 직파조림에 대한 설명으로 옳지 않은 것은?

① 전나무, 분비나무, 구상나무, 주목은 직파조림이 어렵다.
② 층층나무, 후박나무, 음나무, 주목은 파종한 다음 해에 발아한다.
③ 남부지역에서 봄철에 직파할 경우 3월 중·하순이 적합하다.
④ 묘목식재가 힘든 암석지나 급경사지는 직파대상지로 부적합하다.

note 직파조림이란 종자를 직접 임지에 뿌려 산림을 조성하는 조림법으로, 파종조림이라고도 한다. 직파조림은 식재조림이 어려운 급경사지 등 특수지역의 산림에서 실시한다.

6 산불에 대한 설명으로 옳지 않은 것은?

① 연소열이 전달되는 방법으로는 전도, 대류, 복사 등의 형태가 있다.

② 단순림보다는 혼효림이, 동령림보다는 이령림이 산불에 대한 위험성이 적다.

③ 지형이 평탄하고 바람이 약간 불며 연료가 균일한 경우에는 부채꼴형으로 연소한다.

④ 산불 진행속도는 경사가 급할수록 복사열과 대류열의 영향을 받아 빠르게 진행된다.

> ★ **note** 지형이 평탄하고 바람이 약간 불며 연료가 균일한 경우에는 좁은 타원형으로 연소한다.

7 순환선발에 대한 설명으로 옳지 않은 것은?

① 우량개체를 선발하고 나머지는 간벌 등으로 불량목을 제거한다.

② 우량개체 선발 시 대상목의 표현형과 유전자형을 고려한다.

③ 집단선발은 종자친과 화분친을 모두 고려하여 선발한다.

④ 단순순환선발은 집단선발보다 유전적 개량효과가 크다.

> ★ **note** 단순순환선발은 집단선발과는 다르게 종자친과 화분친을 모두 고려하여 선발한다.

8 택벌에 대한 설명으로 옳은 것은?

① 택벌림은 임지의 유기물이 습윤한 상태로 있어서 산불 발생 가능성이 낮으나 병충해 발생 가능성은 높다.

② 단목택벌은 큰 나무를 베고 어린나무가 자랄 수 있는 숲 틈이 생겨서 양수 수종을 대상으로 시행한다.

③ 일반적으로 소경급 : 중경급 : 대경급의 본수비율이 2 : 3 : 5이며, 이 비율에 근접하여야 이상적인 택벌림이다.

④ 택벌이 실시된 임분은 다층구조를 이루고 동령림보다 이령림에서 생산된 목재가 대체로 불량하다.

⭐**note** 택벌의 장·단점
　　㉠ 택벌의 장점
　　　• 임지가 항상 나무로 덮여 있어 지력유지, 표토유실방지 등의 국토보전적 가치가 크다.
　　　• 모수가 많아 치수보호의 효과가 크다.
　　　• 산림생태계의 안정을 유지하고, 각종 재해요인에 대한 저항력이 높으며, 임목생육에 적절한 환경을 제공한다.
　　㉡ 택벌의 단점
　　　• 작업에 고도의 기술이 필요하며 경영내용이 복잡하고, 갱신이 까다롭다.
　　　• 양수 수종에는 적용하기 어렵다.
　　　• 동령림에서 생산된 임목에 비해 재질이 불량하다.

9 다음 설명에 해당하는 수종으로 옳은 것은?

• 구과는 위로 향하고 난원형이며 길이가 15 ~ 35 mm이다.
• 실편은 50 ~ 60개이고 끝이 수평이거나 약간 오므라지며 뒤로 젖혀진다.
• 포(苞)는 넓은 피침형이며 끝이 뾰족하다.
• 종자는 날개가 있으며 날개는 종자 길이의 2배 정도이다.

---

① *Larix leptolepis*

② *Abies koreana*

③ *Cedrus deodara*

④ *Thuja orientalis*

⭐**note** 제시된 내용은 낙엽송에 대한 설명이다.
　　① *Larix leptolepis* 낙엽송
　　② *Abies koreana* 구상나무
　　③ *Cedrus deodara* 개잎갈나무
　　④ *Thuja orientalis* 측백나무

🌱**Answer** 　　9.①

10 간벌에 대한 설명으로 옳지 않은 것은?

① 간벌을 하면 수관의 크기가 커지며 엽면적이 증가하기 때문에 더 많은 탄수화물이 수간으로 이동하여 직경생장이 촉진된다.

② 간벌을 하면 아래쪽 가지에 있는 잎의 광합성이 활발해져 수간 상부의 직경생장이 촉진되어 초살도가 커진다.

③ 척박한 임지에서는 많은 탄수화물을 뿌리의 생장이나 호흡작용에 사용하므로 간벌시 생장반응이 잘 나타나지 않는다.

④ 간벌이 갑자기 강하게 이루어지면 광선에 노출된 잎에서 황화현상이 일어나거나 조직에서 피소현상이 나타난다.

✏note 간벌을 하면 수간 하부의 직경생장이 촉진되어 초살도가 증가한다.
　　　　※ 간벌의 효과
　　　　　　㉠ 임목의 생육을 촉진하고 재적생장과 형질생장을 증가시킨다.
　　　　　　㉡ 각종 위해를 감소시키고 산림의 보호관리에 편리하다.
　　　　　　㉢ 지력을 증진시킨다.
　　　　　　㉣ 간벌재를 이용할 수 있다.
　　　　　　㉤ 결실이 촉진되고 천연갱신이 용이해진다.

11 종자의 결실 주기가 가장 긴 수종은?

① 느릅나무　　　　　　　　　　② 자작나무
③ 오리나무　　　　　　　　　　④ 단풍나무

✏note 결실의 주기
　　　　㉠ 매년 또는 1년인 수종 : 소나무, 오리나무, 자작나무, 단풍 등이 있다.
　　　　㉡ 2~3년인 수종 : 삼나무, 편백, 전나무류, 상수리나무, 들메나무 등이 있다.
　　　　㉢ 3~4년인 수종 : 가문비나무, 느릅나무 등이 있다.
　　　　㉣ 5~7년인 수종 : 낙엽송, 너도밤나무 등이 있다.

12 소나무와 해송의 특징에 대한 설명으로 옳은 것은?

① 해송의 동아는 적갈색 또는 회갈색이다.
② 해송 잎의 수지구는 바깥쪽에 위치한다.
③ 소나무의 잎은 후막조직이 잘 발달되어 있다.
④ 소나무의 잎은 2엽 속생이다.

note 해송
㉠ 해송은 수지도의 위치가 표피나 내피에도 접촉되지 않는 중간이나 소나무는 수지도의 위치가 표피에 있다.
㉡ 표피가 검고 겨울눈이 흰색을 띤다.
㉢ 천연적으로 해안선을 따라 좁은 지대에 분포하며 남쪽 도서지방에도 나는데 소나무와 함께 지역에 따라 성질을 달리 하는 것으로 알려져 있다.
㉣ 후막조직이 잘 발달되어 있다.

13 국제식물신품종보호연맹(UPOV)의 신품종 보호제도에 따른 지적재산권 보호대상으로 등록조건에 해당하지 않는 것은?

① 중복성
② 신규성
③ 균일성
④ 안정성

note 국제식물신품종보호연맹
㉠ 식물 신품종 육성자의 권리보호 및 식물종자 보증제도 등을 국제적으로 보호해주기 위한 국제 식물종자보호연맹이다.
㉡ 새로 개발된 신품종이 신품종 보호제도에 따른 지적재산권 보호대상으로 등록되기 위해서는 개발된 품종의 신규성 · 구별성 · 균일성 · 안정성과 함께 고유품종 명칭이 확인되어야 한다.

Answer 12.④ 13.①

14 묘목의 단근처리에 대한 설명으로 옳지 않은 것은?

① 단근처리로 인하여 일부 수종은 가을 늦게 도장하는 것을 막아 주는 효과도 기대할 수 있다.

② 단근처리를 한 실생묘는 뿌리가 잘리기 때문에 삽목묘와 같은 방법으로 묘령을 표시한다.

③ 가을에 단근처리를 하면 뿌리로 운반되는 탄수화물 양이 감소하여 새 뿌리의 발달이 미약하다.

④ 단근처리에 의하여 굵은 뿌리가 잘리고 가는 뿌리가 발달하여 이식에 대한 저항성이 높아진다.

☆**note** 실생묘와 삽목묘인 경우 두 가지로 구분해서 표시된다.

15 수목의 내음성에 대한 설명으로 옳지 않은 것은?

① 내음성이 강한 수종은 자연전지와 자연간벌이 잘 되는 편이다.

② 고로쇠나무는 사시나무보다 내음성이 강한 편이다.

③ 내음성이 약한 수종은 어릴 때 신장 생장이 빠른 경향이 있다.

④ 내음성이 강한 수종은 광보상점이 낮은 경향이 있다.

☆**note** 내음성이란 큰 나무의 그늘에서도 견딜 수 있는 성질을 말한다. 내음성이 강하면 광보상점이 낮은 조건에서도 광합성을 효율적으로 수행한다.
　※ 음수와 양수
　　㉠ 음수
　　　• 개념 : 일광이 부족한 곳에서 어릴 때 자라도 비교적 좋은 생육을 할 수 있는 수종을 말한다.
　　　• 종류 : 주목, 비자나무, 편백, 녹나무, 회양목, 서어나무, 너도밤나무, 금송, 가문비나무류, 전나무류, 잣나무류, 솔송나무 등이 있다.
　　㉡ 양수
　　　• 개념 : 어릴 때 충분한 광선을 필요로 하는 수종을 말한다.
　　　• 종류 : 자작나무, 소나무, 해송, 낙엽송, 오동나무, 물푸레나무, 포플러류, 사시나무류, 참나무류, 오리나무류 등이 있다.

♥♥**Answer**　　**14.② 15.①**

16 신갈나무림에 대한 설명으로 옳지 않은 것은?

① 맹아에서 유도된 신갈나무는 대경재로 키우는데 적합하다.
② 벌근고(그루터기 높이)가 낮을수록 지면 부위 또는 땅속에서 맹아가 잘 나온다.
③ 산의 상단부에 많이 우점하고 있고 주로 능선부 또는 능선사면부에 많이 나타난다.
④ 성공적인 숲가꾸기를 위해서는 어린나무 단계에서 일정한 밀도를 유지시킨다.

> **note** 왜림
> ㉠ 임목이 주로 맹아에 의해 성립된 것으로 맹아림이라고도 한다.
> ㉡ 비교적 단벌기로 이용되면 수고가 낮다.
> ㉢ 연료생산에 주로 이용되었기 때문에 연료림이라고도 하고, 소경재를 목적으로 한다.
> ※ 신갈나무
> ㉠ 주로 높은 산에 많이 분포한다.
> ㉡ 둥베이, 몽고 동부 등 추운 지방에 많이 분포한다.
> ㉢ 산등성이나 산허리 쪽의 양지바른 곳에서 잘 자란다.

17 묘목식재에 대한 설명으로 옳지 않은 것은?

① 식재망을 이용한 묘목식재 중에서 이중정방형 식수란 정방형의 정점과 그 중앙을 식수위치로 정하는 것을 말한다.
② 묘목식재 시 근계를 생각하여 충분히 구덩이를 파고 흙을 채울 때 돌을 골라주며 낙엽을 넣어주어 잘 자라게 한다.
③ 큰 나무 이식 시 뿌리돌림은 수종별로 적기가 있는데, 상록침엽수종의 경우 3~4월 상순 또는 10월 중순을 기준으로 한다.
④ 치식은 습지로서 배수가 불량한 곳 또는 석력이 많아서 구덩이를 파기 어려운 곳에 적용하고 지표면에 흙을 모아 심는 방법이다.

> **note** 묘목식재시 낙엽 등이 들어가지 않게 주의하며 흙으로 채운다.

18 밀식조림에 대한 설명으로 옳지 않은 것은?

① 조기에 수관이 울폐되어 임지의 침식이나 건조를 막고 경쟁식생의 발생을 억제하여 풀베기 작업 비용을 줄일 수 있다.

② 지하고를 높이면서 옹이 발생을 줄일 수 있으며 생장하면서 연륜폭도 균일해지기 때문에 고급목재를 생산하는 데 유리하다.

③ 간벌 수입을 기대할 수 있으며 간벌과정에서 우량목을 잔존시킬 수 있어 임분 전체의 형질을 개선하는 데 도움이 된다.

④ 높은 밀도를 유지하면 줄기가 가늘어지고 뿌리생장이 강화되며 하층식생도 발달되어 건전한 산림생태계를 유지할 수 있다.

✿**note** 밀도가 높으면 생존경쟁에 의해 생태계의 변수가 많아진다.

19 산림병해충에 대한 설명으로 옳지 않은 것은?

① 소나무재선충은 솔수염하늘소 또는 북방수염하늘소의 몸 안에 서식하다가 매개충이 새순을 갉아 먹을 때 상처부위를 통하여 나무에 침입한다.

② 돌발해충은 특정해충의 방제로 인해 곤충상이 파괴되면서 새로운 해충이 주요 해충으로 되는 경우로서 종류로는 응애, 진딧물, 깍지벌레류 등이 있다.

③ 산림생태계에서 특정 생물을 활용하여 나무에 피해를 주는 산림해충의 집단크기를 줄이는 방법을 생물학적방제라고 한다.

④ 산림해충 중에서 가장 많은 분류군은 나비목으로 나비와 나방이 여기에 속하고 식엽하거나 구과를 가해하는 방식으로 피해를 준다.

✿**note** 돌발해충이란 특정한 환경조건으로 인해 그 개체 수가 급격하게 늘어나는 해충이다. 전국적으로 갈색날개매미충, 미국선녀벌레 등이 기승을 부리고 있다.

20 이단림작업에 대한 설명으로 옳지 않은 것은?

① 이단림이란 임관이 지나치게 열리고 임지가 악화되는 것을 막기 위하여 적당한 솎아베기를 실시하고, 상층부 아래에 어린나무를 식재하는 방법이다.

② 상층부를 구성하는 상수리나무 아래에 소나무를 식재하거나 낙엽송 임분 아래에 백합나무를 식재하는 것이 대표적인 이단림작업이라 할 수 있다.

③ 이단림에서 상층부의 임목은 비교적 충분한 생육공간을 확보할 수 있고 경쟁목이 없기 때문에 비대생장이 임령에 비해 높아 고급대경재 생산에 유리하다.

④ 이단림은 생태적으로 개벌작업의 단점을 보완하는 방법으로 시간이 경과하면 상층목에서 천연하종갱신이 가능하고 심미적 가치가 높다.

⭐**note** 낙엽송을 상층부에 식재한 경우, 하층부는 내음성이 강한 수종이 식재되어야 한다.

2016. 6. 25 서울특별시 시행

1 임목 수간의 각 부분의 명칭을 옳게 나열한 것은?

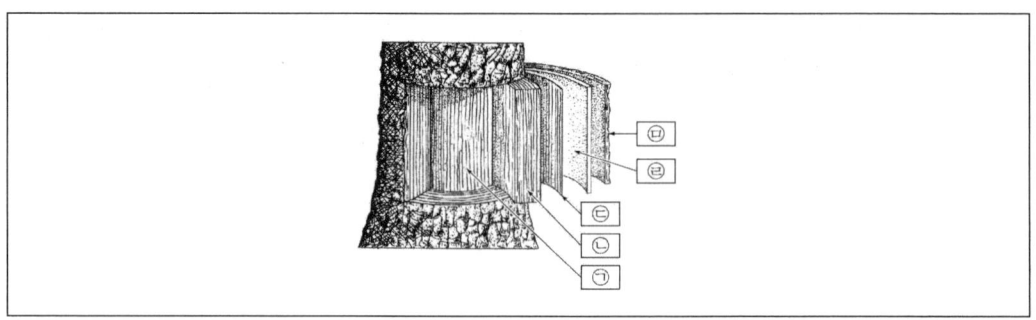

	㉠	㉡	㉢	㉣	㉤
①	심재	형성층	변재	내수피	외수피
②	변재	심재	형성층	외수피	내수피
③	심재	변재	형성층	내수피	외수피
④	심재	변재	내수피	형성층	외수피

> **note** 심재 < 변재 < 형성층 < 내수피 < 외수피

2 노지양묘를 할 때 파종상에서의 거치기간이 가장 긴 수종은?

① *Larix kaempferi* ② *Picea jezoensis*

③ *Chamaecyparis obtusa* ④ *Pinus koraiensis*

> **note** ① *Larix kaempferi* 낙엽송
> ② *Picea jezoensis* 가문비나무
> ③ *Chamaecyparis* obtusa 편백
> ④ *Pinus koraiensis* 잣나무
> 편백, 낙엽송은 1년생으로 상체하고 가문비, 나무잣나무는 2년생으로 상체하는 수종이다. 독일
> 가문비나무는 2년생 때 대체안으로 거치하고 3년생 때 상체 할 수도 있다.

Answer 1.③ 2.②

3 줄기 밑부분에 상처가 생겨서 고사위험에 처한 나무의 통도 기능을 회복시켜 주기 위한 접목방법은?

① 교접(橋椄)

② 합접(合椄)

③ 호접(呼椄)

④ 복접(腹椄)

> ✿note 교접으로 통도기능회복이 가능하다.

4 솎아베기에 대한 설명으로 옳은 것은?

① 유령림 단계의 어린 숲에서 솎아베기를 피하고 30년 이상된 성숙림의 병해목을 대상으로 실시하여 임분축적량을 높인다.

② 솎아베기는 주로 동절기에 실시하는데 잔존목 생장을 위해서는 봄에도 가능하다.

③ 솎아베기는 하층의 수광량을 높여 내음력이 약한 나무들의 고사가 우려되므로 신중하여야 한다.

④ 밀식된 임분에서의 솎아베기는 수고생장을 촉진하여 임목의 질적 가치를 높여준다.

> ✿note 솎아베기(간벌)는 주로 수액의 이동이 정지된 기간에 실시하기 때문에, 겨울철에서 이른 봄 사이에 실시하는 것이 좋다.

5 병해충 예방을 위한 시업방안으로 옳지 않은 것은?

① 과밀임분과 생장이 둔화된 임분은 솎아베기를 한다.

② 직파조림 시 감염된 종자를 미리 가려낸다.

③ 혼효림을 피하고 대면적 단순림을 조성한다.

④ 묘포장에서는 관개 및 시비로 건강도를 높인다.

> ✿note 단순림보다 혼효림이 병충해에 더 강하다.

♈♈ Answer 3.① 4.② 5.③

6 소나무의 특성에 대한 설명으로 옳지 않은 것은?

① 강송은 수간이 곧고 수피가 얇으며 심재가 붉고 재질이 뛰어나다.

② 양수로서 심근성이면서 측근도 잘 발달되어 있다.

③ 소나무는 주로 종자로 번식하며 구과를 가을에 채집하여 사용한다.

④ 천연갱신을 할 경우에는 초기 밀도를 낮게 유지하여 측지와 수고생장을 촉진시킨다.

> ★note 소나무
> ㉠ 예부터 가꾸어온 우리나라를 대표할 수 있는 귀중한 수종으로 가장 넓은 분포면적을 차지한다.
> ㉡ 잎은 부드럽고 겨울눈은 적갈색이며, 4월에 꽃이 피어 이듬해 가을에 결실을 맺는다.
> ㉢ 양수에 속하여 일광이 부족한 곳에서 비교적 좋은 생육을 할 수 있는 수종이다.
> ㉣ 건조한 곳에서도 비교적 잘 자란다.

7 활엽수종 열매의 분류에 대한 설명 중 옳지 않은 것은?

① 삭과는 2개 또는 여러 개의 심피가 유합해서 1실 또는 여러 실로 된 자방을 만들고 각 심피에 종자가 붙어 있다.

② 견과는 과피가 목질 또는 혁질로 되고, 그 안에 1개의 종자가 들어있으나 과피와 종자가 밀착하지는 않는다.

③ 시과는 과피가 발달해서 날개처럼 된 것을 말하며, 단풍 나무류가 이에 해당된다.

④ 장과는 과피가 3개의 층으로 뚜렷이 나누어진다.

> ★note 장과는 중·내과피로 이루어져있다. 과피가 3개 층으로 나누어진 것은 핵과이다.

8 묘목의 가식에 대한 설명 중 옳은 것은?

① 가식할 장소는 배수가 양호한 사양토 포지 중에서 남동풍을 막을 수 있는 곳이 좋다.

② 봄철 가식의 경우 다소 습한 포지에 가식해도 문제는 없다.

③ 월동시킬 묘목은 다발을 풀어 가지런히 정리하고 줄기 끝이 북쪽으로 향하도록 비스듬히 눕혀 근원부가 10cm 정도 묻히도록 한다.

④ 봄에 굴취한 묘목은 가지 끝이 북쪽으로 향하도록 비스듬히 눕혀 묻는다.

> **note** ① 가식은 습하고 바람을 피할 수 있는 곳이 적당하다.
>
> ※ **가식방법**
> ⓐ 줄지어 대부분의 묘목을 묻을 때 흙이 뿌리 사이에 충분히 들어가서 공간이 없도록 한다.
> ⓑ **묘목끝의 방향** : 봄에는 북쪽, 가을에는 남쪽으로 기울어지도록 한다.
> ⓒ **가식기간** : 단기간일 때에는 다발째로, 장기간 가식할 경우에는 다발을 풀어서 한다.
> ⓓ **추위에 약한 묘목의 가식** : 월동가식할 경우 움속에 하거나, 낙엽·짚 등을 덮어서 추위를 막아주도록 한다.

9 자작나무(*Betula platyphylla var. japonica*)의 개화와 결실에 대한 특성으로 옳은 것은?

① 자작나무는 암꽃과 수꽃이 한 나무에 달리는 자웅이주로 양성화이다.

② 우리나라에서는 4~5월에 개화하며, 결실 주기가 1~2년으로 짧다.

③ 종자는 당년 9~10월에 성숙되어 주로 그 이듬해 가을에 산포된다.

④ 종자는 대립종자로 다람쥐, 청설모 등의 설치류에 의하여 산포된다.

> **note** 자작나무는 4~5월에 개화하며, 결실 주기가 1년이다.
>
> ※ **결실의 주기**
> ⓐ **매년 또는 1년인 수종** : 소나무, 오리나무, 자작나무, 단풍 등이 있다.
> ⓑ **2~3년인 수종** : 삼나무, 편백, 전나무류, 상수리나무, 들메나무 등이 있다.
> ⓒ **3~4년인 수종** : 가문비나무, 느릅나무 등이 있다.
> ⓓ **5~7년인 수종** : 낙엽송, 너도밤나무 등이 있다.

10 「지속가능한 산림자원 관리지침」을 준용한 친환경벌채를 실시할 때 ha당 60본 이상을 남겨야 되는 산림은?

① 벌채허가권자가 경관보전이 필요하다고 인정하는 경우
② 벌채대상지 평균경급이 30cm 이상인 산림
③ 평균경급 이상인 나무를 임지에 단목으로 남기는 경우
④ 평균경사도가 30° 미만인 산림

✿ note 친환경 벌채 기준 중 남기는 나무의 선정 기준
　　㉠ 평균경급 이상인 입목을 ha당 50본 이상 남기는 것을 원칙으로 하되, 다음 각 호의 경우에는 ha당 60본 이상을 남김.
　　• 벌채대상지 평균경급이 30cm 미만이거나 평균경사도가 30° 이상인 경우
　　• 「산림보호법」에 의한 산림보호구역과 「산림문화·휴양에 관한 법률」에 의한 자연휴양림의 경우
　　• 남기는 나무를 군상으로 존치하는 경우
　　• <u>관광지, 도로변 등 벌채허가권자가 경관보전이 필요하다고 인정하는 경우</u>
　　㉡ 풍해·설해 등의 피해가 적고 경관 유지 기능이 우수한 나무를 우선 선정(폭목 및 피해목은 제외).
　　㉢ 남기는 나무의 가슴높이 부분에 노란색 페인트로 띠를 둘러 표시
　　　※ 산림소유자가 직접 벌채하는 경우에는 표시 생략 가능
　　㉣ 불량임지의 수종갱신지역은 후계림 조성에 필요한 평균경급 이하의 유용 활엽수 등을 선정하여 존치시킬 수 있음.

11 Hawley의 수관급에 대한 설명으로 옳은 것은?

① 우세목은 상층임관을 구성하고 상방광선과 측방광선 중 한 쪽의 햇빛을 받을 수 있는 임목이다.
② 중간목은 수고가 우세목과 준우세목의 중간정도의 크기이면서 측방광선을 많이 받는 수관을 가진 임목이다.
③ 준우세목은 수관의 크기가 평균적이며 측방광선의 양을 조금받는 임목이다.
④ 피압목은 하층에 위치하면서 상방 및 측방의 모든 빛을 받을 수 있으나, 주위의 나무들로부터 물리적으로 피해를 받고 있는 임목이다.

note Hawley의 수관급
  ㉠ **우세목** : 상층임관을 구성하고, 임분구성인자로서 평균이상의 크기를 가지고 있다.
  ㉡ **준우세목** : 측방관선을 받는 양이 비교적 적고, 수관의 크기는 평균에 가까우며 측방적으로 압력을 받고 있다.
  ㉢ **중간목** : 수고에 있어서 우세목과 준우세목에 비해 다소 떨어지나 수관이 작고 측방으로부터 많은 압력을 받는다.
  ㉣ **피압목** : 하층임관을 구성하는 것으로 직사광선을 거의 받지 못하고 있는것을 말한다.

12 가지치기 작업에 대한 설명으로 옳은 것은?

① 활엽수는 자연낙지를 유도하는 것이 좋으며, 죽은 가지를 제거하는 것이 바람직하다.

② 포플러류는 자연치유능력이 우수한 수종으로 생가지치기 시 빠른 상구유합을 위하여 생장이 활발한 여름에 실시하는 것이 좋다.

③ 침엽수는 지융이 발달하여 가지치기에 신중하여야 하며, 정확한 위치의 절단은 나무의 손상을 줄여준다.

④ 가지치기는 생가지를 대상으로 하며, 죽은 가지의 절단은 상구를 통한 병충해 유입의 원인이 되므로 자연적으로 탈락하도록 유도한다.

note 활엽수는 되도록 밀식으로 자연낙지를 유도하여 죽은 가지를 제거하는 것이 좋다.

13 다음 중에서 활엽수종의 속명들로만 구성된 조합으로 옳은 것은?

① *Cedrus, Taxus, Populus, Carpinus*

② *Quercus, Platanus, Thuja, Juniperus*

③ *Populus, Carpinus, Fraxinus, Cornus*

④ *Pinus, Magnolia, Quercus, Larix*

note ① *Cedrus* 개잎갈나무속, *Taxus* 주목속, *Populus* 포플러속, *Carpinus* 서어나무속
② *Quercus* 참나무속, *Platanus* 플라타너스속, *Thuja* 측백나무속, *Juniperus* 향나무속
③ *Populus* 포플러속, *Carpinus* 서어나무속, *Fraxinus* 물푸레나무속, *Cornus* 층층나무속
④ *Pinus* 소나무속, *Magnolia* 목련속, *Quercus* 참나무속, *Larix* 낙엽송
침엽수 : 잎갈나무(이깔나무, 낙엽송), 주목속, 측백나무속, 향나무속, 소나무속,
활엽수 : 포플러속, 서어나무, 참나무속, 플라타너스속, 물푸레나무속, 층층나무속, 목련속

14 산불이 산림생태계에 미치는 영향으로 옳지 않은 것은?

① 지표화에 의한 수종별 피해정도는 소나무가 신갈나무, 굴참나무 등의 참나무류에 비하여 비교적 심하게 나타난다.

② 산불 발생 후 2차 천이는 산의 능선부보다는 계곡부 및 사면 하부의 습윤지에서 식생의 회복속도가 빠르다.

③ 산불에 의한 임목줄기의 피해는 바람부는 쪽, 경사면의 아래쪽이 심한 경우가 많다.

④ 산불 후 토양온도의 상승은 미생물의 활동을 왕성하게 하여 유기물 분해율을 높일 수 있다.

> ✿note 산불에 의한 임목줄기의 피해는 바람 부는 반대쪽에서, 경사면의 위쪽에서 심해지는 경향이 있다.

15 산벌작업의 작업 순서로 옳은 것은?

① 예비벌 → 택벌 → 개벌

② 예비벌 → 하종벌 → 후벌

③ 예비벌 → 하종벌 → 개벌

④ 예비벌 → 중벌 → 종벌

> ✿note 벌채의 종류
> ㉠ 예비벌 : 갱신준비를 위해 실시
> ㉡ 하종벌 : 치수의 발생을 완성하기 위해 실시
> ㉢ 후벌 : 치수의 발육을 촉진하기 위해 실시

16 왜림작업법에 대한 설명으로 옳지 않은 것은?

① 참나무류, 오리나무류, 소나무류에 적용할 수 있다.

② 소경재 생산을 목적으로 벌기를 짧게 할 수 있는 작업방법이다.

③ 단면맹아는 수피부와 목부 사이에서 캘러스조직에 연유하는 부정아가 형성되어 신장한 것이다.

④ 측면맹아는 근주의 측면에서 발생하는 것이다.

> ✿note 왜림 작업은 소경재 생산에 알맞은 방법으로, 소나무는 적합하지 않다.

17 산벌작업법에 대한 설명으로 옳지 않은 것은?

① 성숙목이 많은 불규칙한 산림에 적용될 수 있고 이령림 갱신에 가장 적합하다.

② 산벌작업의 갱신기간은 10~20년 정도이다.

③ 예비벌은 갱신준비를 위한 벌채로서 울폐된 성숙임분을 대상으로 한다.

④ 후벌이란 새 임분을 덮고 있는 성숙임목을 점차적으로 벌채하는 작업이다.

> ✿ **note** 산벌작업은 성숙목이 많은 불규칙한 산림에 적용될 수 있고, 동령림 갱신에 가장 알맞은 방법이다.

18 Hawley의 간벌방법에 대한 설명으로 옳지 않은 것은?

① 하층간벌은 초기에 피압된 가장 낮은 수관층의 나무를 벌채하는 방법이다.

② 강도의 하층간벌을 실시하면 우세목과 준우세목이 남게 된다.

③ 수관간벌은 프랑스와 덴마크에서 적용되었다고 해서 프랑스법 또는 덴마크법이라고도 한다.

④ 수관간벌은 우량개체의 생육을 촉진하는 데 목적이 있어 주로 우세목을 벌채하는 방법이다.

> ✿ **note** Hawley의 간벌방법
> ㉠ **수관간벌** : 우량 개체의 생육 촉진하기 위해 주로 준 우세목을 솎아낸다.
> ㉡ **하층간벌** : 우세목과 준우세목을 남기고 처음에는 하층의 나무를 솎아낸다.

19 산림청에서 공시한 바이오매스용 조림 수종들로만 묶인 것은?

① 참나무류, 피나무, 들메나무

② 아까시나무, 백합나무, 자작나무

③ 소나무, 낙엽송, 자작나무

④ 서어나무, 굴피나무, 계수나무

> ✿ **note** 바이오매스용 수종은 자작나무, 백합나무, 참나무류, 포플러류 등이 있다.

20 생활환경보전림에 대한 설명으로 옳지 않은 것은?

① 생활환경보전림의 지정유형에는 공원형, 방풍·방음형, 경관형, 생산형 등이 있다.

② 방풍·방음형은 방풍과 방음의 기능을 최대한 발휘할 수 있는 다층림 또는 계단식 다층림을 목표로 관리한다.

③ 경관형은 심리적 안정감을 주고 시각적으로 풍요로움을 주는 산림이다.

④ 관리대상에는 「자연공원법」상 자연공원 내의 산림이 포함된다.

note 생활환경보전림의 조성·관리
　⊙ 유형구분
　• 공원형 : 거주자의 자연체험, 레크리에이션, 환경교육 등의 장소로 이용하는 산림이다.
　• 경관형 : 심리적 안정감을 주고 시각적으로 풍요로움을 주는 산림이다.
　• 방풍·방음형 : 바람, 소음, 대기오염물질을 완화시켜 쾌적한 거주환경이 되도록 하는 산림이다.
　• 생산형 : 거주자의 쾌적한 거주환경을 훼손하지 않는 범위 내에서 목재를 생산하는 산림이다.
　ⓛ 목표로 하는 산림
　• 공원형·경관형 : 생태적·경관적으로 다양한 다층혼효림이다.
　• 방풍·방음형 : 방풍과 방음의 기능을 최대한 발휘할 수 있는 다층림 또는 계단식 다층림이다.
　• 생산형 : 생태적으로 건강한 목재생산림이다.

공무원 기출문제집

서원각 기출문제집으로 시험 출제경향 파악하자!

▲ 기출문제 정복하기

전 직렬 공통 필수과목
일반행정직
사회복지직
교육행정직

▲ 최신 기출문제

필수과목/행정직
교육행정직/사회복지직

▲ 최근 5개년 기출문제

국어/영어/한국사/사회
행정법총론/행정학개론
교육학개론

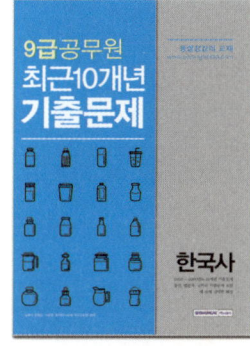

▲ 최근 10개년 기출문제

국어/영어/한국사/사회
행정법총론/행정학개론
교육학개론

▲ 최신 3개년 기출문제

필수과목/행정직
교육행정직/사회복지직

▲ 서울시 공무원

필수과목 기출문제정복하기,
국어/영어/한국사/
행정학개론/행정법총론

▲ 기출문제 정복하기

9급 건축직/7급 건축직/
9급 기계직/8급 간호직/
9급 보건직

네이버 카페 검색창에서 **공무공부**를 검색하셔서 네이버 카페 공무공부에 가입하시면 각종 시험 정보를 보실 수 있습니다.

상식키우기

서원각과 함께하는 상식키우기!

▲ 공사공단 일반상식

▲ 시사일반상식

▲ MAC을 짚어 주는
   시사일반상식

▼ 공사/시사 일반상식

정치·법률, 경제·경영, 사회·노동, 과학·기술, 지리·환경, 세계사·철학, 문학·한자, 매스컴, 문화·예술·스포츠 관련 상식을 중요한 것만 모아 수록하였다.

▲ 공기업/공공기관 채용
   빈출 일반상식

▼ 공기업/공공기관 채용 시리즈

공기업과 공공기관 채용시험에 나올 법한 상식만을 모았다! 정치·법률, 경제·경영, 사회·노동, 과학·기술, 지리·환경, 세계사·철학, 문학·한자, 매스컴, 문화·예술·스포츠 관련 상식을 중요한 것만 모아 수록하였다. 또한 한국사의 기출유형문제를 정리하여 포함하였다.

빈출 일반상식 – 중요 시사상식 및 빈출용어 수록
간추린 일반상식 – 출제가 예상되는 문제와 해설 수록

▲ 경제용어사전

▲ 부동산용어사전

▼ 한눈에 쏙! 시리즈

경제용어사전 – 단기간에 완성하는 경제용어 및 금융상식
시사용어사전 – 시사용어 및 시사 상식을 한눈에 쏙
부동산용어사전 – 부동산과 관련된 핵심 용어를 쉽고 간결하게 정리